CAVERNAS
O fascinante Brasil subterrâneo

CAVES
The fascination of underground Brazil

CAVERNAS
O fascinante Brasil subterrâneo

CAVES
The fascination of underground Brazil

CLAYTON F. LINO

Edição revista e atualizada

© Clayton Ferreira Lino, 2000

1ª Edição, Editora Rios Ltda., 1989
2ª Edição, Editora Gaia, São Paulo 2009
1ª Reimpressão 2009

Diretor Editorial
Jefferson L. Alves

Diretor de Marketing
Richard A. Alves

Assistente Editorial
Rosalina Siqueira

Gerente de Produção
Flávio Samuel

Versão para o Inglês
Alasdair G. Burman
Iraci Miyuki Kishi

Revisão
Liege Maria de Souza Marucci
Maria Cecília Kinker Caliendo
Maria José L. de C. Negreiros

Projeto de Capa
Marcelo Azevedo

Foto de Capa
Gruta do Lago Azul – Bonito/MS
Mauricio Simonetti

Desenhos
Emília Brandão Daier
Tereza Cristina Gouvêa

Fotografias
Abril Imagens/Dario de Castro (DC), Augusto Auler (AA), Clayton Ferreira Lino (CFL), Flavio Chaimowicz (FC), Instituto de Pesquisas Tecnológicas S. Paulo (IPT), João Allievi (JA), José Ayrton Labegalini (JAL), José Roberto Moreira/GEP (JRM), Luís Alcântara Marinho (LAM), Luís Amore (LA), Paulo Cesar Ceragiolli (PCC), Pierre Martin (PM), Ricardo Krone (RK), Roberto Vizeu/GEP (RV), Rui Perez (RP), Sergio Costa (SC), Setor de Paleontologia PUC-MG, Wilson Ferrari (WF).

Dados Internacionais de Catalogação na Publicação (CIP)
(Câmara Brasileira do Livro, SP, Brasil)

Lino, Clayton F., 1953-
Cavernas : o fascinante Brasil subterrâneo = Caves : the fascination of underground Brazil / Clayton F. Lino. – 2ª ed. rev. e atualizada. – São Paulo : Gaia, 2009.

Bibliografia.
ISBN 85-85351-87-X

1. Cavernas – Brasil I. Título. II. Título : Caves : the fascination of underground Brazil.

01-2162   CDD–551.4470981

Índices para catálogo sistemático:

1. Brasil : Cavernas : Geomorfologia   551.4470981
2. Brasil : Espeleologia   551.4470981

Direitos Reservados

Editora Gaia Ltda.
(pertence ao grupo Global Editora e Distribuidora Ltda.)
Rua Pirapitingui, 111–A – Liberdade
CEP 01508-020 – São Paulo – SP
Tel.: (11) 3277-7999 – Fax: (11) 3277-8141
e-mail: gaia@editoragaia.com.br
www.editoragaia.com.br

Colabore com a produção científica e cultural.
Proibida a reprodução total ou parcial desta obra sem a autorização do editor.

Nº de catálogo: **1981**

AGRADECIMENTOS

Este livro reúne o resultado de pesquisas, observações e leituras ao longo de aproximadamente três décadas dedicadas à espeleologia. Para realizá-lo, visitei a maior parte das províncias espeleológicas brasileiras e cerca de trezentas cavernas em mais de trinta países.

Para isso, contei com a colaboração e a companhia de colegas da maioria dos grupos espeleológicos do Brasil. Vários deles, a distância, auxiliaram-me nos levantamentos bibliográficos e históricos, buscando reunir informações dispersas ou até então desconhecidas. Outros auxiliaram-me na execução das fotografias subterrâneas, na organização do material, bem como na discussão e revisão dos textos.

A primeira edição traz o nome dos principais colaboradores a quem mais uma vez agradeço. Já nessa segunda edição, revista e atualizada, contei com a consultoria de vários dos mais proeminentes espeleólogos brasileiros, que tornaram possível a atualização de todos os capítulos do livro.

A todos eles, bem como aos amigos e familiares que sempre me apoiaram, deixo meus mais sinceros agradecimentos, destacando a seguir aqueles que mais diretamente colaboraram na presente edição:

Lúcia Maria Rodrigues, José Antônio e Calina Scaleante, José Ayrton Labegallini, Ezio Luiz Rubbioli, Augusto Auller, Maurício de Alcântara Marinho, Giselle Cristina Sessegollo, Ricardo Marra, Ricardo Pinto da Rocha, Luiz Afonso Vaz de Figueiredo, Mylene Berbert – Born.

Deixo ainda meus agradecimentos ao Senhor Raymundo Rios e equipe da Editora Rios que tornou possível a primeira edição dessa obra e ao professor Dr. Crodowaldo Pavan a quem devo a apresentação da referida edição.

ACKNOWLEDGMENTS

This book brings together the results of research, observation, and reading over a period of about 30 years dedicated to almost all the speleological provinces of Brazil and about 300 caves in more than 30 countries.

In order for this to have been possible, I have counted on the help and the company of partners from most of the speleological groups of Brazil. Some of them, from a distance, have helped me with bibliographical and historical surveys, and with the gathering of information which was difficult to get at or even unknown at the time. Others have helped me with the underground photography, with the organization of material, and with the revision of the texts.

The first edition brings the name of main contributors I am once more grateful to. In the second edition, revised and atualized, I have counted on help of some of the most distinguished Brazilian speleologists, who possibilited to put new information in all chapters of this book.

All of them, friends and relatives who always have supported me, my sincere thanks, but I have to distinguish those ones that have more directly collaborated in this edition: Lúcia Maria Rodrigues, José Antônio e Calina Scaleante, José Ayrton Labegallini, Ezio Luiz Rubbioli, ·Augusto Auller, Maurício de Alcântara Marinho, Giselle Cristina Sessegollo, Ricardo Marra, Ricardo Pinto da Rocha, Luiz Afonso Vaz de Figueiredo, Mylène Berbert-Born.

I have to mention my thanks to Mr. Raymundo Rios and the team of Editora Rios that had become possible the first edition of this book and professor Dr. Crodowaldo Pavan to whom I owe the foreword of this edition.

SUMÁRIO

APRESENTAÇÃO,	9
INTRODUÇÃO,	11
AS CAVERNAS E O HOMEM: NATUREZA E CULTURA,	15
As Cavernas na Cultura da Humanidade,	17
ESPELEOLOGIA: CIÊNCIA E ESPORTE,	35
Aspectos Históricos da Espeleologia no Brasil e no Mundo,	37
Questões Conceituais da Espeleologia,	44
PAISAGEM CÁRSTICA,	53
O Conceito de Carste e sua Evolução,	54
Macro e Microformas do Relevo Cárstico,	60
A Tipologia do Carste,	74
AS CAVERNAS: MORFOLOGIA E GÊNESE,	93
Classificação e Morfologia dos Espaços Subterrâneos,	94
Gênese e Evolução das Cavernas,	103
ESPELEOTEMAS: FANTASIA DE PEDRA,	123
Deposições Minerais em Cavernas,	124
Classificação dos Espeleotemas,	134
Considerações Complementares,	181
AMBIENTE E VIDA NAS CAVERNAS,	197
Bioespeleologia no Brasil e no Mundo,	198
O Domínio Subterrâneo e o Ambiente das Cavernas,	201
Classificação Ecológica dos Animais de Cavernas,	209
A Comunidade Cavernícola,	214
A Fauna das Cavernas Brasileiras,	214
PATRIMÔNIO ESPELEOLÓGICO,	249
A Destruição das Cavernas,	250
A Proteção Legal às Cavernas,	259
Os Espeleólogos e a Defesa das Cavernas,	262
CONCLUSÃO,	277

CONTENTS

FOREWORD,	*9*
INTRODUCTION,	*11*
CAVES AND MAN: NATURE AND CULTURE,	*29*
Caves in Human Culture,	*30*
SPELEOLOGY: SCIENCE AND SPORT,	*47*
Historical Views of Caving in Brazil and Worldwide,	*48*
Some Concepts in Speleology,	*49*
THE KARST LANDSCAPE,	*83*
The Evolution of Concepts of Karst,	*84*
Macro-and Microforms in Karst Relief,	*85*
Karst Typologies,	*89*
CAVES: THEIR MORPHOLOGY AND GENESIS,	*115*
Subterranean Space Classification and Morphology,	*116*
The Genesis and Evolution of Caves,	*117*
SPELEOTHEMS: FANTASY IN STONE,	*183*
Speleothems,	*184*
The Classification of Speleothems,	*186*
Final Considerations,	*195*
ENVIRONMENT AND LIFE IN CAVES,	*235*
Biospeleology: Brasil and the World,	*236*
The Underground Domain and the Environment of Caves,	*237*
Ecological Classification of Cave Animals,	*240*
The Cave-dwelling Community,	*241*
The Cave-dwelling Fauna of Brazil,	*243*
THE PATRIMONY OF THE CAVES,	*267*
The Destruction of Caves,	*268*
The Legal Protection of Caves,	*271*
Speleologists and the Defense of Caves,	*272*
CONCLUSION,	*277*

Em memória do amigo e companheiro Geraldo Luís Nunes Gusso (Peninha), e em homenagem à população de Iporanga, Capital das Grutas, através dos amigos e pioneiros da espeleologia Vandir de Andrade (Vando) e Luis Nestlehner Filho (Ito).

In memory of my friend and fellow Geraldo Luís Nunes Gusso (Peninha), and in tribute to people of Iporanga, Cave Capital, through the friends and pioneers of speleology Vandir de Andrade (Vando) and Luis Nestlehner Filho (Ito).

APRESENTAÇÃO

Desde os tempos mais remotos a humanidade é atraída pelos mistérios e belezas das cavernas. É uma fascinação que vem de longe, pois foi ali que o homem primitivo deixou as marcas de seu talento artístico. É o que nos mostram as cavernas de Lascaux, na França, com as suas pinturas espetaculares de bisões e outros animais primitivos. Também aqui, nas nossas cavernas e abrigos rochosos os ancestrais dos índios deixaram as suas marcas.

Embora o legado artístico existente nas cavernas seja de grande importância cênica e histórica, não menos importante é o legado científico ali existente. Assim, nas cavernas da região de Lagoa Santa, o grande cientista dinamarquês Peter Lund, pai da paleontologia brasileira, descobriu restos humanos e também ossos de muitas espécies primitivas como megatérios e tigres dente de sabre. O achado mais espetacular, porém, pelas dimensões e pela imponência do animal, foram os fósseis do mastodonte, um grande elefante extinto. Esses achados pertencem a animais que provavelmente foram exterminados pelos povos indígenas há cerca de 10 mil anos, no final do último período glacial.

Ainda hoje as cavernas apresentam seres vivos adaptados às peculiaridades de ambientes cavernícolas. Nesse particular, merece destaque entre nós o bagre cego *Pimelodella kronei*, objeto da tese de doutoramento do Professor Emérito da USP e da Unicamp, Crodovaldo Pavan, que prefaciou a primeira edição deste livro em 1989 e que, como nenhum outro, nos mostrou "o fascinante Brasil subterrâneo".

O fascínio que as cavernas exercem sobre nós não tem apenas fundamentos estéticos e científicos. Elas atraem também os seres humanos por motivos às vezes difíceis de identificar. Certa vez perguntaram ao famoso montanhista Mallory, um dos heróis da conquista do Everest, por que as montanhas o atraíam. Se não me falha a memória, ele respondeu simplesmente: "Porque elas estão lá". A mesma coisa, tenho certeza, responderia o cordial amigo Clayton Lino, autor deste belo livro, em relação às cavernas, que vem pesquisando há cerca de 30 anos.

FOREWORD

Since long time ago mankind is attracted by the mysteries and beauty of caves. It's a fascination that comes from a remote past, when cave men left the signs of their artistry. It is what we can see in the caves of Lascaux, in France, where there are spectacular paintings of bisons and other primitive animals. In our caves Indians' ancestrals also left some signs.

Artistical legacy in the caves is important in respect to scene and history, but scientific legacy is not less important. Therefore, in the caves of the region of Lagoa Santa the bright Danish scientist Peter Lund, the father of Brazilian palaeontology, has discovered human remains and also bones of lots of species as megatherium and sabretooth tigers. But the most spectacular thing analysed by its dimensions and the majesty of the animal were the fossils of mastodon, a very big extinct elephant. These findings belong to animals that probably were exterminated by Indian people 10.000 years ago, in the final of late Ice Age.

Still today caves present us alive beign adapted to the peculiarities of cave environment. In this particular, we have to emphasize the blind catfish Pimelodella kronei, matter of doctorship thesis of USP and Unicamp Professor Crodowaldo Pavan, who had made the foreword of the first edition of this book in 1989 and like any other, had shown "the fascinating subterranean Brazil".

Human beings feel a certain fascination by caves not only by their esthetic and scientific bases but also by unidentified reasons. Once someone had asked the famous climber Mallory, one of the heroes of Everest Conquest, why mountains attract him. If I'm not wrong, he simply answered: "Because they are there". I'm sure it's what would answer friend Clayton Lino, author of this book, relating to the caves, which he's been researching about 30 years.

While caves are waiting for us, spectacular and peaceful, here we are trying to decipher and understand with the methods of Speleology and universal friendship uniting the speleologists what the subterranean world may offer to our perception and imagination.

Enquanto elas estão lá quietas e espetaculares, à nossa espera, estamos nós aqui, decifrando e procurando entender, com os métodos da espeleologia e com a amizade universal que une os espeleólogos, o que o mundo subterrâneo pode oferecer à nossa percepção e à nossa imaginação.

Saudamos esta nova edição, premiada como uma das mais belas e importantes publicações do gênero em todo o mundo. Revisada, atualizada e ricamente ilustrada, esta obra certamente honra a ciência e a arte brasileira, no ano em que o Brasil sedia o Congresso Internacional de Espeleologia, pela primeira vez na América Latina, divulgando a importância das cavernas para o desenvolvimento sustentável, neste início de terceiro milênio.

PAULO NOGUEIRA-NETO

We greet this new edition, rewarded as one of the most beautiful and important books of this gender all over the world. Revised, modernized, richly illustrated, this work certainly honors Brazilian science and art this year, when our country headquarters International Speleology Congress, for the first time in Latin America. It'll divulge the importance of the caves to supportable development in the beginning of the third millenium.

PAULO NOGUEIRA-NETO

INTRODUÇÃO

Não se visitam cavernas impunemente. Ali tudo é diferente, belo e novo. Como uma das últimas "fronteiras" de nosso planeta, pode-se ainda experimentar o prazer incomum de penetrar em recantos onde nenhum outro ser humano adentrou e seguir, sem pegadas, à frente.

Nesses mundos de silêncio e trevas não há estações do ano, a vegetação superior inexiste por falta da luz solar e o próprio tempo parece fossilizar-se. Um lugar onde é tanto o silêncio, que nosso cérebro, com seus irrequietos neurônios, faz-se ouvir como se fosse uma fábrica, fabricando sonhos.

Ali, nossa imaginação é pequena perante os belos e intrincados cristais de pedra que imitam flores e crescem em todas as direções; perante animais albinos e cegos que vencem todas as hostilidades do meio: é a vida insistindo mesmo onde a luz desistiu de chegar. Tudo isso se expondo além dos grandes pórticos ou de simples e estreitos orifícios na montanha. Assim, pela sensibilidade, pela curiosidade científica e pela atração da beleza, somos contaminados inevitavelmente pelo chamado "vírus espeleológico", uma espécie de febre benigna, que apresenta entre seus sintomas a necessidade de se conhecer novas cavernas, estudá-las, sistematizar esses conhecimentos e divulgá-los contaminando assim mais e mais pessoas. Este é o objetivo central desta obra: estimular novos (ou veteranos) espeleólogos à prática dessa ciência-esporte e dar-lhes o sentido de sua importância ecológica e cultural, de forma que seu envolvimento na luta pela preservação desse riquíssimo patrimônio seja automático e permanente.

É também a finalidade desta obra uma maior integração da espeleologia brasileira com os estudos no restante do mundo. Esta integração buscou-se, sempre que possível, no próprio texto, onde nossas peculiaridades são referenciadas a um contexto histórico e internacional mais amplo. Pela mesma razão esta edição é bilíngüe, possibilitando um maior intercâmbio de informações com outros países.

Compromissado com um público mais geral, do iniciante ao especialista, este trabalho tem caráter abrangente e preocupação com o uso de uma linguagem acessível, sem prejuízo obviamente da precisão terminológica.

INTRODUCTION

Caves can not be visited without leaving their mark on the visitor. Down there, everything is different, beautiful, and new. It is one of the "last frontiers" of our planet, and you can still have the rare pleasure of penetrating into regions where no other human being has ever been, and of making your way where there are no footsteps to follow.

In these worlds of silence and darkness the year has no seasons, higher forms of vegetation do not exist for lack of sunlight, and time itself seems to become fossilized. Here the silence is such that our own brains, with their restless neurons, make themselves heard as if they were factories — factories of dreams.

But our imagination palls before the beautiful and intricate stone crystals which imitate flowers and grow in every direction; before blind albino animals which overcome all the hostility of their environment. This is life, insisting on living even where the light has given up trying to arrive.

All this involves exposing oneself to what lies beyond the great porticos or simple narrow cracks in mountain-sides. And so, through our own sensitivity, through scientific curiosity, and through our attraction for what is beautiful, we are inevitably contaminated by the so-called "caving virus". This benign fever, which numbers among its other symptoms the need to discover new caves, study them, understand them, systematize the resulting knowledge, and then spread it around, affects more and more people. And it is exactly this which constitutes the principal aim of this work — to stimulate cavers both new and old to participate in this science-sport, to give them the savour of its ecological and cultural importance, in such a way that their involvement in the struggle for the preservation of this rich patrimony should be automatic and permanent.

But this book has a further purpose, which is to achieve greater integration between caving in Brazil, and in other parts of the world.

I have sought to express this integration wherever possible in the text, in cases where our own peculiarities may be referred to a historical and international context of greater extent. For the same reason the book is published in two languages, that there may be more interchange of information with other countries.

Tal preocupação pode ser notada nas ilustrações gráficas ou fotográficas que compõem o livro. Não se trata de fotos para "ornamentar" a obra. São, isto sim, seus componentes indivisíveis. A qualidade técnica e estética das imagens foi, não obstante, buscada ao longo de todos os capítulos.

Preocupou-se igualmente com a sistematização das informações buscando uma melhor padronização de linguagem, um aprimoramento metodológico e, sempre que possível, uma maior clareza conceitual sobre fenômenos espeleológicos que, por vezes rotineiros, são freqüentemente descritos de forma inadequada.

Em nenhum momento se pretendeu ou se teve a pretensão de substituir os especialistas de cada uma das áreas envolvidas; ao contrário, buscou-se reunir suas contribuições e valorizar seu trabalho. Mais que um somatório, no entanto, a espeleologia é síntese, característica que por si só justifica a ambiciosa abrangência desta obra.

O livro é composto de sete capítulos. Iniciando pela apreciação das cavernas sob o ângulo histórico-cultural, desenvolve-se abordando a relação entre esses ambientes e a paisagem externa para, mais adiante, enfocar as cavidades como tipos especiais de espaços subterrâneos, formados por intrincados processos físico-químicos. A seguir são descritas as complexas e magníficas ornamentações (espeleotemas) que recobrem suas paredes, tetos e pisos, bem como a incrível fauna que habita esse singular ambiente.

As ameaças de degradação e os mecanismos de proteção do patrimônio espeleológico compõem o sétimo capítulo, completando a abordagem mais ampla do tema.

Se em cada leitor conseguirmos despertar ou estimular o desejo de conhecer novas cavernas e a consciência da necessidade de sua preservação, esta obra terá cumprido integralmente seus objetivos.

Clayton F. Lino

The work is intended for the general public, ranging from the beginner to the specialist; it is thus broad in its character, and I have attempted to make the language used accessible to the general reader, while not sacrificing the precision which comes from a more exact terminology.

The same concern may be noticed in the drawings and photographs of which the book is composed. These are not merely a form of ornament, but are integral and inseparable components of the work. The technical and aesthetic quality of the pictures has, therefore, been a dominating influence in the writing of the accompanying chapters.

An effort has also been made to systematize the information contained in the work, not only by standardization of language, but also by a concern with methodology and with a greater conceptual clarity with regard to speleological phenomena which, although perfectly well-known, have often been inadequately described.

There has never been, nor is there, any pretension in the direction of taking the place of the specialist in each of the areas concerned; on the contrary, the intention is to bring their contributions together and add to the value of their work. Speleology, then, is not just the sum of things, but a synthesis; this characteristic alone justifies the ambitious range of the present work.

The book contains seven chapters. It begins with a view of caves from a historical and cultural standpoint; it goes on to investigate the relationship between caves and the external landscape so that, later on, caves may be seen as special types of subterranean space formed by intricate physiochemical processes. The complex and magnificent ornaments (speleothems) which cover the walls, roofs, and floors of caves are then described, as is also the incredible fauna which inhabit this singular environment.

The seventh chapter is concerned with the threat of degradation, and the mechanisms for the protection of our cave patrimony, providing a somewhat broader approach to the subject.

If we manage to arouse in every reader the urge to get to know our caves, and the consciousness of the need to preserve them, then this book will have been entirely successful in its aims.

Clayton F. Lino

Página seguinte — *Following page*
1. "Caveira": ressurgência na Caverna Casa de Pedra, Iporanga (SP). CFL.
   "The skull" — a resurgence in the Caverna Casa de Pedra, Iporanga (SP). CFL.

As Cavernas e o Homem: Natureza e Cultura

*Bemaventuradas gentes, para as quaes cada tóca
se transforma em uma ermida, cada risco é uma cruz,
cada penha um altar e cada pedra uma imagem.*

Alexandre Rodrigues Ferreira,
primeiro naturalista brasileiro, em 1776.

AS CAVERNAS NA CULTURA DA HUMANIDADE

2. *Gruta*: quadro de Manuel de Araújo Porto Alegre, de 1845. Museu Nacional de Belas Artes, Rio de Janeiro.
"Gruta" — a painting by Manuel de Araújo Porto Alegre (1845). Museu Nacional de Belas Artes, Rio de Janeiro.

3. Garça. Pintura rupestre, Lapa do Desenho, Itacarambi (MG). CFL.
Egret. Rock painting, Lapa do Desenho, Itacarambi (MG). CFL.

A história humana não pode ser contada sem referir-se às cavernas. A relação entre o homem e estes ambientes é tão ou quase tão antiga quanto sua própria história; uma relação de importância fundamental na própria evolução de conceitos, sensações e sentimentos universais que definem o homem como ser cultural.

Nas cavernas, o homem encontrou um de seus primeiros abrigos e seus mais antigos santuários, onde o profano e o sagrado podiam conviver integrados.

Com seus antros escuros, seu silêncio secular, seus amplos espaços subterrâneos e suas belas e bizarras ornamentações, grutas e abismos liberaram nossa imaginação e certamente contribuíram para o estabelecimento dos próprios conceitos sobre o desconhecido, o infinito, o secreto e o sobrenatural.

Em todo o mundo, abrigos e cavernas protegeram o homem das intempéries e dos animais. Piso, paredes e teto; entradas, corredores e compartimentos; espaço para o fogo, para o descanso e para o trabalho — tudo isto, conforme a arqueologia, já existia na moradia do "Homem das Cavernas".

Grande parte das ossadas humanas mais antigas foram encontradas em grutas e abrigos sob rocha. Podem-se citar, entre outros, a descoberta do *Homo neanderthalensis*, em 1856, na gruta de Feldhofer na Alemanha; a descoberta do *Pithecantropus erectus* na Caverna Capela dos Santos, em 1891, em Sumatra, na ilha de Java; do *Homo rodesiensis*, em 1921, na Rodésia — hoje Zimbábwe; do *Sinanthropus pekinensis*, em 1928, em cavernas de Chou-Kou-Tien, próximas a Pequim, na China; ou ainda os mais antigos esqueletos do *Homo sapiens* na Europa (780 mil anos) na Caverna Gran Dolina, na Espanha, e o mais antigo hominídeo (1,9 milhão de anos) na Gruta Longgupo, na China.

Foi também em cavernas que se conservaram os ossos e vestígios dos mais antigos brasileiros. Cabe destacar nesse sentido a descoberta do "Homem de Lagoa Santa" por Peter W. Lund (1840) na Gruta do Sumidouro, em Minas Gerais, bem como o trabalho de pesquisadores como Aníbal Matos, Padberg Drenkpol, H. V. Walter, Josaphá Penna e Arnaldo Cathoud que, no século XX, dando continuidade aos trabalhos do primeiro, escavaram e estudaram mais de cem esqueletos humanos provenientes das cavernas daquela região. Nessas pesquisas destacam-se a descoberta do "Homem de Confins", em 1935, na Gruta de Confins e do "Homem de Pedro Leopoldo", em 1940, na Gruta da Lagoa Funda.

Nas últimas décadas, ampliaram-se os estudos arqueológicos em nossas cavernas, cabendo especial destaque às pesquisas paleontológicas dos drs. Paula Couto e Fausto Luís Cunha; do Museu Nacional do Rio de Janeiro; os trabalhos do Instituto de Arqueologia Brasileira, Rio de Janeiro; do setor de arqueologia da Universidade Federal de Minas Gerais, especialmente da equipe do dr. André Prous dedicada ao Brasil Cartrel; a contribuição fundamental da Missão Franco-Brasileira, coordenada pela dra. Annette Laming Emperaire, na Lapa Vermelha, os trabalhos do Museu Paulista e do Museu do Homem Americano, coordenados por Niede Guidon em abrigos do Piauí, onde foram encontrados vestígios humanos com mais de 40 mil anos, considerados por alguns pesquisadores, os mais antigos das Américas.

Fugiria às possibilidades desta obra a citação dos inúmeros trabalhos arqueológicos realizados em cavernas brasileiras, cabendo por último apenas salientar os estudos cada vez mais profundos sobre pinturas e gravuras rupestres que, em diversos estados do país, vêm demonstrando a riqueza artística em sítios espeleológicos, reiterando o papel desses ambientes na formação cultural dos povos. A exemplo das famosas pinturas de Altamira, na Espanha, e Lascaux, na França, importantíssimos painéis artísticos têm sido estudados entre nós, merecendo destaque entre outros, os de Januária, Montalvânia e região de Lagoa Santa, em Minas Gerais; Morro do Chapéu, na Bahia; Sete Cidades e São

4. Zoomorfos. Gravuras, Lapa do Desenho, Itacarambi (MG). CFL.
Zoomorphs. Engraving, Lapa do Desenho, Itacarambi (MG). CFL.

Raimundo Nonato, no Piauí; Seridó, no Rio Grande do Norte; Ingá, na Paraíba, e diversos outros sítios em Goiás, Mato Grosso do Sul, Pernambuco, Pará, Santa Catarina e Rio Grande do Sul.

Tais pinturas e gravuras rupestres estão geralmente relacionadas com locais onde nossos ancestrais estabeleciam os rituais relacionados à caça ou aos seus mortos e deuses. Sepulturas, oferendas e pequenos altares, além das pinturas rupestres, são alguns dos vestígios que nos deixaram desses ritos, em sua maioria ainda indecifrados.

Esses costumes foram documentados historicamente entre nossos índios, como nos descreve o Marechal Rondon (1940) em suas memórias sobre o vale do Guaporé, junto à divisa dos atuais estados de Mato Grosso e Rondônia: "Encontrei no centro dos Campos uma gruta que servira outrora de panteon dos índios, a gruta Araí como lhe chamavam eles, onde estavam depositadas as caveiras de seus chefes. Ficava esta gruta em uma montanha e poderia abrigar um batalhão. As caveiras estavam depositadas em igaçabas. O chamegera Tacarana que me servira de guia chorou de emoção".

Em 1978, foi divulgada pela revista *Veja* a existência de uma verdadeira comunidade que, mantendo tradições que se perdem no tempo, continuam habitando cavernas do Piauí. A aproximadamente 60 km de São Miguel do Tapuio, cerca de 1 500 pessoas, caçadoras e plantadoras de feijão, vivem permanentemente nas cavernas, embora outras residam ali apenas durante a safra do feijão.

Caso semelhante, mas com forte conotação religiosa, foi documentado pelo autor no local denominado Boa Esperança, ao sul do município de Morro do Chapéu, Bahia, em 1973. Ali, cerca de vinte famílias viviam em grutas areníticas, tendo inclusive transformado uma delas em templo onde, seguindo os mandamentos do chefe da seita, sacrificavam pessoas aprisionadas nos lugares vizinhos. Dada essa estranha prática, a comunidade foi dissolvida pela polícia e suas lideranças levadas ao manicômio de Salvador.

Casas dos homens e dos deuses, essas cavidades nos forjaram modelos que ainda hoje repetimos em nossa arquitetura. Catacumbas, túmulos e casamatas; túneis, minas e metrôs são alguns dos elementos de um urbanismo subterrâneo que se desenvolve em todo o mundo. Foi comum também, no século XIX, a construção de pequenas grutas artificiais para abrigar fontes d'água ou simplesmente ornamentar os jardins e hortos florestais criados nas grandes cidades de então. Entre nós, São Paulo e Rio de Janeiro não escaparam à regra, ostentando ainda hoje, entre outras, "grutas" no Jardim da Luz e no Parque Laje, respectivamente.

Foi na arquitetura sacra, porém, que se fez maior a influência das cavernas. O estilo gótico, como o barroco, recebeu delas influência direta. Nos portais, nas ogivas, colunatas e pináculos, nossas catedrais reproduzem formas que a natureza esculpiu nas cavernas. Reproduzem igualmente a penumbra, a grandiosidade, a riqueza dos brilhos e o profundo silêncio que exercem fascínio, exigem respeito e levam à reflexão.

Essa atmosfera sacra e misteriosa das cavernas é responsável igualmente por lendas e mitos na cultura dos mais variados povos. São infindáveis as divindades e personagens míticas associadas às cavernas que povoam as culturas grega, romana, maia, hindu e persa, bem como o folclore de todos os cantos do mundo. Entre os gregos destacam-se Minos, Hécate, Hera e Poseidon; entre os romanos, Plutão e Vênus; entre os egípcios, Anúbis e Ísis. Também entre os santos católicos, como Nossa Senhora de Lourdes, Nossa Senhora de Fátima e o Senhor Bom Jesus, essa relação com as cavernas é permanente.

Por outro lado, são elas freqüentemente associadas a foragidos, bandidos de toda ordem, ascetas e ermitãos, ressaltando assim seu caráter de esconderijo seguro.

Monstros e fadas, facínoras e heróis, deuses e diabos, dia e noite, luz e trevas: nessa relação dialética entre o bem e o mal são identificados os habitantes desse mundo subterrâneo e assim são nomeadas várias cavernas como a do Diabo, em São Paulo; a das Fadas, no Paraná; a de Bom Jesus, na Bahia; o Buraco do Inferno, em Minas Gerais, e tantas outras no Brasil e no mundo. A famosa gruta Hölloch, Buraco do Inferno, na Suíça, é um exemplo entre inúmeros outros na Europa.

No fundo desses antros escuros, a beleza esmagadora e fascinante de flores de pedra, cascatas e colunas é, para uns, a prova absoluta da onipresença de Deus, enquanto para outros é o testemunho da oculta destreza de um diabo artesão.

Por vezes, uma simples silhueta de pedra, uma estalagmite antropomórfica ou uma mancha na parede, alimentam a fantasia e a miopia da fé, fazendo delas santos a venerar. Várias cavernas foram assim transformadas em verdadeiros templos de peregrinação.

Benevides Coutinho ilustra bem esse caso ao descrever, em 1935, a Lapa Nova de Paracatu: "Ao centro, uma estalagmite — com um esforçozinho de imaginação — apresenta-nos Santo Antônio de Pádua, com o menino Jesus num dos braços, a cujos pés o povo atirava esmolas e rezava".

Como esse, existem dezenas de relatos semelhantes nas crônicas de nossos naturalistas e repórteres e, mais ainda, nas mentes e corações de nosso sertanejo.

A mais antiga referência documental que temos, no momento, sobre uma caverna no Brasil, também trata de um santuário subterrâneo, o de Bom Jesus da Lapa, na Bahia, que, desde 1690, é visitado anualmente por romeiros. Antonio Olyntho dos Santos Pires, em seu excelente trabalho *Speleologia* (1923), cita esse documento.

Nele, Francisco de Mendonça Mar, antigo pintor na Bahia, posteriormente transformado em padre Francisco Soledade, dirige uma petição ao rei, na qual diz que "havia 26 annos, vivia na Lapa do Bom Jesus, na margem do Rio S. Francisco, onde se achava entranhada uma Igreja nas serranias daquellas montanhas. Tinha alli um companheiro (uma onça, segundo a lenda) e por alli passavam continuamente clérigos, religiosos e

5. Zoomorfos. Pintura rupestre, Lapa Piolho de Urubu, Januária (MG). CFL.
   Zoomorphs. Rock painting, Lapa Piolho de Urubu, Januária (MG). CFL.

6. Estalagmite "O Bispo": Lapa da Terra Ronca, São Domingos (GO). Ao fundo, espeleólogo descendo pela corda (*rappel*). CFL.
   The "Bishop" stalagmite, Lapa da Terra Ronca, São Domingos (GO). In the background, a caver rappels down a rope. CFL.

7. Altar-mor. Lapa do Sacrário, Bom Jesus da Lapa (BA). CFL.
   High altar. Lapa do Sacrário, Bom Jesus da Lapa (BA). CFL.

8. Altar. Lapa da Terra Ronca, São Domingos (GO). CFL.
   Altar. Lapa da Terra Ronca, São Domingos (GO). CFL.

9. Altar. Salão inicial da Gruta Itambé. Altinópolis. (SP). CFL.
   Altar. First chamber of the Gruta Itambé, Altinópolis (SP). CFL.

outros viandantes, muitos dos quaes vinham cumprir votos feitos ao Bom Jesus e diversos pobres enfermos que iam procurar allivio a seus males nos cuidados e nos remédios da enfermaria que lá mantinha". Dizia ainda que lhe faltavam recursos e terras para plantio e pedia "uma porção de terra como se costumava dar aos vigários e missionários dos sertões, não só para sustentar aquelles peregrinos e enfermos, como para que pudesse admitir em sua companhia alguns sacerdotes que se lhe ofereciam para o ajudarem nas viagens daquelle sertão".

Tal petição não é datada, mas foi enviada para informar o Marquês de Andeja, Vice-Rei do Brasil, a 18 de dezembro de 1717.

Como a Lapa do Bom Jesus, diversas outras cavernas brasileiras foram transformadas em santuário, especialmente na região central do país. Dentre as mais visitadas estão a Gruta da Mangabeira e a Gruta dos Brejões, na Bahia, e a de Terra Ronca, em Goiás, com festas e romarias anuais.

Em Minas Gerais, as grutas do Santuário da Lapa de Antônio Pereira, em Ouro Preto, entre outras, também abrigava romarias anuais. No Brasil Central, é comum não apenas a utilização de grutas para festas de cunho religioso, mas também a incorporação de seus elementos na ornamentação dos presépios. Tais "maquetes" natalinas que, freqüentemente, ocupam um cômodo das humildes casas sertanejas, são sintomaticamente denominadas "lapinhas", em referência às "lapas", nome regional das cavernas, sendo comumente decoradas com fragmentos de estalactites retiradas sem consciência predatória das cavernas mais acessíveis. A Gruta Itambé, em Altinópolis, São Paulo, é outro bom exemplo de templo espeleológico, inicialmente católico e posteriormente freqüentado por adeptos da umbanda. Uma das características mais marcantes da utilização religiosa das cavernas é exatamente o ecumenismo de seus espaços. Do budismo à umbanda, esses templos parecem servir a todos os deuses indistintamente, a todas as crenças, a todos os povos, em todos os tempos.

Não se restringem, porém, a moradias ou santuários os usos que o homem fez e ainda faz das cavernas. Entre eles, um bastante antigo é o seu aproveitamento como fonte de água potável, seja pela canalização de cursos d'água subterrâneos, como já faziam os romanos para alimentar seus aquedutos, seja, outras vezes, pela paciente captação das gotas das estalactites levadas por uma rede de canais a um reservatório central.

Nesse último caso, temos o espetacular exemplo do sistema de captação no castelo de Predjama, na Eslovênia, construção fortificada, instalada no interior de uma imensa gruta, no flanco de uma falésia inacessível.

Conta-nos Michel Bouillon (1972) que, naquela época, 1450, o único acesso ao castelo era feito por uma escada de corda, e ali habitava Erasmo de Predjama e seu bando, que lá se refugiavam depois de terem assaltado os mercadores italianos que se dirigiam à Europa Central.

Mantido pelas águas coletadas pelo citado sistema e por uma galeria que dava acesso ao exterior — a cerca de 4 km do local o que lhe permitia o abastecimento de caça e frutas, o bando resistiu a inúmeros assédios de seus inimigos.

Durante a última grande guerra (1939-1945), o castelo atual, maior que o anterior, construído no mesmo local em 1570, foi novamente utilizado pela então Resistência Iugoslava, com auxílio inclusive do sistema original de captação de água (Bouillon, *op. cit*).

Também no Brasil, várias cavernas foram utilizadas como aqüíferos para fazendas, povoados e mesmo cidades. É o caso das "cacimbas" do Nordeste, de fontes em grutas nos municípios baianos de Lapão, Feira da Mata e Iraquara e da "Gruta da Captação de Água" que abastece a cidade de Altinópolis em São Paulo.

10. Gruta de captação de água. Observa-se a ressurgência emparedada, Altinópolis (SP). CFL.
Water catchment cave. Note the resurgence in the wall. Altinópolis (SP). CFL.

Da mesma forma que a citada caverna iugoslava, inúmeros são os exemplos brasileiros de grutas utilizadas como esconderijos. Apenas a título de curiosidade, podemos citar a Caverna dos Vieira e a Gruta da Berta do Leão, no vale do Ribeira, onde várias famílias se refugiaram durante a revolução de 1932, naquela então conturbada divisa entre os estados de São Paulo e Paraná.

O mesmo ocorreu, segundo moradores locais, na Gruta dos Grilos, em São Domingos, Goiás, na época da famosa Coluna Prestes. Também na Gruta da Ponte da Terra, em Itamarandiba, Minas Gerais, temos relatos semelhantes: "Contam antigos moradores da região que essa gruta, ainda nos tempos do Primeiro Império, constituía o reduto de temerosos e sanguinários bandidos..." (IBGE,1939).

Lugar perfeito para se refugiar, enterrar tesouros, esconder crimes... Essa outra característica das cavernas é responsável por inúmeras lendas e histórias que povoam a literatura sobre grutas e abismos.

Um desses relatos sobre tesouros nos é descrito em *As Grutas de Minas Gerais* (IBGE, 1939), p. 82: "Segundo rezam as tradições, a Gruta do Quebra Coco encerra, escondido em um de seus recantos, valiosíssimo tesouro, representado por uma coleção de diamantes do mais subido valor. Essas pedras teriam sido enterradas ali, na época em que as minerações locais atravessaram fase de intensa animação, por escravos ou garimpeiros, no intuito de burlar a rigorosa fiscalização dos proprietários das catas".

Outros usos menos eloqüentes também foram comuns em nossas cavernas: transformação em depósitos de lixo, cemitério de animais domésticos, curral para o gado ou lavanderias coletivas, como ainda hoje se podem encontrar em Minas Gerais, Bahia e

11. Entrada da Gruta de Maquiné, uma das mais visitadas cavernas turísticas do Brasil, Cordisburgo (MG). CFL.
    Entrance of the Gruta de Maquiné. This cave is visited by more tourists than any other in Brazil. Cordisburgo (MG). CFL.

12. O músico Hermeto Paschoal, durante as filmagens de *Sinfonia do Alto Ribeira*, em 1985, na Caverna de Santana. Iporanga (SP). CFL.
    The musician Hermeto Paschoal, during filming of "Sinfonia do Alto Ribeira" in 1985, in the Caverna de Santana, Iporanga (SP). CFL.

13. Teleférico que dá acesso à Gruta de Ubajara, Parque Nacional de Ubajara (CE). CFL.
    Cable car to the Gruta de Ubajara, Ubajara National Park (CE). CFL.

Ceará. Currais de pedra ou lavanderias são usos comuns nas tórridas regiões nordestinas, nas quais as "lapas", ainda que pequenas, geralmente significam sombra e possibilidade de água durante todo o ano.

Na Europa, é ainda comum o uso de cavernas como local de cultivo de cogumelos, cura de queijos e adegas. Na Alemanha e Itália algumas grutas foram também transformadas em verdadeiros hospitais, onde seu microclima e salubridade são colocados a serviço da cura de doenças pulmonares e da pele.

No Brasil, porém, foi a mineração a atividade que, nos primeiros séculos, mais levou nossos ancestrais a demonstrarem interesse pelas cavernas. Em busca do salitre necessário à fabricação da pólvora nos tempos da Colônia e do Império, várias cavernas foram descobertas, exploradas e infelizmente destruídas, especialmente em Minas Gerais e Bahia.

Frei Vicente do Salvador na sua *História do Brasil* (1500-1627) cita no capítulo V: "Também há minas de cobre, ferro e salitre..." indicando a já possível descoberta de cavernas salitrosas no interior baiano. Também Gabriel Soares, no *Tratado Descriptivo do Brasil* (1587), já informa sobre a existência desse mineral no Brasil. Ambos são citados por Antônio Olyntho S. Pires (*op. cit.*), que diz haver na época "recomendação constante do governo da metrópole para se proceder à descoberta das jazidas de salitre, a fim de que se pudesse fabricar, mesmo aqui, a pólvora tão necessária, não só para a defesa da colônia, como para a penetração das terras descobertas".

Ao governador D. João de Lencastre foi ordenado pelo governo português que fosse pessoalmente estudar as jazidas salitrosas e providenciar para ser o mineral aproveitado, o que ocorreu em 1695 (Calógeras, 1904).

Inúmeras expedições se sucederam no sertão baiano, especialmente na área de Morro do Chapéu, onde em 1701 foram exploradas as nitreiras do rio Jacaré.

Para destruí-las, fez-se dessa forma a primeira prospecção sistemática de cavernas em uma região brasileira e, paradoxalmente, foi na exploração das terras salitrosas em cavernas que se descobriram as ossadas fósseis que viriam futuramente dar origem aos estudos paleontológicos, berço da nossa espeleologia científica.

Nas cavernas, exploraram-se ainda o chumbo e o cobre, quando elas cruzavam filões desses minerais; salitre para pólvora, guano de morcegos para uso agrícola e a calcita, material de que são formadas as estalactites.

Hoje, a mineração ameaça ainda mais as cavernas, não apenas pela mutilação de seus interiores, mas muitas vezes pela sua inteira destruição, detonando seu próprio invólucro rochoso, o calcário, a ser transformado em cal e cimento.

Outro uso comum das cavernas registrado na China há vários séculos e na Europa, pelo menos desde Hutton (1780).

Especialmente na Europa, com o auxílio de tochas de fogo, obras de acesso como escadas de pedra ou madeira, botes a remo e guias especializados em fantasiar histórias e dar nomes a cada uma das pedras e estalactites, várias cavernas começaram a ser visitadas pelo público no século XIX. Grutas como a de Fingal, na Grã-Bretanha, onde Mendelssohn compôs sua famosa *Ouverture*; a caverna de Han-Sur-Lesse, na Bélgica, com visitação anual de cerca de 200.000 pessoas; a de Postojna, na Eslovênia, que é o centro turístico de uma vasta região, já tendo recebido mais de 26 milhões de visitantes de todo o mundo, desde a primeira visitação no século XIII.

Na França, a Gruta Betharran e a de Padirac recebem cada uma cerca de 250.000 visitantes anualmente. Inúmeras outras grutas neste país são manejadas turisticamente, existindo até uma Associação Nacional dos Exploradores de Cavernas Turísticas (ANEGAT). O mesmo ocorre na Itália, na Alemanha, na Áustria e em outros países da Europa.

Também na América do Norte, não tardaram a ser manejadas turisticamente cavernas como as de Carlsbad ou a Mammoth Cave, que se destacam entre as mais visitadas do mundo.

No Brasil, como já foi citado, foram as cavernas de cunho religioso as primeiras a receber número significativo de visitantes. Estes, todavia, não podem ser considerados "turistas", uma vez que são atraídos mais pela fé que pela contemplação estética das grutas, embora muitas vezes essa distinção não possa ser feita.

No caso de grutas não associadas à religiosidade, talvez nossas cavernas turísticas mais antigas sejam a de Ubajara, no Ceará; Tapagem (Caverna do Diabo), em São Paulo, e Maquiné, em Minas Gerais.

A Gruta de Maquiné foi uma das primeiras a ter manejo voltado ao turismo de massa com iluminação elétrica a partir de 1967, embora sua beleza fosse decantada desde o século passado, quando Lund a conheceu e a divulgou para o mundo: "Quanto a mim, confesso que nunca meus olhos viram nada de mais bello e magnífico nos domínios da natureza e da arte", dizia o sábio dinamarquês em sua *1ª Memória* (1837) quando, pela paleontologia, dava início à espeleologia brasileira.

Atualmente existem no Brasil mais de cinqüenta cavernas com turismo regular, incluindo-se aquelas de uso religioso. Não chegam a uma quinzena, no entanto, as dedicadas ao turismo de massa, contando-se entre elas as poucas cavernas com iluminação elétrica: Maquiné, Lapinha e Rei do Mato, em Minas Gerais, Caverna do Diabo, em São

Cavernas Turísticas no Brasil

- GRUTAS COM TURISMO REGULAR OU ANUAL
  CAVES WITH REGULAR OR ANNUAL TOURISM:
  1. Refúgio do Maroaga (Mun. Presidente Figueiredo/AM.)
  2. Gruta dos Martins (Apodi/RN)
  3. Lapa da Angélica (São Domingos/GO)
  4. Gruta do Tamboril (Unai/MG)
  5. Gruta do Limoeiro (Castelo/ES)
  6. Gruta dos Palhares (Sacramento/MG)
  7. Gruta Casa de Pedra (São João Del Rey/MG)
  8. Gruta do Lago Azul (Bonito/MS)
  9. Gruta N. Sª Aparecida (Bonito/MS)
  10. Buraco das Araras (Jardim/MS)
  11. Caverna de Santana/PETAR*
  12. Caverna do Morro Preto/*
  13. Caverna do Couto/*
  14. Caverna Alambari de Baixo/*
  15. Caverna Água Suja/*
  16. Caverna do Chapéu/*
  17. Caverna Chapéu Mirim I/*
  18. Caverna Chapéu Mirim II/*
  19. Gruta das Aranhas/*
  20. Gruta das Lancinhas (Rio Branco do Sul/PR)
  21. Gruta Bacaetava (Colombo/PR)
  22. Buraco das Araras (Formosa/GO)
  23. Gruta dos Ecos (Corumbá de Goiás/GO)
  * PETAR: Parque Estadual Turístico do Alto Ribeira (Iporanga/SP)

△ GRUTAS MANEJADAS PELO TURISMO DE MASSA COM ILUMINAÇÃO ELÉTRICA
  CAVES MANAGED FOR MASS TOURISM WITH ELECTRIC LIGHTNING:
  1. Gruta de Ubajara (Ubajara/CE)
  2. Gruta de Maquiné (Cordisburgo/MG)
  3. Gruta do Rei do Mato (Sete Lagoas/MG)
  4. Gruta da Lapinha (Lagoa Santa/MG)
  5. Caverna do Diabo (Eldorado/SP)
  6. Furnas de Vila Velha (Ponta Grossa/SP)
  7. Gruta Botuverá (Botuverá/SC)

☐ GRUTAS MANEJADAS PELO TURISMO DE MASSA COM ILUMINAÇÃO E DE USO RELIGIOSO
  CAVES MANAGED FOR MASS TOURISM WITH ELECTRIC LIGHTNING AND USED FOR RELIGIOUS PURPOSES
  1. Gruta da Mangabeira (Itaucu/BA)
  2. Lapa do Bom Jesus (Bom Jesus da Lapa/BA)

○ GRUTAS DE USO RELIGIOSO
  CAVES USED FOR RELIGIOUS PURPOSES
  1. Gruta do Convento ou Salitre (Campo Formoso/BA)
  2. Gruta dos Brejões (Irecê/Morro do Chapéu/BA)
  3. Gruta do Padre (Santana/BA)
  4. Lapa da Terra Ronca (São Domingos/GO)
  5. Gruta Itambé (Altinópolis/SP)

Paulo, Ubajara, no Ceará, Bom Jesus da Lapa e Mangabeira, na Bahia, e Botuverá, em Santa Catarina. A figura mostra a localização dessas grutas.

Turisticamente as cavernas representam atrativos de alto valor, não apenas em termos contemplativos pela beleza e dimensões de seus espaços e ornamentações, mas também pelo mistério e "aventura" que caracterizam sua visitação. É ainda uma forma de turismo de alto potencial educativo se realizado de maneira adequada. Caso contrário pode ser, como demonstram inúmeros exemplos, uma das formas mais agudas de dilapidação e destruição desse patrimônio.

Atualmente, dada a maior divulgação pelos meios de comunicação de massa, tem aumentado significativamente o turismo espeleológico no Brasil. A maior conscientização ecológica da população e das autoridades responsáveis pelo manejo turístico de grutas tem permitido, todavia, que as interferências no interior ou no entorno dessas cavernas turísticas venham se restringindo ao mínimo necessário, estimulando um turismo aventura, ecológico, o único compatível com a fragilidade e importância daqueles ambientes. Ao contrário do que ocorria alguns anos atrás, tem-se buscado mostrar "as obras da natureza e não as obras do homem na natureza".

Outros usos de caráter científico permanente também ocorrem em cavernas, destacando-se entre eles os "laboratórios subterrâneos", dos quais o mais famoso é o de Moulis, na França. Mesmo quando não "preparadas" especialmente para esta finalidade, as cavernas representam importantes laboratórios científicos à disposição do homem. Por esta razão, seu estudo se traduz em uma ciência interdisciplinar, a espeleologia, que abordaremos a seguir.

Página seguinte — *Following page*

14. Conjunto de colunas e cortinas iluminadas artificialmente na Caverna do Diabo, Eldorado (SP). CFL.
    Set of artificially illuminated columns and curtains in the Caverna do Diabo, Eldorado (SP). CFL.

CAVES AND MAN: Nature and Culture

Happy are they for whom every lair becomes a hermitage, every mark a cross, every crag an altar, and every stone an image.

Alexandre Rodrigues Ferreira,
the first Brazilian naturalist, writing in 1776.

CAVES IN HUMAN CULTURE

The history of mankind could hardly be told without reference to caves. The relationship between man and cave is as, or nearly as, old as the history of man himself. It is a relationship of fundamental importance in the evolution of concepts, sensations, and sentiments in their universal sense which defines man as a cultural being.

It was in caves that man found some of his first shelters and his oldest sanctuaries, in which the sacred and the profane could integrate.

With their dark depths, their age-old silence, their ample subterranean spaces, and their lovely and bizarre ornamentation, caverns and abysses give freedom to our imagination, and have certainly contributed to the establishment of our concepts of the unknown, the infinite, the secret, and the supernatural.

All the world over, rock shelters and caves have offered man protection against the elements and against animals. They have provided him with floor, walls, and roof; with entrances, corridors, and compartments; with space for fire, for rest, and for labour. As Archaelogy has shown, all that existed in the dwellings of the "Cave Man".

*A large proportion of the oldest human bone remains were found in grottoes and rock shelters. Among these may be cited the discovery of **Homo neanderthalensis** in 1856 in the Feldhofer cave in Germany; the discovery of **Pithecanthropus erecuts** in the cavern known as the Chapel of the Saints in Sumatra, on the Island of Java, in 1891; of **Homo rhodesiensis** in 1921 in Rhodesia, now Zimbabwe; of **Sinanthropus pekinensis** in 1928, in caves at Chou-Kou-Tien, near Peking, or even the most ancient skeletons of Homo sapiens in Europe (780,000 years), in the cave Gran Dolina, in Spain, and the most ancient hominid (1,900,000 years) in the Grotto Ronggupo, in China.*

It was also in caves that the bones and vestiges of the oldest Known Brazilians were conserved. Here one should point out the discovery of "Lagoa Santa Man" by Peter Lund in 1840, in the Sumidouro cave in the State of Minas Gerais, and also the work of Lund's sucessors, Aníbal Matos, Padberg Drenkpol, H. V. Walter, Josaphá Penna, and Arnaldo Cathoud, who, in the present century, have dug up and studied more than a hundred human skeletons from the caves of the Lagoa Santa region. Of particular note among these were the discovery of "Confins Man" in 1935 in the Confins Cave, and of "Pedro Leopoldo Man" in 1940 in the cave of Lagoa Funda.

In the last decades archaecological work on Brazilian caves has been intensified. Particularly noteworthy are the palaeontological researches of Drs. Paula Couto and Fausto Luís Cunha, of the National Museum, Rio de Janeiro, the work of the Instituto de Arqueologia Brasileira (Rio de Janeiro), of the Federal University of Minas Gerais, specially the group of Dr. André Prous dedicated to Brasil Central, and of the fundamental contribution of the Franco-Brazilian Mission, coordinated by Dr. Annette Laming Emperaire, at Lapa Vermelha, and the work of the Museu Paulista, and the Museu do Homem Americano, coordinated and directed by Niede Guidon, on rock shelters in the State of Piauí, where the oldest human remains with more than 40,000 years, considered the most ancient of America by some researchers.

It would be beyond the possibilities of this work to cite all the archaeological works dealing with Brazilian caves, and one can do no more than point to the increasingly detailed studies of the rock-paintings and drawings which, in a number of Brazilian States, show clearly the artistic wealth of cave sites and reinforce the idea of the role played by such sites in human cultural formation. As is the case with the famous paintings at Altamira, in Spain, and Lascaux, in France, artistic paintings of great importance have also been found in Brazil. Of particular note are those of Januária, Montalvânia, and the region of Lagoa Santa, in the State of Minas Gerais, of Morro do Chapéu, in the State of Bahia, of Sete Cidades and São Raimundo Nonato, in the State of Piauí, of Seridó in the State of Rio Grande do Norte, of Ingá in the State of Paraíba, and of numerous other sites in the State of Goiás, Mato Grosso do Sul, Pernambuco, Pará, Santa Catarina, and Rio Grande do Sul.

Rock-paintings and drawings of this nature are usually considered as being identified with places where our ancestors established habits related to the rituals involved with hunting, with the dead, and with their gods. Sepulchres and burial places, offerings, small altars, and rock paintings figure among the traces which remain to us of these rites, most of them still undeciphered.

Such customs have historically been documented for our own indigenous tribes — for example, in the description given by Marechal Rondon (1940) in his memoirs, of the valley of the Guaporé, near the present-day border of the States of Mato Grosso and Rondônia: "I found, in the grasslands, a cave which had once served as a pantheon for the indians, the cave of Araí, as they called it, and where lay the skulls of their chiefs. This cave was on a mountain-side, and was big enough to hold a battalion. The skulls were deposited in funerary urns. The excitable Tacarana who was acting as my guide wept with emotion".

In 1978, the magazine "Veja" brought to light the existence of a veritable community which, keeping up traditions lost in time, continued to dwell in caves in the State of Piauí. About 60 km from the town of São Miguel de Tapuio, some 1,500 people, hunters and cultivators of beans, live permanently in the caves — though others do so only in the period between the planting and the harvesting of the bean crop.

A similar case, though with strongly religious overtones, was documented by the present author in a place called Boa Esperança, in the south of the municipality of Morro do Chapéu (State of Bahia) in 1973; a community of about 20 families lived in sandstone caves, one of which had been transformed into a temple. It was in this following the commandments of the head of their sect, that they sacrificed prisoners taken in neighbouring villages. In view of this singular practice, the community was broken up by the police and the leaders taken to the lunatic asylum in Salvador.

Houses of men and gods, these cavities formed for us models which we still repeat in our architecture. Catacombs, tombs, casemates, tunnels, mines, underground railway systems — these are some of the elements of a subterranean urbanism which, with faith in antiquity as well as in modern technological advance, are to be found the world over. In the 19th century, the construction of little grottoes to hold fountains or simply to decorrate gardens and parks in the cities of the time was a common practice. In Brazil, São Paulo and Rio de Janeiro followed this practice: the "grottoes" of the Jardim da Luz and the Parque Laje exist even today.

But it was in sacred architecture that caves had the greatest influence. Gothic and baroque architecture are in some measure directly affected by caves. In their portals, ogives, arcades and spires, our cathedrals reproduce forms which nature sculpt-

ed in the caves. Likewise the gloom, the grandiosity, the richness of reflection, and the profound silence, which fascinate, demand respect, and lead to meditation.

This sacred and mysterious atmosphere to be found in caves is furthermore responsible for legends and myths in the culture of a great variety of peoples. The divinities and mythical personages which people the Greek, Roman, Maya, Hindu, and Persian cultures, and the folk-lore of the entire world, are seemingly endless. Among the Greeks we find Minos, Hecate, Hera, and Poseidon; the Romans give us Pluto and Venus; the Egyptians Anubis and Isis. Also among Catholic saints are to be found Our Lady of Lourdes, Our Lady of Fatima, and the Senhor Bom Jesus — in every case there is a permanent relationship with a grotto.

But caves are also associated with bandits, with ascetics, with hermits; their character as hiding-places is clear. Monsters and fairies, villains and heroes, gods and devils, day and night, light and darkness: the inhabitants of this underground world are identified in this dialectic relationship between good and evil, and so we have caves with such names as the Devil's Cave (State of São Paulo), the Fairies' Cave (State of Paraná), the Cavern of the Good Jesus (State of Bahia), Hell's Cave (State of Minas Gerais), and so on, in Brazil and throughout the world. The famous Holloch grotto (Hell's Hole) in Switzerland is just one example among many in Europe.

But in the depths of dark lairs the overwhelming and fascinating beauty of stone flowers, cascades, and columns are for some an absolute proof of the omnipresence of God, for others a witness to the occult skills of a diabolic craftsman.

At times a mere stone silhouette, an anthropomorphic stalagmite, or a mark on the wall give substance to the fantasy and the shortsightedness of faith, and turn such objects into articles of veneration. Thus a number of caves have been turned into veritable temples of pilgrimage. This is well-illustrated by Benevides Coutinho who, in 1935, describing the cave of Lapa Nova de Paracatu, wrote: "In the middle is a stalagmite which, with a certain effort of the imagination, represents for us St. Anthony of Padua with the Child Jesus in one of his arms, and at whose feet the people threw alms and prayed". In the works of our naturalists and reporters there are numerous reports of this sort, and even more in the minds and hearts of the interior of our country.

The oldest documentary reference which, to date, we possess for a cave in Brazil, also refers to a sanctuary underground, that of Bom Jesus da Lapa, in the State of Bahia, which, since the year 1690, has been visited every year by thousands of pilgrims. Antônio Olyntho dos Santos Pires, in his excellent work **Speleologia** (1923) quotes this document. In it, Francisco de Mendonça Mar, first a painter in Bahia but later become a priest, Padre Francisco Soledade, directs a petition to the king, in which he says that "26 years before, he lived in the Lapa de Bom Jesus, on the bank of the São Francisco river, where there was a church tucked among the folds of the mountains. He had there a companion (a leopard, according to legend), and there passed continually priests, monks, and other travellers, many of whom came to keep a vow to the Good Jesus; there were also the poor and sick who went in hope of relief for their ailments in the care and the remedies provided by the infirmary which existed there". He went on to say that he lacked both money and land for planting, and begged for "a portion of land such as is given to parish priests and missionaries in the interior, not just to support the pilgrims and the sick, but also to provide a few priests who would undertake to help pilgrims on their journey through that land". The petition bears no date, but was sent for purposes of information of the Marquess of Andeja, Viceroy of Brazil, on the 18th of December, 1717.

Numerous other caves in Brazil, in the manner of the Lapa do Bom Jesus, were transformed into sanctuaries, specially in the central part of the country. Among the most visited are the grotto of Mangabeira and the grotto of Brejões (State of Bahia) and that of Terra Ronca (State of Goiás), both dedicated to the Good Jesus, with feasts and pilgrimages lasting a week, on the eve of each 6th of August. In the State of Minas Gerais, the grottoes of Sanctuary da Lapa de Antônio Pereira (Ouro Preto) among others, are the object of annual pilgrimage. In Central Brazil, grottoes are not only commonly used for religious occasions, but are incorporated as a decorative device in the construction of cribs. These Christmas models, so often to be found occupying an entire room in humble houses in the interior, are, symptomatically, known as "lapinhas" (little grottoes), the diminutive form of "lapa", which is the normal regional name for a grotto or cavern. They are decorated with fragments of stalactites taken without any sense of the predatory, from the more accessible caves of the area. The grotto of Altinópolis (State of São Paulo) is another good example of a case temple; formerly Catholic and then it is used by adepts of the Afro-Brazilian religion known as Umbanda. Indeed, one of the most distinctive characteristics of religious use of caves is exactly the ecumenical nature of the use of available space. From Buddhism to Umbanda, these temples seem to serve all gods without distinction. All beliefs, all peoples, all times.

However, Man's use, past and present, of caves is by no means limited to dwelling-places or sanctuaries. A very old function of caves in their use as a source of drinking water, either by means of the channelling of underground watercourses, a method employed by the Romans to feed their aqueducts, or by the patient capture of drips from stalactites, which are then led by channels to a central reservoir. Of this latter type, there is a spectacular water catchment system in the castle of Predjama, in Slovenia — a fortified castle installed inside an immense grotto on the flank of an inaccessible cliff. Michel Bouillon (1972) tells us that at the time (1450), the only means of access to the castle was by rope-ladder, and it was there that Erasmus of Predjama lived with his band, taking refuge after attacks on companies of Italian merchants on their way to Central Europe. Survival was assured by water collected from the system described, and by a gallery which led to the outer world some 4 km away, allowing the occupants to bring in game and fruit. In this way the band resisted siege by their enemies on innumerable occasions.

During the Second World War, the present castle, bigger than its predecessor and built on the same spot in 1570, was again used — this time by the Jugoslav resistance, who continued to use the same water catchment system (Bouillon, op. cit.).

A number of caves has been used as aquifers in Brazil, for farms, villages, and even cities. This is the case of the famous "cacimbas" of northeast of the country, as well as the sources in the grottoes in Lapão, Feira da Mata e Iraquara (State of Bahia) and of the "Water Catchment Cave", which supplies the town of Altinópolis (State of São Paulo).

As the cavern in Jugoslavia, already referred to, was used as a hiding place, so caves in Brazil have served the same purpose on numerous occasions. Just as an example we can quote the cave of the Vieiras, and the grotto of Berta do Leão, in the valley of the Ribeira river; several families managed to hide themselves in these caves in the course of the Revolution of 1932, which had considerable effect on this boundary region between the States of São Paulo and Paraná. Also used as a hiding place was the cave of the Grilos, in São Domingos (State of Goiás) at the time of the Prestes column. It is reported of the cave of Ponte da Terra, in Itamarandiba (State of Minas Gerais) that "old residents of the region tell that, even in the time of the Emperor Dom Pedro I, this cave was a redoubt of fearless and bloody bandits..." (IBGE, 1939)

A perfect place to hide — to hide oneself, to hide treasure, to conceal crimes. And once again, a characteristic of caves is responsible for a wealth of legends and stories. One such, regarding treasure, is described in **As Grutas de Minas Gerais** (IBGE, 1939), p. 82: "according to tradition, the cave of Quebra Coco held, concealed in one of its crannies, a most valuable treasure — a collection of diamonds of the greatest value. These stones were hidden there, it was said, at a time the local diamond mines were in a phase of intense activity — hidden by slaves or prospectors with the intention of cheating the rigorous inspections imposed by the owners of the mines".

However, our caves have also been subject to rather less eloquent uses: as rubbish dumps, pet cemeteries, cattle stockades, or collective laundries, as one can still find in the States of Minas Gerais, Bahia, and Ceará. Stone stockades and wash-place are common in the very hot north-eastern part of Brazil, the "lapas", or grottoes, even if very small, still provide shade and the possibility of water throughout the year.

The Europeans use caves for a number of purposes which are uncommon or non-existent in Brazil — for the cultivation of mushrooms, for the curing of cheese, and as wine-cellars. In Germany and Italy, caves have been transformed into veritable hospitals, whose microclimate and healthy atmosphere are at the service of cures for disease of the lungs and the skin.

In Brazil, it was mining which first led our ancestors, in the early history of the country, to take an interest in caves. In the course of the search for saltpetre, necessary for the manufacture of gunpowder in the times of colonial and imperial Brazil, several caves were discovered, worked, and then, unfortunately, destroyed, above all in the States of Minas Gerais and Bahia.

Frei Vicente do Salvador, in his **História do Brasil** (1500-1627) states in chapter V that "There are also copper, iron, and saltpetre mines...", suggesting that saltpetre caverns had already perhaps been discovered in the interior of the State of Bahia. Gabriel Soares, in the **Tratado Descriptivo do Brasil**, written in 1587, already gives information about the existence of saltpetre in the country. Both are cited by Antônio Olyntho S. Pires (op. cit.) who says that, at that time, there was a "constant recommendation from the government in Portugal to get on with the discovery of deposits of saltpetre, so that gunpowder, so necessary not only for defense of the colony but also for the penetration of newly discovered land, could then be manufactured in Brazil". The Portuguese government ordered the governor, D. João de Lencastre, to study these saltpetre deposits personally, and to take steps for exploitation of the mineral. This happened in 1695. (Calogeras, 1904)

Innumerable expeditions followed each other into the interior of the State of Bahia, specially to the area of the Morro do Chapéu, where the nitrate deposits of the Jacaré river were already under exploitation.

Thus it was that the first systematic prospection of the caves of any region of Brazil was also to destroy these caves; paradoxically, it was the exploitation of saltpetre in caves which led to discovery of the fossil bones which, at a future date, would give rise to the study of palaeontology, the cradle of today's scientific speleology.

Lead and copper have also been mined from caves when the cave happens to cross a seam of these minerals. Saltpetre for gunpowder and guano (in the form of bat droppings) for agricultural use have been taken from caves, and also calcite, the material from which stalactites are formed. Mining today is an even greater threat to caves, not on account of interior mutilation, but because of the total destruction caused by blowing up the rocky surround, which is calcareous, for the manufacture of chalk and cement.

The function of caves as a tourist attraction was registered in China many centuries ago and in Europe at least since Hutton (1780). In 19th century numerous caves have been opened to general public visitation, especially in Europe, and with the help of flaming torches, stone or wooden access steps, rowing-boats, and guides specialized in making up fantastic stories and giving names to each of the stones and stalactites. Fingal's Cave, in Great Britain, where Mendelssohn had the idea for his famous overture; the cave of Han-sur-Lesse, in Belgium, visited yearly by 200,000 people, the cave of Postojna (Slovenia), which has been the tourist centre of a vast region, and which has received more than 26,000,000 visitors from all over the world since the first visitation in the 13th century.

In France, the Grotte de Betharram and the Gouffre de Padirac receive about 250,000 visitors each per year. Numerous other caves in the same country are managed as tourist attractions; indeed, there is a national association of exploites of cave tourism (ANECAT), as there is also in Italy, Germany, Austria, and other European countries. In the United States, such caves as those at Carlsbad, or the Mammoth Cave, did not take long to come onto the tourist circuit, and today are among the most visited anywhere in the world.

In Brazil, as has been mentioned, it was the caves with religious associations which first came to receive a significant number of visitors, impelled, however, more by their faith than by any wish to contemplate a cave — although often enough it may be impossible to separate the two things. In the case of caves with no religious connection, those which came earliest to serve as tourist attractions were Ubajara (State of Ceará), Tapagem (Caverna do Diabo, in the State of São Paulo), and Maquiné, in the State of Minas Gerais. it was the Gruta de Maquiné which pioneered the trend towards being a cave strictly managed for mass tourism, with the use of electric light, this happened only in 1967, although the beauty of this cave had been hymned since the 19th century) when Lund discovered it and announced to the world: "As for me, I confess that my eyes have never seen anything so beautiful and magnificent in the domains of nature or art". Thus wrote the Danish sage in his **Primeira Memória** (1837) when, through the means of palaeontology, he laid the why for Brazilian speleology.

At present there are more than 50 caves regularly open for tourism, including those whose function is primarily religious. There are not more than 15, however, available to tourism **en masse**, including the few ones with electric illumination. Maquiné, Lapinha and Rei do Mato (State of Minas Gerais), Caverna do Diabo (State of São Paulo), Ubajara (State of Ceará), and Bom Jesus da Lapa, Mangabeira (State of Bahia), and Boturerá (State of Santa Catarina). The figure on page 27, shows the location of each, together with the principal access roads.

From the tourist's point of view, caves are extremely attractive, not only in terms of contemplation of their beauty, of the dimensions of their space, and of their ornament, but also through the mystery and sense of "adventure" which enter into a visit. When carried out in a suitable manner, such tourism has great potential in educational terms. When this is not the case, *then — as is shown by only too many examples — it becomes one of the most acute agents of dilapidation and destruction of the caves concerned.*

Cave tourism in Brazil has increased significant in recent times, largely due to greater divulgation by the mass media. Nor is this the case with caves recently organized for the purpose. A greater degree of ecological conscience among the population, and also among the authorities responsible for cave management for tourism, has allowed a restriction to the minimum of interference, either with the interior of the caves or with their external environment. It has been stimulated tourism with a sense of adventure and ecological awareness, the only type of tourism which is compatible with the fragility and the importance of the caves themselves. The situation of some years back has been reversed: an effort is being made to show "the works of nature, and not just the works of man in nature".

Caves have in some cases been turned to uses of permanent scientific nature: of note are the "underground laboratories", and in particular that of Moulis, in France. Even when not specially prepared for such a function, caves are important as scientific laboratories at the disposal of man. Thus the study of caves becomes an interdisciplinary science, speleology, which we shall now go on to discuss.

Página seguinte — *Following page*

15. Sumidouro da Gruta Água Sumida, PETAR, Iporanga. (SP). CFL.
    Entrance of the Água Sumida Cave, PETAR, Iporanga (SP). CFL.

ESPELEOLOGIA: Ciência e Esporte

Quando nos deparamos com a entrada de uma caverna somos tomados por um sentimento misto, de temor e desejo; temor das trevas, do desconhecido e desejo de encontrar ali as chaves de Mistérios ainda sequer suspeitados.

Leonardo Da Vinci

16. Entrada superior da Gruta do Arataca, Iporanga (SP). Final do séc. XIX. RK.
    Upper entrance of the Gruta do Arataca, Iporanga (SP). End of the 19th century. RK.

17. Coluna "O Gigante" Caverna do Monjolinho, Iporanga (SP). Final do séc. XIX. RK.
    The column known as "The Giant", Caverna do Monjolinho, Iporanga (SP). End of the 19th century. RK.

18. Túmulo de Lund, Lagoa Santa (MG). CFL.
    Lund's grave, Lagoa Santa (MG). CFL.

ASPECTOS HISTÓRICOS DA ESPELEOLOGIA NO BRASIL E NO MUNDO

Milênios se passaram para que o homem, de eventual habitante ou ocasional admirador do subterrâneo, voltasse sua atenção para as cavernas com a finalidade de estudá-las de forma sistemática. Embora houvesse tentativas de explicação para a gênese dessas cavidades nos séculos XVII e XVIII, foi apenas na segunda metade do século XIX que estes "mundos de trevas e silêncios" vieram a se transformar em objeto de estudo científico.

Em verdade, a própria ciência em seus diversos campos era ainda incipiente, com uma geologia balbuciante, uma química embebida de alquimia, uma hidrologia cárstica ensaiando seus primeiros passos e uma paleontologia presa às visões cataclíticas e diluvianas de Cuvier. Neste quadro, coube ao francês E. A. Martel o reconhecido título de "pai da espeleologia" devido aos trabalhos pioneiros *Les Eaux Souterraines*, *Les Abîmes* e outros, através dos quais deu a esta nova disciplina o necessário arcabouço teórico11.

Juntamente com Martel, ao longo das três primeiras décadas do século XX, surgiram pesquisadores que, especializando-se em áreas mais restritas, foram marcando desde cedo o caráter interdisciplinar dessa nova ciência. Assim, entre outros, destacam-se os trabalhos de Jeannel e Racovitza no âmbito da biologia subterrânea; Robert de Jolly e Norbert Casteret na exploração técnica e esportiva desses espaços e o Grupo de Geomorfólogos de Viena — Cvijic, Penk, Grund, nos estudos sobre o carste, relevos calcários onde se desenvolvem as cavernas.

Os estudos paleontológicos em cavernas precederam tais avanços no campo espeleológico propriamente dito. Destacam-se entre eles as pesquisas de Peter Wilhelm Lund, o sábio dinamarquês que, radicado no Brasil, dedicou-se entre 1835 e 1844 ao estudo dos fósseis da região de Lagoa Santa, Minas Gerais, de grande repercussão científica na época. As descobertas de Lund no campo paleontológico foram imensas, com cerca de 115 espécies fósseis descritas, incluindo entre elas enormes mamíferos pleistocênicos como os megatérios, gliptodontes, o toxodonte, a macrauquênia e o notável "tigre dente-de-sabre".

Lund foi também o descobridor do "Homem de Lagoa Santa", da raça que habitou as cavernas de Minas Gerais milhares de anos atrás, além de reunir uma das maiores coleções fósseis da época, enviada ao rei Christiano VIII da Dinamarca. Produziu ainda, importantíssimos documentos sobre a região de Lagoa Santa, suas cavernas e a fauna, fóssil e recente da área, registros estes reunidos em suas famosas *Memórias* (Lund, 1950). Tais descobertas e publicações foram importantes para uma revisão de conceitos que estão sintetizados na obra de Darwin sobre a evolução das espécies, o qual cita entre outros os dados pesquisados por Lund. Foram igualmente um importante chamamento científico às cavernas brasileiras.

Seguindo os passos de Lund, o alemão Ricardo Krone, radicado em Iguape, São Paulo, voltado igualmente aos estudos paleontológicos, realiza entre 1895 e 1906, o primeiro levantamento sistemático de cavernas no Brasil, na região de Iporanga, no alto vale do Ribeira.

Ricardo Krone, além dos estudos paleontológicos para o Museu Paulista e instituições européias, dedicou-se a estudos arqueológicos, especialmente sobre os sambaquis, e etnográficos, no sul de São Paulo. Coube a ele o primeiro cadastro espeleológico do país com 41 cavernas descritas no alto vale do Ribeira, incluindo mapas e fotografias. Nessa época, 1898, relaciona os equipamentos que achava convenientes para explorar as grutas:

"uma boa escada de corda de 20 a 25m;
dois cabos, que agüentem peso de 2 pessoas, cada um de 15 ou 20m;
novello de corda de 100m, marcado de metro em metro, que também serve para a lanterna de sondagem;

19. Lund em escavações paleontológicas em gruta na região de Lagoa Santa (MG). Aquarela de P.A. Brandt, auxiliar do pesquisador.
    Lund on a palaeontological excavation in a cave in the region of Lagoa Santa (MG). Water-colour by P. A. Brandt, Lund's helper.

20. Entrada da Lapa Vermelha de Lagoa Santa, destruída pela mineração, Lagoa Santa (MG). Aquarela de 1836, por P. A. Brandt.
    Entrance to the Lapa Vermelha at Lagoa Santa, destroyed by mining. Lagoa Santa (MG). Water-colour dated 1836, by P. A. Brandt.

21. Alçapão de entrada da Lapa do Saraiva, Presidente Juscelino (MG). Aquarela de 1835, por P. A. Brandt.
    Entrance to the Lapa da Saraiva, Presidente Juscelino (MG). Water-colour dated 1835, by P. A. Brandt.

lanterna boa para vela ou lampião para uso em cavernas de água onde as vezes há forte ventilação;

instrumentos geodésicos, conforme os trabalhos que querem executar, e os ferramentos necessários;

para illuminar salas extensas occupa-se arame ou fita de magnesium; castiçães de folha com pratos largos para velas de stearina;

recommendo também nunca estar sem uma caixa de bons phosphoros, hermeticamente condicionada, para a última reserva".

As pesquisas de Krone, como as de Lund, não tiveram porém seguidores imediatos. Somente após quarenta anos, viria a se formar a primeira entidade espeleológica das Américas, a SEE, Sociedade Excursionista e Espeleológica da Escola de Minas de Ouro Preto, em Minas Gerais.

A SEE foi criada em 1937, apenas sete anos após a fundação da *Société Spéléologique de France*, organizada por Martel e seus adeptos, a qual lhe serviu de inspiração. Já em 1938, a SEE iniciou estudo nas cavernas de Lagoa Santa, Minas Gerais, e em Iporanga, São Paulo, seguindo os passos de Lund e Krone e duas outras importantes publicações da época: *Speleologia*, de Antônio Olyntho Pires (1923), e *As Grutas de Minas Gerais*, do Instituto Brasileiro de Geografia e Estatística (IBGE, 1939). Entre seus sócios destacam-se diversos pioneiros da nossa espeleologia como Vitor Dequech, Walter Von Kruger, Paulo de Almeida Rolff e Jairo Vasconcelos Reis.

O advento da Segunda Guerra Mundial logo em seguida dificultou o intercâmbio internacional no campo espeleológico, embora trabalhos isolados não deixassem de ser desenvolvidos, tanto aqui como na Europa e Estados Unidos. Foi apenas em 1949, em uma reunião informal realizada em Valence-sur-Rhône, na França, que se programou a realização de Congressos Internacionais de Espeleologia, vindo o primeiro deles a ocorrer em Paris, em 1953, reunindo 161 congressistas de 23 países.

O segundo congresso viria a realizar-se em 1958 na Itália, o terceiro em 1961, na Áustria, o quarto em 1965, na Iugoslávia, e assim, a cada quatro anos, em diferentes países do mundo.

Já nos primeiros congressos se indicava pelos trabalhos apresentados o interesse dos espeleólogos pelas áreas da espeleologia física — geologia, hidrologia, morfologia cárstica, climatologia subterrânea, e da bioespeleologia — zoologia, paleontologia. A esses campos viriam se acrescer posteriormente as áreas da antropoespeleologia — arqueologia, cultura, religião, turismo, e a preservação do patrimônio espeleológico, entre outras.

No Brasil, nos últimos anos da década de 1950 criou-se a seção de espeleologia do Clube Alpino Paulista, formado principalmente por espeleólogos europeus que se

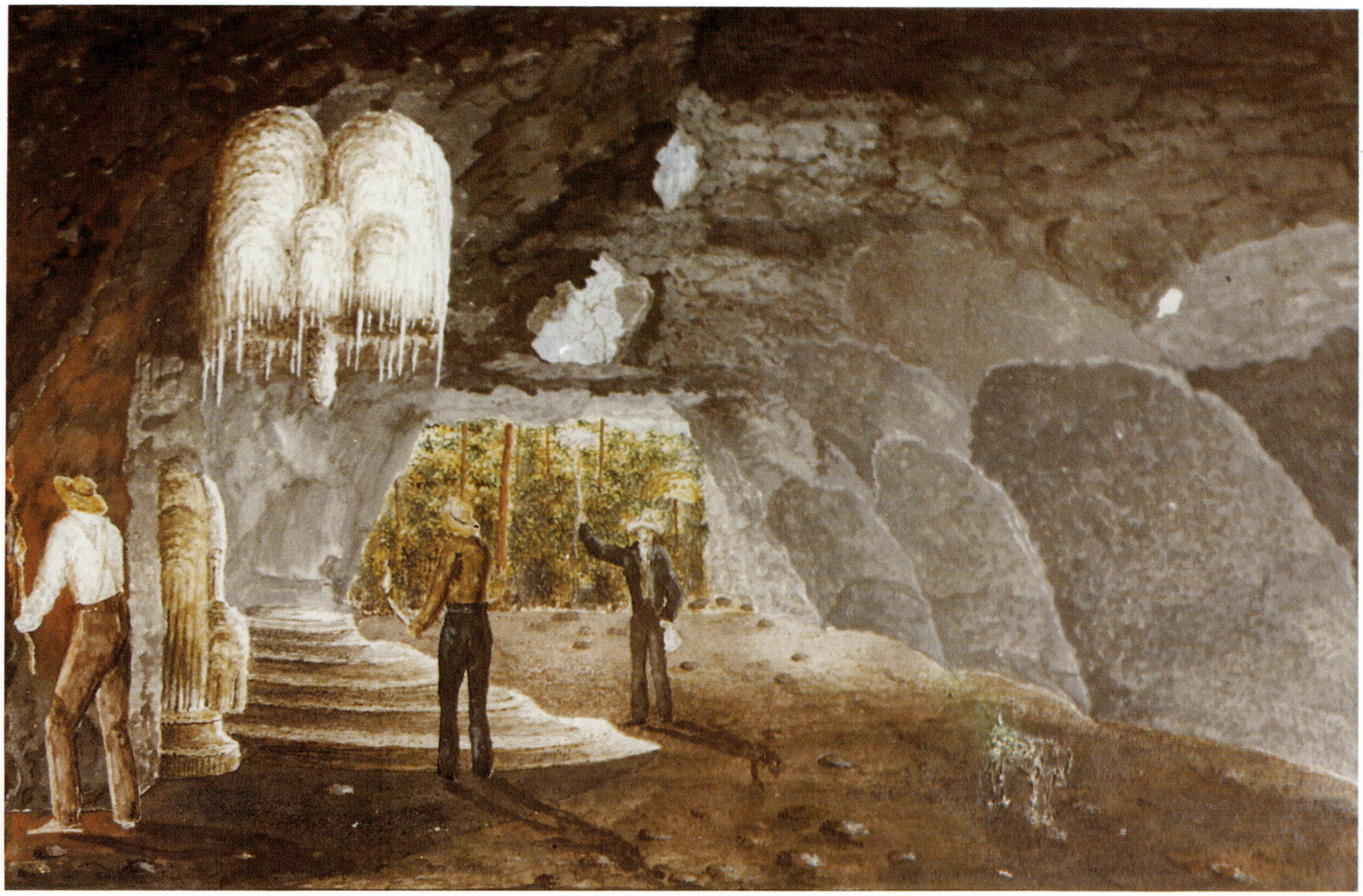

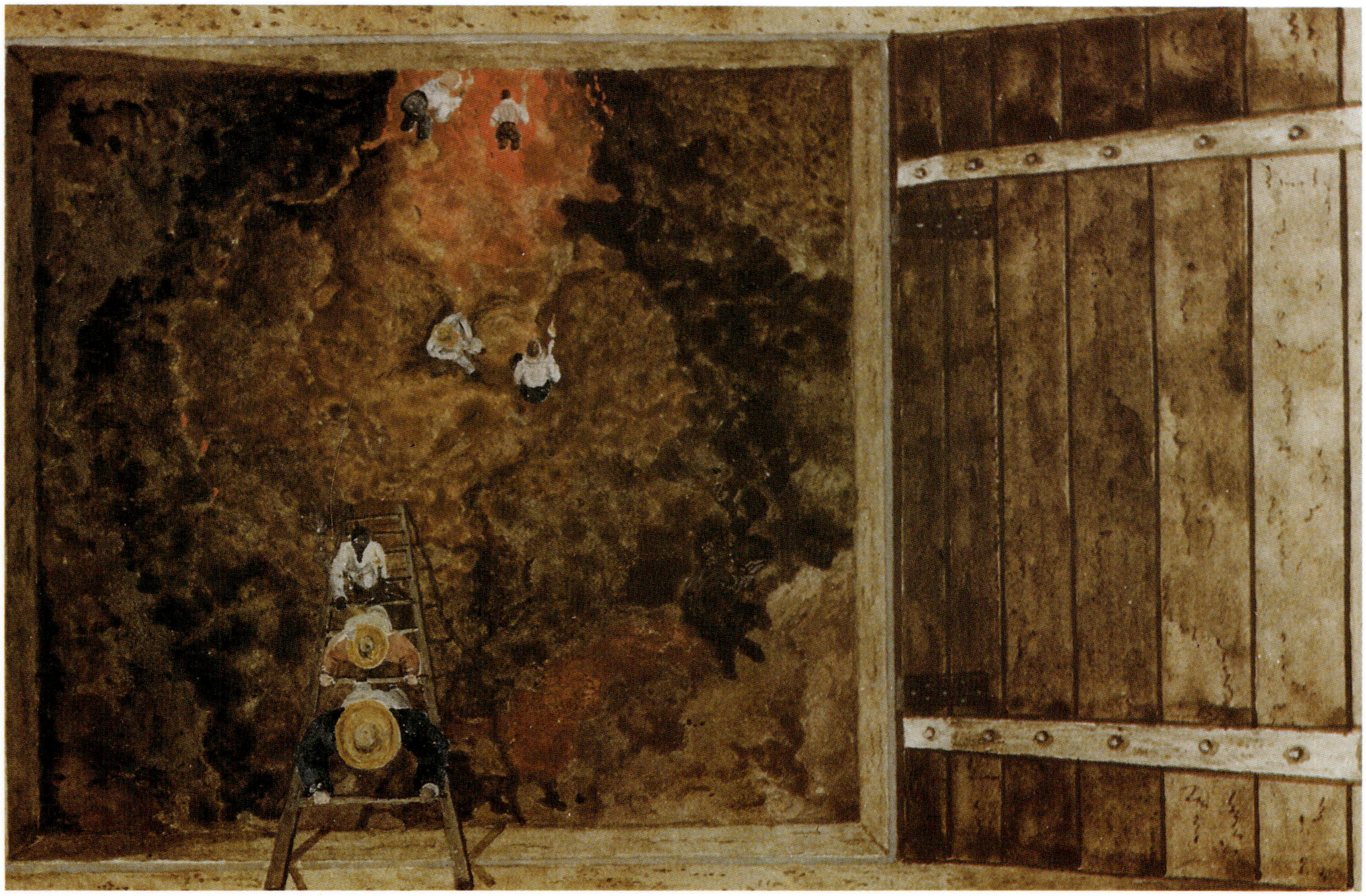

deslocaram para o Brasil. Cabe citar entre eles, o francês Michel Le Bret, o iugoslavo Peter Slavec e o espanhol José Luís Vasques Yuste. Além desses, destacaram-se como pioneiros dos estudos em São Paulo os franceses Pierre Martin e Guy Collet e os brasileiros José Epitácio Guimarães, Pedro Comério, Luís de Alcântara Marinho e Salvator Licco Haim.

Esses espeleólogos seriam os responsáveis pela retomada das explorações de Krone no vale do Ribeira e pela realização do primeiro Congresso Brasileiro de Espeleologia, em 1964, na Gruta Casa de Pedra.

Os três congressos subseqüentes foram realizados em Ouro Preto, sob a responsabilidade da SEE e culminaram em 1969 com a criação, em nível nacional, da SBE — Sociedade Brasileira de Espeleologia visando congregar pessoas e grupos existentes, incentivar a criação de novas entidades e fomentar o desenvolvimento da espeleologia nacional.

A partir da década de 1970 criam-se inúmeros grupos de espeleologia no interior do país, ampliam-se as áreas de atuação através da realização de diversas expedições interestaduais e realizam-se importantes congressos nacionais. Além disso, é lançada a revista Espeleo-Tema da SBE, desenvolvem-se planos de manejo para diversas cavernas turísticas e inicia-se uma profícua atuação dos espeleólogos pela preservação de nosso patrimônio espeleológico.

Nesse período cumpre destacar a criação em São Paulo de grupos como "Os Opiliões", voltados especialmente para exploração e estudos hidrológicos em cavernas, o "Grupo Bagrus", cujas atividades voltaram-se principalmente para a arqueologia e o CEU — Centro Excursionista Universitário, que, ligado à Universidade de São Paulo, praticamente revolucionou a espeleologia nacional na época, através de seus inúmeros trabalhos exploratórios e científicos.

Ao Centro Excursionista Universitário devem-se, entre outros trabalhos, os primeiros levantamentos regulares sobre a biologia das cavernas brasileiras, importantes escavações e estudos sobre fósseis, a descoberta e exploração de mais de uma centena de grutas e abismos no país, a criação dos primeiros cursos e grupos de resgate em cavernas e a realização da primeira experiência brasileira de longa permanência subterrânea.

A citada operação, que consistiu na permanência por quinze dias de um grupo de onze espeleólogos na Caverna de Santana, em Iporanga, São Paulo, em 1975, apresentou importantes resultados em diversos campos da espeleologia. Na área da exploração e da mineralogia em cavernas destaca-se a descoberta do mais ornamentado conjunto de galerias do país, Salão Taquêupa, na referida caverna. Outras contribuições dessa experiência se deram no estudo do "ciclo de vigília-sono" de pessoas vivendo "fora do tempo", sem relógio e sem comunicação direta com o exterior.

Estes estudos de permanência prolongada em cavernas tiveram como estímulo as experiências realizadas por Michel Siffre na França e nos Estados Unidos na mesma época e grande parte dos resultados obtidos no Brasil coincide com aqueles desenvolvidos nos citados países.

Além do CEU, outros grupos se formaram na década de 1970, como o Espeleo Grupo de Brasília — EGB, responsável por uma significativa evolução das técnicas de exploração em cavernas e o CPG — Centro de Pesquisas Geológicas de Belo Horizonte, Minas Gerais, que, embora de existência relativamente curta, proporcionou um sensível avanço no campo da espeleologia científica. Ainda em Minas Gerais se formou o NAE — Núcleo de Atividades Espeleológicas e o Grupo Bambuí de Pesquisas Espeleológicas, sendo este último atualmente o mais completo e ativo Grupo do Brasil.

Nas décadas de 1980 e 1990 a espeleologia brasileira experimentou um enorme avanço em todos os campos de estudo e atividades. Multiplicaram-se os grupos espeleológicos nas diversas regiões do país, chegando em 2000 a mais de 90 entidades.

22. Acampamento do Primeiro Congresso Brasileiro de Espeleologia, realizado em 1964, na Gruta Casa de Pedra, Iporanga (SP). Entre outros, aparecem Pedro Comércio e Michel Le Bret, Autor anônimo.

Camp-site of the First Brazilian Speleological Congress, held in 1964 in the Gruta Casa de Pedra, Iporanga (SP). Pedro Comério and Michel Le Bret appear among others. Anonymous.

23. Michel Le Bret e Pierre Martin, respectivamente primeiro e segundo presidentes da Sociedade Brasileira de Espeleologia — SBE, durante topografia em caverna do vale do Ribeira (SP). Autor anônimo.

Michel Le Bret and Pierre Martin, respectively first and second presidents of the Sociedade Brasileira de Espeleologia (SBE), during mapping work in a cave in the Vale do Ribeira (SP). Anonymous.

As explorações no Brasil Central revelaram mais de 1.000 novas cavernas, incluindo algumas das maiores e mais belas do país e também do mundo como a Toca da Boa Vista (BA), atualmente com 92.000 m, 13ª do mundo, e a Gruta do Centenário (MG), com 481 m de desnível, a mais profunda caverna em quartizito conhecida. Sofisticaram-se as técnicas de topografia e mapeamento. Sistematizaram-se os conhecimentos científicos, surgiram diversos cursos de especialização e teses de mestrado e doutorado nos campos da biologia, da geospeleologia e da proteção e manejo de cavernas.

Nesse período o Brasil também avançou muito na proteção das cavernas que, a partir da Constituição Federal de 1988, passaram em sua totalidade a pertencer à União. Elaborou-se um Programa Nacional de Proteção ao Patrimônio Espeleológico, foram decretados vários Parques para proteger cavernas, executaram-se planos de manejo para cavernas turísticas e foi aprovada pelo Congresso Nacional a lei geral de proteção às cavernas. Foi também criado o CECAV — Centro de Estudos, Proteção e Manejo de Cavernas, vinculado ao órgão ambiental federal que vem atuando em todo país, em parceria com a SBE.

Ampliou-se também a participação brasileira no cenário espeleológico internacional com a organização de expedições brasileiras em outros países, participação ativa em congressos internacionais, publicações, websites, expedições nacionais em parceria com grupos do exterior e a criação da FEALC — Federação Espeleológica da América Latina e Caribe. Como resultado dessa atuação o Brasil foi escolhido para sediar o 13º Congresso Internacional de Espeleologia (Brasília, julho 2001), o primeiro grande evento espeleológico do 3º milênio.

24. Acampamento da Operação Tatus I. Quinze dias de permanência subterrânea na Caverna de Santana. Iporanga (SP). Janeiro/fevereiro de 1975. CFL.

    Camp-site of Operation Tatus I — 15 days underground in the Caverna de Santana, Iporanga (SP). Jan.-Feb. 1975. CFL.

25. Bioespeleologia: à procura de peixes na Gruta do Salitre, Cordisburgo (MG). CFL.

    Biospeleology: the search for fishes in the Gruta do Salitre, Cordisburgo (MG). CFL.

26. Subida em corda com auxílio de blocantes. Abismo de Furnas. Iporanga (SP). CFL.

    Climbing a rope with the use of ascenders.
    Abismo de Furnas, Iporanga (SP). CFL.

27. Mergulho na Gruta do Lago Azul, Bonito (MS). CFL.
Diving in the Gruta do Lago Azul, Bonito (MS). CFL.

28. Acampamento junto à dolina de entrada da Caverna São Mateus-Imbira, durante filmagens de documentário para televisão, em 1985. CFL.
Camp-site near the entrance doline of the Caverna São Mateus/Imbira, during filming of a TV documentary in 1985. CFL.

QUESTÕES CONCEITUAIS DA ESPELEOLOGIA

Segundo diversos autores, o termo *espeleologia*, derivado do grego **spelaion**, "caverna", e **logos**, "estudo", foi apresentado pelo historiador francês Riviere, em 1890, tendo L. de Nussac, em 1892, proposto o termo "mais simplificado" de **speologia** que chegou a ser adotado principalmente pelos estudiosos da fauna cavernícola. Esse termo, no entanto, foi posteriormente proscrito, pois, derivado do grego **speos** ("minas, tumbas, escavações artificiais"), era etimologicamente errado. Já o termo *espeleologia*, com uso restrito às cavidades *naturais*, internacionalizou-se rapidamente, correspondendo na concepção de Martel à "História Natural das Cavernas".

Inúmeras definições mais aprimoradas surgiram, cabendo a Géze, em 1968, uma das mais abrangentes e sintéticas, a qual ganhou grande aceitação internacional. Segundo o citado autor a "*espeleologia é a disciplina consagrada ao estudo das cavernas, sua gênese e evolução, do meio físico que elas representam, de seu povoamento biológico atual ou passado, bem como dos meios ou técnicas que são próprias ao seu estudo*".

Nessa definição estão incluídos alguns conceitos básicos que cabe destacar, como o do caráter *predominantemente interdisciplinar* e *científico* da espeleologia, ao qual se aglutina como *meio*, instrumento fundamental de trabalho, *a atividade esportiva inerente à exploração das cavernas*.

Nesse sentido, pode-se em um primeiro momento subdividir essa disciplina em *espeleologia científica* e *espeleologia técnico-esportiva*, entendida a segunda como meio para a primeira, podendo cada uma delas ser subdividida em várias disciplinas específicas.

1. *Espeleologia física*, que corresponde à *carsteologia* — estudo do relevo onde se formam as cavernas; *a geoespeleologia* — estudo da gênese e evolução das cavernas; a *espeleomineralogia* — estudo da deposição mineral em cavernas, especialmente seus "espeleotemas", como as estalactites e estalagmites; a *climatologia subterrânea* — estudo do ambiente cavernícola e sua dinâmica, envolvendo questões relativas à temperatura, umidade e circulação do ar entre outras, e a *hidrologia subterrânea* — estudo da circulação das águas subterrâneas em áreas de cavernas.

Tais disciplinas são intimamente relacionadas, exigindo estudos articulados aos quais Llopis Lladó (1970) atribuiu o nome de *hidrogeologia cárstica* em substituição à denominação mais freqüente de espeleologia física.

2. *Espeleologia biológica* ou *bioespeleologia* – que corresponde ao estudo da flora e da fauna subterrâneas, bem como do ambiente cavernícola onde se desenvolvem esses organismos. Nesse sentido, também o termo *espeleoecologia* vem ganhando adeptos nos últimos anos.

Inclui, ainda, o estudo da flora e da fauna fóssil preservadas nas cavernas, cujas pesquisas se inserem no domínio da *espeleopaleontologia*.

3. *Antropoespeleologia*, que corresponde ao estudo das relações históricas e pré-históricas do homem com esses ambientes. Assim engloba a *arqueologia em cavernas*, a *espeleo-mitologia*, dedicada à compreensão dos mitos, lendas e práticas religiosas, associadas às cavernas e a *espeleologia econômica*, que engloba os diversos usos que o homem faz desses ambientes, de seus componentes e de seu conteúdo.

A espeleologia técnico-esportiva por sua vez engloba:

1. *A prospecção e a exploração de cavernas*, que reúnem as atividades voltadas à descoberta de cavernas (com utilização de mapas, aerofotos, métodos geotécnicos, etc.), bem

29. Treinamento de resgate em grutas. Caverna do Morro Preto, Iporanga (SP). CFL.
Rescue training in caves. Caverna do Morro Preto, Iporanga (SP). CFL.

como o reconhecimento direto de cada uma das salas e galerias que compõem a cavidade. Contam para isso com a *tecnologia espeleológica*, que reúne técnicas, métodos e equipamentos para vencer com segurança os obstáculos internos, e a *espeleometria*, que reúne técnicas de mapeamento e dimensionamento dos espaços que compõem cada sistema espeleológico.

2. *A espeleodocumentação*, que corresponde às atividades de registro sonoro, gráfico e visual do ambiente cavernícola incluindo, entre outros, a *espeleofoto* e o *espeleocine*, além da *cartografia espeleológica* — cartas, mapeamentos, plantas e croquis, que representam de forma adequada os levantamentos espeleométricos das cavernas.

3. *A logística espeleológica*, que engloba as técnicas e métodos *de comunicações*, *resgate* e *permanência* (bivaques e acampamentos) em cavernas, intimamente associada às atividades descritas no item 1.

4. *A espeleologia aplicada*, por sua vez, representa um terceiro grupo de atividades espeleológicas que reúne simultaneamente a pesquisa científica e as técnicas relacionadas à utilização do ambiente subterrâneo como o *manejo turístico de cavernas*, o aproveitamento de *mananciais cársticos* e o estabelecimento de *laboratórios subterrâneos*, entre outros.

Como se vê, trata-se de um campo de ação extremamente amplo e complexo, que exige de um espeleólogo além da curiosidade e destreza física, competência técnica e/ou científica e larga experiência. Dessa forma, é conveniente distinguir o *espeleólogo* de outros freqüentadores de caverna, sejam eles turistas eventuais ou esportistas de cavernas (cavernistas).

A esses últimos devem-se importantes descobertas e explorações, embora essa atividade deva ser entendida e fomentada não como um fim, mas como uma etapa na formação de verdadeiros espeleólogos. É necessário, por outro lado, que não se entenda a espeleologia, o estudo das cavernas, como uma atividade passível de se desenvolver na exclusividade de laboratórios e gabinetes. *O espeleólogo no sentido mais global do termo deve, portanto, ser um cientista ou um técnico especializado que, além de dominar seu campo de pesquisa ou atuação, possua a destreza, a persistência e o preparo físico típico de um desportista.*

Do ponto de vista esportivo uma diferença básica distingue a espeleologia de outros esportes congêneres: nela não se privilegia a competição entre os indivíduos ou grupos, ao contrário, exige-se a solidariedade e o trabalho de equipe. Não se trata, igualmente, de vencer a natureza, mas de suplantar-se a si mesmo, suplantando limites físicos, técnicos e de conhecimento. Von Kruger (1938) relembra neste sentido um princípio básico da espeleologia que diz que "todo explorador deve demonstrar coragem sem fazer demonstração de coragem", ou ainda a sintética e feliz frase de R. Ginet (*apud* M. Bouillon, 1972): "A gruta não é um espeleódromo".

É freqüente, por outro lado, a definição reducionista da espeleologia como um "alpinismo às avessas". Do ponto de vista técnico, é inegável uma íntima relação entre esses esportes; no entanto, mesmo nesse nível, são enormes as diferenças. A escuridão total, a freqüente presença de rios, cachoeiras e lagos, a ausência de vegetação, entre outros itens, fazem da caverna um ambiente totalmente diverso das superfícies de montanha, exigindo técnicas e equipamentos muito peculiares. Por outro lado, o espeleólogo só se utiliza de vias de maior grau de dificuldade quando a penetração da caverna o exige, inexistindo competições desse tipo tão comuns na prática do montanhismo. Mais que isso, mesmo em nível exploratório, esquecendo-se a finalidade científica básica da espeleologia, esses esportes têm metas diferentes: enquanto o alpinista visa atingir através de uma determinada via o topo da montanha, o espeleólogo busca, através de todas as vias existentes, atingir o último reduto de uma caverna, que pode estar a 20 m ou a mais de 20 km da entrada; sua meta é o desconhecido; sua finalidade, o conhecimento.

Página seguinte — *Following page*

30. Acampamento subterrâneo na Gruta Ribeirãozinho III. Iporanga (SP). PCC.
    Underground camp-site in the Gruta Ribeirãozinho III, Iporanga (SP). PCC.

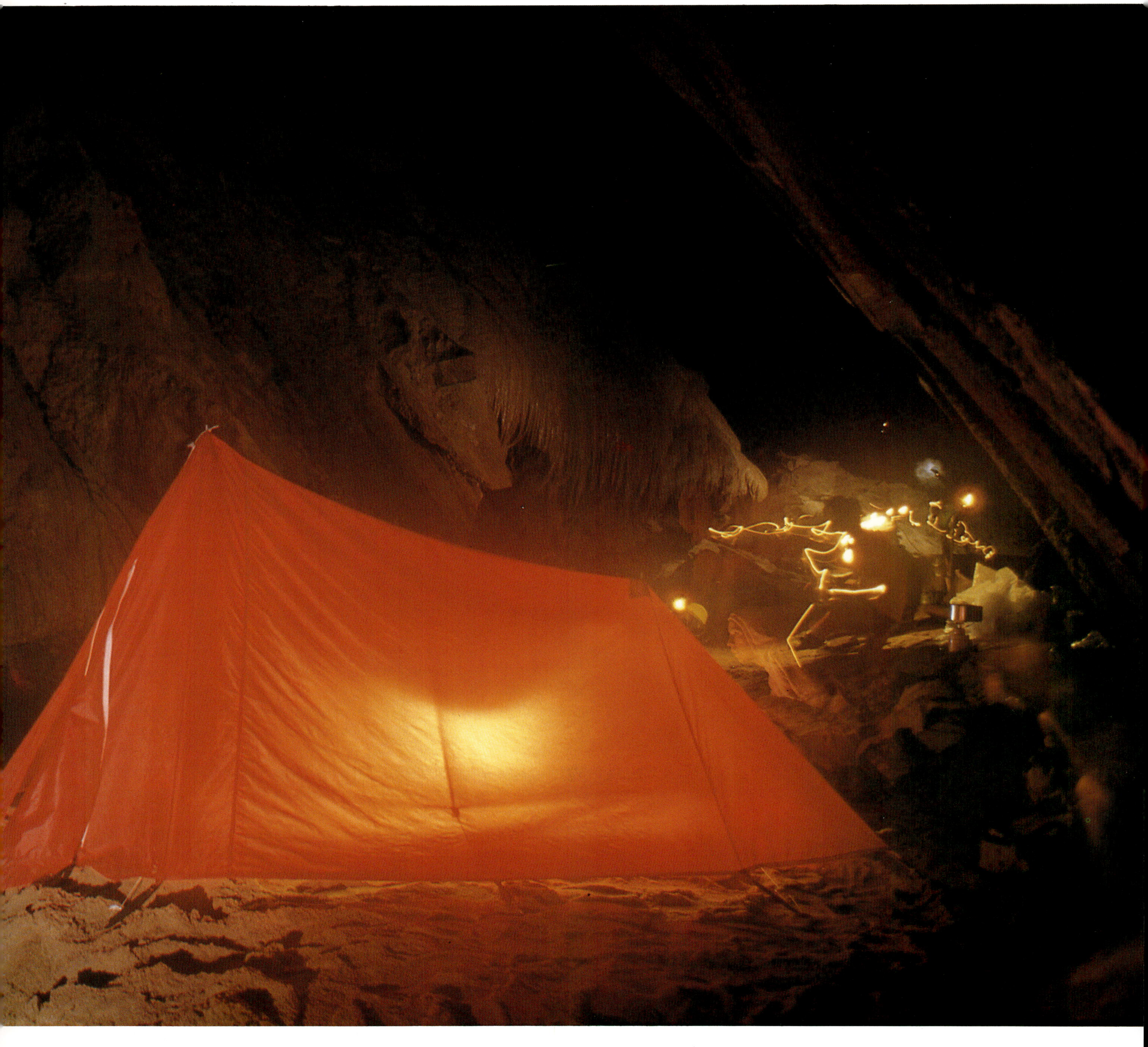

SPELEOLOGY: Science and Sport

When we come to the entrance to a cavern, we are overcome by a mixture of sentiments, of fear and desire: fear of the darkness, of the unknown, and desire there to find the keys of mysteries hitherto not even suspected.

Leonardo da Vinci

HISTORICAL VIEWS OF CAVING IN BRAZIL AND WORLDWIDE

Thousands of years were pass before man, a chance inhabitant or occasional admirer and adventurer in the subterranean world, would turn his attention to caves with the purpose of submitting them to systematic study. Although there had been no lack of attempts to explain the genesis of these cavities in the 17th and 18th centuries, such explanations were shrouded in the philosophical and religious imperatives of their epochs, and it was only in the second half of the 19th century that these "worlds of darkness and silence" came to be regarded as objects worthy of the scientific mind.

*It is true to say that science itself, in its diversity of fields, was still incipient, with a hesitant geology, a chemistry still soaked in alchemy, a karst hydrology which was trying out its first steps, and palaeontology captive to the cataclysmic and diluvian views of Cuvier. Whithin such a framework, it was for the Frenchman E. A. Martel to be recognized as the "father of Speleology". In his pioneer works, published from 1893 on — **Les Eaux Souterraines**, **Les Abîmes**, and others — he provided this new discipline with the necessary theoretical structure.*

During the first three decades of the 20th century, there appeared together with Martel research workers who, restricting themselves to more specialized areas, gave from a very early stage an interdisciplinary character to this new science. A number of works stand out: those of Jeannel and Racovitza in subterranean biology, and of R. de Jolly and N. Casteret in the technical and sporting exploration of caves, while the Vienna Group of Geomorphologists (Cvijic, Penk, Grund) made progress in studies of the karst (limestone relief where caves are formed).

The study of palaeontology in caves came before these advances in the field of caving proper. Of particular note are the studies of Peter Wilhelm Lund, a Dane who, settled in Brazil, dedicated himself from 1835 to 1844 to the study of the fossils of the region of Lagoa Santa (State of Minas Gerais), with considerable scientific repercussion at the time. Indeed Lund's scientific discoveries in his own area of palaeontology were immense — some 115 fossil species described, including such enormous Pleistocene mammals as the Megatheria, the Glyptodonts, the Toxodont, the Macrauchene, and the well-known Sabretooth Tiger.

*Lund was also the discoverer of Lagoa Santa Man, a new race which had lived in the caverns of Minas Gerais thousands of years before. He put together one the world's largest collections of fossils, sent to King Christian VIII of Denmark, and wrote highly important papers about the Lagoa Santa region, its caves, and the fossil and recent fauna of the area. This material was gathered together in his famous **Memórias** (Lund, 1850). Such discoveries and publications were important, not only for a conceptual revision which was to culminate in the work of Darwin (on the evolution of species), who quoted data from Lund, but also as an important means of calling scientific attention to caves in Brazil.*

In Lund's footsteps came the German Richard Krone, settled in Iguape (State of São Paulo), and also devoted to palaeontology. Between 1895 and 1906 he carried out the first systematic survey of caves in Brazil, in the region of Iporanga, in the upper valley of the Ribeira river.

*Richard Krone undertook palaeontological studies which gave rise to his research at Museu Paulista and at various European institutions. However, he also devoted himself to the study of archaeology, and especially to the **sambaquis**, and to ethnography in the south of the State. It was he who produced the first register of caves in Brazil, covering 41 caves in the upper valley of the Ribeira river, which are described with maps and photographs. It was at this time that Krone listed the equipment which he regarded as necessary for caving (1898):*

*"a good rope-ladder from 20 m to 25 m long;
two ropes, each capable of holding two people and 15 m to 20 m long;
a ball of cord 100 m long, marked at metre intervals; this will also serve for letting down a lantern to show depth;
a good candle lamp or lantern for use in caves with water, where there may be a strong draught;
geodesic instruments, in accordance with the work to be carried out, and all necessary tools;
magnesium wire or tape for illumination of large caverns;
tinned candle-holders with large dishes for stearine candles;
I further recommend that no one should ever be without a hermetically sealed box of good matches as a last resource".*

Krone's researches found no immediate followers. It was only forty years later that the first caving group in the Americas would be founded — the SEE, Sociedade Excurcionista e Espeleológica, of the School of Mining at Ouro Preto (State of Minas Gerais).

*The SEE was founded in 1937, only 7 years after the founding of the Société Spéléologique de France, organized by Martel and his followers, and which served as inspiration. In 1938 the SEE began studies of the caves of Minas Gerais (Lagoa Santa) and São Paulo (Iporanga, valley of the Ribeira), following the steps and the publications of Lund and Krone, and also two other important works of the same time: **Speleologia**, by Antônio Olyntho Pires (1922) and **As Grutas de Minas Gerais**, published by the Instituto Brasileiro de Geografia e Estatística — IBGE (1939). By this time the scientific and technical qualities of such pioneers in Brazilian caving as Vitor Dequech, Walter von Kruger, Paulo de Almeida Rolff, and Jairo Vasconcelos Reis were already outstanding.*

The outbreak of the Second World War presented problems with regard to international exchange in the field of speleology, although isolated works still appeared in Brazil, as they did in Europe and the U.S.A. It was only in 1949, at an informal meeting held in Valence-sur-Rhône, in France, that a programme was drawn up for international speleological congresses. The first of these took place in Paris in 1953, and brought together 161 participants from 23 countries (Sommer, 1964). The second congress would be held in 1958 in Italy, the third in 1961 in Austria, the fourth in 1965 in Yugoslavia, and thenceforth every four years in a different country.

But even in the first congresses, it was clear from the works presented that speleologists were interested particularly in the areas of physical speleology (geology, hydrology, karst morphology, subterranean climatology) and biospeleology (zoology, palaeontology). To these two fields would be added, later on, anthropospeleology (archaeology, culture, religion, tourism), and a constant concern with the preservation of the speleological patrimony.

The last few years of the 1950's saw the founding of the Speleology section of the Clube Alpino Paulista, made up mostly of

European cavers living in Brazil. Among these may be mentioned the Frenchman Michel Le Bret, the Jugoslav Peter Slavec, and the Spaniard José Luís Vasques Yuste. In addition, the Frenchmen Pierre Martin and Guy Collet, and the Brazilians José Epitácio Guimarães, Pedro Comério, Luís de Alcântara Marinho, and Salvator Licco Haim stand out as pioneers of cave studies in São Paulo.

These speleologists would be responsible for taking up once more the explorations started by Krone in the upper valley of the Ribeira river, and for holding the first Brazilian Speleological congress in the Casa de Pedra cave in the year 1964. The three following congresses were held in Ouro Preto, under the auspices of the SEE, and culminated in 1969 with the founding, at a national level, of the Sociedade Brasileira de Espeleologia — SEE — set up to bring together existing groups and interested people, to stimulate the creation of new groups, and to foment the development of national speleology in all its aspects.

From the 1970s on, numerous caving groups have been started in the interior of the country, areas of activity have been increased by means of interstate expeditions, and important national congresses have been held. The journal "Espeleotema" has been published by the SBE, management plans have been drawn up for various caves of tourist interest, and speleologists are beginning to show intense interest in the problems of cave conservation.

In the same period it is worth mentioning the founding in São Paulo of groups like Os Opiliões, particularly concerned with hydrological studies and cave exploration, the Bagrus Group, interested specially in archaeology and caves, and the Centro Excursionista Universitário — CEU — linked to the University of São Paulo, which at the time practically revolutionized national caving through its innumerable exploratory and scientific works. It is to this organization that we owe, among other things, the first systematic works on the biology of Brazilian caves, important excavations and studies of fossils, the discovery and exploration of more than 100 caves and abysses in the country, the creation of the first courses on caving and the first rescue groups, and the carrying out of the first experiment so far in long periods spent underground. This last operation, which involved a 15-day stay by 11 speleologists in the Santana cave (Iporanga, State of São Paulo) in 1975, showed important results in various fields of speleology. As regards exploration and cave mineralogy, of prime interest was the discovery of the most highly ornamented set of galleries in the country (the Salão Taquêupa, in the cave mentioned). Other contributions were made towards the study of the waking-sleeping cycle of people living "outside time", without watches and with no direct communication with the outside world. These studies of long periods spent in caves were stimulated by the experiments of Michel Siffre in France and the U.S.A., carried out around the same time; the results obtained in Brazil coincided largely with those obtained in the other two countries.

Among groups set up in the 1970s of note are, in addition to the CEU, the Espeleo Grupo de Brasília (EGB), responsible for significant technical evolution in caving, and the Centro de Pesquisas Geológicas (CPG) in Belo Horizonte, Minas Gerais, which, though a fairly recent foundation, has made perceptible advances in scientific speleology. Also in the State of Minas Gerais appeared the Núcleo de Atividades Espeleológicas (NAE), and the Grupo Bambuí de Pesquisas Espeleológicas — the latter being one of the most complete and active groups in Brazil.

In the decades of 80 and 90 Brazilian caving has experienced a big development in all fields of study and activities. The caving groups have been multiplied in many regions of Brazil reaching more than 90 entities in 2000.

The explorations in Brazil Central have revealed more than a thousand of new caves, including some of the largest and the most beautiful of the country and also of the world, for example, the Toca da Boa Vista (BA), with 92,000 metres (13th in development) and the Gruta do Centenário (MG), with the largest unevenness known in cavities of quartzite (– 481 metres). Techniques of topography and mapping have sophisticated, scientific knowledge has been systematized, a lot of courses of specialization and master and doctoral thesis have arisen in the fields of biology, geospeleology and for cave protection and management.

In this period the caves have been protected and according to Federal Constitution of 1988 they belong to the Union. The Programa Nacional de Proteção ao Patrimônio Espeleológico was created, lots of parksare created to protect caves, plans of cave management for tourist purposes are executed and the Congresso Nacional approve the general law for cave protection. It was also created the Centro de Estudos, Proteção e Manejo de Cavernas (CECAV), linked to the federal environmental agency which has coming acting in all over the country with the SBE.

Brazilian participation in international caving scenery has also increased by organizing Brazilian expeditions in other countries, in international congresses, publications, websites, national expedition with foreign groups and after the creation of Federação Espeleológica da América Latina e Caribe (FEALC). As result of Brazil's participation it was chosen to seat the 13th Congresso Internacional de Espeleologia (Brasília, July 2001), the first big caving event of the Third Millenium.

SOME CONCEPTS IN SPELEOLOGY

In the opinion of some writers, the term **speleology** — derived from Greek "spelaion", a cave, and "logos", study — first appears in the work of the French historian Rivière, in 1890. In 1892, L. de Nussac proposed the "simplified" term speology, which came to be adopted principally by those interested in cave fauna. The word was subsequently proscribed, however, on the grounds of its derivation from Greek "speos", meaning mines, tombs, or artificial excavations, and thus being etymologically inapposite. The term speleology, on the other hand being restricted to purely natural caverns, rapidly found international favour. It corresponds to the concept used by Martel in respect of the "Natural History of Caves".

At a later date, a number of more precise definitions of the discipline have arisen. One of the broadest and most synthetic is that of Gèze (1968), which has been internationally accepted: "Speleology is the discipline concerned with the study of caves, of their genesis and evolutions, of the physical environment which they represent, of their past and present biological populations, and of the means and techniques appropriate to study them".

This definition includes several basic concepts which are important in emphasizing the predominantly interdisciplinary and scientific nature of speleology, to which may be added as a means, as a fundamental working instrument, the sporting activity which is inherent in the exploration of caves.

Thus we may, in first place, subdivide the discipline into scientific speleology, and technical and sporting speleology, being that the second serves as a means for the first, while each can then be further subdivided into a number of specific disciplines.

In the view of a number of authors, **scientific speleology** involves the following aspects:

1. *Physical speleology; this in turn corresponds to* **karstology** *(the study of the relief forms within which caves are formed);* **geospeleology** *(the study of the genesis and evolution of caves);* **speleomineralogy** *(the study of mineral deposition in caves, and in particular of the "speleothems", such as stalactites and stalagmites);* **subterranean climatology** *(the sudy of the cave environment and its dynamics, including matters of temperature, humidity, and circulation of air), and* **subterranean hydrology** *(the study of the circulation of the subterranean waters in cave areas).*

These disciplines are intimately related, and demand interlinked studies to which Llopis Lladó (1970) gave the name of **karst hydrogeology** *rather than the somewhat more frequent physical speleology.*

2. Biological speleology, or biospeleology. This is the study of the subterranean flora and fauna, and of the cave environment in which animal and vegetable communities develop. In this respect, the term **speleoecology** *has gained a certain amount of favour in recent years. Also included here is the study of the fossil flora and fauna to be found preserved in caves, the study of which comes into the domain of* **speleopalaeontology**.

3. Anthropospeleology is the study of the relationship in historic and prehistoric times between man and the cave environment. Here should be included **cave archaeology**, **speleomythology** *— which is devoted to the understanding of myths, legends, and religious practices associated with caves — and* **economic speleology**, *which is concerned with the various uses made by man of caves, of their components, and of their contents.*

Technical and sporting speleology includes the following:

1. Prospection and exploration of caves; this brings together activities concerned with the discovery of caves (by use of maps, aerial photography, geotechnical methods etc.) the direct reconnaissance of each of the chambers, galleries, which go to compose the cavity. This makes demands on **technical speleology** *(which consists of those techniques, methods, and articles of equipment necessary to overcome, with safety, any internal obstacles), and also on* **speleometry** *(which involves mapping techniques and means of assessing the spaces which make up any given cave system).*

2. Speleodocumentation brings together those activities concerned with records of the cave environment: in sound, through the written word and art, and visual records; here we may find **speleophotography** *and* **speleocinematography**, *and also* **speleological cartography** *(maps, plans, and sketches which provide an adequate speleometric survey of caves.)*

3. Speleological logistics involve techniques and methods of communication, rescue and staying underground (bivouacs and camping), and are directly linked with the activities described in section 1 above.

4. Applied speleology represents a third group of caving activities that unites at the same time the scientific research and aspects related to use of the underground environment, such as management for tourist purposes, exploitation of limestone or cave water-catchment areas, and the setting-up of underground laboratories.

As may be seen, the field of action is extremely broad and complex, and demands from the speleologist more than just curiosity and physical skill; also necessary are scientific competence and technical experience. It is thus convenient to distinguish the speleologist from others who simply happen to frequent caves — tourists, or those sporting explorers of caves who are commonly known to us as cavers or potholers.

In terms of discovery and exploration, a good deal is owed to the aforementioned cavers, but the activity should be regarded and encouraged not as an end in itself, but as a stage in the formation of a true speleologist. Furthermore, it is necessary that speleology, the study of caves, should not be regarded just as an activity which can be carried out in study or laboratory alone. ***The speleologist in the broad sense of the word must be a scientist or a specialized technician who, in addition to having full command of his field of research or activity, must also have the skill, the persistence, and the physical fitness of a sportsman.***

From the point of view of sportsmen, however, there is a basic difference between speleology and other related sports. Speleology does not encourage competition between individuals or groups. On the contrary, it demands team spirit and team work. It does not involve the conquest of nature, but rather the overcoming of the self, extending all the time one's physical limits, and one's limits of technique and knowledge. Walter von Kruger (1938) brings to mind here a basic principle of speleology which says that "every explorer must show courage without making a show of courage". Or we may quote the brief and happy phrase of R. Ginet (in Bouillon, 1972): "A cave is not a speleodrome".

There is a not uncommon reductionist definition of speleology as "mountaineering upside down". From a technical point of view there is undeniably a intimate connection between the two sports, but the differences are still immense. The total darkness, the frequent presence of rivers, waterfalls and lakes, the absence of vegetation — these things and others define a cave as a quite different environment from a mountainside, and demand rather specific techniques and equipment. For one thing, the speleologist only uses routes of a greater degree of difficulty when the penetration of a cave demands that such routes should be taken; there is no such thing as competition in terms of difficulty — very common in mountaineering. And there is more to it than this: putting on one side the basic scientific purpose of speleology, the two sports have different aims. The climber aims at reaching the top of a mountain by a particular route. The speleologist will try, by any route available, to reach the last nook and cranny of a cave, be it 20 metres or more than 20 kilometres from the entrance. His aim is the unknown, his purpose is knowledge.

Página seguinte — *Following page*

31. Montanha calcária profundamente lapiesada, no Parque Nacional de Ubajara (CE). CFL.

    Limestone mountain with deeply-incised lapies, Ubajara National Park (CE). CFL.

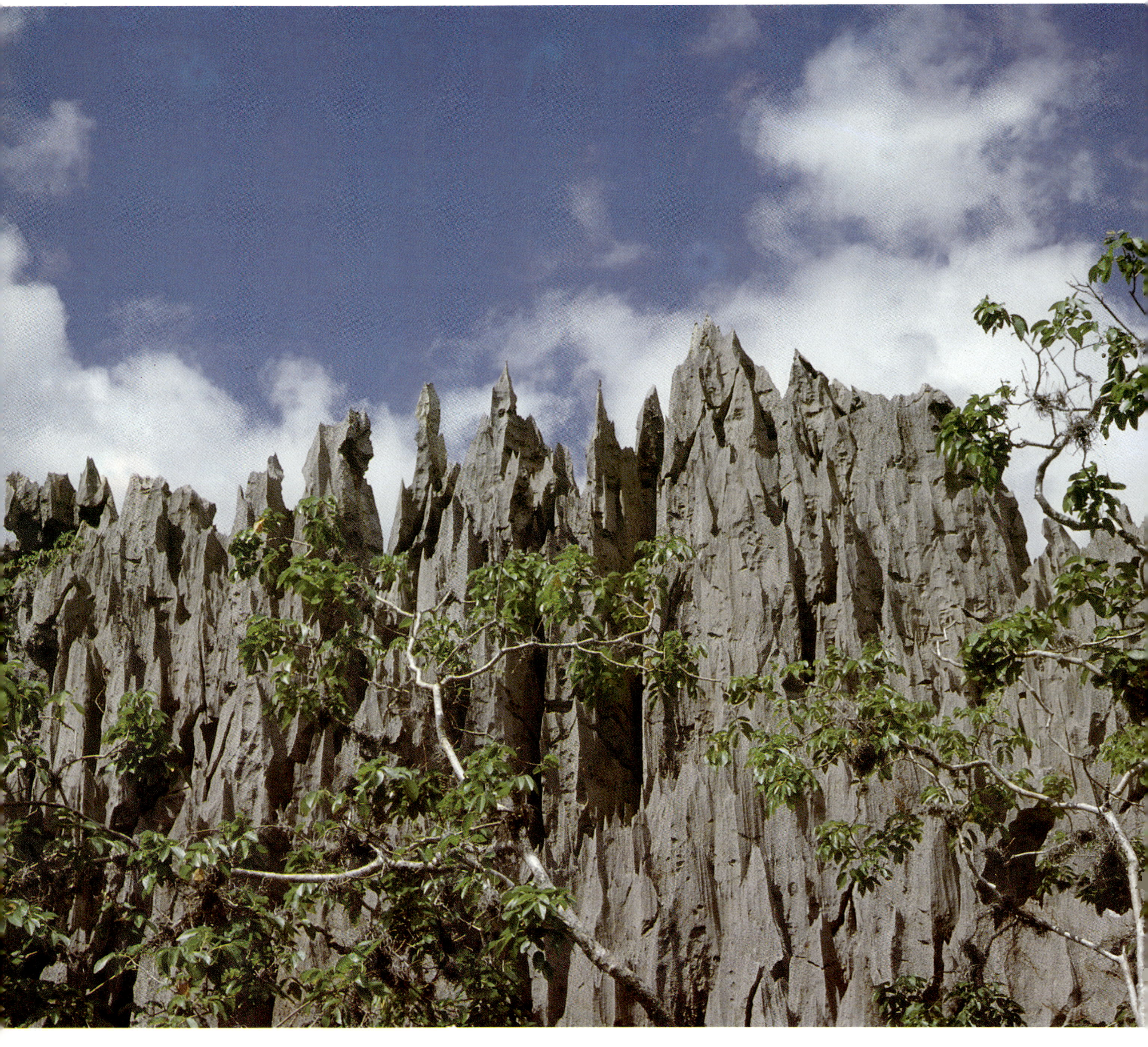

PAISAGEM CÁRSTICA

*É uma montanha em ruínas. Surge disforme,
rachando sob o período de tormentas súbitas
e insolações intensas, desjungida e estalada, num
desmoronamento secular e bruto.*

Euclides da Cunha, *Os Sertões*

O CONCEITO DE CARSTE E SUA EVOLUÇÃO

As cavernas, embora se desenvolvam no subsolo, não são fenômenos isolados, pois estão submetidas a inúmeros processos geológicos e climáticos que modelam o relevo da superfície. Nesse sentido, as cavernas podem ser consideradas componentes subterrâneos desses relevos. Para compreender sua formação e evolução é necessário, portanto, conhecer as características das paisagens, onde ocorre um tipo peculiar de relevo, conhecido internacionalmente como *carste*. Nessas áreas, a paisagem rochosa apresenta aspecto ruiniforme e esburacado e a drenagem é predominantemente subterrânea, com cursos d'água percorrendo fendas, condutos e cavernas. Tal relevo se desenvolve em rochas solúveis, sobretudo nos calcários e dolomitos.

As rochas carbonáticas, nas quais se incluem os calcários e os dolomitos, estão entre as mais comuns na Terra. É nelas que se desenvolve a grande maioria das cavernas e, indiscutivelmente, aquelas de maior dimensão e beleza.

Os calcários são rochas compostas predominantemente por carbonato de cálcio ($CaCO_3$) e são originadas por diversos processos, destacando-se os de origem biodetrítica, ou organogênica, e os de origem química. No primeiro caso, estão os calcários formados geralmente no fundo dos mares, pela acumulação e cimentação de conchas e esqueletos de antigos animais.

No segundo, estão os calcários formados sob a influência de variações de temperatura, do pH, da porcentagem de gás carbônico na atmosfera, da assimilação clorofiliana das algas, da agitação das águas, etc., que levam o carbonato de cálcio a se depositar em forma de tufos, travertinos e concreções diversas.

Os dolomitos, por sua vez, são rochas formadas por carbonato de cálcio ($CaCO_3$) e carbonato duplo e cálcio e magnésio [$CaMg(CO_3)_2$]. O termo tem sua origem no nome do geólogo Deodat de Dolomier, que publicou importantes estudos sobre os dolomitos europeus em 1784.

Como rochas sedimentares, os carbonatos apresentam-se em estratos, ou seja, camadas separadas por planos de acabamento, que são estruturas ditas primárias pois se desenvolvem concomitantemente à formação da rocha.

Ao longo do tempo, devido aos chamados movimentos tectônicos que alteram grandes porções da crosta terrestre, as rochas sofrem modificações na sua composição e textura originais, com o aparecimento de estruturas secundárias como dobras, falhas e fraturas, com o preenchimento dos vazios iniciais e com a recristalização de minerais.

Graças a esses movimentos e aos processos erosivos, o pacote de rochas carbonáticas formado no fundo de um lago, por exemplo, é exposto junto à superfície ou próximo dela, possibilitando o início dos processos de intemperismo e carsteificação que incluem o remodelamento do relevo externo e a formação das cavernas.

O processo de carsteificação que ocorre também em rochas não carbonáticas como os quartzitos, por exemplo, tem por base a sua dissolução pela ação de águas ácidas que penetram por suas fendas e fraturas. Isso acontece, milhares de anos após a formação da rocha, tanto pela ação das águas de chuva, que se tornam ácidas devido ao gás carbônico que coletam na atmosfera ou no solo, como pela ação hidrotermal e do ácido sulfúrico (H_2SO_4) sobre tais rochas.

O carste se caracteriza, via de regra, como grandes extensões de rocha calcária onde a drenagem é predominantemente subterrânea (criptorreica) e a paisagem mostra feições muito particulares. São vales fechados, grandes depressões do terreno — *dolinas*, torres, pontes e arcos de pedra, grandes paredões verticais, **canyons**, sumidouros e ressurgências de rios, grutas e abismos. Além dessas e outras feições de grandes dimensões, também microformas de relevo caracterizam o carste. São os *lapiás*, que, em forma de ranhuras, estrias, caneluras, concavidades, lâminas, etc., esculpem a rocha e dão ao relevo uma marcante singularidade.

Páginas seguintes — *Following pages*

32. Parede calcária intensamente fraturada, no interior da Gruta do Lago Azul, Bonito (MS). CFL.

    Heavily fractured limestone wall inside the Gruta do Lago Azul, Bonito (MS). CFL.

33. Condutos de dissolução no maciço calcário de Cerca Grande, Matozinhos (MG), CFL.

    Dissolution conduits in the limestone massif at Cerca Grande, Matozinhos (MG). CFL.

34. Parede calcária na entrada da Lapa do André, vendo-se as camadas horizontais com diferentes colorações devido à distinta composição da rocha. Januária/Itacarambi (MG). CFL.

    Limestone wall at the entrance of the Lapa do André. The variously coloured horizontal layers resulting from different composition are clearly visible. Januária/Itacarambi (MG). CFL.

35. Detalhe da parede da fotografia 34. Estrutura em *chert* preto acompanhando a camada CFL.

    Detail of the wall in plate 34, with a black chert structure following the layer. CFL.

36. Represas formadas por tufos carbonáticos no rio Formoso, Bonito (MS). CFL.

    Dams formed by carbonate tuffs on the Formoso River, Bonito (MS). CFL.

Essas macro e microformas de relevo são denominadas *feições cársticas* e corresponde ao produto de dissolução irregular e descontínua da rocha. Pontos mais fraturados ou de rocha mais pura, por exemplo, são mais facilmente dissolvidos pela água agressiva, ácida; outros, mais resistentes, permanecem como formas residuais do antigo relevo da região. As cavernas são exemplo de intensos processos de dissolução localizada, enquanto as torres de pedra exemplificam as formas residuais.

A evolução de um relevo cárstico significa de forma geral o desenvolvimento de processos físicos (erosão) e, principalmente, químicos (corrosão) que tenderiam, em última instância, a arrasar toda a massa de rochas solúveis.

As regiões carbonáticas, dada sua extensão e complexidade, passaram a ser estudadas por disciplinas específicas como a geomorfologia cárstica e, quando voltadas às formas subterrâneas, pela geoespeleologia.

Tais estudos tiveram início do ponto de vista científico em meados do século XIX na região compreendida entre Liubliana, na Eslovênia, e Trieste, na Itália. Nessa região, teve origem o termo **karst**, correspondente em versão alemã do vocábulo iugoslavo **kras** ou **Kr̃s**, que significa "campo de pedras calcárias". Dele derivaram os termos **causse**, em francês, **carso**, em italiano, e **carste**, utilizado entre nós.

Esse termo originalmente surgiu como expressão regional em artigos geológicos por volta de 1840, passando posteriormente a englobar, de forma genérica, o tipo de relevo do qual a área dos chamados Alpes Dináricos, no norte do mar Adriático, era o exemplo clássico.

Não faltaram ao longo do século XIX descrições sobre o carste de diversas regiões calcárias na Europa e em outras partes do mundo.

No Brasil, apesar das referências de vários naturalistas sobre tais relevos, cabe a Peter Lund em suas *Memórias*, um dos trabalhos mais importantes sobre o assunto. É dele por exemplo, referindo-se à região de Lagoa Santa, Minas Gerais, a descrição que segue sobre o carste, obviamente sem referência a esse termo, recém-adotado na Europa: ..."apresentam as montanhas calcárias o aspecto de maciços suavemente arredondados; por vezes, porém, em virtude da existência de rochedos salientes, nus e abruptos, e dos lugares excessivamente escalvados, tomam uma feição selvagem e pitoresca.

"Fora destes grupos contínuos de montanhas, a rocha calcária aparece em colinas isoladas, ou constituindo elevações anulares, providas de uma escavação em forma de vaso. Em conseqüência desta última disposição da superfície do solo, é freqüente nestas paragens a existência de lagos o que, em outras quaisquer circunstâncias, é caso muito raro no interior do Brasil. Um outro fenômeno físico ligado à riqueza calcária destas zonas, é a desaparição súbita dos rios que reaparecem em lugares mais ou menos distantes. A existência destes sumidouros origina-se da grande quantidade de fendas superficiais ou subterrâneas existentes na rocha.

"A forma dessas fendas é em extremo variável. Ora são rasgões verticais, tendo sempre a mesma direção, ora mudam de rumo a cada momento; muitas vezes, outras fendas atravessam-nos, e é também muito freqüente dilatarem-se em galerias, em câmaras, em recintos mais ou menos amplos. É sob esta última forma que os chamo de cavernas e que merecem menção especial.

"Ao penetrar-se nestas escavações, o que em primeiro lugar fere a atenção do observador são as suas formas arredondadas. O teto é abobadado e liga-se às paredes por meio de linhas curvas. O fundo, raras vezes visível, apresenta a mesma transição para os muros, notando-se que todas as arestas salientes estão mais ou menos gastas. Quando se estuda mais de perto, quer o teto quer as paredes, se vê por toda a parte numerosos buracos redondos, que penetram mais ou menos profundamente a rocha.

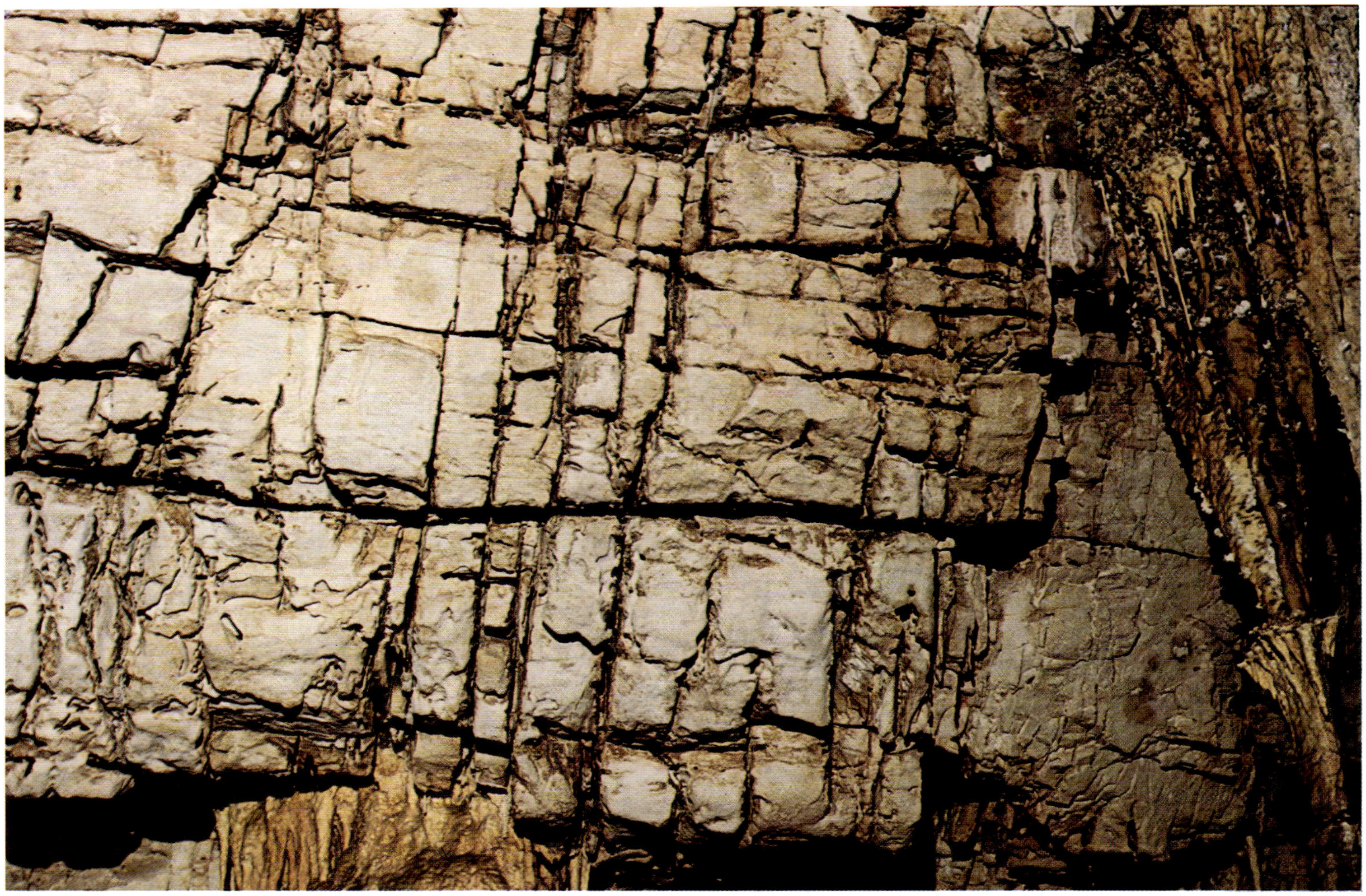

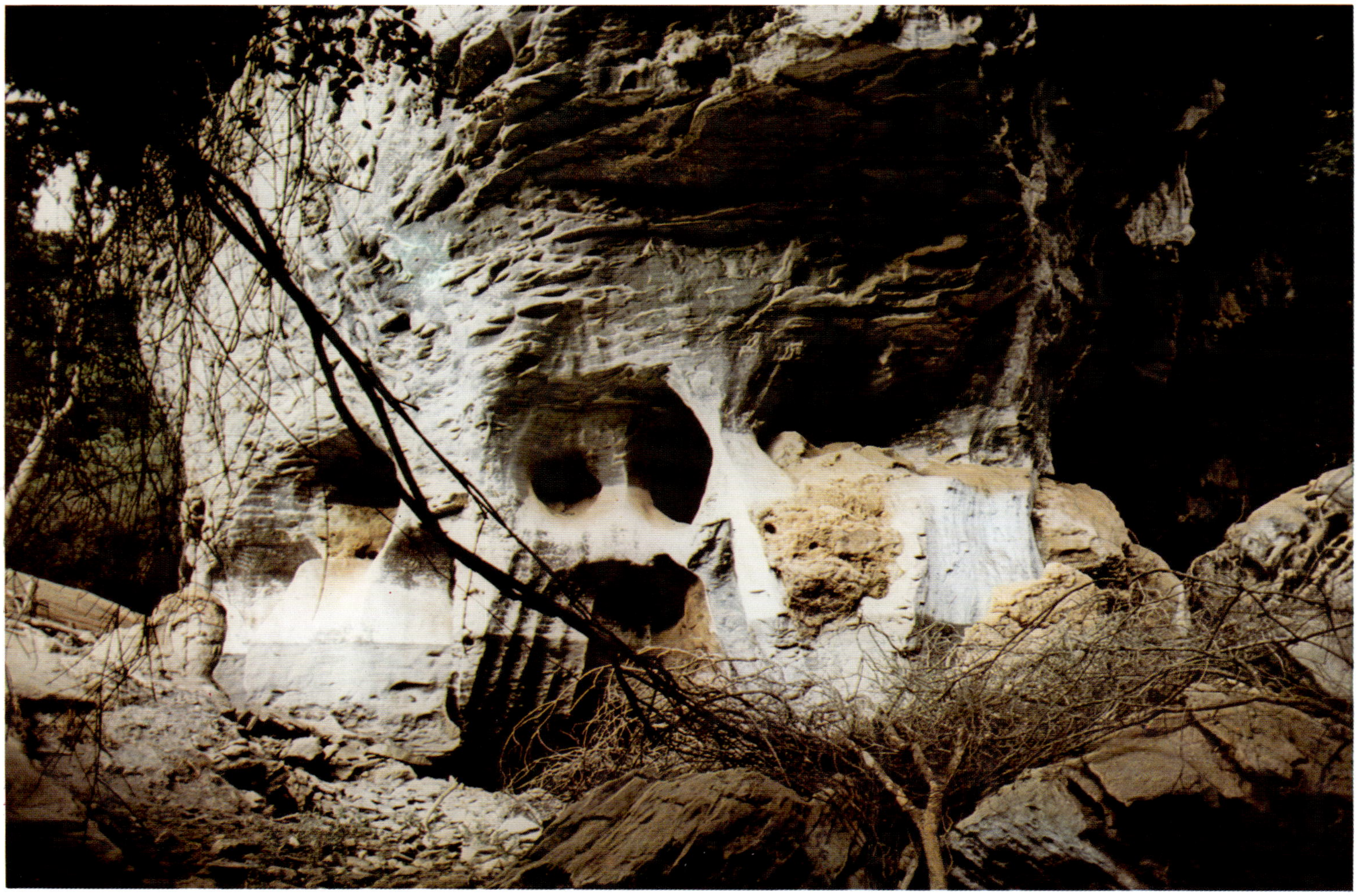

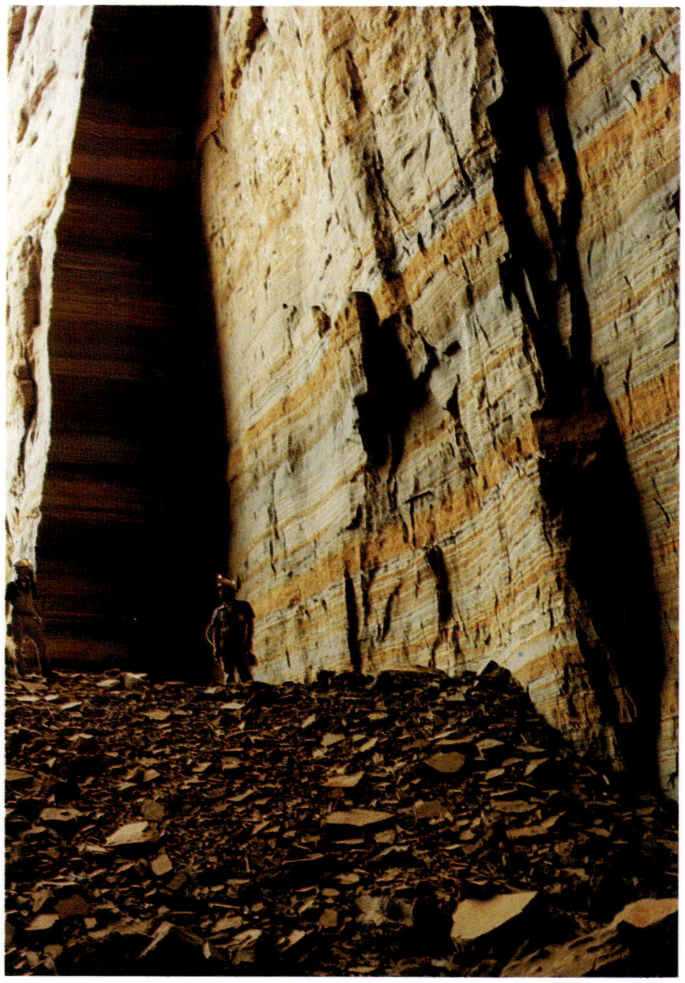

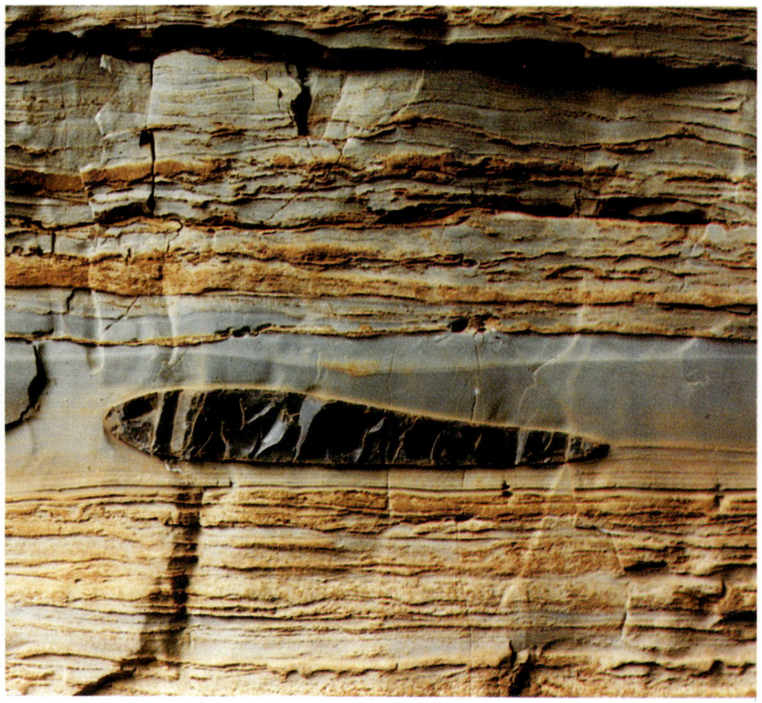

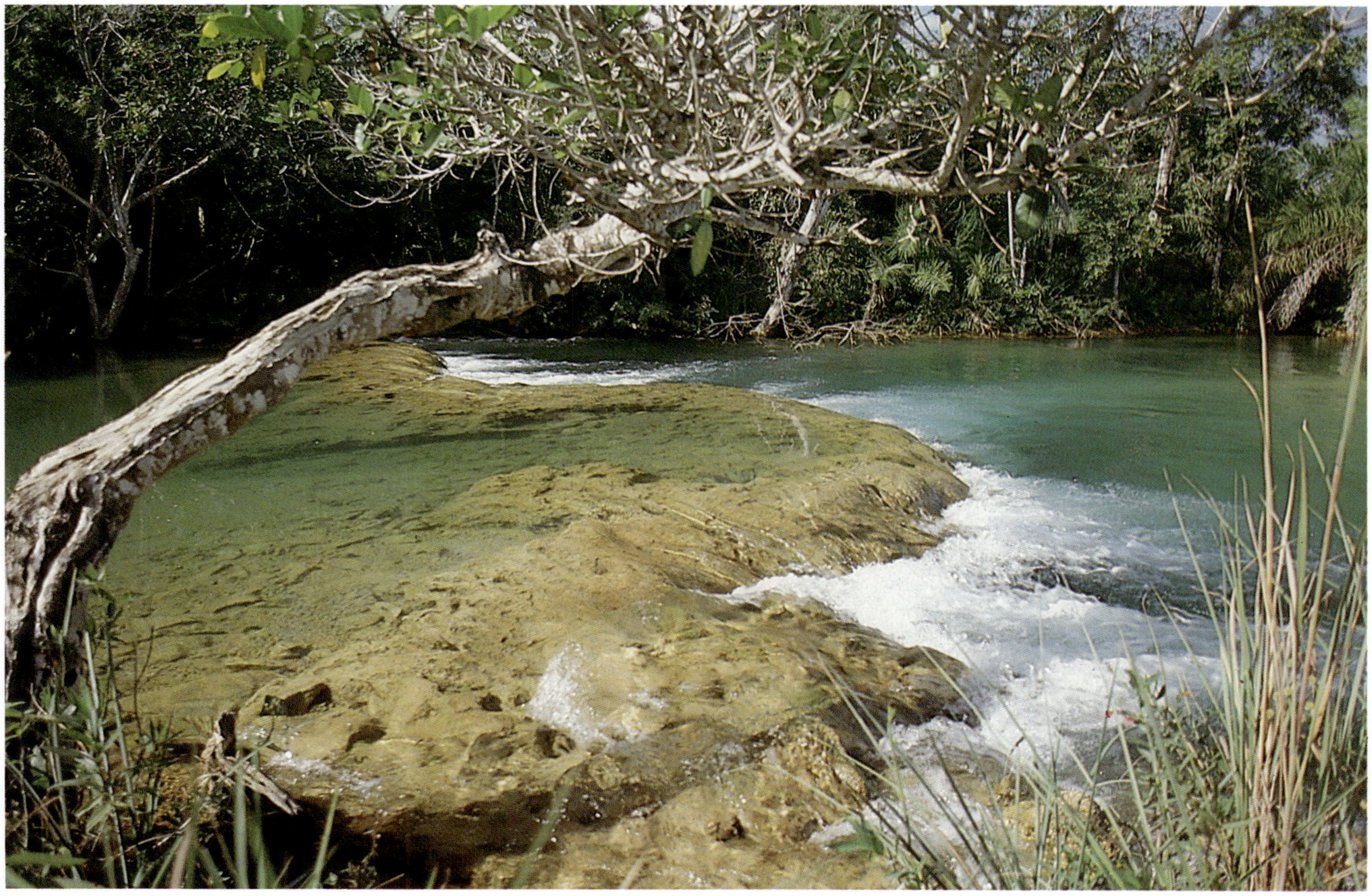

"Estes orifícios têm dimensões variadas e quando as paredes oferecem saliências, não é raro que os buracos as atravessem de um lado a outro, formando-se então galerias, ora pequenas, ora com amplitude suficiente para o seu franco acesso; estas galerias secundárias reproduzem a disposição da principal.

"Além disto, a superfície da rocha é polida e por vezes em tal grau que apresentam brilho, o que, ligado às suas formas arredondadas, presta a certos trechos das cavernas o aspecto de obras moldadas em metal".

Lund, como Ricardo Krone e outros pesquisadores, embora tenham contribuído significativamente para o conhecimento das rochas carbonáticas e relevos cársticos no Brasil, não tinham no estudo geomorfológico o objetivo central de suas pesquisas. Suas contribuições neste campo e no da espeleologia foram conseqüência de seu interesse pelo *conteúdo fossilífero* das cavernas, onde os conhecimentos do contexto geológico lhes forneciam bases para a interpretação e classificação de seus achados.

Foi porém em Viena, um dos mais importantes centros científicos mundiais da época, onde se concentravam pesquisadores de renome internacional como Penck, então diretor da Escola de Geomorfologia, que se iniciaram efetivamente os estudos sobre os relevos cársticos.

Em 1893, o geógrafo Jovan Cvijic, aluno de Penck, publicou o primeiro estudo sistemático sobre áreas cársticas: *Das Karst Phaenomen*, considerado o marco fundamental desta nova disciplina.

Essa fase pioneira durou até o início da Primeira Guerra Mundial e, segundo Röglic (1972), um dos mais importantes estudiosos do tema, "foi rica em idéias gerais e pobre em análises efetivas".

Nesse período, destacaram-se entre outros, os estudos de Penck, Grund e Cvijic, todos do grupo vienense e, por outro lado, as pesquisas do americano Davis, que, em contato com os anteriores, desenvolveu alguns dos conceitos fundamentais à compreensão do relevo cárstico.

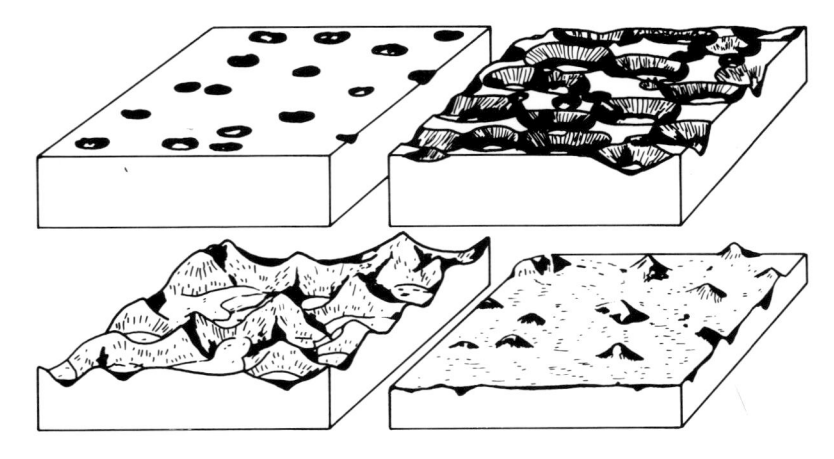

O ciclo da evolução do carste segundo Grund (1914), apud Sweeting (1983).
The cycle of evolution in karst (after Grund, 1914), in Sweeting (1983).

São dessa época as noções de que o carste é um relevo característico de áreas onde ocorrem rochas solúveis, principalmente o calcário, e de que a água é o principal agente no modelamento desses relevos. Predominava, no entanto, como um dogma, o conceito Penck-Grund de que na formação das cavernas a ação *erosiva* da água era prioritária sobre a ação *corrosiva*, o que mais tarde viria a ser cientificamente alterado. Sabia-se que existiam diferentes tipos de carste e que as condições climáticas e ecológicas interferiam nessa diferenciação; faltava, todavia, explicitar de que forma e em que medida isso ocorria.

Uma segunda fase da carsteologia inicia-se com o trabalho de Lehmann (1932), famoso morfologista do grupo vienense, sobre a circulação da água subterrânea nas juntas e fraturas da rocha calcária, relacionando-a com feições superficiais do relevo cárstico.

A partir de estudos do citado autor sobre o carste de Java, entre outros, torna-se clara a importância do clima na evolução desse tipo de relevo, especialmente entre o "carste tropical" e o carste dinárico clássico.

Tais estudos indicavam, entre outras conclusões, que os *morros calcários isolados* — **mogote** em Cuba — são a característica dos primeiros, na mesma medida em que as *dolinas* — depressões do terreno, identificam o carste de regiões temperadas. Trata-se, todavia, de uma simplificação com valor indicativo, mas não uma conclusão científica.

Após a Segunda Guerra Mundial, abre-se um novo período nesse campo de estudo, avançando sobre os conceitos anteriores e trazendo novas e importantes contribuições. No pós-guerra, aumentou o intercâmbio internacional, desenvolveu-se significativamente a espeleologia e foram em muito incrementadas as obras de engenharia como túneis e hidroelétricas em regiões cársticas. Isso exigiu e simultaneamente possibilitou o avanço do estudo carsteológico em bases científicas mais adequadas.

Ampliaram-se em muito os estudos em regiões calcárias intertropicais — China, Porto Rico, Cuba, México, etc. —, avançando-se não apenas no conhecimento do carste tropical mas na compreensão do fenômeno cárstico como um todo. No Brasil, destacou-se o estudo de J. Tricart (1956) sobre "o karst nas vizinhanças setentrionais de Belo Horizonte", que pode ser considerado o primeiro trabalho sistemático sobre o assunto entre nós, especialmente no que se refere às microformas do relevo, lapiás, que mereceram acurada atenção do autor. Foram também de sua lavra estudos sobre o carste na Bahia, tendo se dedicado, à região de Bom Jesus da Lapa, onde se encontra um dos mais expressivos conjuntos de lapiás do país.

Em termos mundiais, no pós-guerra, várias foram as contribuições conclusivas para o estudo dos fenômenos cársticos. Uma das questões definitivamente demonstradas, nesse sentido, foi a confirmação da hipótese, já defendida por Cvijic, de que na carstificação a dissolução química predomina sobre a erosão.

Tornou-se claro também que a gênese e a evolução do carste dependem de uma grande multiplicidade de fatores, dentre os quais podem ser destacados: 1) propriedades específicas da rocha na área — litologia; 2) a posição da rocha solúvel em relação à estratigrafia regional; 3) história geológica da área, especialmente movimentos tectônicos pelos quais a região tenha sido atingida; 4) clima passado e presente; 5) vegetação e outras condições ecológicas locais e regionais; 6) propriedades físico-químicas da água na área, ao longo do tempo. Tais fatores, entre outros, condicionam não apenas a maior ou menor expressão do carste nas diversas regiões, mas igualmente sua tipologia, dadas pela macro e microformas de relevo que caracterizam essas paisagens.

Como já citado, o carste representa um peculiar tipo de relevo caracterizado por feições de grandes dimensões e outras diminutas, que lhe conferem aparência esburacada e ruiniforme. Tais feições são geralmente englobadas em dois grandes grupos.

MACRO E MICROFORMAS DO RELEVO CÁRSTICO

1. *Formas cársticas primárias* — destrutivas, compreendendo *formas superficiais* (dolinas, poljes, lapiás, torres, etc.) e *formas subterrâneas* (cavernas em suas múltiplas formas).

2. *Formas cársticas secundárias* — construtivas. Embora não exclusivas, são tipicamente subterrâneas, correspondendo aos denominados espeleotemas — estalactites, estalagmites, etc. —, que serão analisados oportunamente.

As formas primárias são também designadas formas destrutivas por serem produto da ação de processos físico-químicos de "carstificação da paisagem", ou seja, a atuação de processos erosivos, responsáveis pela dissolução, transporte de sais e materiais detríticos e pelas feições de abatimento.

Os processos mecânicos (ou físicos) podem ser vários, tendo por agentes a água, a neve, o vento, as plantas, os animais, etc. Estão incluídos nesses processos, por exemplo, a *abrasão*, produzida pelo embate das ondas contendo areias e cascalho em rochas litorâneas, bem como aquela produzida pelas partículas duras — areias, transportadas pelo vento, agindo sobre as rochas.

A *corrosão* (ou dissolução), por sua vez, corresponde ao ataque de agentes *químicos* que modificam a estrutura interna da rocha, tornando-a suscetível à ação dos processos morfogenéticos (erosão mecânica).

Nos calcários e nos relevos cársticos como um todo, a dissolução constitui-se o principal processo de destruição e alteração da rocha. Esse processo químico pode ser entendido mediante duas equações simplificadas, abaixo descritas:

1. Num primeiro momento a água (H_2O) de chuva passando pela atmosfera e pelo solo dissolve o gás carbônico (CO_2) contido nesses ambientes, formando uma solução ácida — ácido carbônico:

$$[H_2O + CO_2 \leftrightarrow H_2CO_3]$$

2. Num segundo momento, essa água ácida escorrendo pela superfície do calcário (carbonato de cálcio = $CaCO_3$) ou penetrando por suas juntas e fraturas, ataca a rocha produzindo o bicarbonato de cálcio ($Ca(HCO_3)_2$) que é solúvel e facilmente transportado pela água em seu movimento descendente:

$$[H_2CO_3 + CaCO_3 \leftrightarrow Ca(HCO_3)_2]$$

As formas superficiais podem ser subdivididas em *feições reentrantes* e *feições remanescentes*. As formas em depressão ocorrem em qualquer estágio da dissolução da rocha e representam descontinuidades no corpo rochoso que as envolve. São normalmente feições côncavas, que respondem pela aparência "esburacada" do relevo cárstico.

As formas remanescentes, por seu turno, correspondem necessariamente a estágios avançados da dissolução dos calcários onde elas se mostram como relíquias, testemunhos do antigo modelado regional ou local do relevo. Caracterizam-se como feições salientes, freqüentemente isoladas, em formas de torres de pedra, morros, pontes e arcos, que sobressaem da massa rochosa.

Dentre as formas reentrantes, destacam-se as dolinas, uvalas, poljes, os vales cegos, os **canyons**, as lagoas cársticas, os sumidouros, as ressurgências, os abrigos sob rocha e as cavernas.

Dessas feições, excetuando-se as cavernas, são as *dolinas* consideradas as mais características do relevo cárstico. O termo, cujo uso posteriormente internacionalizou-

37. Dolina de abatimento aberta em quartzito, denominado Buraco das Araras, em Formosa (GO). Ao fundo, a entrada da gruta. CFL.

   Collapse doline in quartzite, known as the Buraco das Araras, in Formosa (GO). In the background, the entrance to the cave. CFL.

38. Dolina de abatimento em calcário, vista do interior da Gruta do Janelão, Januária/Itacarambi (MG). CFL.

   Collapse doline in limestone, seen from the inside of the Gruta do Janelão, Januária/Itacarambi (MG). CFL.

se, teve sua origem no vocábulo eslavo **dole**, que significa "vale" e foi utilizado por J. Cvijic — (1893) para designar "as depressões fechadas circulares ou elípticas mais largas que profundas, que se formam na superfície das rochas solúveis". Suas dimensões variam de alguns metros a várias centenas de metros de diâmetro e até algumas centenas de metros de profundidade.

São vários os tipos de dolinas descritas na bibliografia geomorfológica e espeleológica. Grande parte das descrições se refere a *dolinas em prato* — planas, com bordas muito rasas; *dolinas em funil* — base estreita e bordas em vertentes oblíquas; *dolinas em bacia* — com bordas inclinadas e fundo plano, *dolinas em caldeirão* — circular, com bordas verticais abruptas; *dolinas em poço* — cilíndricas, geralmente profundas, com base por vezes submersas em água, e numerosas outras categorias, apoiadas, geralmente em análises com alto grau de subjetividade.

A maioria dos autores — Sweeting, Bögli, Trudgill — concorda com a antiga classificação de Cvijic (*op. cit*), ou seja, **bowl-shapped dolines** (dolinas em tigela) quando a largura excede em muito a profundidade com relação diâmetro/profundidade de cerca de 10:1, inclinação da borda por volta de 10° ou 12°, e fundo plano coberto por solo ou alagado. É o tipo mais comum, segundo Cvijic.

Outro tipo é a **funnel-shaped doline** — dolina em funil — quando o diâmetro é de duas a três vezes a profundidade, a inclinação da borda de cerca de 30° ou 40°, e a base estreita.

Por último, têm-se as **well-shaped dolines** — dolinas em poço —, onde o diâmetro é usualmente menor que a profundidade e as bordas rochosas são abruptas e verticais, levando diretamente à base.

Em termos genéticos, a classificação mais utilizada se refere a quatro tipos de dolinas (Williams, 1969; Sweeting, 1973; Bögli, 1982; Jennings, 1985; Trudgill, 1985): 1) dolinas de dissolução; 2) dolinas de colapso ou abatimento; 3) dolinas de colapso em rochas não carbonáticas devido a carste subjacente; 4) dolina de subsidência ou aluvial.

As dolinas de dissolução ocorrem em rochas carbonáticas, em locais mais suscetíveis à ação das águas aciduladas da superfície. A dissolução em alguns pontos do relevo carbonático torna essas pequenas depressões iniciais pontos de maior captação da drenagem superficial, o que, por sua vez, expõe as rochas a maior volume de águas acumuladas, aumentando a solução nesses locais e tornando o processo de abertura da dolina cada vez mais ativo.

As dolinas de colapso ou abatimento se formam quando cavernas rochosas localizadas próximo à superfície ou cavidades, abertas no próprio solo devido à migração do mesmo para fraturas existentes mais abaixo, se alargam em demasia e seu teto, não suportando o peso, desmonora.

Outras vezes, a caverna se encontra em calcário situado a grandes profundidades e recoberto por outro tipo de rocha. O mesmo processo de desabamento ocorre, mas a dolina formada mostra-se em sua totalidade encaixada na rocha superior, sem que o calcário subjacente seja evidenciado.

Um exemplo notável de dolinamento em rochas não solúveis pela existência do carste subjacente ocorre na divisa entre os municípios de Jardim e Bonito, em Mato Grosso do Sul, onde o arenito Aquidauana recobre parcialmente carbonatos do Grupo Corumbá. Ali, existe um *campo de dolinas* em formação, com afundamentos em diversos níveis, cuja dinâmica pode ser constantemente observada durante a evolução do processo. O "Buraco das Araras", uma dolina de forma ovalada, com diâmetro maior de 120 m e cerca de 60 m de profundidade, representa o clímax desse processo na área.

O quarto tipo de dolina, denominado "de subsidência" ou "aluvial", ocorre quando depósitos espessos de solo cobrem rochas cársticas. Tal solo, ao infiltrar-se pelas juntas da rocha carbonática subjacente, sofre subsidência (afundamento), criando a dolina. Em situação semelhante, quando um curso de água penetra através do solo em um sumidouro rochoso e carrega consigo o aluvião, formam-se as dolinas aluviais. A figura abaixo mostra a tipologia básica das dolinas, sendo os tipos (*b* e *e*) considerados assemelhados por vários autores.

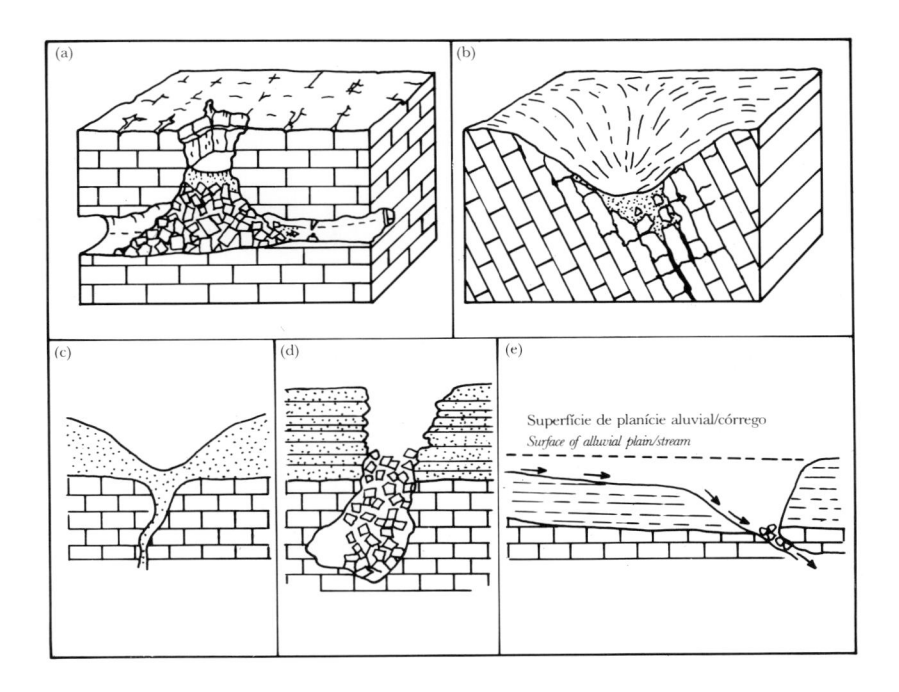

Tipos principais de dolinas: (a) Dolina de colapso (b) Dolina de dissolução (c) Dolina de subsidência (d) Dolina de colapso devido a carste subjacente (e) Dolina aluvial apud Jennings, 1985.

Major types of dolines (a) collapse doline; (b) solution doline; (c) subsidence doline; (d) subjacent karst collapse doline; (e) alluvial streamsink doline; in Jennings, 1985.

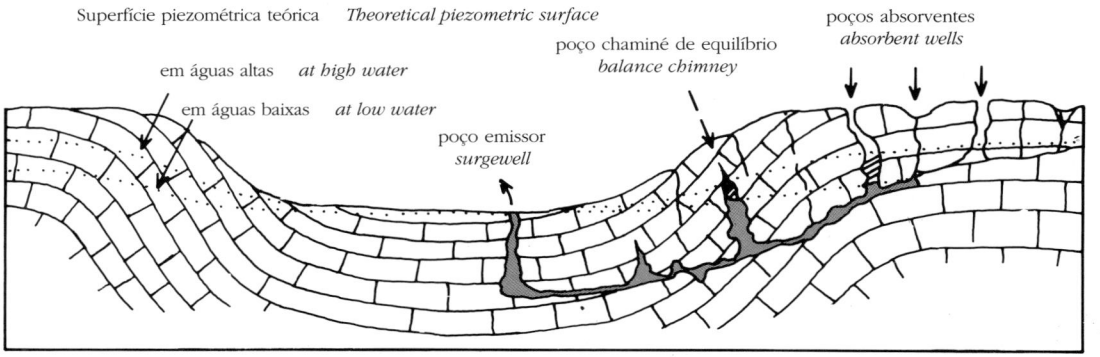

Funcionamento teórico das águas subterrâneas num **polje**. O esquema segue o Grand Plan em Canjuers (Var, Provence) na época em que Gros Aven funcionava como **poço emissor**.

*Theoretical action of subterranean water in a **polje**. Scheme based on the Grand Plan at Canjuers (Var, Provence), at the time when the Gros Aven functioned as a **surge abyses**.*

Um raro exemplo de registro histórico da abertura de dolinas foi descrito em forma de lenda, no município mineiro de Coração de Jesus. É a lenda da Lagoa Feia, recolhida por J. A. Macedo (1984):

"Há séculos passados era um buritizal, formando um capão cerrado, numa circunferência de seiscentos metros de diâmetro.

Por baixo, bem no centro do buritizal, mergulhava-se um filete de água que bem poderíamos chamar de uma lágrima grossa, enorme, escorrendo do chapadão agreste, monótono, tristonho.

Foi essa mesma lágrima que se fez poço, furou o chão ao pé da palmeira, alargou-se tanto que forçou o encaixe de uma estiva de achas de coqueiro para aprisionamento do líquido.

Numa manhã, quando o sol vinha nascendo quente feito fogo, o vaqueiro, galgando o seu campeiro ia-se aproximando do poço do buritizeiro. De repente, inopinadamente, sentiu uma tonteira mergulhante. Não como de outras feitas. O chão, desta vez, não lhe rodava em torno: era o buritizeiro que ia se afundando, vagarosamente, com lentidão, assombradamente, pântano adentro.

— Tonteira? — Meu Deus! — Estou morrendo e me sepultando ao mesmo tempo.

E a palmeira foi desaparecendo, sumindo, e com ela as outras, o capão inteiro. Os fetos, as samambaias. As araras, as maracanãs, e tudo de roldão, num balé catalítico, ruidosamente foi tragado.

Um imenso espelho líquido, gigantesco, sobrenadou então, semi-oval, oscilante, tremendo.

Um estrondo. Um trovão. E a vereda desmoronou.

Alguma caverna, por certo, que os tempos geológicos construíram muito bem no fundo da terra, partira sua abóboda, chupando o lençol artesiano, emergindo este e submergindo o oásis verde, anfiteatro da orquestra da passarada".

Outros exemplos, ainda mais expressivos, ocorreram na década de 1980 em áreas urbanas de Sete Lagoas (MG) e Cajamar (SP). Ambos os casos são semelhantes e parecem provocados pelo homem devido a modificações do aqüífero subterrâneo.

O "Buraco de Cajamar" refere-se a uma dolina cuja abertura iniciou-se em 12 de junho de 1986, com área de influência atingindo um raio de 300 m em pleno centro da cidade, situada a 40 km da capital de São Paulo.

39 e 40. Vista do "Buraco de Cajamar", uma dolina aberta em 1986 em área urbana na região metropolitana de São Paulo. IPT.
View of the "Buraco de Cajamar", a doline opened up in 1986 in an urban area of the metropolitan region of São Paulo (SP). IPT.

41 e 42. Lagoa cárstica junto ao sumidouro da Lapa Vermelha I de Pedro Leopoldo (MG). Observe-se a grande variação do nível da água em épocas de cheia e de seca. CFL.
Karstic lake near the sink-hole of the Lapa Vermelha I at Pedro Leopoldo. The great difference in water-level between high and low water is noticeable. CFL.

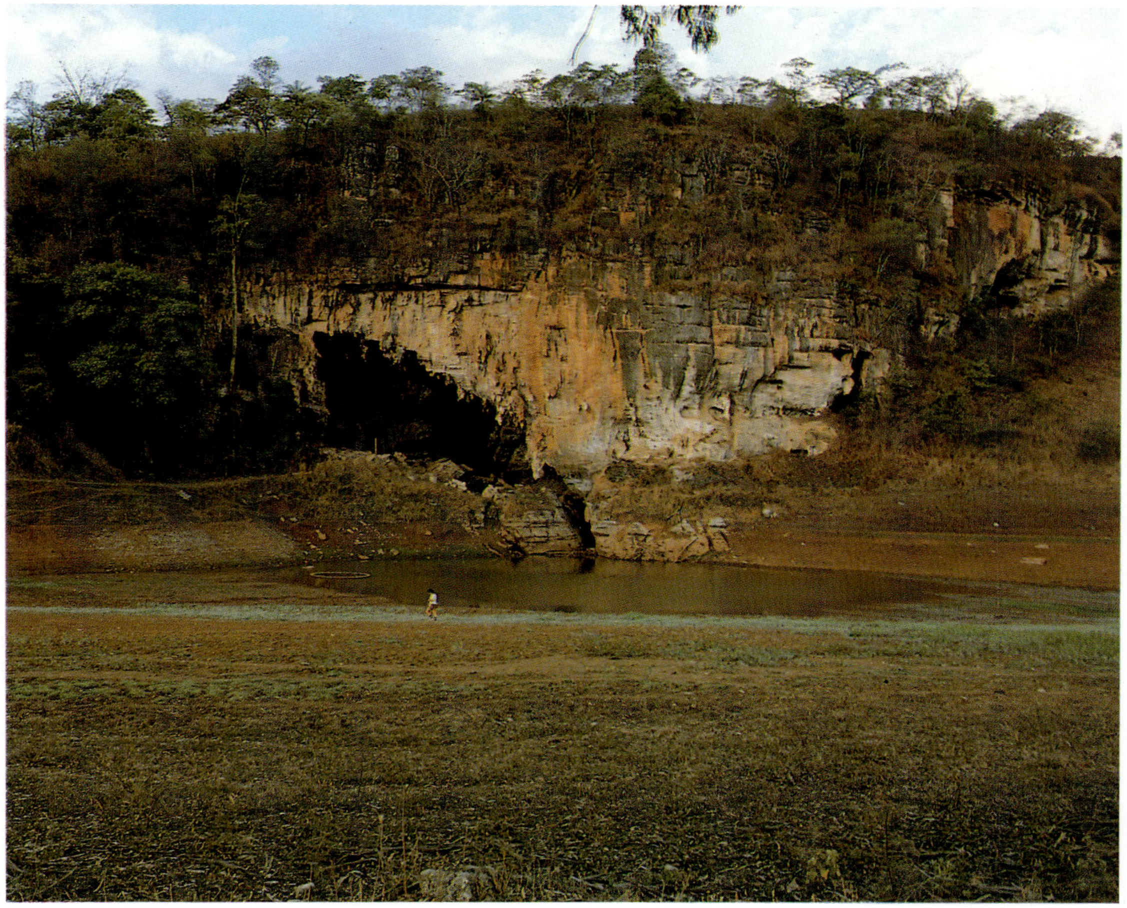

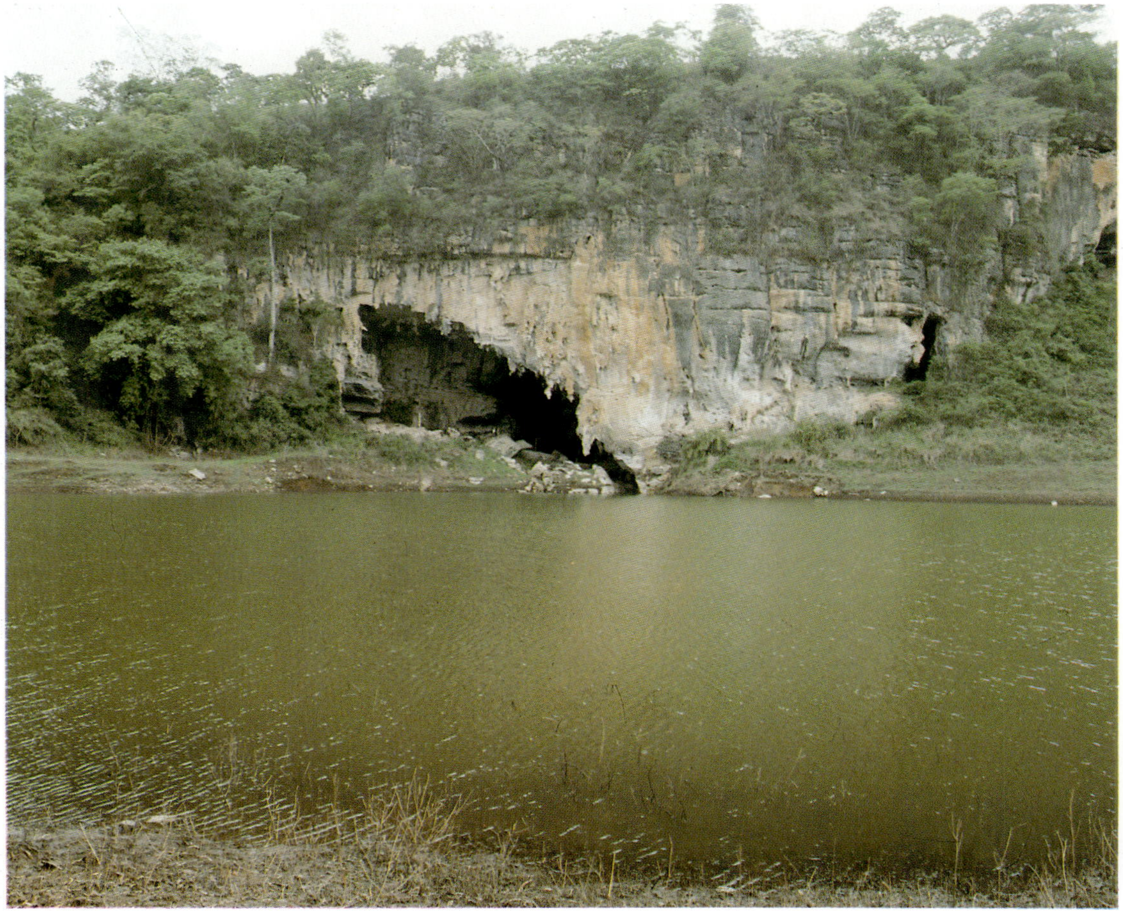

43. Vale seco em região calcária no município de Bonito (MS). O pequeno córrego tem seu sumidouro poucos metros antes da ponte. Durante a época de chuvas o sumidouro não comporta o volume de água e o córrego segue pelo leito superficial. CFL.
Dry valley in limestone region of the municipality of Bonito (MS). The sink-hole of the small stream is a few metres before the bridge. During the rainy season, the sink-hole is too small for the volume of water and the stream follows the surface course. CFL.

O ponto focal da dolina, com 30 m de diâmetro, em setembro de 1986 já havia "engolido" duas casas e outras 300 haviam sofrido rachaduras irreparáveis.

As sondagens realizadas indicaram estar essa área coberta por um solo profundo e irregular, com 40 a 50 m de espessura, assentado sobre um "paleo-carste", ou seja, um relevo de calcário muito antigo, bem desenvolvido e posteriormente soterrado por sedimentos recentes. Os estudos ali realizados (IPT, 1987) demonstraram que a dolina originou-se pela migração dos solos para cavernas existentes em profundidade, fenômeno possivelmente acelerado pela retirada artificial — poços artesianos — da água que preenchia a estrutura do calcário subjacente.

Semelhantes às dolinas, mas de dimensões muito maiores — por vezes várias dezenas de quilômetros de diâmetro —, os **poljes** (poliés) também têm sua denominação originada do eslavo. Os poljes, que originalmente significam "planícies" são enormes depressões fechadas, de paredes abruptas, com fundo plano, rochoso ou, mais comumente, recobertos por argila de descalcificação, aluviões ou depósitos lacustres. Tais características fizeram com que praticamente todas as depressões desse tipo existentes na Iugoslávia fossem utilizadas para agricultura. São formadas por dissolução como as dolinas, mas, dada a freqüente impermeabilidade do solo em seu fundo, as águas por ele captadas atuam principalmente nas bases das paredes, obrigando-as a um recuo por dissolução e desabamentos, o que garante a verticalidade dessas paredes (Roglic, 1951).

Em sua base, podem existir também dolinas e sumidouros por onde escoam as águas de chuva e eventuais córregos permanentes. Se o fluxo de água em certos períodos excede a capacidade de escoamento do sumidouro, o polje fica temporariamente inundado. Formam-se, assim, típicas *lagoas cársticas*.

Independentemente, da existência de poljes, ocorrem lagoas cársticas como as de Minas Gerais, que normalmente são dolinas em bacia com perfil assimétrico mostrando bordas suaves em parte de seu entorno e paredes abruptas em um dos lados. Nessas paredes, costumeiramente abrem-se cavernas situadas pouco acima do nível médio da lagoa, que, em períodos de grandes chuvas, servem de sumidouro para o excesso de água.

Outras feições freqüentes em regiões calcárias são os vales secos e os vales cegos. Os *vales secos* são aqueles destituídos de água em superfície. Sua origem normalmente está associada ao ressecamento do clima ou ao abaixamento do nível dos cursos de água, que deixam de correr ao ar livre e passam a fluir por galerias subterrâneas. Já os *vales cegos* são aqueles nos quais a drenagem superficial é interrompida pela absorção das águas no subsolo, através de infiltração em um sumidouro aberto no fundo do talvegue — leito do rio. Após esse sumidouro, não havendo mais a erosão fluvial o vale deixa de ser escavado, assumindo o aspecto de um "beco sem saída".

Os rios podem, no entanto, cruzar a região calcária, dissolvendo a rocha e abrindo longos e estreitos vales denominados **canyons** *cársticos*. Noutras vezes, perfuram as montanhas gerando *grutas e túneis* que, se localizados próximos à superfície do maciço, podem, por desabamento dos tetos, dar origem às dolinas de abatimento já descritas.

Aspectos de um relevo cárstico, apud Lino e Allievi (1980).
Aspects of Karstic relief, from Lino & Allievi (1980).

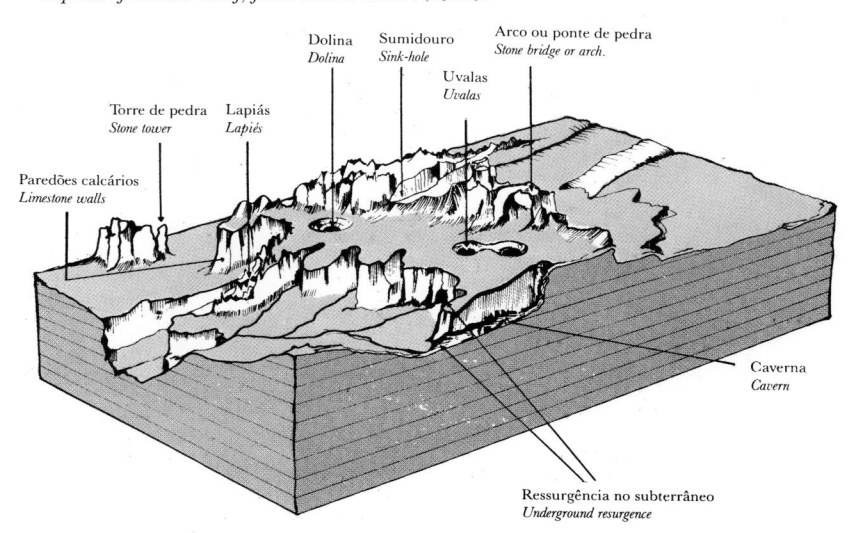

A ampliação longitudinal dessas dolinas com o desabamento contínuo do teto das cavernas, propicia, às vezes, a abertura de depressões às quais poderíamos denominar *dolinas em trincheiras*. O termo proposto identifica vales fechados, estreitos e profundos, ladeados por paredes verticais abruptas e percorridas por rios que emergem e somem em cavernas localizadas nas duas extremidades do vale. Tais feições são muito freqüentes nas grandes cavernas do Brasil central — Goiás, Bahia e norte de Minas Gerais, onde se encontra o fabuloso Vale do Rio Peruaçu. Um belo exemplo é também o da Gruta Termimina no Vale do Ribeira em São Paulo.

Nessas dolinas em trincheira pode ocorrer o completo desabamento das grutas que as cercam, ocasionando a formação de um **canyon** *de abatimento* ou *corredor de desabamento* (**couloir de effondrement**, Rossi, 1974).

Feições morfologicamente semelhantes, embora em outra escala, são os **zanjones** de Porto Rico ou os **bogaz** e **struga** da Iugoslávia, os quais, segundo a bibliografia, correspondem a formas de *dissolução* — não de abatimento — ao longo de juntas e fraturas na superfície da rocha. *Corredores*, com larguras que vão de alguns centímetros a poucos metros e com profundidades de alguns metros, são descritos também em Bom Jesus da Lapa, Bahia (Tricart, 1960).

Outras macroformas freqüentes nas regiões cársticas, embora não exclusivas delas, são as muralhas ou falésias rochosas. Tais muralhas, por vezes com dezenas de quilômetros de extensão, correspondem às bordas abruptas e desnudas dos maciços calcários, sendo geralmente coroadas por pináculos rochosos, sulcadas por caneluras e estrias verticais e por vezes margeadas por *torres de pedra* que resistiram à dissolução e ao "recuo" correspondente desses paredões.

Essas falésias são costumeiramente entalhadas por *corredores* transversais e, em sua base, abrem-se com freqüência grutas e *abrigos sob rochas*.

Quando dispostas transversalmente à drenagem superficial, ocasionando a formação de vales cegos, tais muralhas são dissolvidas desigualmente na zona de acumulação da água, criando largos recuos denominados *anfiteatros cársticos*, sendo geralmente perfurados por cavernas.

Além das *formas reentrantes* existem outras, de especial importância em regiões tropicais, que são incluídas na categoria de *feições remanescentes*.

A carstificação, dissolução dos maciços calcários, não se dá de forma homogênea. Inúmeros fatores, como variações na natureza química da rocha, diferentes graus de fraturamento, posição estratigráfica relativa, relevo e clima locais, fazem com que certas áreas sejam particularmente solúveis, enquanto outras oferecem maior resistência a tal processo de destruição da rocha.

A conjugação de fatores favoráveis à dissolução condiciona a abertura de dolinas, seu alargamento ou mesmo sua coalescência com dolinas vizinhas, dando origem a

44. Arco natural nas proximidades da Gruta do Baú, Pedro Leopoldo (MG). CFL.

   Natural arch near the Gruta do Baú, Pedro Leopoldo (MG). CFL.

45. Rochedos calcários, profundamente lapiesados, em Januária, norte de Minas Gerais. CFL.

   Limestone rock with deeply incised lapies, in Januária, in the north of the State of Minas Gerais. CFL.

46. Parede calcária com vários tipos de lapiás no maciço de Cerca Grande, Matozinhos (MG). CFL.
   Limestone wall with various types of lapies in the Cerca Grande massif, Matozinhos (MG). CFL.

47. Campo de lapiás com pirâmides, lâminas e agulhas de calcário residual em Ubajara (CE). CFL.
   Lapies field with pyramids, blades, and needles in residual limestone. Ubajara (CE). CFL.

48. Lapiás reentrantes condicionados pelas laminações do calcário, Pedro Leopoldo (MG). CFL.
Re-entrant lapies related to laminations in the limestone, Pedro Leopoldo (MG). CFL.

uvalas. No interior dessas depressões, no entanto, é freqüente a subsistência de porções rochosas residuais em forma de torres ou morros isolados. As formas assim originadas são denominadas **hums**, **mogotes**, *torres isoladas*, etc., dependendo de suas características e região de ocorrência.

O termo **hum**, que em eslavo significa "colina", passou a ser utilizado internacionalmente para designar os pacotes rochosos poupados pela dissolução da massa calcária no processo de abertura dos poljes. Também o termo **mogote**, de origem cubana, é normalmente utilizado para identificar os morros cônicos residuais formados por esse processo, especialmente em áreas tropicais. Da mesma forma, quando tais feições emergentes das planícies cársticas se mostram altas, cilíndricas e completamente destacadas na paisagem, recebem o nome de *torres isoladas* (**tourelles** ou **pitons**, em francês). Se essas formas isoladas são de diminutas dimensões denominam-se *rochedos residuais* ou **chicots**. Apesar dessa vasta nomenclatura morfológica, todas essas feições podem ser entendidas como variedades do **hum** inicialmente descrito. A nosso ver a terminologia regional não deve ser abandonada, embora seja necessária sua melhor sistematização.

Dentre essas formas residuais, devem-se também registrar os arcos *naturais* que representam geralmente estruturas marginais às muralhas cársticas, onde torres ainda são unidas à massa original através de estruturas horizontais remanescentes em sua parte superior. Quando essas estruturas em arco são cruzadas por cursos de água ou se situam sobre desníveis do terreno recebem a denominação de *pontes naturais*.

Além dessas formas isoladas ou marginais, certas feições remanescentes ocorrem em série ou em grupos, definindo o caráter de toda uma área cárstica. Assim, as partes superiores de diversos maciços calcários são marcadas pela presença de extensos conjuntos de *estruturas ruiniformes*, *pináculos*, *pirâmides*, *lâminas* e *agulhas rochosas*. Essas feições, que podem atingir mais de 10 m de altura, são típicas, no entanto, do processo denominado *lapiezação*, responsável pelas microformas de relevo que caracterizam o carste.

O termo *lapiás*, originário da região de Savoy, na França, é derivado de lápis — *pedra* em latim — e designa todas as formas de corrosão das superfícies rochosas. Segundo a terminologia alemã, denominam-se **karren**, derivado do indo-europeu **kar**, "rochedo", "pedra". Tais formas ocorrem nas superfícies livres, em subsuperfície — abaixo do solo, e no interior das cavernas.

49. Rocha carbonática com camadas de diferentes composição e estrutura. Na parte superior aparecem lapiás em canelura. Bonito (MS). CFL.
Carbonatic rock with layers of different compositions and structure. In the upper part there are lappies in Canelura. Bonito (MS). CFL.

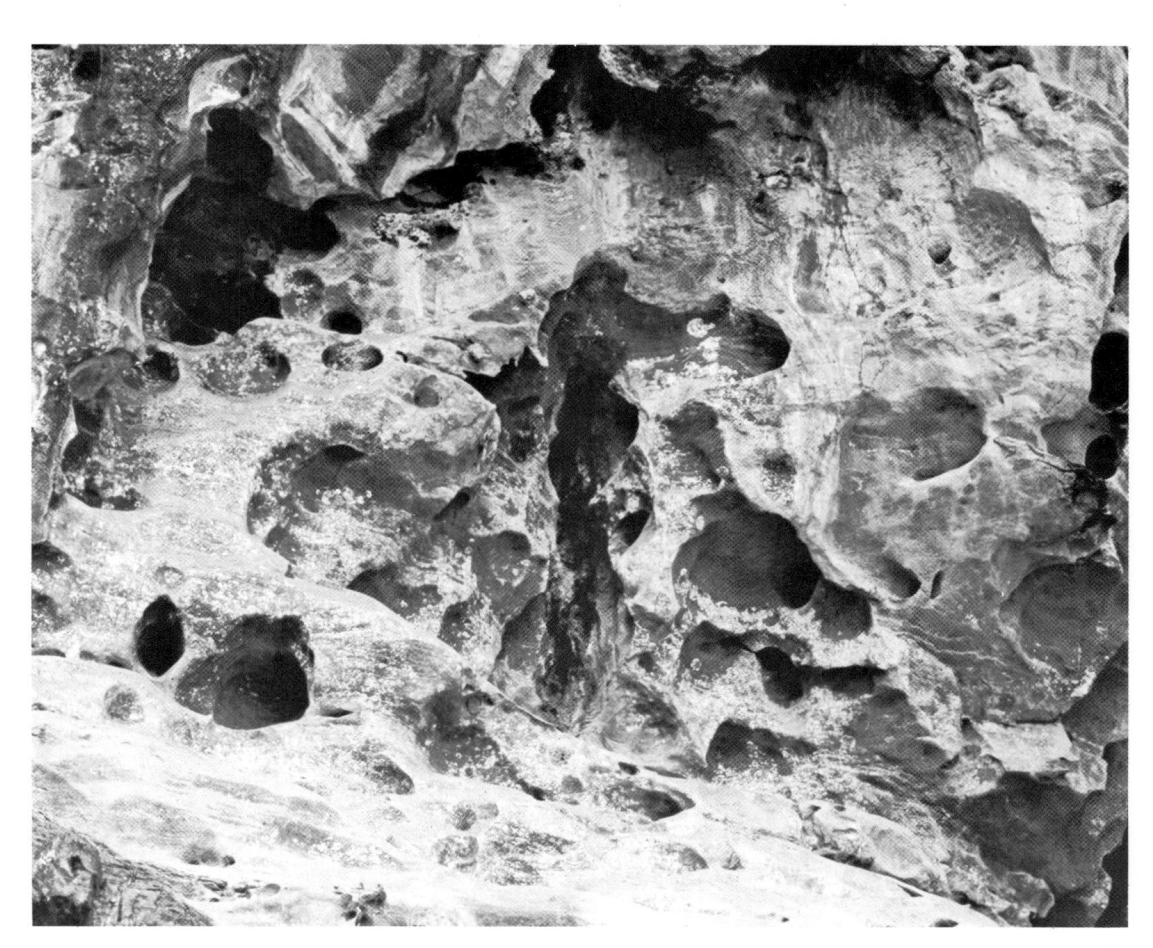

50. Lapiás alveolares, Matozinhos (MG). CFL.
Pit lapies, Matozinhos (MG). CFL.

51. Lapiás em canaletas tipo espinha-de-peixe sobre rochedo isolado, PETAR, Iporanga (SP). CFL.
Fishbone type channel lapies on isolated rock. PETAR, Iporanga (SP). CFL.

Nas rochas expostas, predomina a ação da água de chuva acidulada pelo gás carbônico atmosférico (origem meteórica); em subsuperfície, são produzidas pela ação bioquímica de raízes e do dióxido de carbono do solo dissolvido em águas de percolação; no interior das cavernas, intervêm inúmeros outros fatores e processos, que serão analisados mais detalhadamente no capítulo referente à gênese dessas cavidades.

Os lapiás compreendem um vasto conjunto de feições aparentadas, as quais incluem, à semelhança das macroformas, estruturas em depressão e estruturas em relevo — residuais. Tais estruturas representam em escala reduzida as mais bizarras paisagens da superfície terrestre.

No Brasil, tais "paisagens de exceção" são particularmente espetaculares nos calcários da região central — norte de Minas Gerais, Goiás e Bahia —, e em Ubajara, no Ceará. A título de ilustração, reproduzimos abaixo parte da descrição de uma dessas áreas, Bom Jesus da Lapa, Bahia, de autoria do geógrafo Theodoro Sampaio (1938):

"O morro inteiro é um massiço calcareo com uma estructura tão esquisita, tão estraordinaria que difficil é determinar-lhe a orientação das camadas e estudar-lhes as disposições.

O calcareo gasto pela acção do tempo, apresenta aqui as formas mais pittorescas que se podem imaginar. As pontas de pedra, innumeras, formam grimpas, agulhas, torres, simulam flechas elegantes de estylo gothico, corucheos rendilhados, recortados, rematados do modo mais esquisito e por vezes com uma disposição e symetria taes, que parece que se levanta diante de nós um desses immensos pagodes indianos, em ruinas".

Essa mesma área foi estudada por Tricart em 1960, que em 1956 havia pesquisado em detalhe as microformas existentes no carste ao norte de Belo Horizonte. Pelo que se depreende desses estudos, e de outros autores como Sweeting (1973), são inúmeros os fatores que condicionam a lapiezação e a enorme variação tipológica dessas feições. Salientam-se entre eles a natureza, a textura e a estrutura da rocha — juntas e fraturas, o clima presente e passado — temperatura e regime de chuvas ou neve, a ação direta e indireta da vegetação — raízes e acidulação do húmus do solo, sua natureza e as características locais do solo.

52. Lapiás serrilhados, em Santana (BA). CFL.
Sawtooth lapies, Santana (BA). CFL.

Esses fatores conjugados implicam numa grande multiplicidade de formas que caracterizam os lapiás e servem de base para sua classificação. Do ponto de vista genético mais geral, segundo Bögli (1960), essas feições podem ser classificadas em:

Lapiás de superfície livre (**Karren**);

Lapiás cobertos ou semicobertos (**BodenKarren**);

Lapiás subterrâneos (**HöhleKarren**).

Conforme o referido autor e a bibliografia geomorfológica mais ampla, tais feições podem ainda ser divididas em função do condicionante estrutural da rocha onde se desenvolvem, denominando-se *lapiás de fratura* (**KluftKarren**) ou *lapiás de plano de estratificação* (**SchichtfugenKarren**).

Do ponto de vista morfológico, encontramos os *lapiás em depressão ou reentrância* e os *lapiás em relevo ou em saliência*. Uma infinidade de nomes como lapiás em canaleta, em canelura, em meandro, em furo ou poço, em pegada, em marmita, em cortina, lapiás alveolares, lapiás celulares, etc., geralmente mostram, mais que uma grande variação morfológica, a inexistência de uma adequada padronização de termos e de sistematização de estudos.

Essas formas reentrantes, quando próximas uma das outras e fortemente desenvolvidas, dão origem a feições remanescentes que sobressaem na paisagem geralmente como pontas e lâminas de arestas aguçadas. Valem para estas as mesmas restrições terminológicas feitas às anteriores; mas a título de exemplo, podem-se destacar algumas formas básicas:

Lapiás em *agulhas* ou *punhais* que correspondem às pontas afiladas remanescentes da coalescência de marmitas de dissolução por seu excessivo alargamento. Dada a tendência das marmitas crescerem com a forma de um cone invertido, funil, as agulhas rochosas que sobram entre elas costumam se apresentar como pirâmides afiladas, com três ou quatro arestas muito cortantes. No Brasil, esse tipo de lapiás é especialmente desenvolvido nos calcários de Ubajara, no Ceará.

Lapiás *laminares* ou em *arestas*: lâminas rochosas remanescentes entre duas canaletas ou caneluras paralelas e coalescentes.

Lapiás *denteados* ou *serrilhados*: o desenvolvimento de caneluras paralelas e próximas entre si recobre as superfícies rochosas remanescentes finas e cortantes. Esses conjuntos intercalados de estrias e canais quando desenvolvidos nas extremidades dos blocos rochosos dão a estas extremidades a aparência de serrilha que caracteriza tal tipo de feição.

Lapiás *planos*: correspondem a camadas rochosas planas recortadas em trama por canaletas estreitas e profundas que dão à superfície rochosa o aspecto de mosaico ou quebra-cabeças montado.

Lapiás *em rochedos* (**Karrenstein**, lapiás em **chicots**): essas feições são estruturas que possuem dimensões intermediárias entre as macro e as microformas cársticas. Em verdade, são o produto de múltiplos processos de lapiezação conjugados.

Tais rochedos lapiezados que sempre ocorrem formando conjuntos são normalmente separados entre si pelo alargamento de diáclases cruzadas que recortam profundamente as camadas calcárias.

Uma vez isolados, esses rochedos são sulcados por estrias e caneluras, sofrendo igualmente uma intensa lapiezação das juntas de estratificação horizontal. Tal lapiezação intercamadas provoca a divisão da estrutura em blocos — fragmentos de camadas, superpostos em equilíbrio geralmente instável. Com o avanço do processo corrosivo é freqüente o basculamento dos blocos superiores.

Os exemplos clássicos desse tipo de feição são os **tsyng** de Madagascar (Rossi, 1974) e, no Brasil, os "dentes" de Bom Jesus da Lapa (Tricart, 1960).

As áreas ocupadas por tais feições são denominadas "campos de lapiás" (**Karrenfeld**) e suas características, juntamente com a presença de tipos peculiares de macroformas, servem para se definir a tipologia do carste em cada uma das regiões onde ele ocorre. A classificação tipológica do carste é o tema abordado em seguida.

A TIPOLOGIA DO CARSTE

Coube a Cvijic a primeira contribuição para o estabelecimento de uma tipologia do carste, a partir da caracterização mais precisa do relevo calcário dos Alpes Dináricos, tomado como protótipo. Tal área possui grande espessura de calcário, mais de 5 000 m, grandes altitudes e apresenta todas as formas de relevo que caracterizam o carste de áreas temperadas, especialmente as dolinas, as uvalas, os poljes, os lapiás, sumidouros e sistemas de cavernas. A evolução do relevo na área é condicionada especificamente pelas leis do ciclo cárstico. Ali o carste ocupa a totalidade das massas calcárias, do alto das montanhas à sua base, mesmo quando elas estão abaixo do nível do mar.

Página seguinte — *Following page*

53 e 57. Carste em salgema na região de Cardona, na Espanha. Acima, vista da montanha de sal durante visita dos participantes do 9º Congresso Internacional de Espeleologia, Barcelona, 1986. Abaixo, detalhe dos lapiás em aresta que recobrem a superfície da montanha da foto anterior. CFL.

Karst in rock-salt in the region of Cardona, Spain. Above, a view of the salt mountain visited by participants in the 9th International Congress of Speleology, Barcelona, 1986. Detail: the knife-edge lapies which cover the surface of the mountain. (CFL).

Pseudocarste: várias rochas apresentam feições de dissolução e erosão semelhantes às que ocorrem nos calcários. Nas quatro fotos seguintes, podem-se observar exemplos desse tipo de ocorrência em várias litologias e regiões do Brasil.

Pseudokarst: a variety of rocks displaying dissolution and erosion features similar to those found in limestone. The four following photos show examples of this in different lithologies and regions of Brazil.

54. Arenitos no Parque de Vila Velha, Ponta Grossa (PR). CFL.
Sandstones in the Vila Velha Park, Ponta Grossa (PR). CTL.

55. Maciço das Agulhas Negras mostrando formas pseudocársticas em rochas eruptivas, no Parque Nacional de Itatiaia (RJ). PCC.
The Agulhas Negras massif, showing pseudokarstic forms in eruptive rock. Itatiaia National Park (RJ). PCC.

56. Erosão em granitos da região de Itaoca, município de Apiaí, divisa de São Paulo com Paraná. Essas marmitas se originam da ação violenta das águas do rio Ribeira, muito encachoeirado neste trecho. CFL.
Erosion pans in sandstone, in the region of Itaoca, municipality of Apiaí, on the border between the States of São Paulo and Paraná. These pans arise through the violent action of the Ribeira River, which in this stretch has a large number of falls. CFL.

A este tipo de relevo Cvijic denomina **holokarst**, que significa carste completo (**holos** = "inteiro", "completo", em grego).

Em contraposição, o autor definiu como **merokarst** (do grego **mero** = "parcial") o relevo cárstico imperfeito, incompleto, onde não se encontram, a não ser parcialmente, as características definidas no carste dinárico típico. Geralmente são áreas onde o calcário é pouco solúvel ou pouco espesso, podendo, por exemplo, não apresentar dolinas ou lapiás. Nessas áreas, ao contrário do **holokarst**, pode ocorrer drenagem superficial (**fluviokarst**).

A partir da primeira divisão, outros tipos foram sendo caracterizados:

Carste exposto (**naked karst**): corresponde ao **holokarst** onde a rocha calcária ocupa grandes extensões, sem qualquer tipo de cobertura significativa, seja de outras rochas ou de solo.

Carste coberto (**covered karst**): carste incompleto, parcialmente recoberto por rochas insolúveis ou por solo e vegetação.

Carste subterrâneo ou sepulto (**buried karst**): corresponde ao exato oposto do **naked karst** sendo totalmente desprovido de manifestação no relevo superficial e estudado apenas através de métodos geofísicos.

Os dois anteriores são subclasses do **merokarst**. No mesmo bloco tem-se ainda o *carste subjacente* e o *paleocarste*. O primeiro se desenvolve em rocha solúvel, sob uma cobertura de solos móveis e permeáveis como areias e aluvião, enquanto o último, que também é conhecido como *carste fóssil*, ou *exumado*, corresponde a áreas cársticas antigas, recobertas por solos impermeáveis e que, por força de uma erosão dessa cobertura, é novamente evidenciado em superfície.

CARSTE E ROCHA

Outras categorias de carste são definidas em função da litologia. Assim, pode-se identificar o *carste calcário*, o *dolomítico* e os relevos cársticos em gesso, sal-gema, arenito e quartzito.

Embora o termo "carste" corresponda originalmente ao relevo de áreas ocupadas por rochas solúveis, especialmente os calcários, não é exclusividade de tais rochas o desenvolvimento de feições e paisagens com as características anteriormente descritas. Rochas geralmente consideradas insolúveis não raramente apresentam feições semelhantes por processos predominantemente de erosão fluvial ou eólica. Também existem feições em rocha vulcânica formando, inclusive, cavernas de alguns quilômetros de extensão.

Tais feições, por sua semelhança às produzidas no relevo cárstico, são denominadas *pseudocársticas* e, por conseqüência, as regiões onde são encontradas denominam-se *pseudocarste*.

Não faltam no Brasil exemplos de relevo ruiniforme que possam ser caracterizados como pseudocarste ou carste arenítico, quartzítico, etc.

Alguns casos mais notáveis são encontrados nos arenitos e quartzitos das regiões de Vila Velha, no Paraná; Sete Cidades, no Piauí; Chapada dos Guimarães, em Mato Grosso do Sul, e ao longo da serra de Botucatu, especialmente Analândia e Altinópolis, no estado de São Paulo. Nestas regiões ocorrem inúmeros exemplos de torres e arcos de pedra, amplas grutas e dolinas de grande profundidade. Também os quartzitos da serra do Espinhaço e do sul de Minas Gerais (São Tomé das Letras, Ibitipoca, etc.) apresentam inúmeras cavernas. Na área do Parque Nacional de Itatiaia, divisa Rio–São Paulo–Minas Gerais, ocorrem feições pseudocársticas espetaculares em rochas eruptivas — nefelino sienito.

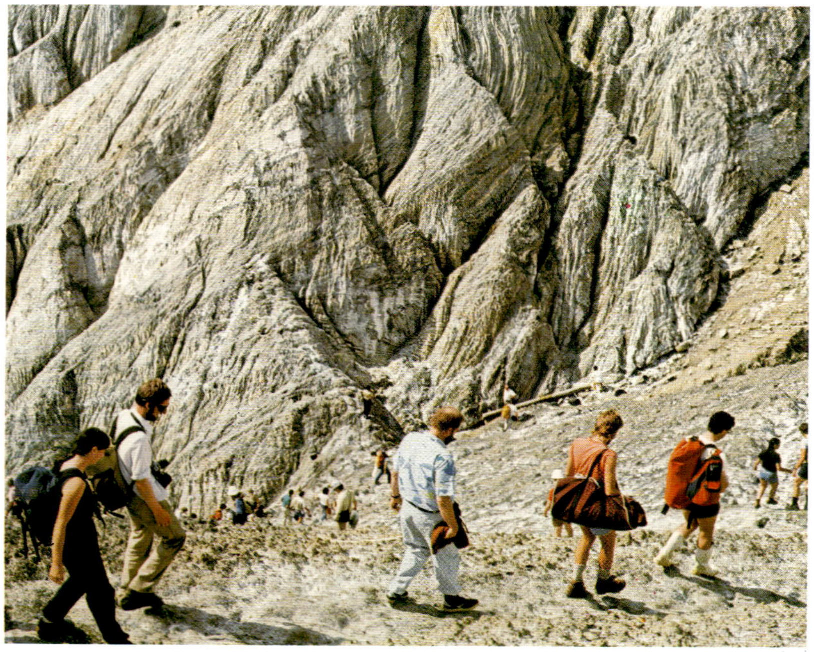
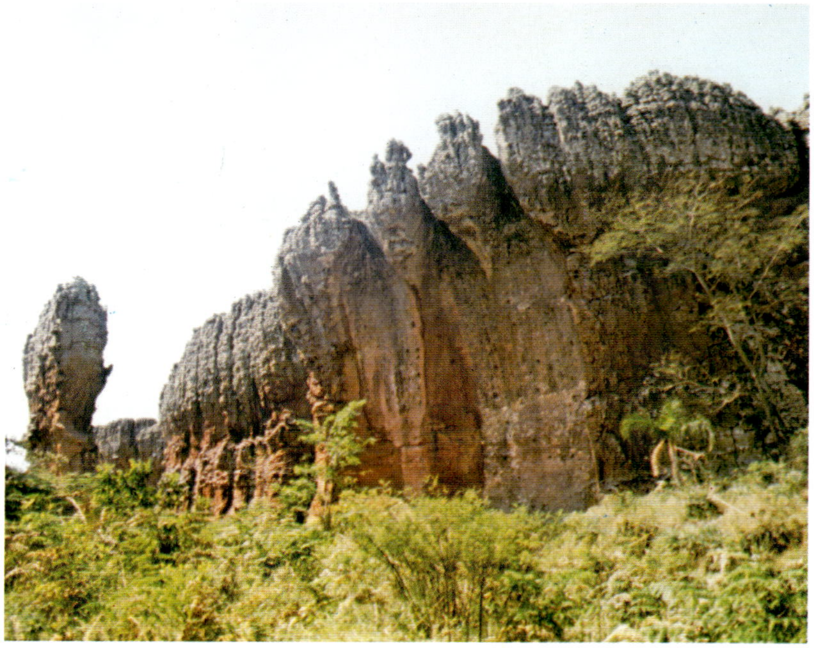
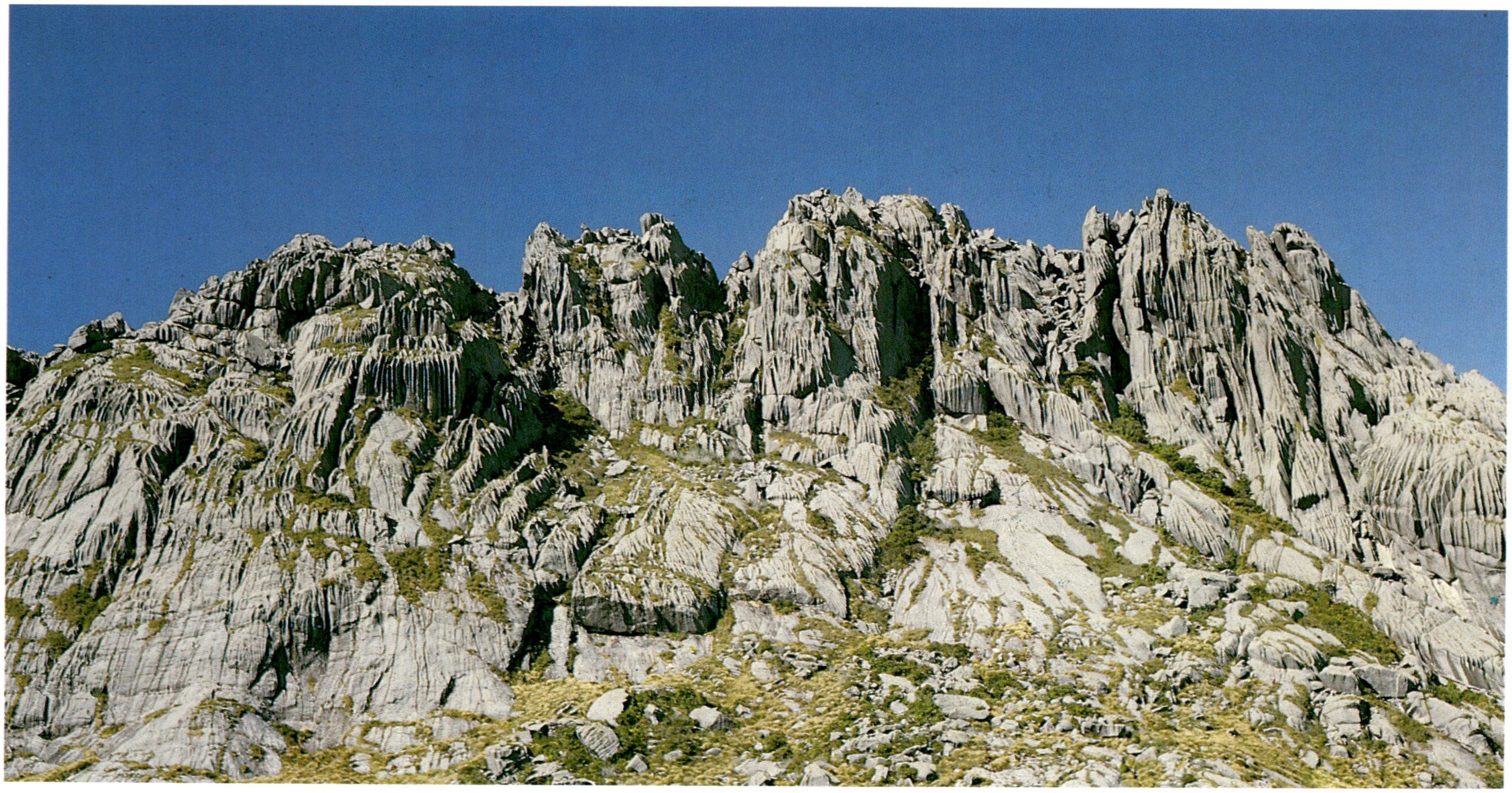

Em rochas vulcânicas, o "túnel" da ilha da Trindade localizada à leste de Vitória, Espírito Santo, representa um exemplo dos mais ilustrativos de feição pseudocárstica em território brasileiro.

CARSTE E CLIMA

Outra importante divisão tipológica do carste é feita a partir de aspectos climáticos. Nesse sentido, são definidos, entre outros, o *carste de regiões temperadas*, os *carstes periglaciais* e *polares* e os *tropicais* e *subtropicais*.

No primeiro grupo estão, em grande parte, as regiões cársticas européias e norte-americanas. Ao norte desses continentes, bem como da União Soviética, nas regiões periglaciais, ocorrem feições de relevo que são correlacionadas ao chamado **thermokarst** ou **cryokarst**. Estes termos, usados costumeiramente como sinônimos, são bastante polêmicos. Enquanto o **thermokarst** seria o relevo resultante da influência de variações térmicas, o que ocorre em inúmeros tipos de rochas não solúveis, o **cryokarst** (**kryos** — frio, em grego), seria mais específico para depressões superficiais originadas pela ação de águas de degelo. Como tais "águas de neve" são particularmente ricas em CO_2 e corroem ativamente o calcário, justifica-se o uso do termo para um tipo de carste verdadeiro e não para feições pseudocársticas como as que o primeiro termo permite abranger. Também nas grandes altitudes a presença do gelo e neve permanentes ou sazonais e os correspondentes processos de congelamento e degelo criam áreas cársticas características incluindo por vezes grandes sistemas subterrâneos.

58. Detalhe da superfície superior de "tartaruga", um morrote arenítico altamente erodido no Parque Nacional de Sete Cidades, no Piauí. CFL.
Detail of the upper surface of the "Tortoise", a highly eroded sandstone mound in the Sete Cidades National Park, Piauí. CFL.

Em função de um zoneamento das regiões frias, Lladó (1970) identifica quatro classes de "carste frio": o *nival*, de alta montanha; o *periglacial*, que ocorre por força da gelivação — alternância gelo-degelo — tanto em altitudes quanto em latitudes periglaciais; o *glacial*, gerado por força da água de fusão que circula abaixo da capa de gelo nestas zonas; e o *polar*, restrito às zonas polares onde a alternância gelo-degelo é muito escassa, com pressões de carga de gelo muito elevadas.

As dificuldades inerentes aos estudos nessas áreas faz com que ainda seja restrito o conhecimento sob os diversos tipos de "carste frio", embora inúmeras pesquisas venham sendo desenvolvidas recentemente neste sentido. Nenhuma das formas acima é encontrada em território brasileiro.

O carste de regiões tropicais por sua vez, é dos que recentemente mais tem chamado a atenção dos estudiosos do assunto. Sem dúvida, estão nessas regiões os mais espetaculares relevos cársticos da superfície terrestre que, desde logo, despertavam o interesse de pesquisadores devido aos expressivos tipos de relevo comparados às regiões temperadas.

São inúmeros os exemplos de carste superevoluído em zonas tropicais, sendo mais conhecidos os das ilhas do Caribe e América Central (Jamaica, Cuba, Porto Rico, México), os da Indonésia (Java, Bornéu, Nova Guiné), os do sul asiático (China e Vietnã), os da costa leste africana (Madagascar) e os da América do Sul (Brasil, Venezuela).

No Vietnã, na baía de Ha-Long o relevo calcário depois de ser todo reduzido a torres, picos e penhascos, foi invadido pelo mar na última transgressão marinha, apresentando-se como um indescritível arquipélago formado por ilhéus escarpados com alturas entre 100 e 300 m, modelado por estrias, paredes abruptas e grutas que os trespassam.

Nas descrições do explorador L. Cuisinier, Ha-Long — que significa "pouso do dragão", criador dessa paisagem na mitologia vietnamita — representa "o carste levado ao absurdo". Na verdade, essa paisagem é apenas o elemento mais meridional de um imenso conjunto que se estende ao longo do sudoeste chinês — províncias de Yunnam e Guangxi, onde se localizam as igualmente fantásticas torres calcárias de Guilin.

Com alturas que variam entre 200 e 400 m, dominando uma depressão marginal ocupada pelos arrozais, essas torres cônicas residuais compõem a parte central de uma estrutura sinclinal onde calcários repousam sobre xistos e quartzitos paleozóicos.

Tal conjunto, com suas torres alinhadas, recobertas por florestas ricas em lianas e orquídeas e que se transformou no cenário típico da pintura chinesa, em particular na época Song, faz parte do mais vasto conjunto de relevos cársticos do mundo, cobrindo cerca de 500.000 km² no sudoeste asiático.

Em Cuba, os morros cônicos denominados **mogotes** cercam grandes planícies aluvionares, poljes, ocupadas pelos vinhares. Tais **mogotes** são geralmente transpassados por grutas através das quais os rios interligam os diversos vales fechados.

Na Jamaica, uma vasta área é ocupada por morrotes cônicos que se intercalam com depressões alargadas, sendo conhecidas como **cockpit country**.

Em Porto Rico, são também predominantes as formas em morros cônicos ou em torres (**pepino hills** ou **haystacta hills**) entremeados por estreitos corredores denominados **zanjones**. No México, na península do Yucatán, grandes áreas são perfuradas pelos **cenotes**, depressões profundas que dão acesso a grutas e a poços de água, muitos deles utilizados pela antiga civilização maia, inclusive para sacrifícios. Grandes abismos (simas) inclusive o famoso **Sótano de las Golondrinas**, com um dos maiores desníveis livres do mundo (333 m), e outros com o **Pozo Verde** (221 m), **El sótano** (410 m) e **Tomasa Kiahua** (330 m), ou ainda o **sistema Huautla**, com um desnível total de 1475 m, caracterizam o México como um verdadeiro "Eldorado da espeleologia esportiva".

Os **tsingys** são lapiás gigantes com vários metros de altura, em forma de pirâmides, agulhas e lâminas afiadas que tornam tais áreas totalmente impenetráveis. Grandes corredores escarpados caracterizam outros trechos do mesmo maciço calcário.

O carste de Madagascar é internacionalmente conhecido pela exuberância das feições cársticas (**tsingy**) que recobrem grandes áreas superiores do platô de Ankarana no extremo norte do país, cujas bordas se estendem como uma magnífica muralha de 23 km e 200 m de escarpa rochosa recortada por estrias e margeada por torres residuais.

Em Java, também predominam as formas cônicas, numa incrível multiplicidade de colinas interligadas por depressões de formas irregulares, recobrindo uma extensa área conhecida como **Goenoeng Sewor**. Formas semelhantes são descritas na Nova Guiné, enquanto em Bornéu estudos sobre a região de Sarawak indicam a existência de grandes lapiezamentos do tipo de **tsingy**, descritos em Madagascar, além de grutas com imensas entradas e salões internos como as famosas cavernas de Mulu. Em Sarawak, está o salão subterrâneo com o maior volume do mundo (162 700m²). Na América do Sul, destacam-se as diversas áreas cársticas do Brasil, e algumas áreas da Venezuela, especialmente na região da **Cordillera de la Costa** onde se localiza um carste *de morros* que, segundo Franco Urbani (1973), são "elevações abruptas, isoladas e com paredes mais ou menos verticais, formadas à custa de calcários recifais cretáceos ou mais jovens". Segundo o citado autor, embora esses morros sejam morfologicamente semelhantes aos **mogotes** de Cuba e Porto Rico, sua gênese é diferente pois não se trata de resíduos de dissolução de extensas áreas carbonáticas, mas produtos de massas calcárias originalmente separadas entre si.

É ainda na Venezuela que ocorrem algumas das mais extraordinárias feições quartzíticas do planeta, as "simas" Humboldt e Martel, no planalto de Sarisariñama, em plena Amazônia. A maior delas, Humboldt, é uma depressão de paredes verticais com cerca de 352 m de diâmetro e 314 m de profundidade. Lá também se localiza a "sima"

59. Vista aérea do relevo calcário coberto por densa floresta atlântica no Parque Estadual Turístico do Alto Ribeira-PETAR, Iporanga (SP). CFL.
Aerial view of limestone relief covered with dense Atlantic forest in upper Ribeira State Park, Iporanga (SP). CFL.

Aonda, com seus 362 m de desnível e a "sima" Auyantepuy, com 370 m, a mais profunda cavidade não calcária do mundo.

Do conjunto dessas e inúmeras outras áreas cársticas estudadas em regiões tropicais, estendeu-se o conceito de que nessas regiões predominam as formas residuais, positivas, como definidoras do carste tropical, diferente do dinárico e de outras regiões temperadas. Assim, considerando-se a predominância de morros cônicos ou torres, o carste tropical é identificado como **kegel karst**, ou **cone karst**, ou **turmkarst**, ou **karst à tourelles**.

Trata-se de um reducionismo pouco esclarecedor ao entendimento, de certa forma generalizado pela literatura de divulgação, de que "carste tropical" seja um tipo específico de relevo, quando, em verdade, engloba inúmeras tipologias diferenciadas do ponto de vista tanto morfológico quanto genético.

Se, por um lado, pode-se traçar um paralelo significativo entre o "carste de **tsingy**" de Madagascar e os lapiás "molariformes" descritos por Tricart (1960) para o morrote de Bom Jesus da Lapa, na Bahia, nenhuma relação morfológica existe entre essas feições e os **mogotes** de Cuba ou as incríveis torres cônicas de Guilin, na China. Cabe lembrar no aspecto climático que, embora incluídos em zonas tropicais, os **tsingys** e "molares" se desenvolvem em regiões áridas ou semiáridas, enquanto os exemplos cubanos e chineses evoluíram permanentemente em zonas tropicais tipicamente úmidas. E mais, que o clima, embora importante, é apenas um dos condicionantes da evolução dessas paisagens.

É conveniente ter-se com clareza que o clima regional é um fator dinâmico, que sofreu significativas alterações nos últimos períodos geológicos, encontrando-se atualmente formas e áreas cársticas localizadas em regiões temperadas, que foram esculpidas em períodos mais quentes e vice-versa.

Segundo Lehmann (1956), apenas três regiões da superfície terrestre não sofreram mudanças climáticas de repercussões morfológicas durante as glaciações quaternárias: o Ártico, os trópicos úmidos e o interior dos grandes desertos (apud Lladó, 1970). Assim, o carste chinês, por exemplo, representa o clímax da evolução cárstica ao longo de um largo e persistente período de clima tropical úmido.

Tal relevo não é, portanto, o estágio evoluído de um carste genérico, mas o produto de um específico tipo de calcário, originado de poderosas massas recifais, erodido em ciclo tipicamente tropical úmido. Dessa forma, persistindo condições semelhantes às atuais, o carste dinárico por exemplo, por maior que fosse o período de evolução, não iria reproduzir as formas encontradas no "carste tropical" acima citado, pois estão submetidos a distintos processos de "carstificação".

60. O carste na pintura chinesa é uma constante, mostrando torres, rochedos, lapiezados e montanhas calcárias. Pintura em seda do período Ming, primeira metade do século XVI, vendo-se o imperador Kwang-wu, da dinastia Han, atravessando um rio. A pintura é atribuída a Ch'iu Ying (Galeria Nacional do Canadá, Otawa).
Karst is a constant in Chinese painting, where towers, rocks with lapies, and limestone mountains may be seen. Painting on silk of the Ming period (first half of the 16h century) showing the Emperor Kwang-wu, of the Han Dynasty, crossing a river. Attributed to Ch'iu Ying. National Gallery of Canada, Ottawa.

61. Vista do espetacular relevo cárstico da região de Pinar del Rio (Viñales), em Cuba. Os *poljes* (planícies) são cercados por paredões abruptos e, em seu interior, os *mogotes* correspondem a morros cônicos que resistiram à dissolução. Neles abrem-se diversas grutas que por vezes servem de passagem entre os vales fechados. CFL.
View of the spectacular karstic relief in the region of Pinar del Rio (Viñales) in Cuba. The poljes (plains) *are surrounded by abrupt walls; inside these, the* mogotes *are conical mounds which have resisted dissolution. Within there are several caves, which at times serve as passages between the closed valleys. CFL.*

Página seguinte — *Following page*

62. Campo de lapiás em carste exposto. São Domingos (GO). CFL.
Lapies field in naked karst, São Domingos (GO). CFL.

Pesquisas realizadas por Corbel (1957) mostraram que a água em baixas temperaturas tem maior capacidade de dissolver o calcário que a mais aquecida. Tal conclusão, comprovada, entrava em choque, no entanto, com a constatação de que em regiões quentes, tropicais, o carste, via de regra, mostrava-se mais intensamente erodido. A resposta a este aparente paradoxo foi sendo estabelecida ao longo das diversas pesquisas levadas a cabo em regiões cársticas tropicais.

São vários os fatores que intervêm na evolução do ciclo cárstico nessas regiões de forma a compensar largamente o maior poder de dissolução das águas frias.

Em primeiro lugar, os trópicos úmidos correspondem à faixa da superfície terrestre mais largamente atingida pelas chuvas (1 000 a 4 000 mm anuais), o que representa uma quantidade de água (elemento ativo) muito grande à disposição dos processos físico-químicos da carsteificação. As altas temperaturas dessas águas, entre 20° e 25°C, tornam-nas muito mais fluidas que as das regiões temperadas, de 5° a 6°C em média, facilitando sua infiltração pelas fraturas e interstícios da rocha.

Além disso, as águas tropicais geralmente apresentam maior agressividade química, dada a presença de outros ácidos de origem orgânica, além do carbônico, com capacidade de dissolver o calcário, bem como uma maior quantidade de CO_2, produzido pela intensa atividade bioquímica nos solos.

Os citados ácidos orgânicos são formados pela decomposição de detritos vegetais — volumosos em áreas florestadas tropicais e pela ação direta da vegetação vivente, especialmente os liquens agressivos, restringindo-se todavia sua ação à vizinhança imediata das raízes e da camada de húmus, pois são rapidamente biodegradados. Seu papel pode ser marcante no desenvolvimento de lapiás como demonstrado por Tricart (1956), mas é insignificante na abertura de feições superficiais de grande porte ou nos sistemas subterrâneos.

Neste sentido, mais que tais ácidos e que a ação direta da temperatura, cabe ao CO_2 abundante na atmosfera, no solo e nas águas, papel fundamental na grande evolução cárstica em áreas tropicais.

Por último, cabe lembrar que, pelo exposto, o termo "carste tropical", embora sirva como orientador, não é por si uma classificação adequada para essas paisagens, devido à sua generalidade. Assim, há que se referenciar tais relevos através de outros dados (carste tropical, coberto, com lapiezamento em **tsingy**, etc.) até que, por força de maiores estudos, uma classificação mais precisa e sintética possa ser estabelecida.

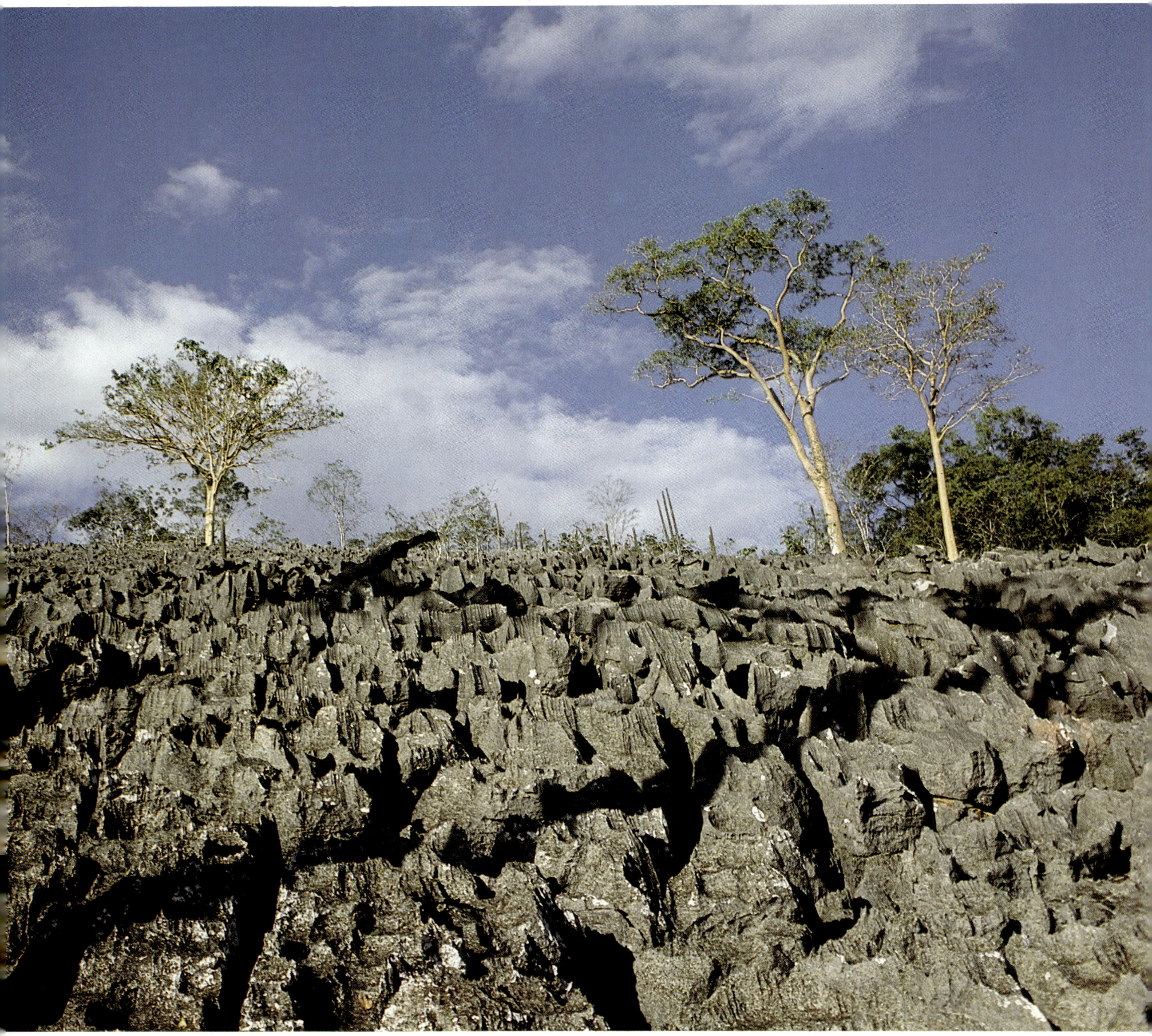

The Karst Landscape

*It is a mountain in ruins. It arises mis-shapen
beneath the periodical blast of storms and the
intense glare of the sun, shattered and cracked,
in an age-old and brutal collapse.*

Euclides da Cunha, *Os Sertões*

THE EVOLUTION OF CONCEPTS OF KARST

Caves develop in the subsoil; yet this does not make of them isolated phenomena. They undergo the effects of a number of the geological and climatological processes which model the surface relief. In this sense, caves may be considered as subterranean components of this relief. As a result, for the purposes of understanding their formation and evolution, it is necessary to know the characteristics of the landscapes with that particular type of relief internationally known as "karst". In areas of karst, the rocky landscape displays a ruined and pitted aspect. Drainage is predominantly subterranean, and water-courses flow through cracks, conduits, and caves. Relief of this sort develops in soluble rock, and particularly in limestones and dolomites.

Carbonate rocks, among which are included limestones and dolomites, are the earth's most common soluble rocks. It is in such rocks that the large majority of caves take their shape — and certainly those of the largest size and the greatest beauty.

*Limestones are rocks predominantly composed of calcium carbonate ($CaCO_3$). The word is applied to calcareous rocks, and the term "calcareous" is said to derive from two pre-Indo-European words, **calx** (chalk, calcium), and **car** (hard stone). Limestones originate through a number of processes, most obvious of which are the organogenic type, formed by the deposition of biodetritus, and the chemical type. In the first case, the calcareous rock is formed by the accumulation and concretion of shells and of the skeletons of once-living organisms, generally on the sea-bed. In the second case the rock is formed under the influence of temperature variation, pH, percentage of carbonic gases in the atmosphere, chlorophyll assimilation by algae, water disturbance etc., all of which lead to the formation and deposition of calcium carbonate in the form of tufas, rimstones, and a variety of concretions.*

The dolomites are rocks formed from calcium carbonate ($CaCO_3$), double calcium carbonate, and magnesium ($CaMg(CO_3)_2$). The term is derived from the name of the geologist Déodat de Dolomier, who published important studies on the European dolomites in 1784.

As sedimentary rocks, carbonates occur in layers, separated by joints, that are the known primary structures because they form themselves at the same time of the rocks.

Along the time rocks modify their original composition and texture, because of the tectonic movements that change large parts of earth crust. Secondary structures appear, as folds, cracks, and fractures, spaces before empties are supplied and minerals are recrystallized.

Thanks to these movements and the process of erosion, carbonate rocks formed, for example, on the bottom of the lake come to the surface or close it. It makes possible the beginning of the processes of intemperism and carstification that include the remodelling of the external relief and formation of caves.

The process of carstification that also occurs in non-carbonate rocks as quartzites, for example, is based on their dissolution by the action of acid waters penetrating by their cracks and fractures. Thousands of years after the formation of the rocks, it happens as much by the action of rainwater, that become acid due to carbonic gas collected in the atmosphere or on the soil, so much by the hydrothermal action and sulphuric acid (H_2SO_4) over such rocks.

*Karstic reliefs may be characterized in overall terms as being large extents of calcareous rock in which the drainage is predominantly subterranean (cryptorrheic), and where the landscape shows peculiar features. There are blind valleys, large depressions in the terrain (dolines), stone towers, needles and arches, great vertical walls, canyons, sinks and resurgences of rivers, grottoes and abysses. In addition to these and other large-scale features, the karst possesses other characteristic microforms. These are the **lapies** which, in the form of grooves, striations, channelings, concavities, blades etc., sculpt the surface of the rock and give the relief a singular nature all of its own.*

These macro — and micro — elements of the relief are known as karstic features, and correspond to the result of discontinuous dissolution of the rock. These points which may be more extensively fractured, for example, or of purer rock, are more easily soluble by the aggressive (acid) nature of the water; others, more resistent, may remain as residual elements of the relief of the region. Caves are an example of the former process, and rock towers of the latter.

The evolution of a karstic landscape signifies, in general terms, the existence of physical processes (erosion) and, principally, of chemical processes (corrosion), which finally tend towards the break-down of the entire soluble rock-mass.

Given the extent of regions of carbonate rocks, and their formal and structural complexity, such areas have come to be studied through specific disciplines, including karstic geomorphology and, when subterranean forms are involved, geospeleology.

*From a scientific point of view, these studies began in the middle of the 19th century, in the region between Trieste (now in Italy) and Ljubliana (in Slovenia); the name of this region gave rise to the term **karst**, a German cognate of the Yugoslav word **kras** or **krs**, which means "field of calcareous stones". Thence the terms "causse" in France, "carso" in Italy, and "carste" in Brazil.*

The expression appeared as a regional term in geological articles somewhere around 1840, and later came to include in generic form the type of relief of which the area of the so-called Dinaric Alps, to the north of the Adriatic, are a classic example.

*In the course of the 19th century, there was no lack of descriptions of karst in a variety of calcareous regions of Europe and of other parts of the world. Although there had been other and superficial references by naturalists to these formations in Brazil, it fell to Peter Lund to produce one of the most important works on the subject in his **Memórias**.*

The description of the karst which follows (though without explicit use of the term, which was coined in Europe at about the same time), is of the region of Lagoa Santa, State of Minas Gerais, and, the neighbouring municipalities: "The calcareous mountains display the aspect of softly rounded masses; on occasion, however, due to the existence of outcropping rocks, bare and abrupt, and of particularly bald areas, the mountains take on a savage and picturesque appearance.

Outside these continuous groups of mountains, the calcareous rock appears in the form of isolated hills, or forms ring-shaped elevations, with a vase-like internal excavation. As results of this latter arrangement of the surface, there are around here frequent lakes, which is extremely rare in the interior of Brazil. A further physical phenomenon linked to the calcareous wealth of this zone is the sudden disappearence of rivers, which then reappear at a greater or lesser distance. These sink-holes originate from the large number of superficial or subterranean cracks in the rock.

The form of these cracks is extremely variable. They may be vertical rips, all tending in the same direction, or they may change direction at any moment; one set of cracks often crosses another, and it is very common for these cracks to enlarge into galleries, chambers, and more or less ample spaces. It is the last of these forms which I call caverns, and which merit special mention.

When one penetrates into one of these exacavations, what first catches the attention on the observer is the rounded nature of the forms. The roof is vaulted, and connects with the walls in curved lines. The back wall, which is rarely visible, shows the same transition as the walls, and it may be noted that all protrusions are more or less wasted away. When one studies roof or walls from closer to, it will be seen that everywhere are numerous round holes, which penetrate the rock to a greater or lesser depth.

These orifices are variable in dimension; when there are salient areas of the walls, it is not uncommon for the holes to cross them from one to another and to form galleries, sometimes small, but sometimes quite big enough for one to go in; these secondary galleries reproduce the general disposition of the principal one.

In addition, the surface of the rock is polished, at times so highly that it shines; this, in connection with the rounded forms, gives certain parts of the caves the aspect of works moulded in metal".

Lund, Richard Krone, and other research workers, although they made a significant contribution to knowledge of the carbonate rocks of Brazil, and the evolution of these rocks into karstic reliefs, did not hold the study of geomorphology as the central object of their research. Their contributions in this field, and in that of speleology, were a consequence of their interest in the fossil content of the caves; thus knowledge of the context and its evolution gave them some basis for the interpretation and classification of their finds.

Studies specifically devoted to karst evolved in Vienna, at the time one of the most important scientific centres in the world, and where, in the School of Geomorphology, were concentrated research workers of international renown such as Penck, then Director of the institution.

In 1893 the geographer Jovan Cvijic, a pupil of Penk, published the first systematic study of the karstic areas, entitled **Das Karst Phaenomen**, *and considered the founding work of the new discipline. This pioneer phase lasted until the outbreak of the First World War, and, according to Roglic (1972), one of the most important workers in the field, "it was rich in general ideas but poor in effective analyses".*

At this time certain works stand out, among them the studies of Penck, Grund, and Cvijic, of the Vienna school, and also of the American Davis who, in contact with the authorities mentioned, built up some of the concepts which are fundamental for an understanding of karstic relief.

It is from this time that we may date the notions that karst is a characteristic of areas where soluble rocks (and particularly calcareous rocks) occur, and that water is the agent primarily responsible for the modelling of the relief. However, there predominated, as a dogma, the Penck-Grund concept that, in cave formation, the erosive action of water had priority over the corrosive action. Later on, there would be a scientific denial of this. The existence of various different types of karst was known, as was the fact that climatic conditions and ecological conditions all played their part in this differentiation. What was lacking was an explicit statement of how, and in what measure, this occurred.

A second phase of karstology began with the work of Lehmann (1932), a famous morphologist of the Vienna school, on the circulation of subterranean waters in the joints and fractures of calcareous rock, and the relationship of this with the superficial features of karstic relief.

With Lehmann's studies of the karst of Java serving as a starting point, the importance of climate in the evolution of this kind of relief became clear, and particularly the differences between "tropical karst" and the classical Dinaric karst.

These studies indicated, among other conclusions, that **isolated calcareous mounds (mogotes**, *in Cuba) are characteristic of "tropical karst" in the same way that dolines (depressions in the terrain) are characteristic of temperate karst — though this is obviously a simplification, to some extent indicative, but not a scientific conclusion.*

After the Second World War, a new period in karstology opened up, making advances in relation to previous concepts and producing new and important contributions. International exchange increased in the postwar period, speleology increased significantly, and far more works of engineering — tunnels and hydroelectric schemes — were undertaken in karstic regions. This at the same time both demanded, and made possible advances in, karstological studies on a more adequate scientific basis.

Studies of inter-tropical calcareous regions were much expanded all over the world (China, Porto Rico, Cuba, Mexico etc.) furnishing advances not only in knowledge of tropical karst but of the karst phenomenon as a whole. Outstanding in Brazil was the study by J. Tricart (1965), **O karst nas vizinhanças setentrionais de Belo Horizonte**, *which may be considered the first systematic work on the subject in this country, especially as regards relief microforms (lapies), which received precise attention from the author. From his pen also came studies of the karst in Bahia, in which he dedicated his interest to the region of Bom Jesus da Lapa, where there is to be found one of the most important collections of lapies in the entire country.*

In world-wide terms, in the post-war, various conclusive contributions were made to the sudy of karstic phenomena. One of the matters definitively resolved in this respect was the confirmation of Cvijic's hypothesis that in the process of karstification chemical dissolution takes priority over erosion.

It has become clear that the genesis and evolution of karst is dependent upon a multiplicity of factors, among which we may emphasize: 1. specific properties of the rock in the area (lithology); 2. the position of the soluble rock in relation to regional stratigraphy; 3. the geological history of the area, and particularly any tectonic movements by which the area has been affected; 4. climate, both past and present; 5. vegetation, and other ecological conditions both local and regional; 6. physicochemical properties of water in the area, along the time. These and other factors condition not only the greater or lesser importance of karst in different regions, but also the karst typology, shown in the differentiation and predominance of macro- and microforms in the relief which characterizes the landscape.

MACRO- AND MICROFORMS IN KARST RELIEF

As has already been mentioned, the karst displays a peculiar form of relief characterized by features at times on a large scale, at times on a very small scale, which combine to give the landscape a ruined and pitted appearance. These features may be gathered together in two major groups:
1. **Primary karstic forms** *(destructive): these include*
   a. **Superficial forms**: *dolines, poljes, lapies, towers etc.*

*b. **Subterranean forms**: caves, in all their multiplicity of form.*
2. ***Secondary karstic forms*** *(constructive)*

Although not excusively so, these are typically subterranean, the so-called speleothem-stalactites, stalagmites etc. — and will be dealt with at the appropriate moment.

*The primary forms are also called "destructive" on account of their being the result of physical and chemical processes of "landscape karstification", that is, the action of the process of erosion, responsible for the dissolution, transport of salt and detrital material and the feature of collapse. The mechanical (or physical) processes may be various agents as water, snow, wind, plants, animals etc. Among these processes may be included, for example, **abrasion**, produced by the action of waves bearing gravel and sand on coastal rocks, as well as the action of wind-borne hard particles (sand) which are blown against rock.*

Corrosion *(or dissolution) is the attack by chemical agents which modify the internal structure of the rock, making it liable to the morphogenetic process (mechanical erosion).*

In the case of calcareous rocks, and karstic relief as a whole, dissolution is the main process of rock destruction and changing. The chemical reaction may be understood through two simplified equations, shown beloun.

1. In the first phase water (H_2O) in the form of rain, in passing through the atmosphere and through the soil, dissolves carbonic gas (CO_2) contained therein, and forms an acid solution (carbonic acid).

$$H_2O + CO_2 \rightleftharpoons H_2CO_3$$

2. In the second phase, this acid water, sliding over the surface of calcareous rock (calcium carbonate = $CaCO_3$), or penetrating into joints and cracks, attacks the rock, and produces as a result calcium bicarbonate = $Ca(HCO_3)_2$, which is highly soluble and easily carried off by water during its natural downward movement.

$$H_2CO_3 + CaCO_3 \rightleftharpoons Ca(HCO_3)_2$$

*The superficial forms can be subdivided into **re-entrant features** and **residual features**. Depressed forms may occur at any moment during the dissolution of the rock, and appear as a discontinuity in the rock body which surrounds them. They are normally concave features, which are responsible for the "pitted" appearance of karstic relief.*

Residual features are necessarily characteristic of advanced dissolution of calcareous rocks; they remain as relics, as witnesses of the former regional or local modelling of the relief. They appear as protrusive features, frequently isolated, stone towers, mounds, bridges, and arches, which stand out from the rockmass.

*Among re-entrant forms we may point out dolines, uvalas, poljes, blind valleys, canyons, karstic lakes, sinks and resurgences, rock shelters, and caves. Of all these, caves excepted, dolines are considered most characteristic of karstic relief. The word has its origin in the slavic word **dole** (a valley), and was used by J. Cvijic to designate "the closed circular or elliptical depressions, more broad than deep, which form on the surface of soluble rock." The term subsequently came into international use. Dolines may vary in size from a few metres to several hundred metres across, and up to metres deep.*

*Various types of doline have been described in the literature of geomorphology and speleology. Many of the descriptions refer to **bowl dolines** (flat, with shallow margins), **funnel dolines** (narrow at the base with outward-sloping margins), **basin dolines** (with inclined edges and a flat bottom), **cauldron dolines** (circular, with abruptly vertical sides), **well dolines** (cylindrical, generally deep, sometimes with water at the bottom). These are some among a variety of categories, all based on substantially subjective analysis.*

Most authors (Sweeting, Bögli, Trudgill) agree with the old classification of Cvijic (op. cit.):

Bowl-shaped dolines *are those in which the breadth is much greater than the depth, in a proportion of about 10:1. The edges slope at an angle of about 10 to 12°, and the bottom is flat, either vegetated or flooded. According to Cvijic this the commonest type.*

Funnel-shaped dolines *have a diameter equal to two or three times the depth. The edges slope at an angle of 30° to 40°, and the base is narrow.*

Well-shaped dolines *generally have a diameter less than the depth, and the rocky walls are vertical, straight down to the base.*

In genetic terms, the classification most used refers to four types of dolines (Williams, 1969; Sweeting, 1973; Bögli, 1982; Jennings, 1985; Trudgill, 1985): 1. Dissolution dolines; 2. Collapse dolines; 3. Subsidence or alluvial dolines, in non-carbonatic rocks with subjacent karst; 4. Subsidence or alluvial dolines.

Dissolution dolines occur in carbonatic rocks and in places where these rocks are more liable to the action of acid surface waters. Dissolution at certain points in the calcareous (carbonatic) relief turns these small initial depressions into larger catch points for surface drainage; this in turn exposes the rocks to a greater amount of accumulated water, increasing solution and making the expansion process increasingly active.

Collapse dolines are formed when rocky caves near the surface or cavities, opened in the proper soil because of its migration to the fractures existing much down it, become excessively enlarged and the roof, no longer capable of supporting the weigth, falls in.

In other circumstances, an enlarging cave in calcareous rock may be situated at considerable depth, and covered by rock of another type. The same process of collapse may occur, but the doline will be wholly enclosed in the upper body of rock, while the underlying calcareous body may not be in evidence.

A notable example of doline formation in non-soluble rock occurs on the boundary between the municipalities of Jardim and Bonito (State of Mato Grosso do Sul), where the Aquidauana sandstone partially covers carbonate rocks of the Corumbá group. Here there is a field of dolines in formation, with sinking to various levels, the dynamics of which can be followed from year to year.

The so-called "Buraco das Araras", a doline in the form of an oval, more than 120 m across and about 60 m deep, represents the climax of the process in this area.

The fourth type of doline, the subsidence or alluvial type, occurs when thick deposits of soil cover karstic rocks. This soil infiltrates into the cracks in the subjacent carbonatic rock on top of the subsidence, thus creating the doline. Alluvial dolines are formed in similar circumstances, when a water-course penetrates through the soil into a sinkhole and carries with it the alluvium.

The figure on page 63 shows the basic of dolines consider types b. and e. to be more or less the same.

A further example of a historical record of the opening of dolines has been described in the form of a legend, the Legend of Lagoa Feia, collected from the municipality of Coração de Jesus (State of Minas Gerais) by J. A. Macedo (1984).

"Centuries ago there was a palm-tree grove, a packed ring of trees, about six hundred metres across.

Underneath, and right in the middle of the palm-grove, was a little stream — we might call it a large tear, enormous, running off the wild, monotonous, and sad lands round about.

It was just this stream which made itself into a well; it pierced the ground at the foot of the palm-tree; it grew so much that it forced apart the rough palm planks of a dam built to hold the liquid.

One morning, when the sun was rising hot as fire, the cow-hand loping on his nag came close to the well in the palm-grove. Suddenly, unexpectedly, he felt himself dizzy, had the sensation of diving. It wasn't like other times. It wasn't the ground that went round: it was the palm-grove sinking, slowly, slowly, hauntingly, into the marsh. 'Dizziness? My God! I'm dying and being buried at the same time'.

And the palm-tree went on sinking, disappearing, and with that one the others, the entire grove, the ferns, the birds, everything turning over in a cataclysmic ballet, and noisily being swallowed up.

A huge liquid mirror, gigantic, covered everything, semi-oval, oscillating, tremendous.

A crash. Thunder. And the grove collapsed.

Some cave, certainly, which geologial time had built in the depths of the earth, had cracked its vault, sucked down the water, which had submerged the entire oasis, the amphitheatre of that orchestra of birds."

Another examples, more striking, occurred in the decade of 1980 in urban areas of Sete Lagoas (State of Minas Gerais) and Cajamar (State of São Paulo). Both cases are similar and may have been provoked by men due to modifications of the subterranean aquifer.

The "Buraco de Cajamar" refers to a doline which began to open up on June 12th 1986. It came to affect an area with a radius of some 300 metres right in the centre of the town of Cajamar, situated some 40 kilometres from São Paulo. By September of 1986 the focal point of the doline, some 30 m across, had swallowed up two houses and caused unreparable cracks in another 300.

Soundings carried out in the area showed the town to have been placed on deep and irregular soil, from 40 m to 50 m thick, on top of "palaeo-karst" — an ancient calcareous relief, well-developed and later covered by recent sediments. It is believed that the doline originated in the collapse of a subjacent cave, and was perhaps hastened in its development by the artificial withdrawal, through artesian wells, of the water which filled the structure of the rock mass (research carried out by IPT, 1987).

Similar to dolines, but on a much larger scale (sometimes tens of kilometres across) are the poljes, the term also coming from the Slav. Poljes, meaning "plains", are enormous depressions closed by abrupt walls. The bottom is flat, rocky, or, more commonly, covered by clay from decalcification, alluvium, or lacustrine deposits. This factor has resulted in practically all the depressions of this type in Jugoslavia being used for agriculture. Like dolines, they are formed by dissolution, but due to the impermeability of the bottom soil, water acts principally at the base of the walls, forcing them to recede by dissolution and collapse — which still leaves vertical walls (Röglic, 1951).

At the base of these walls there may be dolines and sinks, through which drain rainwater and any remaining streams. If the flow of water at certain seasons happens to exceed the drainage capacity of the sinks, then the polje will be temporarily flooded. In this way, typical **karstic lakes** are formed.

Karstic lakes, such as those of Minas Gerais, may be independent of poljes; these lakes are normally formed by basin dolines with an assymetrical profile, with smooth margins round part of the diameter, and steep walls on one side. It is usual to find, in these walls, caverns situated a little above the average water level which, in periods of heavy rainfall, serve as sinks for the excess water.

Other features frequent in calcareous regions are dry valleys and blind valleys. **Dry valleys** are those which have no surface water. Their origin is normally associated with an increased dryness of climate, or with a lowering in the level of the watercourses, which thus no longer run in the open air but rather subterranean galleries. **Blind valleys** are those which end in a cul-de-sac, and in which surface drainage is interrupted by the absorption of water, through fast or slow infiltration, into a sink opened in the talweg (riverbed). After this sink, superficial fluvial erosion stops, and the valley is no longer being hollowed out, taking on the form of a cul-de-sac.

Rivers may pass through a calcareous region, dissolving the rock and opening long narrow valleys known as **karstic canyons**. They may also perforate mountains, creating grottoes or tunnels which, when located close to the surface of the rock-mass, may collapse, thus forming collapse dolines as already described.

Longitudinal extension of these dolines with continuous collapse of the cavern roof may give rise to the features known as **trench dolines**. The term proposed identifies closed, narrow, deep valleys, with abruptly vertical side walls, through which run rivers which emerge and disappear in caverns located at the beginning and end of the valley. These features are very common in the great Brazilian caves of Brasil Central — States of Goiás and Bahia and north of the State of Minas Gerais, where is the fabulous Vale do Rio Peruaçu. The grotto of Temimina in the Vale do Ribeira, State of São Paulo, is also a good example.

In these trench dolines a complete "de-roofing" of caves may occur causing the formation of a "collapse canyon", or "collapse corridor" (Fr. "couloir d'effondrement", Rossi, 1974).

Morphologically similar, though on a different scale, are the "zanjons" of Porto Rico, or the "bogaz" or "strugas" of Jugoslavia — which, according to the bibliography, correspond to dissolution and not to collapse forms; they occur along the lines of joints and fractures in the rock surface. These corridors, varying in width from a few centimetres to some metres, and in depth from a few to tens of metres, have been described in Bom Jesus da Lapa (Tricart, 1960).

Other macroforms common in the karstic areas, although not exclusive to those areas, are the rock walls or cliffs. Such walls, often tens of kilometres long, represent the abrupt edges of bare rock masses; they are generally crowned by rocky pinnacles, furrowed by grooves and vertical striations, and flanked by isolated rock towers, resistent to dissolution and left behind by the retreat of the rock walls.

These cliffs are usually carved by transverse corridors and, at their bases, rock shelters are frequently found.

When an area of cliff such as that described lies transversely to the direction of surface drainage, forming blind valleys, the cliffs will undergo unequal erosion at the zones where water is accumulated; this forms large openings known as **karstic amphitheatres**, which are pierced by caves.

In addition to the re-entrant forms there are others, of special importance in tropical regions, which should be included in the category of residual features.

Karstification (the dissolution of calcareous rock-masses) does not occur in a homogeneous fashion. Numerous factors such as variation in the chemical compositon of the rock, different degrees of fracture, relative stratigraphic position, relief etc. will cause some areas to be particularly liable to dissolution, while others will offer greater resistance to the processes involved in breakdown of the rock.

The conjunction of factors favourable to dissolution controls the opening of dolines, their enlargement, and their coalition with neighbouring dolines to form uvalas. But inside these depressions, it is common to find persistence of portions of residual rock, to form towers or isolated mounds. Among the forms so created are **hums**, **mogotes**, and **isolated towers**, depending on their characteristics and when they occur.

The term **hum**, slavic for a hill, has come into international usage to designate rock-masses which have been left behind in the dissolution of the calcareous rock during opening of poljes. The word **mogote**, Cuban in origin, is normally used to describe conical mounds, with vertical sides formed by the same process, specially in tropical regions. When such features, emerging from a karstic plain, are high, cylindrical, and completely isolated in the landscape, they are known as **isolated towers** (Fr. "tourelles", "pitons"). Should these isolated forms be very small in size, they are then known as **residual rocks** or **chicots**.

In spite of the extensive morphological nomenclature, all these features should be understood as variations on the **hum** already described. The regional terminology need not be abandoned, but could well be better organized.

While speaking of the residual formations, some reference is also necessary to the **natural arches**; these are generally structures lateral to karstic walls where "towers" are still united to the original rockmass by horizontal structures from their upper parts. When such structures have a water-course beneath them, or when they are on uneven ground, they are known as **natural bridges**.

In addition to these **isolated** or **marginal** forms, certain features occur in series or groups, thus defining the character of an entire karstic area. The upper parts of calcareous massifs may be marked by the presence of extensive groupings of **ruiniform structures**, **pinnacles**, **pyramids**, **blades**, and **rock needles**. These forms, which may be more than 10 metres high, are typical of the process known as lapiezation, which is responsible for the microforms of the relief which characterizes the karst.

The term **lapies**, originally from region of Savoy (France), derives from **lapis** (stone, in Latin), and indicates all forms of corrosion of rock surfaces. The word used in German is **Karren**, derived from Indo-European **Kar** (rock, stone). These forms are found on open surfaces, on the sub-surface (below soil level) and in the interior of caves.

On exposed surfaces, the action of water is largely due to the acidulation of rainwater by atmospheric carbonic gas (meteoric in origin). On sub-surfaces, such action is produced by the biochemical action of roots and of soil carbon dioxide in the presence of percolation water. In the interior of caves, a variety of causes are involved, and these will be dealt with in the chapter on the genesis of the caves themselves.

Lapies assume a wide variety of forms which, similar to macroforms, may be divided into depression structures and relief (residual) structures, which, on a small scale, represent the most bizarre landscapes of the earth's surface.

In Brazil, these extraordinary "landscapes" are particularly spectacular among the calcareous rocks of the central region (north of the State of Minas Gerais, States of Goiás and Bahia), and in Ubajara (State of Ceará). For purposes of illustration, we quote part of a description of one of these areas (Bom Jesus da Lapa, in the State of Bahia) as written by the geographer Theodoro Sampaio (1938):

"The entire mound is a calcareous mass with so odd a structure that it is difficult to determine the orientation of the layers and to study their disposition.

The rock, worn away by the action of time, shows here forms as picturesque as any you might imagine. The points of rock, which abound, form blades, needles, towers; they look like elegant spires in gothic style, lacy bell-towers cut out and put together in the strangest of fashions, at times so arranged, and with such symmetry, that we have the impression that before us stands one of those immense Indian pagodas, in ruins".

The same area was studied by Tricart (1960), who previously (1956) had studied the microforms of the karst to the north of Belo Horizonte (State of Minas Gerais). From what may be gathered from these studies, and from othen writers such as Sweeting (1973), the factors involved in lapiezation and the enormous variety found in the typology of these features are many; however, of particular importance are nature, texture, and structure of the rock (joints and fractures), the climate past and present (temperature and rainfall or snow), the direct and indirect action of vegetation (roots and acidification of soil humus), the nature of the vegetation, and the characteristics of the soil. The joint effect of these factors is the production of a multiplicity of forms of lapies, and the factors themselves serve as a basis for classification.

From the point of view of general origin, in accordance with Bögli (1960), these features may be devided into:

Exposed surface lapies (Karren)
Covered or semi-covered lapies (BodenKarren)
Subterranean lapies (HöhleKarren)

Following the same author, and in accordance with a broader geomorphological bibliography, lapies may be further divided in function of the structural conditions imposed by the rock where they occur; we then have fracture lapies (KluftKarren) or stratification plane lapies (SchichtfugenKarren).

From a morphological viewpoint, we may encounter **depression** or **re-entrant** lapies, and **relief** or **salient** lapies. Beyond that, a great number of names such as channel lapies, groove lapies, meander lapies, hole or well lapies, footprint lapies, saucepan lapies, curtain lapies, alveolar lapies, cellular lapies and so on just goes to show the lack of an adequate standardization of terms and of systematic study.

These re-entrant forms, when close to each other and well-developed, may give rise to residual features which stand out in the 'landscape' as points or blades with sharp edges. The same terminological restrictions apply as to the previous examples; some of the basic forms are:

Needle or **dagger** lapies, which are the sharpened points left by the coalition of dissolutions 'saucepans' through excessive enargement. As these pans have a tendency to grow in the form of an inverted cone, or funnel, the rock needles between them are usually like sharp pyramids, with three or four cutting edges. This type of lapies is particularly in evidence, in Brazil, at Ubajara (State of Ceará).

Lamina or **blade** lapies are the blades of rock left between two channels or grooves which are parallel and have grown together.

Toothed or **sawtooth** lapies — the development of parallel channels close to each other covers the rock surface all over; the resulting combination of channels and blades, when seen end-on, gives a saw-like appearance.

Plane lapies correspond to layers of rock cut into a network by deep and narrow channels which give the rock surface the appearance of a mosaic or jigsaw puzzle.

Boulder lapies (Karrenstein, lapies in chicot) are structures of intermediate size between karstic microforms and macroforms. They are in fact the product of multiple processes of formation. Boulders with lapies always occur in groups and are normally separated one from another by the enlargement of crossed diaclases which cut deeply into the calcareous layers. Once isolated, these boulders are grooved by striations and channels and undergo an intensive process of lapiezation at the joints of the horizontal stratification. This provokes the division of the structure into blocks (fragments of layers) superimposed and generally unsteady. As the corrosive process advances it is common for the upper blocks to tilt or rock. The classic examples of this are the **tsyng** of Madagascar (Rossi, 1974) and, in Brazil, the "teeth" at Bom Jesus da Lapa (Tricart, 1960).

The areas occupied by features of this sort are known as "lapies fields" (Karrenfeld), and their characteristics, together with the presence of particular types of macroforms, serve to define the typology of the karst in each of the regions where it occurs. This typological classification is the subject of the next section.

KARST TYPOLOGIES

It fell to the lot of Cvijic to make the first contribution to the typology of karst, on the basis of a characterization, more precise than any previously undertaken, of the karst of the Dinaric Alps, which serve as a prototype. The area has a great thickness of calcareous rock (more than 5,000 m), great altitudes, and all the relief forms which characterize temperate-climate karst, especially dolines, uvalas, poljes, sinks, and cave systems. The evolution of the relief of the area is specifically conditioned by the laws of the karstic cycles. The calcareous rock-mass is karst in its entirety, from the tops of the mountains to their bases, even when these lie below sea-level. To this type of relief Cvijic gives the name of holokarst, meaning "complete karst" (from Greek, **holos**, entire or whole).

As opposed to holokarst, the same author defines as merokarst (from the Greek **mero**, partial), an imperfect or incomplete karst, in which the defining characteristics of karst of Dinaric type are found partially or not at all. These are generally areas where the calcareous rock is either not very soluble or not very thick, and dolines and lapies, for example, may be absent. Unlike holokarst, superficial drainage may occur (fluviokarst).

KARST AND ROCK

Within this primary division, further types of karst may be distinguished:

Naked karst corresponds to holokarst in which the calcareous rock occupies extensive tracts without any significant form of cover, be it either rock or soil (and thus vegetation).

Covered karst is incomplete, partially covered by insoluble rock or by soil and vegetation.

Buried karst is the exact opposite of naked karst, and shows no signs at all of the characteristic surface relief; it can be studied only by geophysical methods.

These two last types are subtypes of the merokarst; in the same group we find **underlying karst** and **palaeokarst**. The first develops in soluble rock beneath a covering of moveable and permeable soils such as sand or alluvium, while the latter, also known as **fossil** or **exhumed karst**, corresponds to ancient karstic areas which have later been covered by impermeable soils and then, through the force of erosion of this cover, have once again become exposed at the surface.

Other types of karst may be defined in function of lithology. Thus we may identify **limestone karst**, **dolomite karst**, and karstic reliefs in gypsum, rock-salt, sandstone, and quartzite.

Although the term karst primarily refers to the relief of areas of soluble rock, and especially limestone, the development of features and landscapes of the sort already described is not exclusive to such rocks. Rocks generally considered insoluble not infrequently present similar features, which are however caused predominantly by erosion by water or wind. The same features may exist in volcanic rock; at times caves some kilometres long may be formed.

On account of their resemblance to true karstic relief, these features are known as **pseudo**karstic and regions where they are found as **pseudokarst**. Examples of pseudokarstic features are by means uncommon in Brazil, where the ruinform aspect of the landscape permits them to be characterized as pseudokarst. Some of the most notable cases are to be found in the sandstones in the regions of Vila Velha (State of Paraná), Sete Cidades (State of Piauí), Chapada dos Guimarães (State of Mato Grosso do Sul) and along the Serra de Botucatu, especially in the area of Analândia and Altinópolis, in the State of São Paulo. Numerous examples of rock towers and arches, large caves and deep dolines are to be found in these regions.

There are numerous caves in the quartzites of the Serra do Espinhaço and the south of the State of Minas Gerais, at São Tomé das Letras and Ibitipoca among other places.

In the area of the Itatiaia National Park, on the boundary between the States of São Paulo and Rio de Janeiro, there occur pseudo-karstic features of a spectacular nature, derived from eruptive rocks (nepheline-syanite). Once again in volcanic rock, the "tunnel" on the island of Trindade, to the east from Vitória (State of Espírito Santo), is one of the most illustrative examples of pseudokarstic features on Brazilian territory.

KARST AND CLIMATE

A further important division in karst typology may be defined on the basis of climatic aspects. Here a distinction may be made between — among other forms — **temperate-climate karst**, **periglacial and polar karst**, and **tropical and subtropical karst**.

Into the first group come, very largely, the karstic regions of Europe and North America. In the northern parts of these continents, however, and also in the Soviet Union — that is in the periglacial regions — there occur relief features which correlate to the so-called **thermokarst** or **cryokarst**. However, these terms, which are commonly used as synonyms, are the object of a good deal of polemic. While thermokarst is the relief resulting from the influence of temperature variation, and occurs in many types of non-soluble rock, cryokarst (from the Greek **kryos**, cold) refers more specifically to superficial depressions originating through the action of thaw waters. As these "snow waters" are particularly rich in CO_2, and actively corrode limestones, the term may justifiably be used to describe a type of true karst, not just the pseudokarstic features which may be included in the notion of thermokarst. The presence of ice and permanent or seasonal snow at high altitudes, and the corresponding processes of *freezing and thawing may create characteristically karstic areas which can include large subterranean systems.*

In function of the zoning of the cold areas Lladó (1970) identified four classes of "cold-climate karst": **snow karst**, *from high mountains;* **periglacial karst**, *which occurs through gelivation (the freeze-thaw cycle) both at high altitudes and in high (periglacial) latitudes;* **glacial karst**, *created by the force of the water which circulates beneath the ice layer in these zones, and* **polar karst**, *restricted to the polar zones where the freeze-thaw cycle is rare but very considerable pressure is exerted by the ice-pack.*

The difficulties inherent in study of these areas have restricted the knowledge available about cold-climate karsts and their various types, although work is going on in this respect. None of the forms mentioned are found on Brazilian soil.

The karst of tropical regions, however, is one of the forms which has most attracted the attention of students of karst phenomena. There is no doubt that the world's most spectacular karstic reliefs occur in these regions, which have arisen interest of researchers due to the expressive types of relief compared to temperate regions.

Examples of highly evolved karst are numerous in the tropics; the best known are those of the islands of the Caribbean and the coast of the Central America (Jamaica, Cuba, Porto Rico), in Indonesia (Java, Borneo, New Guinea), in southern Asia (China and Vietnam), on the east coast of Africa (Madagascar) and in South America (Brazil and Venezuela).

In Vietnam, in the bay of Ha-long, the limestone relief was first reduced to towers, peaks, and crags, and then in the last upheaval invaded by the sea; it forms an unspeakable archipelago made up of steeply scarped islands between 100 m and 300 m high, and modelled by striations, abrupt walls, and the grottoes which cut unto them.

In the description by the explorer L. Cuisinier, Ha-Long (which means "dragon's rest" — in Vietnamese mythology this landscape was created by a Dragon) represents "karst carried to the absurd". In fact this landscape is the southernmost element of an immense system which extends throughout the southwest of China (Yunnam and Kwangsi provinces), in which are situated the equally fantastic limestone towers of Guilin.

These towers, between 200 m and 400 m high, dominate a marginal depression occupied by rice-paddies; they are conical, residual, and form the central part of a synclinal structure in which permocarbonic limestones rest on schists and paleozoic quartzites. This group of aligned towers, covered by forests in which lianas and orchids abound, became the typical scenario of Chinese landscape painting, particularly of the Sung Dynasty; it forms part of the world's vastest karst relief, which occupies about 500,000 km^2 in south-western Asia.

In Cuba, the conical mounds known as **mogotes** *surround large alluvial plains (poljes) occupied by vineyards. These mogotes are usually pierced by grottoes through which rivers interconnect the various closed valleys.*

In Jamaica, a vast area is taken up by conical **morrotes**, *which are interspersed by broad depressions known as* **cockpits**. *In Porto Rico there is a predominance of conical mounds or towers known as* **pepino hills** *or* **haystacta hills**, *interspersed with narrow corridors called* **zanjons**. *Large areas of the Yucatan Peninsula in Mexico are perforated by* **cenotes**, *deep depressions which give access to grottoes and wells (at the phreatic level), many of which were used by the ancient Maya civilisation, sometimes for sacrifices. Great abysses (***simas***), including the famous "Sótano de las Golondrinas", which has the world's deepest free drop (333 m), and others such as the "Pozo verde" (221 m), "El sótano" (410 m), "Tomasa kiahua" (330 m), and the Huautla system, with a total drop of 1,475 m, make Mexico a veritable Eldorado of caving for sport.*

The karst of Madagascar is internationally known for the exuberance of the karstic features which cover large upper areas of the Ankarana area (in the extreme north of the country) and are known as **tsingy**; *the edges of this plateau form a magnificent wall, 23 km long and 200 m high, a rocky escarpment carved by striations and flanked by residual towers. The tsingys are gigantic lapies (several metres high), in the form of pyramids, needles, and sharpened blades which make these areas quite impenetrable. Elsewhere, this limestone massif is characterized by large scarped corridors.*

Conical forms are also predominant in Java, where an incredible multiplicity of hills stand close to each other but connected by irregular depressions, covering a extensive area known as Goenong Sewor. Similar forms have been described from New Guinea, while in Borneo studies of the Sarawak region show the existence of large areas of lapies of the **tsingy** *type, described for Madagascar, and caves with vast entrances and internal chambers such as the famous caverns of Mulu. The largest underground chamber in the world (162,700 m^2) is in Sarawak.*

Of particular interest in South America are the various karst regions of Brazil, and some areas of Venezuela, particularly around the Cordillera de la Costa, where there occurs a karst of **morros**; *these according to Franco Urbani (1973) are "abrupt isolated elevations with more or less vertical walls, formed at the expense of calcareous reefs and dating from the Cretaceous or more recently". Although, according to the same author, these morros are morphologicaly similar to the* **mogotes** *of Cuba and Porto Rico, they are different in origin, being not the residue of dissolution of large areas of carbonate rock, but the products of calcareous masses which were originally separate.*

Venezuela has some of the most extraordinary pseudokarstic features of our planet in the form of the Humboldt and Martel **simas**, *on the Sarisariñama plain, in the Amazon region. The Humboldt (the larger of the two) is a depression with vertical walls, about 352 m across and 314 m deep. There is also the Aonda sima, with 362 m of unevenness and Auyantepuy sima, with 370 m the deepest non-calcareous cavity in the world.*

From these and innumerable other areas of the karst which have been studied in the tropics, it may be conceived that residual and positive forms are predominant, and may be said to define tropical karst, thus making it different from the karst temperate climates. In view of the prominent occurrence of conical mounds and of towers, tropical karst may be identified with **cone karst** *("kegel karst") or* **Turmkarst** *("karst à tourelles").*

The notion, not uncommon in general literature, that "tropical karst" is a quite specific type of relief is a rather unilluminating form of reductionism; in fact, in terms of origin and morphology, tropical karst brings together a whole variety of different typologies. If, on the one hand, one may draw a significant parallel between the "tsingy karst" of Madagascar, and the lapies described as "molariformes" by Tricart (1960) for Bom Jesus da Lapa, on the other there is no morphological relationship between these features and the **mogotes** *of Cuba or the incredible conical towers of Kweilin, in China. It should be remembered that in climatic terms the* **tsingy** *and molariform lapies, although they occur in tropical zones, develop in arid or semiarid regions, while the Cuban and Chinese phenomena have developed in permanently humid tropical regions. In any case climate, although important, is only one of the conditioning factors in the evolution of these landscapes.*

Furthermore, it should be made clear that regional climate is a dynamic factor which has undergone significant change in recent geological time; as a result it is possible to find in our own times karstic forms and areas situated in temperate regions, but which were formed during periods of higher temperature, and **vice versa**.

According to Lehmann (1956), there are only three parts of the earth's surface which have not undergone climatic change with consequent morphological repercussions during quaternary glaciation: the Arctic, the humid tropics, and the great deserts (Lladó, 1970). Thus karst formations like those of China represent the climax of a karstic evolution over a long and persistent period of humid tropical climate. Such relief is thus not the evolved phase of generic karst, but rather the product of a specific type of limestone (primary in origin, from large reefs) eroded in a typical humid tropical cycle. And so Dinaric karst, for example, under conditions similar to those which now prevail, no matter how long the period of evolution, would not come to reproduce the forms mentioned, as quite distinct process of karstification are involved.

The researches of Corbel (1957) disclosed the fact that water at low temperatures has a greater ability to dissolve limestones than at higher temperatures. This conclusion, which has been proved, still disagrees with the fact that in hot (tropical) climates the karst is usually more intensively eroded. The reply to this apparent paradox is to be found in the numerous researches into tropical karsts.

In these regions the factors involved in the evolution of the karstic cycle, and which largely compensate for the great power of dissolution of cold water, are several. In first place, the humid tropics correspond to that part of the earth's surface with the highest rainfall (1,000 – 4,000 mm annually); this places a very large quantity of water (an active element) at the disposal of the physical and chemical processes of karstification. The high temperatures of these waters (20° – 25°C) makes them much more fluid than their counter-parts in temperate regions (5° – 6°C on average), and makes it easier for water to infiltrate into fractures and interstices in the rock. Furthermore, tropical waters usually possess a greater power of chemical aggression, due to the presence of not just carbonic gas, but of other acids of organic origin as well, and thus increased capacity for dissolution; the intense biochemical activity of the soils through which this water passes before penetrating the rock gives it a greater CO_2 content.

These organic acids are formed through the decomposition of vegetable detritus (of considerable mass in tropical forest regions) and through the direct action of living vegetation, especially of aggressive lichens. The action of these acids is limited to the immediate neighbourhood of roots and the humus layer since they undergo rapid biodegradation. They may have a marked effect in the development of lapies, as show by Tricart (1956), but they are insignificant in the formation of large-scale surface features or of underground systems.

Thus it is not so much acids or direct action of temperature, CO_2 abundant in the atmosphere and in the soil and, as a result, in water (CO_2 pressure), which is fundamental in the karstic evolution in tropical areas.

It should finally remembered that, as has been seen, the expression "tropical karst" may serve for general orientation, but it is to general to be in itself an adequate classificatory term for these landscapes. Thus other data must be brought into play (tropical karst, covered karst, lapiezation, **tsingy** *etc.), until further studies permit more precise and more synthetic classification.*

Página seguinte — *Following page*
63. Galeria lateral na Gruta Bonita, Januária (MG). CFL.
Lateral gallery in the Gruta Bonita, Januária (MG). CFL.

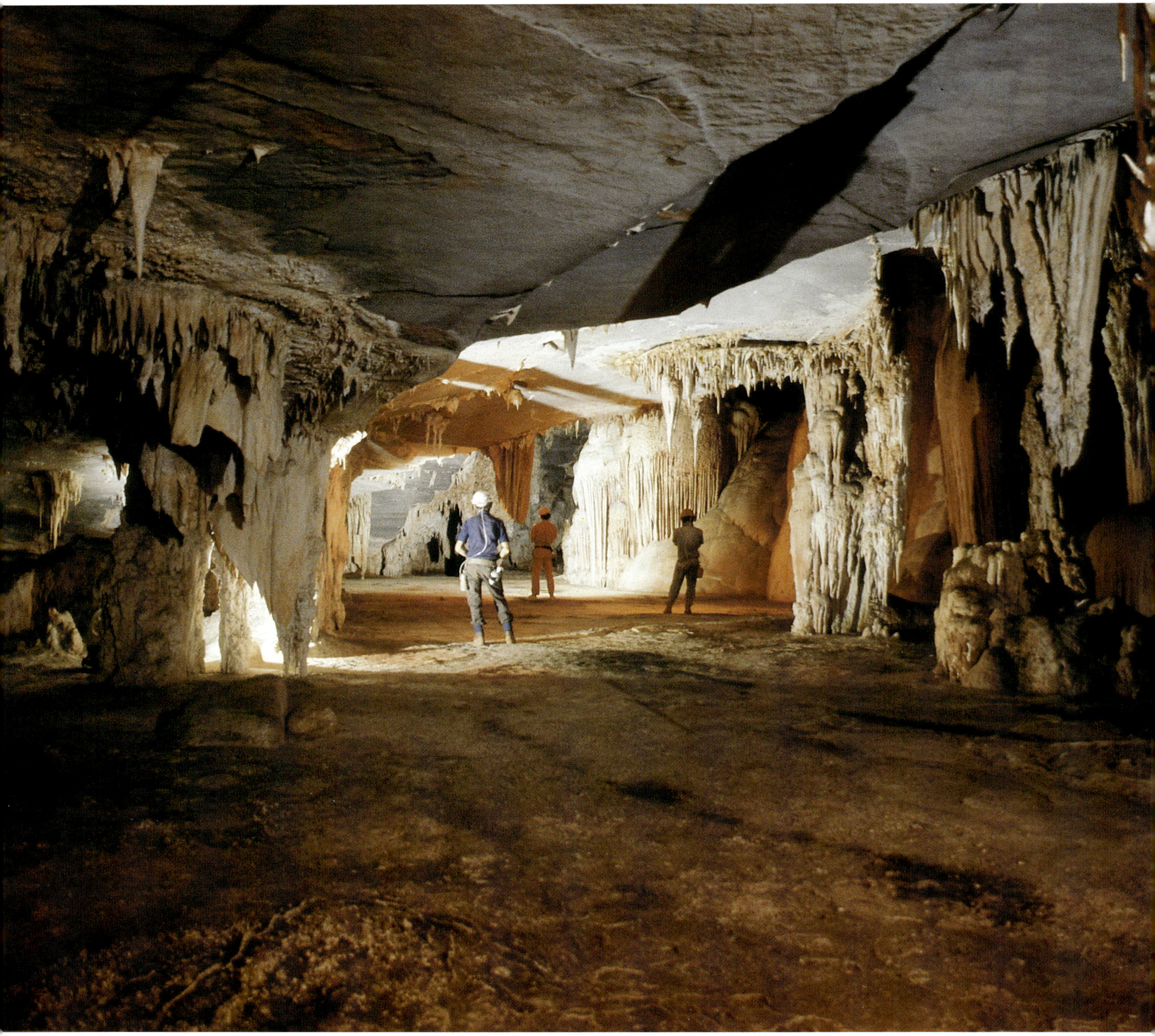

As Cavernas: Morfologia e Gênese

Onde as águas pluviais encontram possibilidade de circular, se alargam as fendas, devido ao efeito mecânico da erosão, ou ao efeito da corrosão. Esse alargamento de fendas deve forçosamente preceder a formação de cavernas porque são estas simples efeitos daquele e sua natural continuação.

Ricardo Krone, 1909

CLASSIFICAÇÃO E MORFOLOGIA DOS ESPAÇOS SUBTERRÂNEOS

As cavernas, em sua definição mais simples e mundialmente reconhecida, são as cavidades rochosas naturais penetráveis pelo homem. Essa definição antropocêntrica de um tipo de fenômeno geológico muito diversificado tem obviamente seu lado polêmico, seja por sua generalidade, seja por sua visão estática em relação às técnicas espeleológicas de exploração.

Nesse conceito, faltam parâmetros dimensionais de caráter operacional, gerando, entre outras questões, variações significativas entre os cadastros espeleológicos de diversos países.

Enquanto em várias regiões "qualquer" cavidade, como simples abrigos sob rocha, é cadastrada como caverna, no Brasil, até a década de 1980, tal cadastro se restringia àquelas cavidades com mais de 50 m de desenvolvimento, quando predominantemente horizontais, grutas, ou com mais de 15 m de desnível, quando predominantemente verticais, abismos.

Tais dimensões mínimas foram reduzidas pelo XVII Congresso Brasileiro de Espeleologia (Ouro Preto, 1985) a 20 m e 10 m respectivamente, o que demonstra igualmente a artificialidade desses parâmetros.

Ainda em relação ao conceito de "cavidade penetrável pelo homem", abrem-se dúvidas sobre situações de cavidades hoje penetráveis através de sifões, por exemplo, não poderem ser classificadas como "cavernas" antes do desenvolvimento dessas técnicas, mesmo considerando-se que, do ponto de vista do fenômeno geológico em si, nada tenha mudado de uma para outra época.

Outros parâmetros de caráter ambiental têm sido buscados para a identificação mais precisa do termo. A questão de que uma caverna deveria possuir uma zona, ainda que restrita, completamente em trevas — zona afótica —, embora seja teoricamente uma característica típica desses ambientes, impede o uso do termo caverna em casos onde o bom senso mostra que deveria ser utilizado. É a situação, por exemplo, de diversas grutas e abismos de pequeno desenvolvimento, mas de grandes entradas, bem como de túneis horizontais e galerias subterrâneas servidas por várias "bocas" ou clarabóias. Casos práticos mostram que tal restrição — zona afótica — implicaria a impossibilidade de serem enquadradas como cavernas diversas cavidades com centenas de metros de desenvolvimento e indiscutível valor espeleológico.

Por essas razões, ainda que pesem todas as críticas, a definição inicial parece, por sua abrangência, a mais adequada. Do ponto de vista conceitual, desvia-se a questão para a "classificação dos diferentes tipos de caverna", respeitando-se a diversidade, mas sistematizando suas formas de agrupamento por categorias.

A classificação de cavernas tem por base duas linhas distintas, embora articuladas, de análise científica desses fenômenos. Por um lado, tem-se os aspectos morfológicos que permitem classificar as cavidades em *abrigos sob rocha, tocas, grutas, abismos, fossos*, etc. De outro, tem-se a vertente genética, que busca classificar as cavernas por sua origem e evolução. Ambos os modelos de classificação têm sua importância e significação espeleológica, sendo utilizados isolada ou integradamente, em função do tipo de estudo que se faça sobre a caverna em foco.

A classificação morfológica das cavernas no Brasil, proposta pelo autor em 1975 e oficializada pela Sociedade Brasileira de Espeleologia, é resumida abaixo:

Caverna: termo geral que define as cavidades subterrâneas penetráveis pelo homem, formadas por processos naturais, independentemente do tipo de rocha encaixante ou de suas dimensões, incluindo seu ambiente, seu conteúdo mineral e hídrico, as comunidades animais e vegetais ali abrigadas e o corpo rochoso onde se inserem. O termo provém do latim **cavus**, que significa "buraco", correspondendo a **cave** ou **cavern**, em inglês; **caverne**, em francês; **caverna** ou **cueva**, em espanhol; **caverna**, em italiano; **hohle**, em alemão.

Grutas: são as cavernas com desenvolvimento predominantemente horizontal. Para fins de cadastro espeleológico devem possuir um mínimo de 20 m de desenvolvimento em planta. Tal restrição segue uma tendência internacional de padronização dos cadastros espeleológicos. O termo provém do grego **cruptein**, reduzido a **crypté**, significando "subterrâneo", de onde se originou **crypta**, em latim, e **cropte** ou **croute**, em francês antigo. Embora seja de uma certa forma generalizada a idéia de que uma gruta, em oposição aos abismos, seja uma caverna predominantemente horizontal, o termo é freqüentemente utilizado como sinônimo de caverna em seu sentido mais genérico.

Abrigos sob rocha: são as cavidades pouco profundas, abertas largamente em paredes rochosas, que sirvam de abrigo contra intempéries.

Tocas: são as cavidades intermediárias entre os abrigos sob rocha e as grutas, cujo desenvolvimento não atinja os 20 m necessários para sua classificação como tal.

Abismos: são as cavernas predominantemente verticais, com desnível igual ou superior a 10 m e diâmetro de entrada menor que seu desnível. Caso o desnível mínimo não seja atingido, denomina-se *fosso*.

Dolinas: depressões fechadas, circulares ou elípticas, em geral mais largas que profundas, formadas por dissolução em superfícies rochosas ou por abatimento gerados por dissolução de rochas em profundidade. Suas dimensões variam de poucos a centenas de metros de diâmetro. O termo é internacional, com versões adaptativas a cada língua.

Existem obviamente outros termos de uso local ou regional que tratam de cavidades subterrâneas no Brasil. Dentre eles, cabe destacar: *lapa* — caverna, gruta, abrigo sob rocha — utilizado no nordeste e região central do Brasil; *furna* — abismo, dolina —, restrito ao sul e sudeste brasileiros; *buraco soturno* — caverna —, no Mato Grosso do Sul; *bróia* — nascente, ressurgência —, em Goiás; *grunha* — gruta, sumidouro —, em Goiás e na Bahia.

É também a morfologia o parâmetro de classificação das cavernas sob o ponto de vista da organização de seus espaços internos. Considerando-se a "planta" de uma cavidade, ela pode apresentar-se como uma *gruta linear*, ou uma *gruta meândrica*, uma *gruta reticulada* ou uma *gruta dendrítica*, para citar apenas os casos mais freqüentes. Em perfil longitudinal, as grutas podem ser *plano-horizontais, inclinadas, escalonadas,* ou em *múltiplos pavimentos*. Os abismos, por sua vez, podem se apresentar em forma de *cilindro, funil, sino, fenda, em forma de "y"* ou em *trama vertical*. A partir desses tipos básicos múltiplas composições são possíveis, gerando formas ainda mais complexas.

Interna e perifericamente, o espaço das cavernas é igualmente diferenciado. Tais componentes espaciais podem ser subdivididos em *compartimentos internos e pontos e zonas de comunicação com o exterior*.

Os compartimentos internos englobam basicamente as *galerias*, as *salas ou salões* e os *acidentes verticais*. As galerias são condutos subterrâneos, de dimensões razoavelmente amplas, abertas por dissolução e erosão mecânica sob a ação de cursos de água ao longo de fissuras, planos de estratificação (juntas), de diáclases e falhas na massa rochosa.

As galerias se apresentam sob diversas formas: quando retilíneas e regulares, são conhecidas como *corredores*; quando se ramificam de galerias maiores e apresentam pequeno desenvolvimento, são denominados *divertículos*; se apresentam pequena altura, são *galerias em teto baixo*; quando muito estreitas, *galerias em fenda* ou *diáclases*. Em todas as situações, podem ser *galerias secas* ou *galerias molhadas*, se ocu-

AS PLANTAS BAIXAS MOSTRAM A DIVERSIDADE TIPOLÓGICA DAS CAVERNAS EM FUNÇÃO DOS DIFERENTES CONDICIONANTES DE SUA FORMAÇÃO.
THE GROUND PLANS SHOW THE DIVERSITY OF CAVE TYPOLOGIES FUNCTION OF THE VARIOUS CONDITIONS UNDER THEY WERE FORMED.

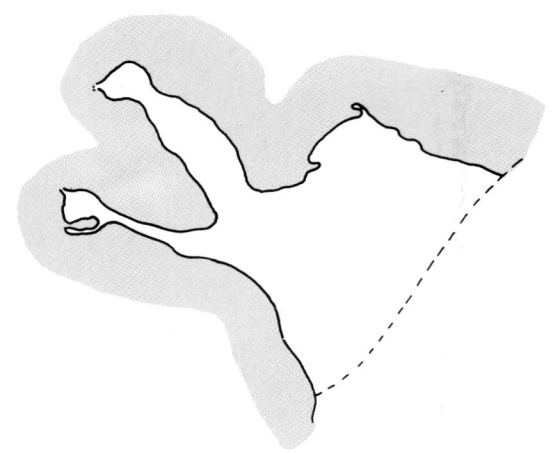

Gruta Sertãozinho de Cima. Martins (1984)

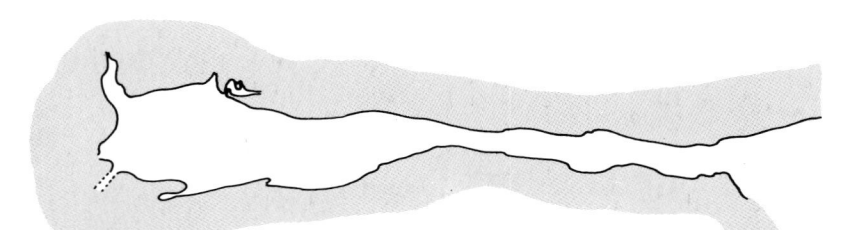

Gruta Lage Branca. SBE (1962)

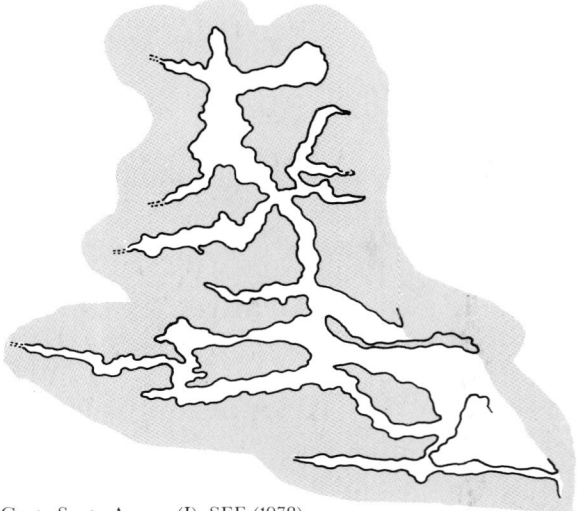

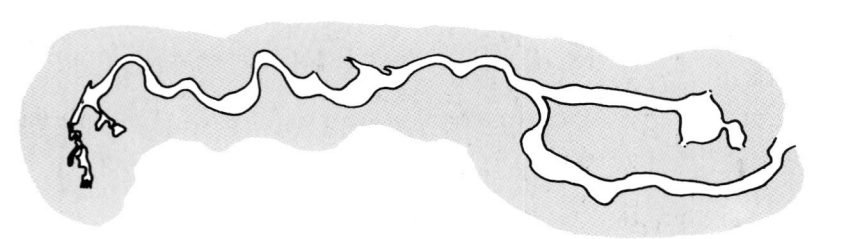

Gruta do Monjelinho. M Le Bret (1964)

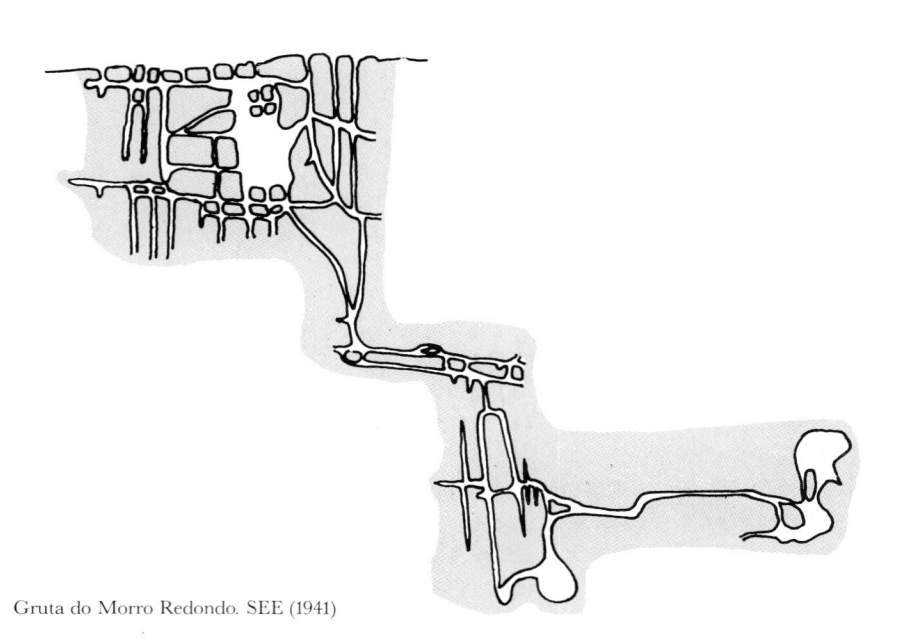

Gruta Santo Amaro (I). SEE (1978)

Gruta do Morro Redondo. SEE (1941)

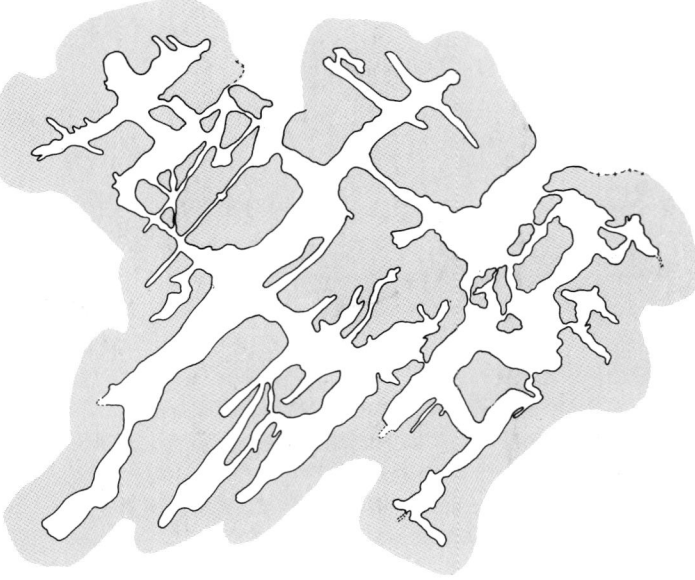

Gruta da Lapa Nova. SEE (1967)

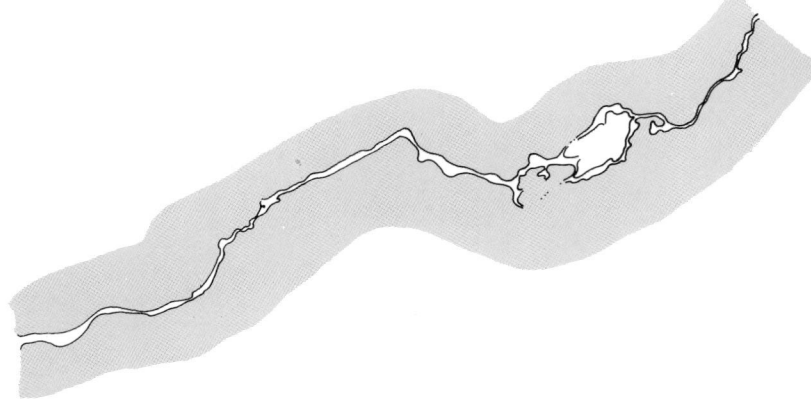

Caverna do Diabo. M Le Bret (1965)

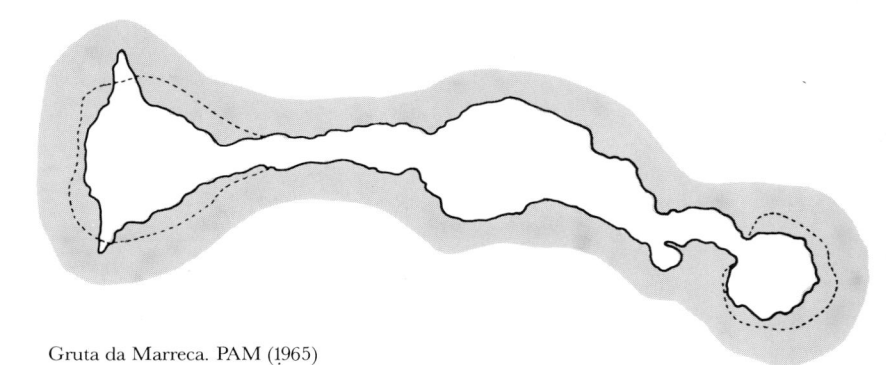

Gruta da Marreca. PAM (1965)

64. Ressurgência em cachoeira do rio subterrâneo na Gruta Jaboticaba, Formosa (GO). CFL.
Waterfall resurgence of an underground river. Gruta Jaboticaba, Formosa (GO). CFL.

padas por lago ou percorridas por curso de água. As galerias molhadas, onde o nível da água atinge o teto em toda sua extensão, são denominadas *galerias freáticas*; se essa situação ocorre apenas em pontos localizados da galeria, tal segmento recebe o nome de *sifão*.

Considerando-se suas seções transversais, as galerias se subdividem em galerias de seção circular ou elíptica, bilobulada, angulosa, etc., sendo tais morfologias indicativas da gênese desses condutos. Nesse sentido, existem galerias em *conduto forçado*, quando abertas por água sob pressão, moldando, em conseqüência, seções *elípticas* ou *subcirculares*; *galerias gravitacionais* ou em *curso livre*, quando a água que a percorre flui livremente solapando sua base e rebaixando seu leito. As galerias neste estágio apresentam-se com seções bastante diversificadas, predominantemente verticalizadas; *galerias com seção composta*, quando apresentam combinações das anteriores ou alterações delas pelo abatimento de blocos rochosos das paredes e tetos, gerando conformações retilíneas e angulosas. As figuras a seguir exemplificam tais tipos de galerias.

PERFIL DE GRUTAS E ABISMOS MOSTRANDO A DIVERSIDADE MORFOLÓGICA DOS MESMOS EM FUNÇÃO DOS INÚMEROS FATORES ENVOLVIDOS NA GÊNESE E EVOLUÇÃO DAS CAVERNAS.
PROFILE OF CAVES AND ABYSSES SHOWING THEIR MORPHOLOGICAL DIVERSITY IN FUNCTION OF THE VARIETY OF FACTORS INVOLVED IN THEIR GENESIS AND EVOLUTION.

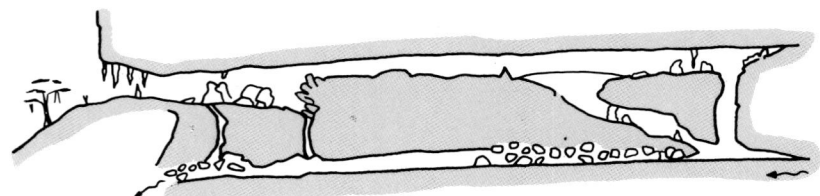

Gruta do Morro Preto. TOPOG./*MAPPING* Le Bret/CAP (1964)

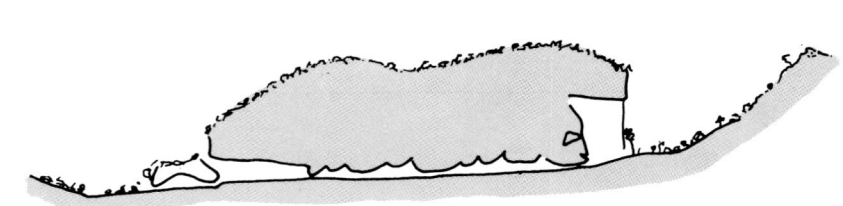

Caverna Casa de Pedra. TOPOG./*MAPPING* Le Bret/CAP (1962)

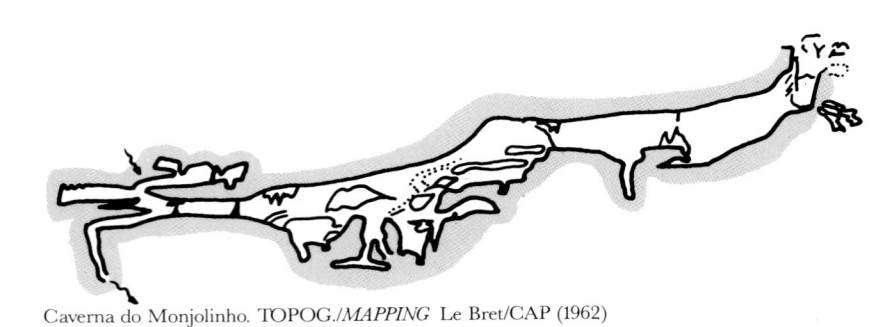

Caverna do Monjolinho. TOPOG./*MAPPING* Le Bret/CAP (1962)

Gruta da Lage Branca. TOPOG./*MAPPING* Le Bret/CAP (1962)

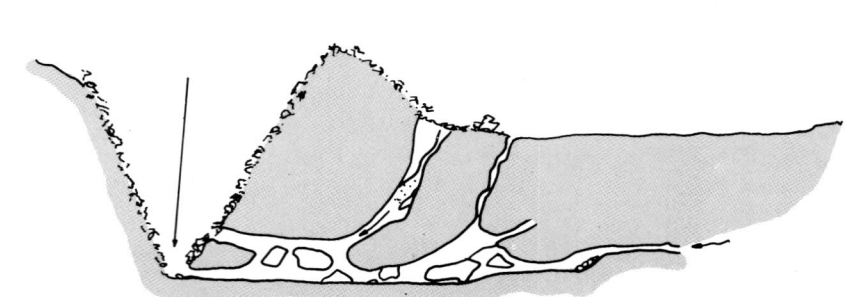

Caverna Água Suja. TOPOG./*MAPPING* Le Bret (1962)

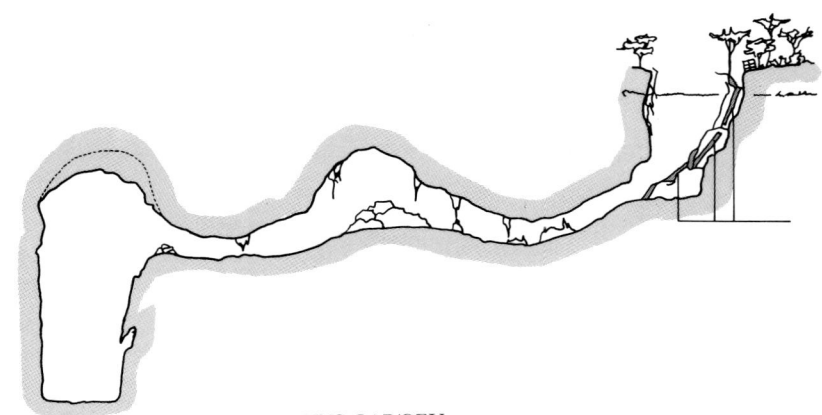

Gruta da Marreca. TOPOG./*MAPPING* CAP/CEU

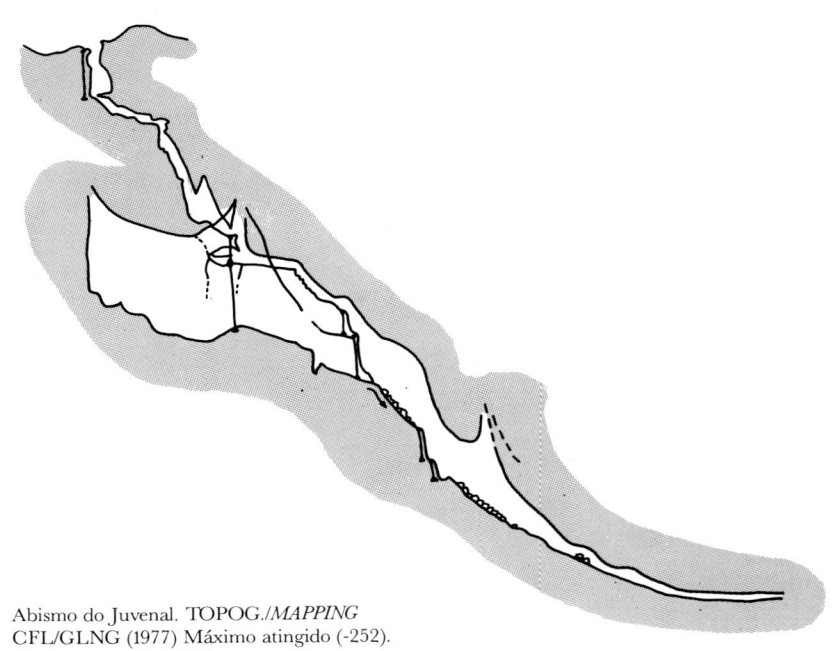

Abismo do Juvenal. TOPOG./*MAPPING* CFL/GLNG (1977) Máximo atingido (-252).
Furthest point reached (-252)

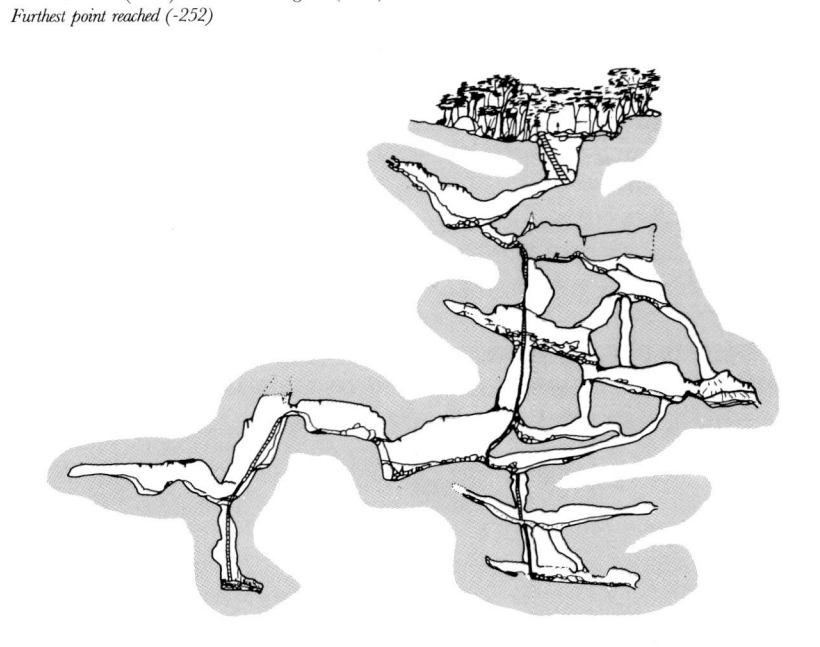

Abismo Ponta de Flecha. TOPOG./*MAPPING* CFL/CENIN (1981)

Morfologia de condutos. As galerias formam-se a partir de uma (ou várias) clivagem.

Conduit morphology. Galleries form from a natural cleavage (or more than one).

1. Galeria em junta
   Gallery at a joint
2. Galeria em diáclase
   Gallery at a diaclase
3. Meandro cortado a partir de uma junta
   Meander channeled from a joint
4. Galeria em diáclase recortando galeria em junta
   Diaclase gallery cutting into joint gallery
5. Galeria ogival em formação ascendente. O desabamento de blocos garante o equilíbrio.
   Vaulted gallery balance is created by collapse of slabs.
6. Galeria alargada por corrosão, provavelmente a partir de uma diáclase.
   Gallery enlarged by corrosion, probably from a diaclase.

Páginas seguintes — *Following pages*

65. Lapa do Cedro, um grande abrigo sob a rocha que dá entrada à Gruta do Padre, Santana (BA). Nesse local, que é um sítio arqueológico, ocorrem pinturas rupestres e foi montado o acampamento externo da Operação Tatus II, de permanência subterrânea, em julho de 1987. CFL.

    The Lapa do Cedro, a large rock shelter which gives access to the Gruta do Padre, Santana (BA). This is an archaeological site, with rock paintings; it was here that the outside camp was set up for Operation Tatus II — a period spent underground in July 1987. CFL.

66. Vista em perfil da Gruta do Lagoa Azul, Bonito (MS), observando-se alguns elementos que caracterizam a tipologia básica das cavernas daquela região: grande entrada aberta em dolina de abatimento, amplo salão inclinado, pequenas galerias laterais (de onde foi feita a fotografia) e base plana tomada pelo grande lago. CFL.

    The Gruta do Lago Azul at Bonito (MS), seen in profile. Some of the elements characteristic of the basic typology of the caves of the region may be observed: a large entrance in a collapse doline, an ample sloping chamber, small lateral galleries (from which the photo was taken), and a flat base occupied by a large lake. CFL.

67. Galerias em conduto forçado, abertas sob pressão da água acompanhando o plano de acamamento (juntas) da rocha calcária, Lapa Doce, Iraquara (BA). FC.

    Forced conduit galleries opened by water pressure following the bedding plane (joints) in calcareous rock. Lapa Doce, Iraquara (BA). FC.

68. Salão Telécio, área de grandes dimensões devido ao desabamento de blocos. Toca da Boa Vista, Campo Formoso (BA). F. C.

    Salão Telécio, with an area of large dimensions due to the collapse of blocks. Toca da Boa Vista, Campo Formoso (BA). F.C.

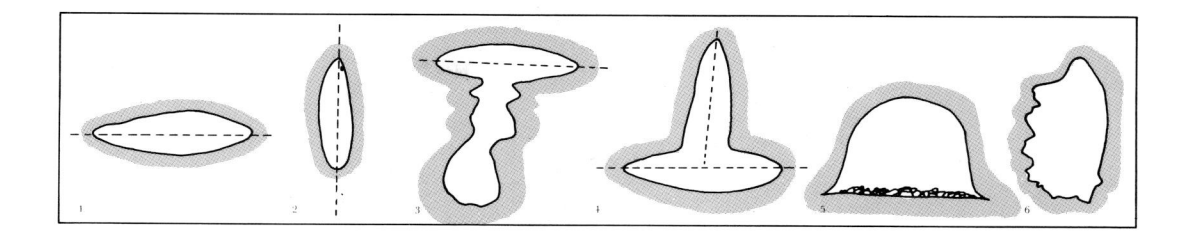

As salas ou salões, por sua vez, são os espaços de maior dimensão no corpo da caverna, formados por alargamento de galerias, cruzamento entre elas ou desabamento de grandes massas de blocos rochosos dos tetos e paredes da cavidade. Sua gênese assemelha-se à das galerias, destacando-se, no entanto, por suas dimensões relativas ou absolutas.

Os acidentes verticais englobam *os desníveis abruptos* que ocorrem em galerias escalonadas, podendo corresponder a cachoeiras, bem como os *condutos verticais* que interligam galerias desenvolvidas em diferentes cotas. Em ambos os casos, tais acidentes topográficos são conhecidos genericamente por *abismos internos*.

Incluem-se nesse bloco também as fendas e condutos verticais, que se desenvolvem nos tetos da cavidade, cuja exploração seja possível com o uso de técnica; de oposição, isto é, o espeleólogo se "encaixa" na fenda escalando-a com o apoio dos pés, mãos e costas em ambas as paredes. Esse tipo de conduto é denominado *chaminé*.

Além desses compartimentos internos, que compõem o espaço da caverna propriamente dita, existem outros que funcionam como pontos ou zonas de contato entre o ambiente subterrâneo — domínio hipógeo — e a superfície externa — domínio epígeo — o que, em áreas cársticas, ocorre geralmente em grande interdependência.

Os primeiros componentes a ressaltar nesse sistema de comunicação interno-externo são as inúmeras fissuras — falhas, juntas e fraturas —, que, embora de dimensões reduzidas, permitem a circulação de ar, águas, material detrítico e mesmo animais entre esses dois ambientes.

Do ponto de vista da exploração, no entanto, os pontos de comunicação mais importantes são aqueles de maior dimensão, penetráveis pelo homem ou por cursos de água. Dentre *as entradas* ditas secas, destacam-se os *abismos*, as *dolinas*, as *clarabóias* e *janelas* — aberturas no teto e nas paredes da cavidade, respectivamente —, bem como as *entradas* ou *bocas horizontais*.

Os abismos e entradas horizontais, se percorridos por cursos de água recebem denominações específicas. Se as entradas são coletores de água de superfície enviando-a ao subterrâneo, são chamadas *sumidouros* ou *voragens*. No caso em que a água "desaparece" entre blocos ou pisos arenosos e não por uma "boca", são identificados *sumidouros de infiltração* ou *perdas filtrantes* ou *difusas*.

Quando as bocas funcionam como saída de água subterrânea, são classificadas como *surgência*, sendo uma *ressurgência*, quando se trata do reaparecimento ao ar livre de um curso coletado por um sumidouro, ou uma *exsurgência*, quando o curso de água, chamado endógeno, foi formado por infiltrações diversas no interior da caverna. Nesse caso, pode ser denominado *fonte* ou *nascente*, restringindo-se o uso desses termos, contudo, às surgências de pequeno diâmetro que permitem o escape da água mas não a penetração humana. Tais surgências podem ser permanentes, temporárias ou intermitentes, dependendo da regularidade de sua vazão.

O termo "ressurgência" tem sua origem no latim **ressurgere**, "renascer", tendo sido utilizado com sentido hidroespeleológico por A. Martel, em 1887. Já o termo "exsurgência" foi criado por E. Fournier, diferenciando-o da situação de ressurgência.

Existem ainda cavidades que funcionam alternadamente como sumidouros ou surgências, devido a complexos processos hidrológicos em regiões cársticas ou ainda conforme a estação do ano. Essas cavidades são denominadas **ponor**, termo de origem eslava.

Todos esses componentes espaciais das cavernas bem como os tipos morfológicos pelas quais elas podem ser descritas e classificadas, correspondem a processos de gênese e evolução dessas cavidades. Tais processos serão analisados a seguir.

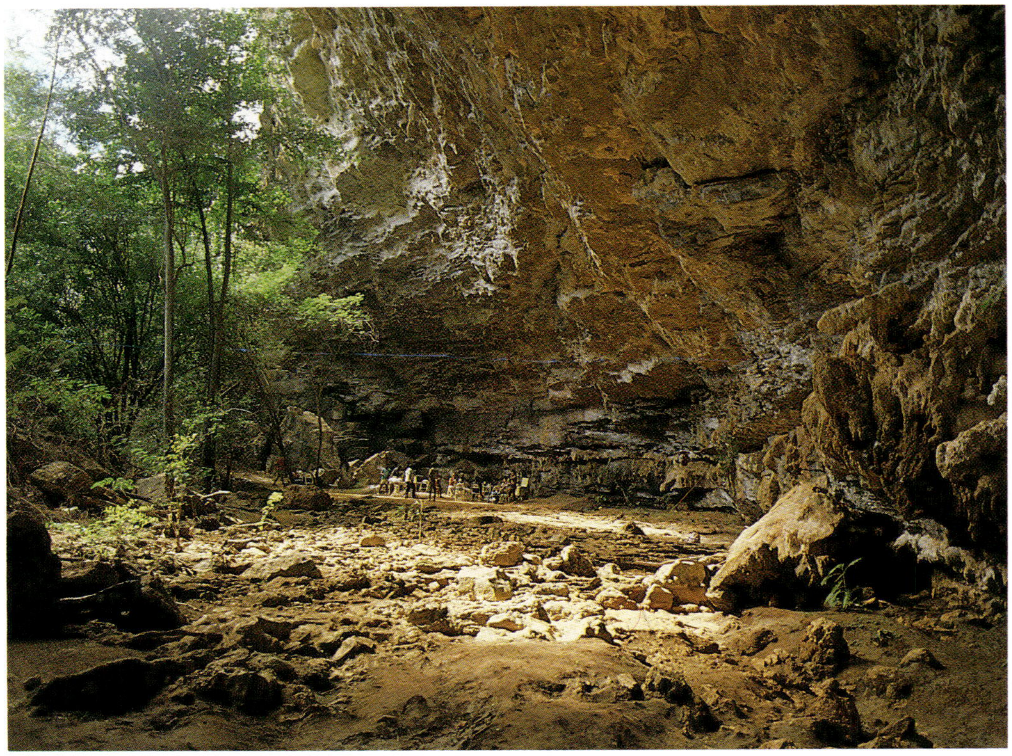

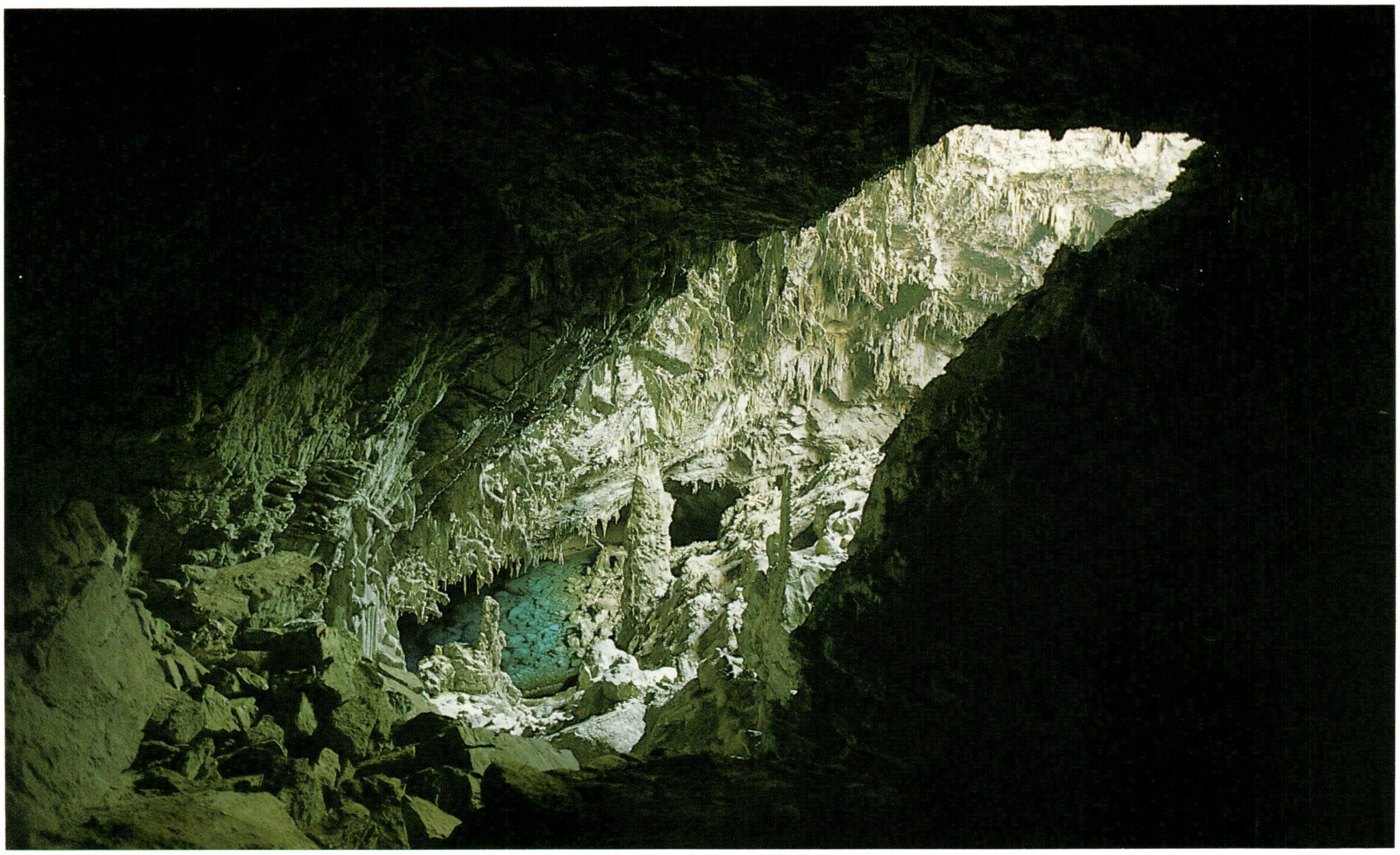

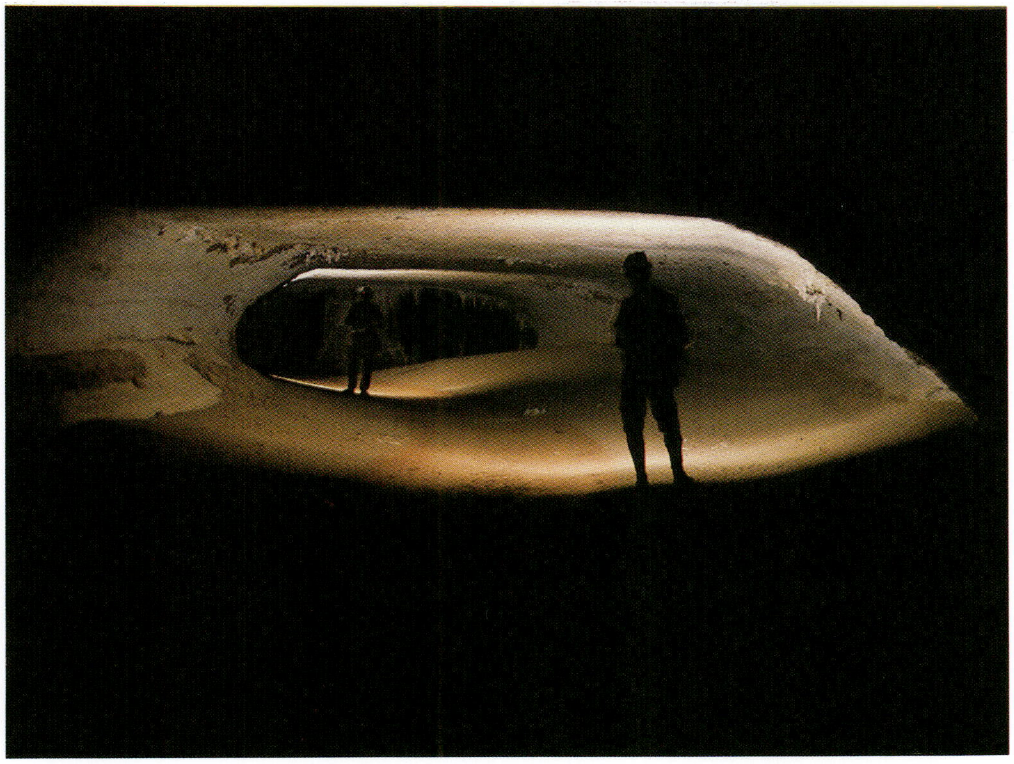

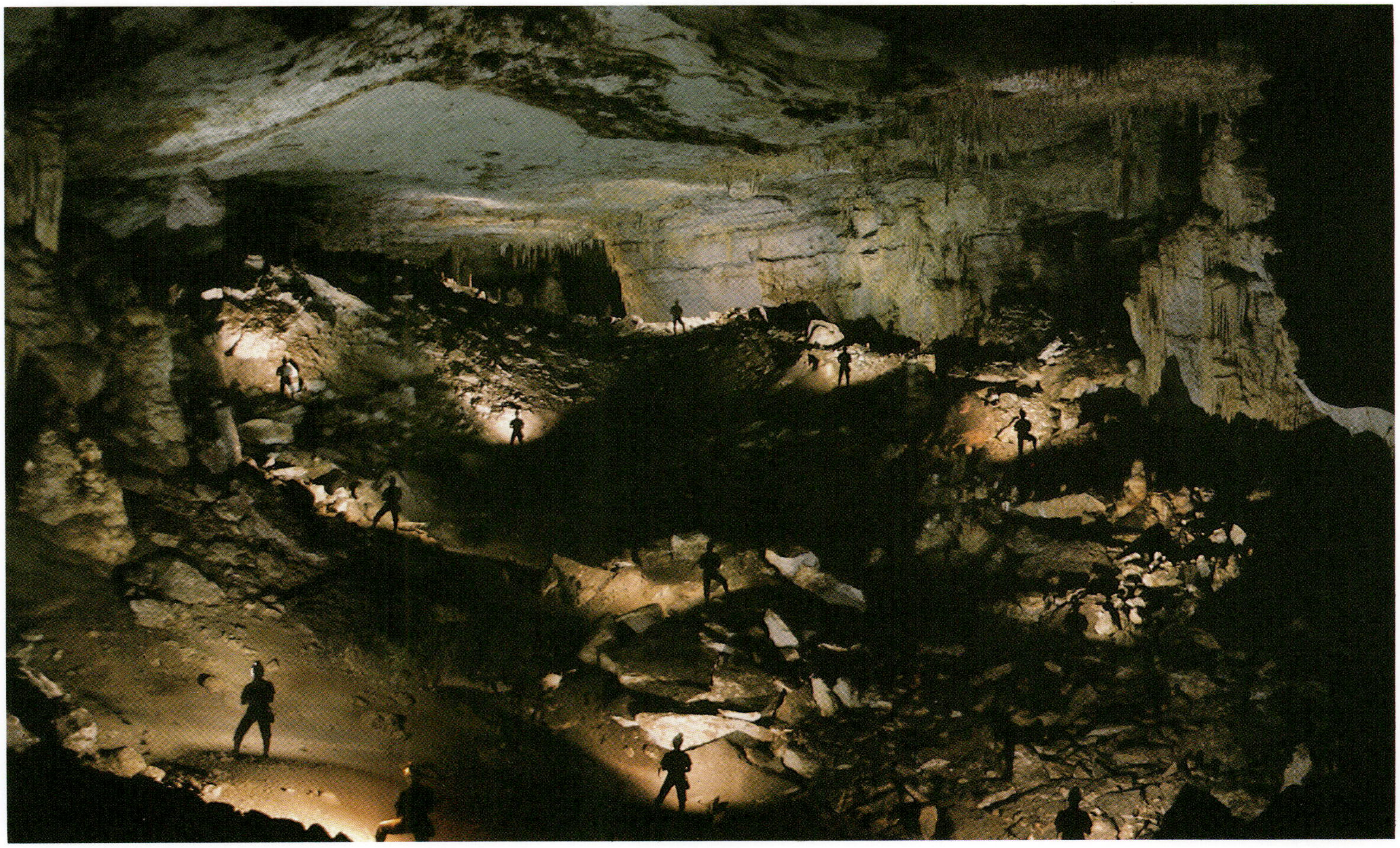

69. Galeria meândrica, originada por diáclase e percorrida por pequeno córrego na Gruta Olhos d'Água, Itacarambi (MG), CFL.

    Meandering gallery, originating in a diaclase and followed by a small stream. Gruta Olhos d'Água, Itacarambi (MG). CFL.

70. Gruta do Túnel, na ilha de Trindade (ES), aberta pela ação do mar em rochas eruptivas. PCC.

    The Gruta do Túnel, on the island of Trindade (ES), opened up by the action of the sea on eruptive rock. PCC.

GÊNESE E EVOLUÇÃO DAS CAVERNAS

Conforme exposto anteriormente, as cavernas podem se apresentar segundo inúmeras tipologias: grandes salões recobertos por blocos desabados, estreitas galerias, intrincados labirintos, túneis amplos e retilíneos, grandes abismos verticais, ou mesmo simples abrigos sob rocha. Podem ser secas, ou ocupadas por lagos e cursos de água, temporários ou permanentes. Seus tetos, paredes e pisos, que algumas vezes se apresentam completamente lisos, em outras são esculpidos por concavidades e saliências. Podem ainda se mostrar total ou parcialmente recobertos por argila, areia, seixos e deposições minerais, como as estalactites e centenas de outros tipos denominados espeleotemas. É possível ainda que um grande sistema subterrâneo apresente todas essas tipologias, e outras, ao longo de suas galerias e níveis de pavimento, indicando a interação ou sucessão de diversos processos na formação da caverna.

É, pois, a partir da morfologia subterrânea, que se estudam os processos físico-químicos e biológicos que interagem na origem e evolução das cavernas. Em outras palavras, a morfologia é produto e, nesse sentido, sintoma dos processos que cabem à *espeleogênese* estudar.

As primeiras idéias sobre a formação das cavernas registradas ao longo dos séculos XVII e XVIII baseiam-se predominantemente em "teorias catastróficas", responsabilizando-se as ações vulcânicas, os tremores de terra ou a ascensão de bolhas de CO_2 durante a formação da crosta terrestre pela abertura dessas cavidades (Renault, 1970).

Os estudos espeleogenéticos com bases científicas começaram a se produzir no final do século XIX envolvendo, por um lado, os geomorfólogos e, por outro, os espeleólogos em sua fase pioneira.

Os primeiros, de linha geomorfológica relacionada ao estudo do carste, se aglutinavam em duas vertentes de análise: a morfologia e a hidrologia cárstica, ambas baseadas nas formas observáveis em superfície e nas deduções teóricas de sua interpretação para o domínio subterrâneo. Já os espeleólogos, como Martel, na França, e A. Schmidl, na Áustria, baseavam suas teorias em observações diretas nas profundezas das cavernas.

Os entrechoques teóricos entre tais estudiosos eram freqüentes e acirrados. Questões relativas ao papel da circulação da água e à predominância dos processos de dissolução química ou erosão mecânica na abertura das cavernas foram motivos de grandes polêmicas. Cabe dizer que muito pouco se sabia sobre a química dos carbonatos — principais componentes da rocha calcária, ou mesmo sobre o papel erosivo ou corrosivo da água, embora houvesse concordância em relação ao seu papel como *elemento gerador e ativo* e da rocha, como *elemento passivo*, no processo de formação das cavernas. Cabe lembrar que esses pesquisadores restringiam sua análise às regiões calcárias, ou seja, rochas particularmente solúveis.

Para o entendimento das teorias mais modernas sobre a gênese das cavernas, devemos inicialmente dividir o conjunto de cavidades em dois grandes grupos:

1. *Cavernas contemporâneas à formação da rocha*

Nesse bloco, reúnem-se cavidades geralmente pequenas, como as formadas pelos espaços não preenchidos durante a deposição de tufos calcários, ou durante a construção de volumosos recifes de corais, naturalmente cruzados por canais de circulação da água do mar.

Já muito mais expressivas, podendo atingir vários quilômetros de desenvolvimento, são as grutas resultantes do resfriamento diferencial de magmas, particularmente lavas viscosas, basálticas, expelidas pelos vulcões em suas erupções. A consolidação mais rápida da parte superficial dos derrames pode permitir a permanência, no interior do lençol efusivo, de lava fluida que se escoa lentamente, formando cavidades tubulares

(Guimarães, 1966). Esses "tubos de lava" são freqüentes no Havaí e especialmente no Quênia, Japão e Ilhas Canárias.

2. *Cavernas de origem posterior à formação da rocha*

Nesse bloco, reúnem-se cavernas originadas através de diversos processos, alguns puramente mecânicos, outros físico-químicos, geralmente relacionados a fenômenos de carstificação, ou seja, ação da água sobre rochas carbonáticas.

No primeiro caso — processos mecânicos — estão as grutas e abismos originados pelo macrofraturamento da rocha, com a abertura de fendas e diáclases penetráveis pelo homem. Estão também as grutas formadas pelo embate das ondas do mar, onde predomina o processo físico de abrasão — erosão provocada pelo poder desagregador das ondas carregadas de areias e seixos. Nesse caso, não se pode desprezar a ação corrosiva de agentes bioquímicos como algas, moluscos e outros organismos marinhos que secretam ácidos com capacidade de diluir as rochas sobre as quais se desenvolvem. As grutas da ilha Fernando de Noronha no extremo nordeste do Brasil e da ilha da Trindade, no Espírito Santo, são belos exemplos desse tipo de cavernas formadas por ação marinha em rochas magmáticas.

São várias as grutas desse tipo no litoral do país. Em São Paulo, são conhecidas a "Gruta que Chora", em Utatuba, e várias outras, todas de pequenas dimensões; no Paraná, o exemplo clássico é a Gruta da Ilha do Mel; no Rio Grande do Sul, Gomes & Ab'Saber (1969) descrevem uma gruta de abrasão interiorizado, formada em basalto: a Gruta de Torres; na Ilha do Cabo Frio (RJ), a Gruta Azul, visitada por barcos turísticos.

Outro belo e famoso exemplo de caverna formada por esse processo abrasivo é o da Gruta de Fingal, em Staffa, uma das Hébridas, costa oeste da Escócia, em um leito de derrame basáltico, com notável disjunção colunar (Guimarães, *op. cit*).

Deve-se também a processos mecânicos a formação de cavidades em granito e gnaisse, pela erosão e transporte do solo existente entre os matacões dessas rochas (coluvionamento). A Gruta do 4º Patamar, Santo André (SP), com 350 m de desenvolvimento é um bom exemplo desse tipo de cavidade.

Independentemente desses exemplos de ação predominantemente mecânica, deve-se, porém, aos processos físico-químicos de erosão-dissolução a responsabilidade pela existência da maioria das cavernas encontradas na Terra. Tais processos dão origem a cavidades em rochas com diferentes graus de solubilidade.

Rochas, como o gesso e o salgema, apresentam grande solubilidade em água acidulada, mas são consideradas "pouco competentes", isto é, sua estrutura geralmente não comporta a abertura de grandes vazios em seu interior sem que ocorram desmoronamentos. Isso, todavia, não impede que algumas grutas em gesso como a Optimistezeskaja (212 km) e a Ozernaja (117 km), ambas localizadas na Ucrânia, estejam entre as dez maiores cavernas do mundo.

Também em sal ocorrem cavidades por vezes quilométricas em países como Israel, Romenia, Tadjiquistão, Argélia e Espanha. No monte Sedom, em Israel, a gruta Mearat Malham com seus 5 447m de desenvolvimento e 135m de desnível representa a maior e mais profunda caverna em sal conhecida no mundo.

No Brasil ocorrem cavernas em rochas consideradas inaptas, como a bauxita, a canga e o micaxisto, algumas delas com dimensões significativas. Ocorrem também grutas em arenito, quartzito, granito, gnaisse, folhelho e conglomerado, o que é registrado em várias outras regiões do planeta, indicando a existência da espeleogênese em uma variada gama de litologias.

Existem cavernas com centenas de metros de desenvolvimento em rochas anteriormente classificadas como insolúveis, destacando-se, entre elas, os arenitos e quartzitos. Tal fato tem direcionado novos e importantes estudos que levaram a uma reformulação do conceito de insolubilidade até então associado a tais rochas.

Em maior ou menor grau, sob distintas condições climáticas e sujeitas a processos diferenciados (bioquímicos), é provável que todas as rochas possam ser consideradas solúveis. Desse modo, seria conveniente que se pesquisasse mais apuradamente a formação de cavernas nas referidas rochas, de forma a se definirem "graus de solubilidade" menos estáticos, associados às condições sob as quais a rocha se encontre. O termo "carste", hoje restrito às rochas carbonáticas, poderia ganhar, então, maior abrangência.

Estudos como os realizados por Martins (1985) na região de Altinópolis, em São Paulo; por Karmann (1986) em Presidente Figueiredo, no Amazonas; por Lima (1975) e Ab'Saber (1977) em Vila Velha, Ponta Grossa, Paraná; pelo autor e equipe (Lino et al., 1982) em Jardim, Mato Grosso do Sul, entre outros, mostram que se encontram no Brasil regiões areníticas onde existem inúmeras feições cársticas geradas predominantemente por dissolução química — dolinas, cavernas, lapiezamento, torres, arcos e outras formas residuais, bem como espeleotemas. Propõe-se, portanto, a retomada do termo "carste arenítico" (**karst greseuse**), que, por vezes combatido, parece-nos o mais adequado para a caracterização dessas áreas. Por extensão, o termo deve estender-se às áreas quartzíticas ou outras onde ocorram macro e microfeições cársticas associadas a drenagens subterrâneas, à semelhança do que ocorre nas regiões calcárias.

As rochas carbonáticas, especialmente os calcários, aliam um alto grau de solubilidade a uma grande resistência mecânica, sendo assim rochas "espeleogenéticas" por excelência. Nessas rochas está a maioria das cavernas conhecidas, bem como as de maiores dimensões e mais ornamentadas. Torna-se óbvio, portanto, que a quase totalidade dos estudos sobre a formação de cavernas se refira a regiões carbonáticas ou cársticas.

Sendo o calcário a rocha mais propícia para a formação de cavernas e a água o agente básico desse processo, torna-se necessário compreender as peculiaridades da circulação das soluções aquosas no interior desse tipo de rocha.

A capacidade de a água circular com maior ou menor facilidade através da rocha depende do grau de permeabilidade dessa rocha. Tal *permeabilidade*, por sua vez, é dada pela *porosidade* da rocha ou seu *grau de fraturamento*. Alguns calcários, como por exemplo os tufosos, apresentam vários poros entre seus cristais de modo que, quando submersos, ficam, totalmente embebidos, podendo a água circular através da massa rochosa por *percolação*. Outros, no entanto, apresentam estrutura microcristalina muito compacta, impedindo a circulação da água (impermeabilidade) caso as rochas não apresentem juntas, fraturas ou diáclases. Essas "fendas" são geradas pelo processo de sedimentação da rocha — camadas separadas por *juntas de estratificação* e pelos movimentos tectônicos que modelam o relevo da crosta terrestre (fraturas). Nesse caso a circulação da água dá-se por *infiltração*.

As águas de superfície que penetram nas fraturas da rocha descem por gravidade até um nível de base de que corresponde à zona freática. Essa zona é limitada inferiormente por rochas impermeáveis e, em sua parte superior, pela denominada superfície piezométrica ou nível hidrostático. Tal superfície líquida, cuja forma acompanha aproximadamente o relevo externo, é móvel, dependendo do maior ou menor aporte de água (chuva), naquela área.

Pelo fato de o calcário não ser fraturado homogeneamente, a água contida na zona freática mostra-se distribuída de forma descontínua. A superfície piezométrica corresponde, então, a um plano virtual que, "unindo" o topo de todos os condutos permanentemente embebidos, cruza grandes blocos compactos completamente desprovidos de água.

71. Galeria central da Gruta do Janelão, em Januária (MG). Esse gigantesco pórtico se abre numa grande dolina de abatimento. A pessoa ao fundo serve de escala. CFL.

    Central gallery of the Janelão cave, in Januária (MG). This gigantic portico opens in to large collapse doline. The person in the background serves for scale. CFL.

72. Grande entrada da Gruta Itambé, em Altinópolis (SP), aberta em arenitos da formação Botucatu, por processo semelhante ao que ocorre nas grutas calcárias. CFL.

    The large entrance of the Gruta Itambé, in Altinópolis (MG). This lies in sandstones of the Botucatu Formation, and arose by processes similar to those in limestones.

Da superfície até a base impermeável do maciço rochoso, podem-se, portanto, distinguir três zonas diferenciadas em relação à circulação da água:

1. Zona vadosa (Meinzer, 1923): corresponde à zona "seca", através da qual, pelas macro e microfraturas a água se infiltra no corpo rochoso em movimento livre, predominantemente vertical.

2. Zona freática (Meinzer,1923): corresponde à porção inferior da rocha, completa e permanentemente inundada, onde as águas delimitadas superiormente pela superfície piezométrica apresentam movimento praticamente horizontal e muito lento, em direção a uma exurgência. A zona freática é também denominada zona de saturação.

3. Zona anfíbia ou de oscilação: corresponde à zona intermediária entre as duas anteriores, apresentando-se alternadamente seca ou inundada, em função da oscilação do nível piezométrico local. É denominada também zona *epifreática* ou zona de flutuação.

Esse zoneamento vertical dos aqüíferos no interior da rocha calcária é a base para as principais hipóteses que buscam explicar a gênese das cavernas nessas rochas. No início do século XX alguns pesquisadores defendiam a tese de que as cavernas eram formadas abaixo do nível hidrostático e apresentavam provas convincentes nesse sentido; outros defendiam ardorosamente a gênese das cavernas no interior da zona vadosa, e também tinham suas provas nesse sentido. Foram algumas décadas de polêmica até que uma teoria, até certo ponto conciliatória, viesse a substituir tais discussões. Tratava-se da *teoria bicíclica* de Davis (1930), que definia duas etapas na gênese e evolução das cavidades subterrâneas:

a) Em uma primeira etapa, ou ciclo, inicia-se a abertura da cavidade por dissolução, abaixo do nível hidrostático.

b) Em um segundo ciclo, por força do soerguimento da massa calcária e/ou do abaixamento do nível hidrostático, as cavidades previamente abertas são parcialmente ocupadas por ar e as águas podem circular livremente, associando-se à dissolução química o poder erosivo do curso subterrâneo. É nesta etapa, pela aeração dos condutos, que se inicia a fase de deposição dos espeleotemas.

Ao longo dos anos, essa teoria foi sendo aprimorada, cabendo destaque aos estudos de Swinnerton (1932), que indicavam ser a zona de oscilação a mais propícia para o início da formação das cavernas.

Posteriormente, Bögli (1964), reconhece a espeleogenese inicial na zona de oscilação, porém sempre abaixo da superfície piezométrica, e explica tal hipótese baseada no fenômeno da "corrosão de mistura". Segundo ele, as águas infiltradas pela zona vadosa, quando atingem a zona freática apresentam concentrações de CO_2 e HCO_3 diferentes daquelas contidas na solução freática. A mistura dessas soluções provoca o deslocamento do equilíbrio químico de ambos, gerando uma solução com alto poder de corrosão do carbonato da rocha. Em conseqüência dessa dissolução, dá-se a formação de uma cavidade que acompanha preferencialmente os planos de acamamento da rocha e apresenta seções elípticas, típicas de galerias em *conduto forçado*.

1º ESTÁGIO OU
1º NÍVEL EROSIONAL
(Abertura das fendas)

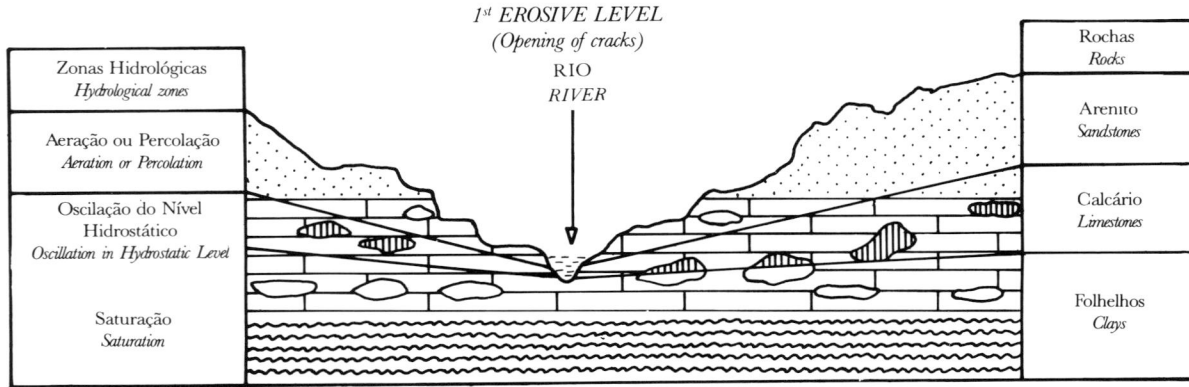

1st STAGE OR
1st EROSIVE LEVEL
(Opening of cracks)

Águas subterrâneas aciduladas, movendo-se através das fraturas e juntas da camada calcária, dão início à formação de pequenas cavidades, por favor de dissolução, no tôpo da zona de saturação.

Acidulated underground water movement through fractures and joints in the layers of limestone give rise to the formation of small cavities by way of dissolution at the top of the saturation zone.

2º ESTÁGIO OU
2º NÍVEL EROSIONAL
(Alargamento das fendas)

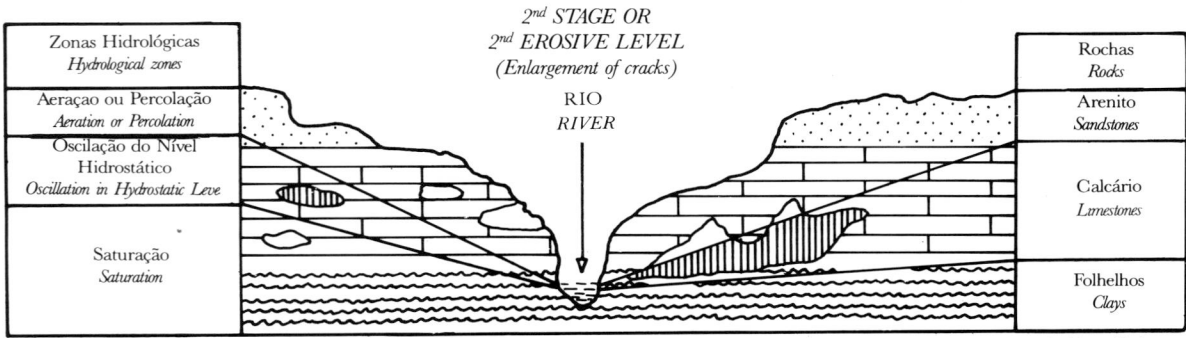

2nd STAGE OR
2nd EROSIVE LEVEL
(Enlargement of cracks)

As cavidades são alargadas quando a camada calcária é elevada para a zona de oscilação do nível hidrostático, onde há maior movimentação das águas que embebem as camadas calcárias

The cavities are enlarged when the limestone layer is raised to the level of the oscillation zone of the hydrostatic level; here there is greater movement of water, which soaks the limestone layers.

3º ESTÁGIO OU
3º NÍVEL EROSIONAL
(Ornamentação das fendas)

3rd STAGE OR
3rd EROSIVE LEVEL
(Ornamentation of cracks)

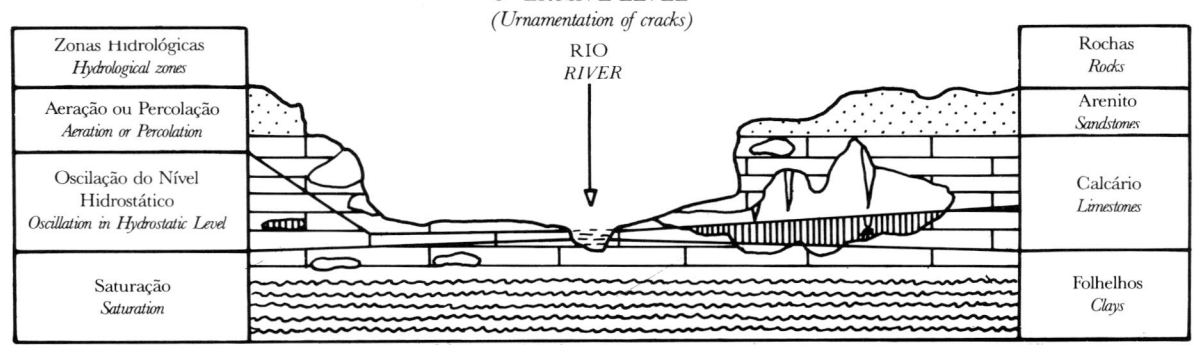

Quando atingem a zona de percolação, as cavidades são preenchidas por ornamentações e, eventualmente, alargadas por erosão, principalmente mecânica.

When they reach the percolation zone, the cavities are filled by ornamentation and, on occasion, enlarged by erosion, mostly mechanical.

FORMAS ELEMENTARES *ELEMENTARY FORMS*		ELEMENTOS TECTÔNICOS *TECTONIC FORMS*	GÊNESE *GENESIS*
○	Circular *Circular*	Intersecção diáclase *Diaclase intersection*	Pressão hidrostática (circulação forçada) *Hydrostatic pressure (forced circulation)*
⬯	Elipsoidal horizontal *Ellipsoidal - horizontal*	Intersecção de diáclases e planos de estratificação *Intersection of diaclases and stratification planes.*	
⬯	Elipsoidal inclinada *Ellipsoidal - inclined*	Diáclases inclinadas *Inclined diaclases*	
⬯	Elipsoidal vertical *Ellipsoidal - vertical*	Intersecção de diáclases e planos de estraficação. Domínio de diáclases *Intersection of diaclases and stratification planes: diaclases dominant.*	
⬯	Lenticular vertical *Lenticular - vertical*	Diáclases verticais *Vertical diaclases*	Erosão fluvial (circulação livre) *Fluvial erosion (free circulation)*
⬯	Lenticular horizontal *Lenticular - horizontal*	Planos de estratificação *Stratification planes*	
✦	Estrelada *Star-shaped*	Intersecção de diáclases e de diáclases e planos *Intersection of diaclases, and of diaclases and planes*	

Formas elementares de erosão, segundo Llopis-Lladó (1970).
Elementary erosion forms, after Llopis-Lladó (1970).

FORMAS COMPOSTAS *COMPOUND FORMS*		ELEMENTOS TECTÔNICOS *TECTONIC ELEMENTS*	
	Claviformes *Club-shaped*	Intersecção diáclases *Intersection diaclases*	Circulação forçada (a) seguida de circulação fluvial (b) *Forced circulation (a) followed by fluvial circulation (b)*
	Fungiformes *Mushroom-shaped*	Intersecção de planos de estratificação e diáclases *Intersection of stratification planes and diaclases*	Erosão fluvial: a) Primeira fase *Fluvial erosion: a) First phase* b) Segunda fase por descenso do nível de base *b) Second phase by lowering of base level*
	Gladiformes *Sword-shaped*	Intersecção de planos de estratificação e diáclases *Intersection of stratification planes and diaclases*	A) Erosão fluvial *A) Fluvial erosion* B) Circulação forçada em a), e circulação livre em b) e c) *B) Forced circulation in a), and free circulation in b) and c)*
	Rosariformes *Bead-shaped*	A. Domínio diáclases verticais *A. Vertical diaclases dominant* B. Diáclases inclinadas *B. Inclined diaclases* C. Domínio de planos de estratificação *C. Stratification planes dominant*	Circulação forçada, seguida de circulação fluvial *Forced circulation followed by fluvial circulation*

Formas elementares de erosão, segundo Llopis-Lladó (1970).
Compound erosion forms, after Llopis Lladó (1970).

Essas teorias se preocupam basicamente com a fase inicial da formação das cavernas. A evolução dessas cavidades, porém, inclui outros intrincados problemas. Um deles diz respeito à importância maior ou menor dos processos físicos ou químicos no desenvolvimento e conformação final dos diversos compartimentos — salas e galerias, de um sistema subterrâneo.

Llopis-Lladó (1970) sintetiza os casos de predominância de cada um desses processos em função de fatores condicionantes. Citando Ek (1968), diz:

"Quando o volume de água é pequeno e a circulação se faz por fissuras estreitas, não se pode desenvolver força ativa suficiente para que se produza erosão, e a hegemonia do processo cárstico corresponderá à dissolução.

Quando, por outro lado, a água em maior volume circula livremente por condutos amplos, sob ação exclusivamente da gravidade, comportando-se como um curso de água epígeo, predomina a erosão.

Por último, quando a água circula através de condutos amplos ocupando-os por inteiro, a circulação é lenta e, ao processo erosivo, produzido mais por erosão hidrostática do que por gravidade, une-se um processo de dissolução lenta: erosão e dissolução estarão em equilíbrio".

A ação de cada um desses processos confere aos condutos feições morfológicas típicas que os evidenciam em cada fase da abertura da caverna. Pode-se dessa forma reconhecer *feições de dissolução*, *feições de erosão* e *feições mistas*, bem como as *feições freáticas*, desenvolvidas na zona inundada, e *feições vadosas*, desenvolvidas acima do nível hidrostático.

Deve-se a Bretz (1942) o primeiro estudo sistemático voltado à interpretação das diversas morfologias internas e seu relacionamento com o tipo de processo predominante — erosão ou dissolução, em cada caverna. O referido autor relaciona vários "lapiás subterrâneos" (espeleogens) como indicadores desses processos.

Entre os indicadores de dissolução a nível freático — submerso — Bretz relaciona as cavidades alinhadas ao longo das juntas de estratificação, as concavidades semelhantes a "caldeirões", "cilindros", ou "conchas" que ocorrem nos tetos, paredes e pisos das cavernas e aquelas cavidades cujas aberturas sejam claramente condicionadas por fraturas da rocha; inclui também nessa relação as galerias horizontais abertas em locais onde as camadas da rocha sejam verticais e dois tipos de estruturas residuais: os pilares (ou pontes) estruturais e os **boxwork**. Os pilares são porções remanescentes da dissolução diferencial da rocha que, por vezes, comparecem como "ilhas" ou divisórias separando duas áreas de galerias ou salões. Os **boxwork** correspondem a conjuntos de lâminas minerais pouco solúveis, muitas vezes de sílica, que preenchiam fraturas da rocha e que, com a dissolução desta, são expostos como saliências entrecruzadas, perpendiculares aos tetos e paredes da cavidade.

Bretz (*op. cit.*) relaciona também algumas feições subterrâneas que considera como tipicamente originadas na zona de circulação livre, zona vadosa, acima do lençol freático, onde o papel da erosão é predominante. Dentre eles, estão os "meandros" escavados nos tetos e paredes das grutas, os sulcos e arestas horizontais desenvolvidos nos acamamentos planos, os poços abobadados (**domepits**) ocupados temporariamente ou permanentemente por cascatas subterrâneas, as marcas de erosão (**scallops**) e as "marmitas" (**potholes**).

As marcas, vagas ou ondas, de erosão são pequenas depressões, pouco profundas, côncavas e ovaladas, com eixo maior horizontalizado que ocorrem em paredes, pisos e tetos de cavernas. Tais concavidades apresentam uma de suas extremidades

73. Pequenas "marmitas de erosão" na Gruta Jaguatirica, em Formosa (GO). CFL.
Small "erosion pans" in the Gruta Jaguatirica, Formosa (GO). CFL.

arredondada e outra pontiaguda a qual indica a direção do curso de água que a produziu. São feições de erosão formadas em regime de águas turbulentas.

Tais feições não ocorrem de forma isolada, recobrindo normalmente grandes superfícies do conduto e dispondo-se umas muito próximas às outras, unindo-se com freqüência e gerando formas coalescentes.

As "marmitas", por sua vez, são cavidades verticais de forma cilíndrica escavadas por águas turbilhonadas, formadas geralmente na base de cascatas subterrâneas. Suas dimensões em planta vão de alguns centímetros a poucos metros dependendo da morfologia da galeria e da capacidade erosiva do caudal.

Essas feições que ocorrem em pontos ou trechos isolados da caverna são normalmente condicionadas pela natureza da rocha — litologia — nesses locais que, como se sabe, não é geralmente homogênea, apresentando diferentes graus de pureza, porosidade, densidade de fraturamento, etc., que irão efetuar controle sobre os processos erosivos e corrosivos da água.

Também a presença de litologias diferenciadas — rochas insolúveis — em contato lateral ou na base do calcário, quando este é pouco espesso, pode condicionar o desenvolvimento da caverna em planta ou perfil, impedindo a abertura da cavidade nessas direções.

Em um nível macro, todavia, a geologia não é geralmente o principal condicionante na evolução da gênese das cavernas, cabendo a parâmetros topográficos e hidrológicos a definição dos padrões gerais de desenvolvimento do sistema subterrâneo (Waltham, 1981). Esses parâmetros é que irão normalmente definir a morfologia geral da cavidade gerando desenvolvimentos retilíneos, meândricos, dendríticos, ramificados ou labirínticos, entre outros.

Quanto à ampliação dos espaços subterrâneos, além dos processos de dissolução e erosão, também o processo de desabamento a eles relacionado tem grande importância. Denominado *incasão* — cair para dentro — por Bögli (1980), esse processo representa o rearranjo mecânico das forças que atuam no maciço rochoso e que são desequilibradas pela abertura das cavidades em seu interior.

O solapamento das laterais das galerias pelos cursos de água, o alargamento excessivo das mesmas por dissolução e o rebaixamento do nível freático drenando as águas que preenchiam fraturas da rocha envoltória fazem com que os tetos e paredes da cavidade percam sustentação de equilíbrio mecânico. Uma vez no piso, os blocos desabados são geralmente erodidos ou corroídos pela água e o material dissolvido vai sendo retirado ampliando-se assim salões e galerias.

Esse processo é particularmente importante em áreas tropicais onde ocorrem fortes tormentas, com um repentino e brutal aumento da quantidade de água nos rios subterrâneos, condutos e fraturas da rocha que são alternadamente invadidas sob pressão e drenadas com rapidez. Tal processo pode gerar desequilíbrios mecânicos — correspondendo a desabamento — a que se associa uma grande capacidade de arrasto de material para o exterior da caverna. Processo semelhante ocorre nas regiões frias expostas a regimes alternados de congelamento e degelo.

Há que se considerar ainda que o processo de incasão, relacionado à dissolução de rochas solúveis subjacentes, é responsável pela abertura de algumas grandes cavidades em rochas consideradas insolúveis ou pouco solúveis como alguns quartzitos ou micaxistos.

Um espetacular exemplo desse fenômeno é a Gruta dos Ecos localizada em Cocalzinho, Goiás, próxima de Brasília, Distrito Federal. Essa caverna com cerca de

74. Acúmulo de placas e blocos desabados no interior da Gruta dos Ecos, em Cocalzinho, Goiás (GO). Associada à dissolução química e à erosão mecânica, a *invasão* (desabamento interno) é um dos processos responsáveis pela ampliação dos espaços subterrâneos. CFL.
Accumulation of collapsed blocks and slabs in the Gruta dos Ecos, in Cocalzinho, Goiás (GO). **Incasion** *(internal collapse), together with chemical dissolution and mechanical erosion, is one of the processes responsible for the enlargement of underground spaces. CFL.*

75. *Boxwork:* lâminas de sílica que preenchiam as fraturas da rocha. Com a dissolução do calcário, essas lâminas, menos solúveis, ficam expostas e salientes nas paredes e tetos das cavernas. O exemplo da fotografia ocorre na Gruta dos Ecos, Corumbá de Goiás (GO). CFL.
Boxwork: silica sheets which fill fractures in the rock. As the limestone dissolves, these less soluble sheets are exposed and stand out on the roofs and walls of the cave. The example in the photo is in the Gruta dos Ecos, Corumbá de Goiás (GO). CFL.

76. As ondas de erosão (*scallops*), que sempre ocorrem em conjuntos, são pequenas depressões côncavas e ovaladas. São indicadores do processo de erosão por águas turbulentas. Na fotografia vêem-se ondas de erosão na entrada da Lapa Vermelha de Pedro Leopoldo (MG). CFL.

Scallops, *or erosion waves, always occur in groups; they are small oval concave depressions. They indicate a process of erosion by turbulent waters. In the photo: scallops at the entrance of the Lapa Vermelha, at Pedro Leopoldo (MG). CFL.*

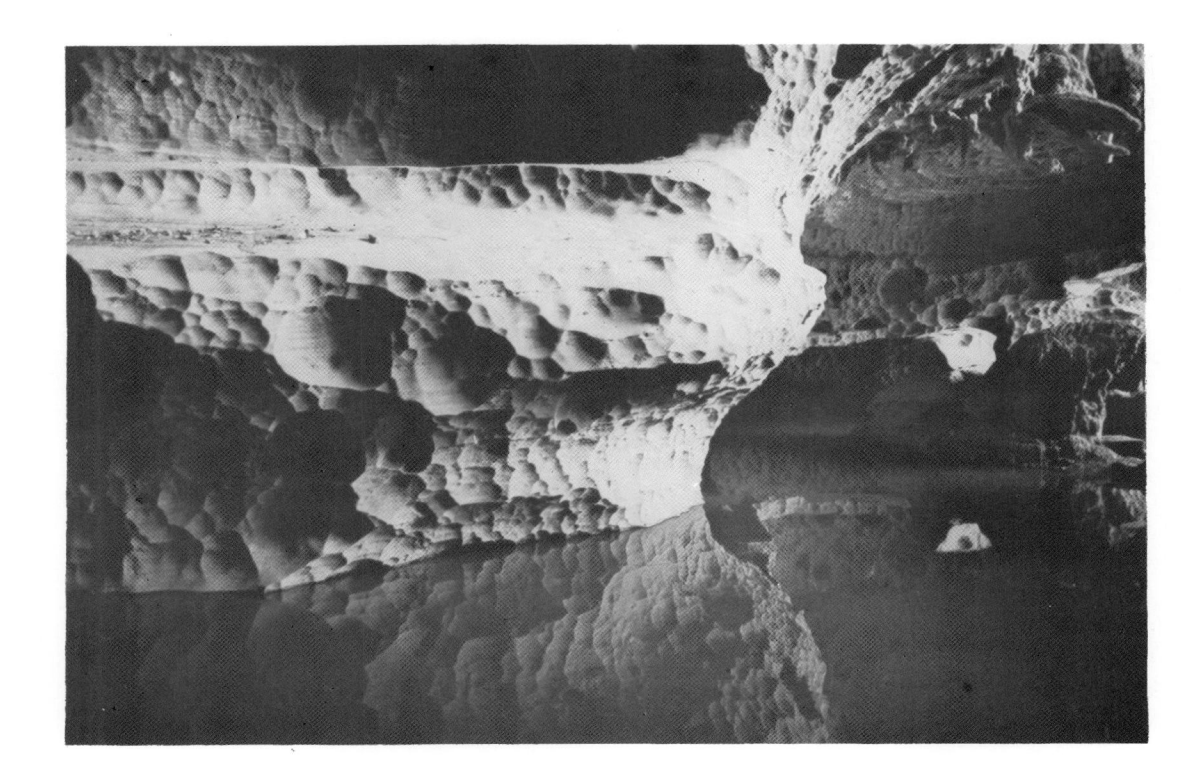

Página seguinte — *Following page*

77. As raízes produzem ácidos que podem atacar a rocha e contribuir para o alargamento das fendas, participando assim, ainda que de forma restrita, nos processos de lapiezação e espeleogênese. CFL.

Roots produce acids which may attack the rock and contribute to the enlargement of cracks. Thus they may share in a limited fashion in the formation of lapies and the origin of caves. CFL.

1.380 km de desenvolvimento e alguns dos mais amplos salões e galerias subterrâneas do país, tem como teto enormes abóbadas de micaxisto. Também o piso, excetuando-se o trecho do grande lago central onde aparecem as rochas carbonáticas, é totalmente tomado por blocos e placas de micaxisto desprendidos do teto, o que a torna um fenômeno aparentemente único em termos mundiais.

Ainda que precedido por um processo de dissolução de rochas carbonáticas em níveis inferiores, essa caverna tem na incasão o seu processo básico de formação.

Em menor escala, inúmeros outros processos interferem na abertura das cavidades, especialmente em regiões de clima quente e úmido.

Nos trópicos úmidos, é particularmente importante segundo vários autores, como Tricart (1956), Gèze (1968), Renault (1970), entre outros, a ação bioquímica de microorganismos e vegetais superiores, especialmente suas raízes, na produção de ácidos que vão dissolver a rocha. Essas ações, no entanto, se restringem às camadas superiores do maciço rochoso e às zonas subterrâneas próximas às entradas das cavernas.

O ciclo evolutivo das cavernas não é, porém, linear nem infinito. Ao mesmo tempo em que novas galerias vão se abrindo e se ampliando, ocorrem processos sedimentares que podem colmatar parcial ou totalmente os condutos. Tais depósitos, sejam eles autóctones, derivados de desabamentos das argilas residuais na dissolução da rocha que deu lugar à caverna, ou alóctones, provenientes da superfície externa, são denominados sedimentos clásticos.

Além destes, as cavidades a partir de seu alçamento relativo acima da zona freática vão sendo preenchidas por deposições minerais denominadas *espeleotemas*, cujo crescimento "excessivo" pode gerar igualmente a oclusão completa da cavidade, encerrando seu ciclo espeleogenético.

Os espeleotemas, em suas múltiplas formas, origens e composições minerais, são descritos no capítulo que segue.

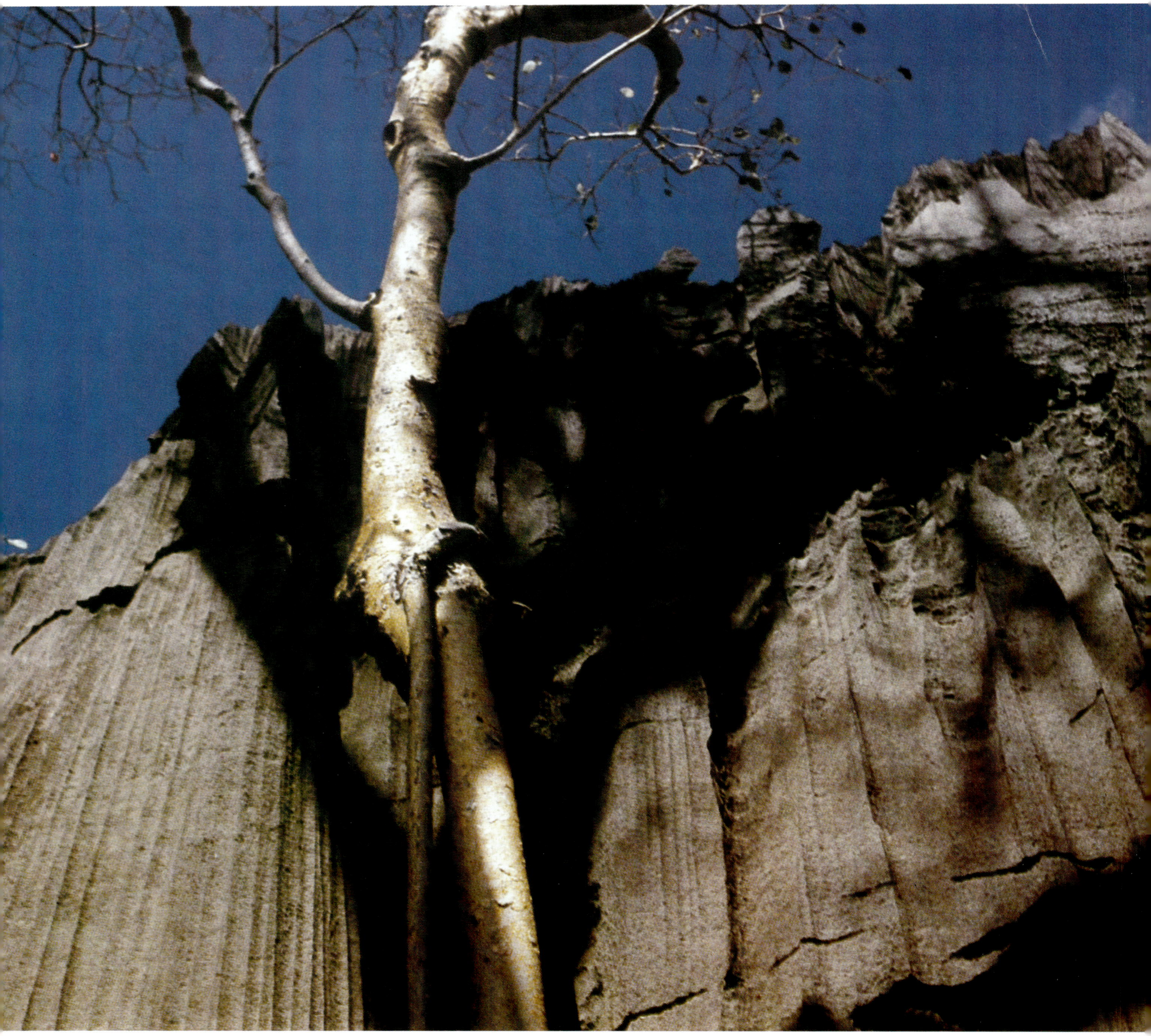

Caves: Their Morphology and Genesis

When rainwater may circulate, cracks become larger due to mechanical effect of erosion or to effect of corrosion. This enlargement of cracks has necessarily to preceed the constitution of caves: they are enlargement's effects and its natural continuation.

Ricardo Krone, 1909

SUBTERRANEAN SPACE CLASSIFICATION AND MORPHOLOGY

Caves, according to the simplest definition and one which is recognized worldwide, are natural cavities in rock, into which man can penetrate. This anthropocentric definition of a highly diversified geological phenomenon is obviously not without its polemic aspect, whether on the grounds of its generality or of its static vision in relationship to techniques of speleological exploration.

Within this concept there is an obvious lack of operational parameters; this has led, among other things, to significant variation in the manner in which caves are registered in different countries.

In some regions just about any cavity, such as a simple rock shelter, might be regarded as a "cave"; in Brazil, until the decade of 1980, only cavities of more than 50 m, when in a predominantly horizontal direction (grottoes) or which a difference of level of more than 15 m, when predominantly vertical (abysses) are to be regarded as caves. However, these minimum dimensions were reduced at the XVIII Brazilian Speleological Congress (Ouro Preto, 1985) to 20 m and 10 m respectively — which only goes to show how artificial such parameters are.

Similarly, the notion of a cavity "which can be penetrated by man" raises doubts in certain situations — cases, for example, where caves can only be penetrated by the removal of obstrutions, or by the crossing of syphons, and cannot be classified as caves until these things have been done — although, from the point of view of the phenomenon itself, nothing changes.

In order to provide a more precise definition of what constitutes a cave, other environmental parameters have been called upon. The questions of whether a cave should possess a zone — albeit a limited zone — of total darkness (aphotic zone), theoretically a typical characteristic of such an environment, precludes the use of the word "cave" in cases where common sense regards it as perfectly possible.

This is the case, for example, of numerous grottoes and abysses with wide entrances but litlle depth, or of horizontal tunnels and underground galleries with "mouths" or skylights through which some illumination may be cast. The restrictions imposed by an aphotic zone may mean that cavities some hundreds of metres long and of undoubted speleological value may not be described as "caves".

For these reasons, and in spite of the criticism which may be offered, it still seems that in its breadth the initial definition is best. Thus the matter turns to the "classification of different types of cave", respecting the diversity of caves follows two distinct but related lines of scientific analysis. On the one hand there are the morphological aspects which permit classification as **rock shelters**, **lair**, **grottoes**, **abysses**, **crevices** *etc. On the other hand there is the point of view based on genesis, which seeks to classify caves in accordance with their origin and evolution. Both these models for classification have their importance and their speleological significance, and may be used in isolation or together, in function of the type of study being carried out on any cave in question.*

The morphological classification of caves in Brazil, proposed by Lino in 1975 and ratified by the Sociedade Brasileira de Espeleologia is summed up below.

Cave. *This is the general term used to define the subterranean cavities penetrable by man, formed by natural processes, no matter the type of rock that fits into or its dimensions, including the environment, their mineral and hydrical content, animal and vegetal communities sheltered there and rock in which the cave is set. The term comes from Latin* **cavus**, *"hole", and corresponds to "cave" or "cavern" in English, "caverne" in French, "caverna" or "cueva" in Spanish, "caverna" in Italian, "Hoble" in German, "caverna" in Portuguese.*

Grotto. *This is a cave which has developed predominantly in a horizontal direction. For speleological records, grottoes should be at least 20 m long in their ground plan. This limit reflects an international tendency for standardization of speleological records. The term comes from the Greek* **cruptein**, *reduced to* **crypté**, *and meaning "subterranean"; from this came "crypta" in Latin, and "cropte" or "croute" in Old French. Although the idea that a grotto should be a predominantly horizontal cave (and thus unlike an abyss) is more or less widespread, the term is frequently used as a synonym of cave in the broadest sense of the word.*

Rock shelter. *This is a cavity of little depth, opening broadly in a rock wall, which may serve as a protection against inclemencies of the weather.*

Lair. *This is a cavity intermediate between a rock shelter and a grotto, not reaching the 20 m limit necessary to qualify as the latter.*

Abyss. *This is a predominantly vertical cave, of which the change in level amounts to 10 m or more, and with a diameter of entrance less than the difference in level. If the change in depth does not reach the 10 m demanded then it becomes a crevice.*

Doline. *This is a closed depression, circular or elliptical in shape, broader than it is deep, formed by the dissolution of rock surfaces or by the general collapse caused by dissolution of underlying rock. A doline may be from a few to hundreds of metres across. The term is in international use, undergoing slight changes according to language.*

Obviously in all countries, and also in Brazil, there are local or regional terms used for subterranean cavities. Among these, in the usage of Brazilian Portuguese, we may find "lapa" (cave, grotto, rock shelter) used in the central and north-eastern regions of the country, "furna" (abyss or doline) used in the south and the southeast, "buraco soturno" (cave) in Mato Grosso do Sul, "bróia" (spring or resurgence) in Goiás, and "grunha" (grotto, sink) in Goiás and Bahia.

Morphology also serves as a parameter for classification of caves from the point of view of internal space. The "ground-plan" of a cave may be a **linear grotto**, *a* **meandering grotto**, *a* **reticular grotto**, *or a* **dendritical grotto** — *only the commonest forms. In terms of longitudinal profile a grotto may be* **horizontal-flat**, **inclined**, **laddered** *or* **multi-storey**.

An abyss may be **cylindrical**, **funnel-shaped**, **bell-shaped**, **crack**, **y-shaped**, *or a* **vertical network**. *The basic forms may give rise to multiple compositions and more complex types.*

The space which forms a cave may further be differentiated internally and peripherally. These components may be subdivided into 1. **internal compartments** *and 2.* **points and zones of communication with the outside world**.

Internal compartments involve basically **galleries**, **chambers**, *and* **vertical accidents**. *Galleries, or passages, are subterranean conduits, reasonably large in size, opened up by dissolution and by mechanical action of watercourses along fissures, joints, diaclases, and faults in the rock-mass.*

Passages appear in various forms. When they are rectilinear and regular, they are known as **corridors**; *when short, and ramifying into larger passages they are known as* **diverticles**; *when not very high they are called* **low-roof passages**, *and if very narrow,* **crack** *or* **diaclase passages**. *In any situation a passage may be* **dry** *or* **wet**, *in the latter case occupied by a lake or watercourse. Wet passages in which the water-level reaches the roof along the entire length are called* **phreatic galleries**; *if this occurs only at certain points along the length of a passage, this point is called a* **syphon**.

In terms of cross-section, passages may be divided into circular or elliptical, bilobular, angular etc. sections; the morphology will indicate the means by which the passage was formed. Thus there are **forced conduit** *passages, opened and moulded by water-pressure, and as a consequence elliptical or subcircular in section;* **gravity passages** *or* **free course passages**, *where the water flows freely, wearing away the base of the passage and thus lowering its course. A passage at this stage will show a variety of cross-sections, predominantly vertical in tendency;* **composite section passages** *are those which show a combination of the forms mentioned, or an alteration of the same forms by the collapse of blocks of rock from walls and roof, causing angular and rectilinear formations. These types of passage are shown in the figures on page 99.*

Chambers *are the larger spaces to be found in the body of a cave, formed by the enlargement of passages, or by their crossing, or by the detachment of large rock-masses from walls or roof. The genesis of chambers is similar to that of passages, but they are clearly distinguished by their relative or absolute dimensions.*

Vertical accidents are those abrupt changes of level which occur in laddered passages (and may correspond to waterfalls), and also **vertical conduits**, *which interconnect passages developed at different levels. Such accidents are generically known as* **internal abysses**.

Also included in this category are the cracks and vertical conduits which may develop in the roofs of cavities, the exploration of which is only possible by techniques of opposition, in which the speleologist fits himself into the crack, using the ladder to support his feet on the frontal wall, and his hands and feet pressing against the wall behind him. This type of conduit is known as a **chimney**.

In addition to the compartments which form this internal space of the cave proper, there are others which act as points or zones of contact between the subterranean (hypogean) environment and the outside (epigean) world; in karstic areas these are usually extensively interdependent.

The first components which may be noticed in this internal-external communication system are the innumerable fissures (faults, joints, and fractures) which, although small in size, permit the circulation of air, water, detritus, and even animals between one environment and the other.

From the explorer's point of view, however, the most important points of communication are those of larger size, penetrable by man or by watercouses. Among so-called dry entrances, we may distinguish **abysses**, **dolines**, **skylights** *and* **windows** *(apertures in the roof and walls of the cavity) as well as horizontal* **mouths** *or* **entrances**.

These abysses and horizontal entrances, when occupied by watercourses, have specific names. When the entrances collect surface water and direct it downwards they are called **sinks** *or* **sinkholes**. *When the water "disappears" between blocks or into sandy floors, and not through a "mouth", they are known as* **infiltration sinks**.

When the mouths function as exits for underground waters, they are known as **surgences**; *a* **resurgence** *occurs when a watercourse collected by a sink reappears in the open air, and an* **exsurgence** *when a so-called* **endogenous** *watercourse appears, which has been created by the process of infiltration into the cave. In this case the terms fount, or spring, may be used, but should be limited to cases where the surgences are of so small diameter as to permit the escape of water but not the entry of a human being. These surgences may be permanent, temporary, or intermittent, according to the regularity with which the water flows.*

The term **resurgence** *comes from the Latin* **resurgere**, *"to be born or to rise again", and was used in a hydrospeleological sense by A. Martel in 1887. The term* **exsurgence** *was invented by E. Fournier, as being different to the idea of resurgence.*

There are also cavities which, due to complex hydrological processes in karstic regions, or to the season of the year, may function alternately as sinks or surgences. These cavities are known as **ponor** *— a term of slavonic origin.*

These spatial components of caves, and the morphological types by wich they are described, correspond to the processes of genesis and evolution by which the caves are formed, and which are the subject of the next section.

THE GENESIS AND EVOLUTION OF CAVES

As has already been seen, caves may present a considerable variety of morphological typologies: large chambers covered by collapsed blocks, narrow circular galleries which form intricate labyrinths, broad straight tunnels, deep vertical abysses, or merely shelters beneath the rock. They may be dry, or occupied by temporary or permanent lakes and watercourses. The roofs, walls, and floors may sometimes be completely smooth, but at times are sculpted with concavities and saliences. They may be partially or totally covered with clays, sands, gravels, and mineral depositions such as stalactites or hundreds of other types of what are known as speleothems. Furthermore it is possible that a large subterranean system may present all of these forms, and still more, along the length of its passages and different storeys, showing the interaction of a variety of processes during formation.

Thus it is from the starting point of subterranean morphology that one undertakes the study of the physico-chemical and biological processes which interact at the origin and evolution of caves. In other words, morphology is the result and, in this sense, the symptom, of the processes investigated in speleogenesis.

The first ideas about the formation of caves appear in the course of the 17th and 18th centuries, and concentrate on catastrophe theories — earth tremors, volcanic action, the rise of CO_2 bubbles during the formation of the earth's crust — as being responsible for the phenomenon (Renault, 1970).

Speleogenetic studies with a **scientific** *basis began to emerge at the end of the 19th century, and were produced by geomorphologists on the one hand, and on the other adepts of speleology, then in its pioneer phase.*

The geomorphologists, working along lines related to the sudy of the karst, adhered to two areas of study: morphology and karstic hydrology, both of which were based on forms observable on the surface and on theories thence deduced and used for interpretation of the subterranean domain. The speleologists, however, based their theories on direct observation inside the caves: among them were Martel in France and A. Schmidl in Austria.

The theoretical collisions between the two schools of thought were frequent and not without asperity. Questions related to the role of water circulation and the predominance of the processes of either chemical dissolution or mechanical erosion were the cause of great polemic. It should be said that very little was then known about the chemical properties of the carbonates (the principle components of calcareous rock) or the erosive or corrosive role of water.

However, there was clear agreement as to the role of water as an **active and generative element**, and of rock as a **passive element** in the process of cavern formation. In this respect it may be remembered that these research workers restricted their analyses to regions of limestone — that is, a particularly soluble rock.

For an understanding of more modern theories of cave formation, we should first divide caves into two large groups:

1. Caves contemporary with the formation of the rock.

In this group we may bring together cavities, generally small in size, such as those formed by unfilled spaces in the deposition of tufas of a calcareous nature, or during the construction of large reefs in which these were natural canals for the circulation of sea-water.

Caves originated from special process of cooling of magma, particularly viscous, balsatic in vulcanic eruption, those ones can make lots of quilometres of development and are much more expressive. Fast hardening of superficial part of lava make possible the permanence, within it, of fluid liquid that flows slowly and forms tubular cavities (Guimarães, 1966). These "tubes of lava" are common in Hawaii and specially in Kenya, Japan, and Canary Island.

2. Caves posterior to the formation of the rock.

In this group we may unite caves which have arisen through a variety of processes — some purely mechanical, some physio-chemical — the latter usually related to processes of karstification.

In the first category (mechanical processes) we may place grottoes and abysses which come from macro-fracturing of the rock, with the opening of cracks and diaclases into which man may penetrate. Here also are grottoes formed by the waves of the sea, where the physical process of abrasion is predominant — erosion caused by the disaggregating effect of the force of water loaded with sand or gravel. Here also we should at times take into account the corrosive action of biochemical factors: seaweeds, molluscs, and other animal and vegetable forms which secrete acids capable of dissolving the rocks on which they grow. The "tunnel" of the island of Fernando de Noronha, in the Atlantic Ocean off the extreme north-east of Brazil, is a fine example of this type of formation of grottoes by marine action on magmatic rock.

There are various grottoes of this type on the coast of Brazil. In the State of São Paulo there is the "weeping cave", in Ubatuba, and others, all small in size; in the State of Paraná the classic example is the Cave of Ilha do Mel; in the State of Rio Grande do Sul, Gomes Ab'Saber (1969) describe a cave formed by internal abrasion in basalt: the Gruta de Torres, much visited by touristical boats. A fine and famous example is Fingal's Cave, on the island of Staffa, in the Hebrides (off the west coast of Scotland), based on a basalt spill and with a noteworthy columnar disjunction (Guimarães, op. cit.).

The construction of cavities in granite and gneiss is due to mechanical processes also and erosion and transport of soil between small stones of these rocks ("coluvionamento"). A good example of this type of cavity is the Gruta do 4º Patamar, Santo André, in the State of São Paulo, 350 m long.

Most caves on the earth's face are due, however, to physio-chemical and erosion-dissolution processes, which give rise to cavities in rocks with a greater or lesser degree of solubility.

Rock forms such as gypsum or rock-salt display a high degree of solubility in acidulated water, but they are not "suitable" — that is, their structure does not permit the opening of large spaces without causing collapse.

Even so, the gypsum caves at Optimistizeskaja (212 km) and Ozernaja (117 km), both in the Ukraine, are two of ten largest caves in the world. Very long caves occur in salt in Israel, Romenia, Tadzhikistan, Algeria, and Spain. The Mearat Malham cave at Mount Sedom, in Israel, 5,447 metres long and with a drop of 135 m is the longest salt cave so far known.

Brazil also has caves in rock regarded as unsuitable, including bauxite, ironstone, and mica-schist. Grottoes may also occur in sandstone, quartzite, gneiss, clay, and conglomerate. Thus the overall evidence on a worldwide scale indicates the possibility of speleogenesis under a variety of lithological conditions.

There are, nonetheless, caves of hundreds of metres of length in rocks which are before classified as insoluble, in particular sandstones and quartzites. This fact has given rise to new and important studies which lead to a reformulation of the concept of insolubility at the time in the case of such rocks.

To a greater or lesser degree, in clearly defined climatic conditions and under the effect of specific processes (biochemical), it is probable that all rocks should be considered as soluble. The formation of caves in rocks of these type is in need of further research, so as to define rather less static "degrees of solubility", which may be associated with the conditions in which the rock is to be found. The term karst, at present restricted to carbonate rocks, may then gain a broader degree of application.

Studies such as those of Martins (1985) in the region of Altinópolis (State of São Paulo), Karmann (1986) for Presidente Figueiredo (State of Amazonas), Lima (1975), Ab'Saber (1977) for Vila Velha and Ponta Grossa (State of Paraná), the author and his team (Lino et al., 1982) for Jardim (State of Mato Grosso do Sul), to mention only a few, show that Brazil has regions of sandstone where there are numerous karstic features, predominantly caused by chemical dissolution (dolines, caves, lapies, towers, arches, and other residual forms, and also speleothems). It is therefore proposed to take up once more the term **sandstone karst** ("karst greseuse") which though its use has been opposed, still seems the best-suited to describe such areas. By extension, the same term should include areas of quartzite or similar, where there are karstic macro- and micro- features associated with subterranean drainage, similar to those found in regions of limestone.

Carbonatic rocks, and specially limestones, bring together a high degree of solubility and great mechanical resistance, thus being "speleogenetic" rocks par excellence. Most known caves are in rock of this type, as are the largest and the most decorative. Thus almost all studies on cave formation refer to carbonatic or karstic regions.

In view of the fact that limestone is the most suitable rock for the formation of caves, and water the primary agent in the process, it is necessary to have some idea of the way in which aqueous solutions circulate within this type of rock.

The capacity of water to circulate with greater or lesser facility through the rock depends on the degree of impermeability of the rock itself. **Permeability** is a result of **porosity**, of the **degree of fissure**. Some calcareous rocks (tufas, for example) have pores among their crystals in such a way that, if left under water, they become soaked, due to **percolation** of the water through the rock-mass. Other rocks may have an extremely compact microcrystalline structure which will prevent the circulation of water (impermeability), unless there is fracturing by macro- and microfissures. These fissures are caused by the process of sedimentation of the rock into layers separated by stratification joints, and by the tectonic movements which model the relief of the earth's surface (cracks and fractures). In this case, water circulation occurs by **infiltration**.

The surface waters which penetrate the rock fissures descend vertically by gravity to a base level corresponding to the **phreatic** zone (water table). This zone is limited, below by impermeable rock and above by the so-called piezometric or hydrostatic level. This liquid surface, the form of which more or less follows the surface relief, moves, according to the degree of deposition of water (rain) in the area.

Due to the fact that limestone is not homogeneously fissured, the water in the phreatic zone is discontinuous in distribution, so that the piezometric surface virtually corresponds to a plane which unites the peaks of all permanently soaked fissures, while large (compact) intrafracture blocks will be completely devoid of water.

Thus from the surface to the base of the rock-mass we can define 3 zones which are differentiated in relation to the circulation of water.

1. **Vadose zone** (Meinzer, 1923): this corresponds to the "dry" zone through which, by micro- and macro-fissures, the water moves freely, and predominantly in a vertical direction, into the rock-mass.

2. **Phreatic zone** (Meinzer, 1923): this is the lower part of the rock, which is completely and permanently inundated, and where the waters limited at their upper level by the piezometric surface display movement which is practically horizontal and very slow, in the direction of an exsurgence. The phreatic zone is also known as the **saturation zone**.

3. **Amphibious zone**, or **oscillation zone**: this corresponds to an intermediary zone between the two already mentioned, and is alternately dry or flooded according to oscillations in the local piezometric surface. It is also known as the **epiphreatic** zone or the **fluctuation zone**.

This vertical zoning in the aquifers within calcareous rock is the basis for the principal hypothesis which seek to explain the genesis of caves in these rocks. At the beginning of the 20th century a number of research workers defended the notion that caves were formed below the hydrostatic level, and furnished convincing evidence to this effect. Others defended warmly the genesis of caves in the "dry" zone, and also produced their evidence. There were several decades of polemics until a theory which was to some extent conciliatory came to substitute these differences of opinion. This was the **bicyclic theory** of Davis (1930), which defined two phases in the genesis and evolution of subterranean cavities:

a) during the first phase or cycle the cavity begins to open through dissolution, below the hydrostatic level;

b) during the second cycle, as a result of the uprising of the calcareous mass and the lowering of the hydrostatic level, the cavities which have already been opened are partially occupied by air and the waters can circulate freely, so that the erosive power of the subterranean watercourse is now associated with chemical dissolution. It is during this phase, and due to the aeration of the conduits, that the deposition of speleothems begins.

Over the years this theory has been improved upon, particularly by the theories of Swinnerton (1932) who showed that the oscillation zone was most suitable for the initial formation of caves.

Later on Bögli (1964) recognized that initial speleogenesis took place in the oscillation zone, but always below the piezometric surface, and explained his hypothesis on the basis of the phenomenon of "mixture corrosion". According to this author, when the waters which have infiltrated through the "dry" zone reach the phreatic level, they contain levels of CO_2 and H_2CO_3 different from those contained in the phreatic solution. The mixture of these solutions causes a dislocation of the chemical balance of both, generating a solution with a high capacity of corrosion of carbonate rock. In consequence of this dissolution, the formation of a cavity takes places, generally following the layers of the rock, and displaying elliptical sections typical of "forced conduit" passages.

These theories were mainly concerned with the **initial phase** of cave formation. The evolution of these caves, however, involves further intricate problems. One of these is the greater or lesser importance of the physical or chemical processes concerned in the development and final conformation of the various compartments (chambers and passages) of an underground system.

Lladó (1970) sums up cases of predominance of each of these processes in function of the conditioning factors, and quoting Ek (1968) says: "When the volume of water is small and circulation occurs by way of narrow fissures, there cannot be sufficient force in action to produce erosion, and hegemony of the karstic process will correspond to dissolution. When, on the other hand, water in larger quantity circulates freely through ample conduits, and exclusively under the influence of gravity (behaving like an epigean watercourse), then erosion will predominate. Finally, when water circulates through ample conduits and completely occupies them, circulation is slow, and a process of slow dissolution will occur together with an erosive process which stems more from hydrostatic erosion than from gravity; here, erosion and dissolution are in equilibrium".

The action of each of these processes confers on the conduits typical morphological features which declare the hegemony of the process in each phase of the opening of the cave. Thus it is possible to recognize dissolution features, erosion features, and mixed features; also phreatic features, developed in flooded zones, and vadose features developed above hydrostatic level.

It was Bretz (1942) who first studied systematically the interpretation of the diversity of internal morphology, and its relationship with the predominant type of process (erosion or dissolution) in each individual cave. He refers to various "underground lapies" (speleogens) as indicators of these processes.

Among indicators of dissolution at the phreatic (submerged) level Bretz cites aligned cavities along the stratification joints, the cavities similar to "cauldrons", "cylinders", or "shells" which occur on the roofs, walls and floors of the caves, and those cavities of which the opening is clearly conditioned by fracture of the rock. He also refers to horizontal galleries opened up in places where the layers of rock are vertical, and to two types of residual structure: structural pillars (or bridges) and "boxwork". Pillars are the remaining portions of differential dissolution of the rock; these appear at times as "islands" or dividing walls, separating two areas of gallery or chamber. Boxwork corresponds to sets of hardly soluble mineral laminae (often of silica) which fill fractures in the rock; when the rock dissolves, they are exposed as intercrossing saliences, perpendicular to the roofs and walls of the cave.

Bretz also cites (op. cit.) some of the underground features which originate typically in a zone of free water circulation, above the hydrostatic level, where the role of erosion is predominant. Among these are "meanders", excavated in the roofs and walls of the caves, the horizontal grooves and ridges which develop in flat-lying beds, the arched wells (domepits) occupied temporarily or permanently by underground watercourses, erosion marks (scallops), and potholes.

Scallops (erosion marks) are small shallow depressions, concave and oval with the long axis in a horizontal position; they occur in walls, and on ceilings and floors of caves. They have one rounded and one sharp end; this indicates the direction of the watercouse which formed them. They are erosion features formed by turbulent waters.

These features do not occur in isolation; they may cover large areas of the surface of the conduit, and are disposed close to one another such a manner that they frequently unite and form large coalescent forms. They have been given other names, such as "wave erosion" and "current marks".

Potholes are vertical cavities, cylindrical in form, and excavated by whirlpools, generally at the base of subterranean waterfalls. They range from a few centimetres to several metres in size, in accordance with the morphology of the passage and the erosive capacity of the current.

These features, which occur at isolated points or over stretches of a cave, are normally conditioned by the lithology of the local which, as is known, is not usually homogeneous: it displays a variety of degrees of purity, porosity, fracture density etc., which will exert control over the erosive and corrosive action of the water. The presence of differentials in the lithology — insoluble rocks in lateral or basal contact with limestone, when the later is not very thick — may have an effect on the ground plan or the profile of the cave by preventing expansion in a downwards or sideways direction.

At a macrolevel, however, geology is not usually the principal element in the form taken by evolution of a cave. The general developmental patterns of the underground system will, rather, be defined by topographical and hydrological parameters (Waltham, 1981). It is these parameters which will define the general morphology of the cave, causing development which may be, among other possibilities, straight, meandering, detritic, ramified, or labyrinthic.

As regards the enlargement of underground spaces, it is not only the processes of dissolution and erosion which are responsible, but also collapse related to them. Given the name of **incasion** (falling in) by Bögli (1980), this is the mechanical rearrangement of the forces acting on the rock mass, unbalanced by the opening up of the cave within. The undermining of the lateral walls of the galleries of the watercourses, the excessive widening of the galleries by dissolution, and the lowering of the water-table by drainage of the water which filled the cracks in the enclosing rock — these all cause the roofs and walls of the cave to lose their physical support. Collapse ensues to redress the balance. Once on the floor, the collapsed blocks generally undergo erosion or corrosion by water, and the dissolved material is removed, thus enlarging galleries and chambers.

This process is of particular importance in tropical regions where there are violent storms, resulting in a sudden and brutal increase of the water in underground rivers, conduits, and fractures in the rock, which are alternately filled up under pressure and then rapidly drained. This process may cause mechanical imbalance (corresponding to collapse) to which is linked considerable capacity to carry off the fallen material. A similar sequence occurs in cold regions with alternate frost and thaw.

The process of incasion (related to the dissolution of underlying soluble rock) is also responsible for the opening of large caves in rock considered to be insoluble or hardly soluble, such as some of the quartzite and mica-schists. There is a fine example of this at the Gruta dos Ecos, in Cocalzinho, Goiás, near Brasília. This cave is about 1,380 km long, and has some of the largest underground galleries and chambers int he country. The roof is formed of enormous blocks of mica-schist. The floor — with the exception of the area of the big central lake, in carbonatic rock, is covered with blocks and plaques of mica-schist which have become detached from the roof. Apparently this is a unique phenomenon. Although there was earlier process of dissolution of the lower carbonatic rocks, the basic process of formation was incasion.

On a lesser scale a variety of other processes may interfere in the formation of caves, especially in regions with a hot damp climate. In the humid tropics, according to authors such as Tricart (1956), Gèze (1968), Renault (1970), the biochemical action of micro-organisms and higher plants (especially the roots) is of great importance; the acids produced will dissolve the rock. Such action is of limited scope, however, being confined to the upper layers of the rock mass and the underground zone near the entrances to the caves.

The evolutionary cycle of caves is neither linear nor infinite. As new galleries are opened and enlarged, sedimentary processes may fill up, partially or entirely, other conduits. The deposits are known as clastic sediments, or they are autochthonous, derived from collapses, from residual clys, from dissolution of the rock that gave place to the cave, either allochthonous, material brought in from the surface. Furthermore, in function of their relative elevation above the phreatic zone, caves may be filled with the mineral deposits known as speleothems, the excessive growth of which may cause the total occlusion of the cavity and the close of its speleogenetic cycle. These speleothems, in all their variety of form, origin, and composition are the subject of the next chapter.

Página seguinte — *Following page*
78. Gota d'água presa na extremidade de uma frágil helictite na Gruta do Jeremias, Iporanga (SP). CFL.
A droplet of water at the tip of a fragile helictite in the Gruta do Jeremias, Iporanga (SP). CFL.

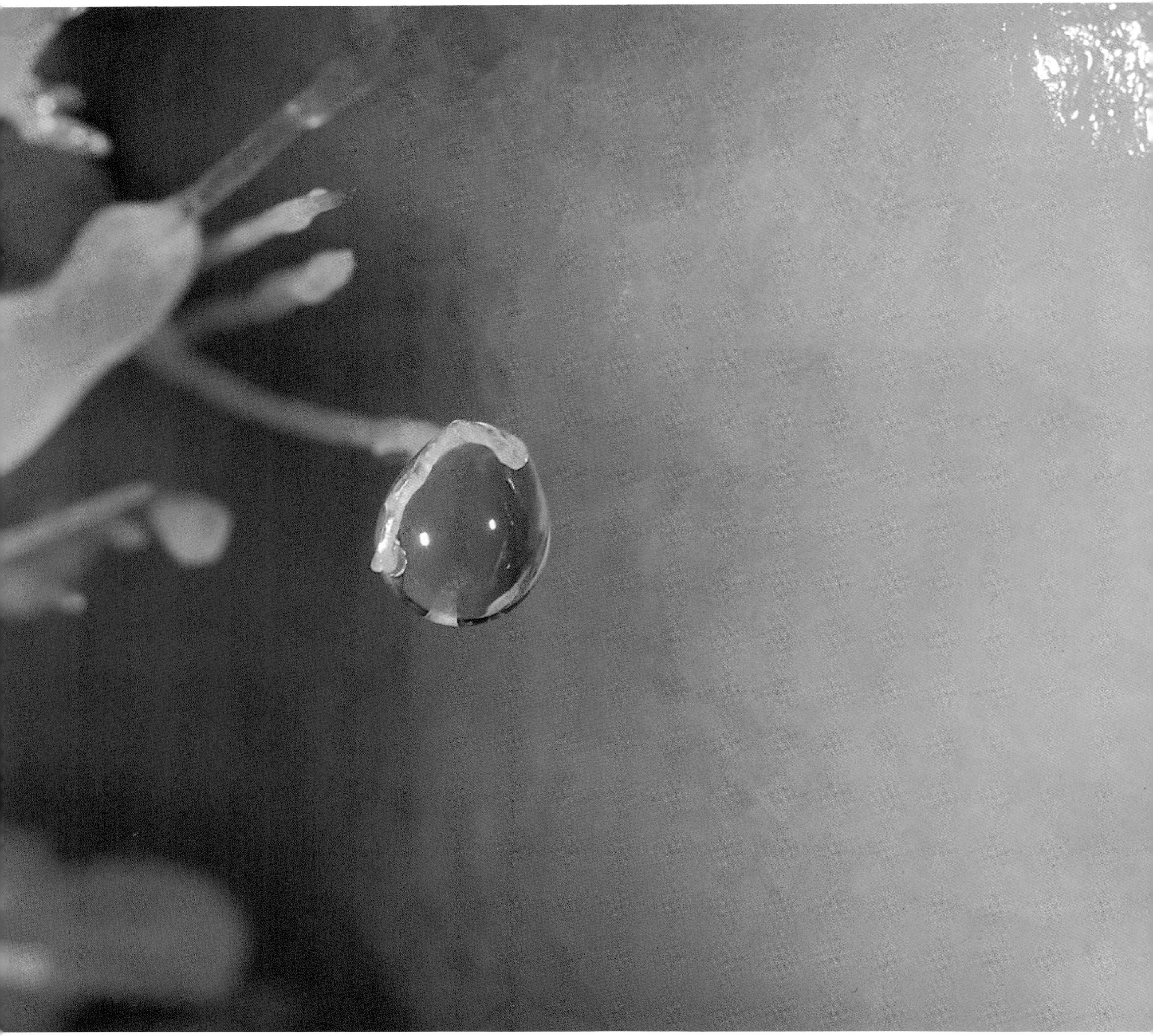

ESPELEOTEMAS: Fantasia de Pedra

... do teto de umas poreja, solta no tempo, a agüinha estilando salobra, minando sem-fim num gotejo, que vira pedra no ar, se endurece e dependura, por toda a vida...

Guimarães Rosa

DEPOSIÇÕES MINERAIS EM CAVERNAS

As cavernas são fenômenos por vezes efêmeros na dinâmica geológica da crosta terrestre. Os processos de fraturamento, erosão e, principalmente, dissolução da rocha, geram a abertura das cavidades. Outros mecanismos naturais, todavia, à semelhança dos processos de cicatrização, tendem a reequilibrar a massa rochosa, preenchendo os vazios por meio da deposição de sedimentos diversos. Tais depósitos podem ser agrupados em duas grandes categorias: *sedimentos clásticos* e *espeleotemas*.

Os *sedimentos clásticos* são constituídos tanto por material autóctone — proveniente da própria rocha envoltória — como material alóctone — externo, originado na superfície e transportado para o interior das cavernas pela ação de correntes de água, vento ou pela gravidade. Entre os primeiros, destacam-se as argilas provenientes da dissolução dos calcários e os blocos desmoronados. Entre os segundos, estão solos erosionados, restos vegetais e detritos em geral.

Em áreas tropicais, onde são comuns as grandes tormentas e, em conseqüência, a grande capacidade de arrasto dos rios em cheias, é freqüente o entupimento de entradas de cavernas por galhos, folhas e solos transportados. Por outro lado, a deposição lenta e contínua de areias e argilas em certas galerias subterrâneas pode igualmente preencher por completo tais condutos, segmentando as cavernas em trechos e reduzindo as possibilidades de seu estudo espeleológico mais abrangente.

No entanto, dada a característica de grande parte desses sedimentos — matéria orgânica sujeita à decomposição, bancos arenosos ou argilosos pouco consistentes — tais depósitos podem ser retrabalhados pelos cursos de água, o que lhes dá um caráter freqüentemente dinâmico que deve ser ressaltado.

Os *espeleotemas*, por sua vez, são deposições minerais em cavernas formadas basicamente por processos químicos de dissolução e precipitação, o que lhes dá, via de regra, caráter mais permanente ou mesmo estrutural. A existência de alguns espeleotemas formados por processos predominantemente físicos não altera a dominância dos processos químicos na formação da maioria desses depósitos.

O termo "espeleotema" foi criado por Moore (1952) e tem sua origem no grego **spelaion** (caverna) e **thema** (depósito). Outros termos como *espeleolitos, formações estalagmíticas* ou *formas de reconstrução* vão aos poucos sendo deixados de lado, dada a aceitação do termo proposto por Moore.

Deve-se esclarecer, entretanto, a especificidade do referido termo como deposição de minerais secundários no espaço de uma caverna previamente aberta, evitando-se seu uso inadequado abrangendo outras concreções porventura encontradas nesses ambientes.

Assim, excluem-se dessa categoria feições subterrâneas formadas por dissolução diferencial da rocha, bem como os sedimentos clásticos que, por suas formas, possam se assemelhar a espeleotemas. Nesse grupo, estão alguns lapiás subterrâneos como os "pendentes", as "demoiselles" — resíduos de erosão diferencial de bancos arenosos — e outros já descritos anteriormente. Estes últimos são genericamente denominados *espeleogens* (Lange, 1953).

Devem-se distinguir também as deposições minerais secundárias formadas no interior da camada rochosa e acidentalmente expostas no interior das cavernas quando da abertura ou ampliação das mesmas. Tais feições são denominadas *petromorfos* (Hallyday, 1955) e seu exemplo clássico são os **boxwork**, igualmente já descritos.

São os espeleotemas, em forma de estalactites, estalagmites, colunas, flores de pedra e uma infinidade de tipos, que recobrem os tetos, pisos e paredes das cavernas, causando a admiração dos visitantes e freqüentemente intrigando os pesquisadores.

79. Estalactite tubular ("canudo de refresco"). A gota d'água, que veio da superfície, passando pelas fraturas da rocha, vai dissolvendo-a e carreando para o interior da caverna o carbonato de cálcio dissolvido. Este, ao precipitar-se no entorno da gota, vai formar a estalactite. Na fotografia, um "canudo" transparente na Gruta do Jeremias, Iporanga (SP). CFL.
Tubular stalactite ("soda straw"). The drop of water which has come from the outside surface passes through the fractures in the rock; it dissolves the rock and carries with it into the cave the dissolved calcium carbonate. Precipitated around the drop of water, this will form the stalactite. In this photo, a transparent "straw" in the Gruta do Jeremias. Iporanga (SP). CFL.

80. Petromorfos: deposições minerais formadas pelo preenchimento de fraturas da rocha e expostas no interior das cavernas quando da abertura e ampliação das mesmas. Incluem-se entre essas feições os *boxwork* já mostrados e as estruturas em *chert* como estas, na Gruta do Morro dos Patos (BA). FC.
Petromorphs: *these are mineral depositions formed by the filling of fractures in the rock; when the cave is opened up and enlarged, the depositions are exposed. Among such features are the boxwork already shown, and chert structures like these in the Gruta do Morro dos Patos (BA). FC.*

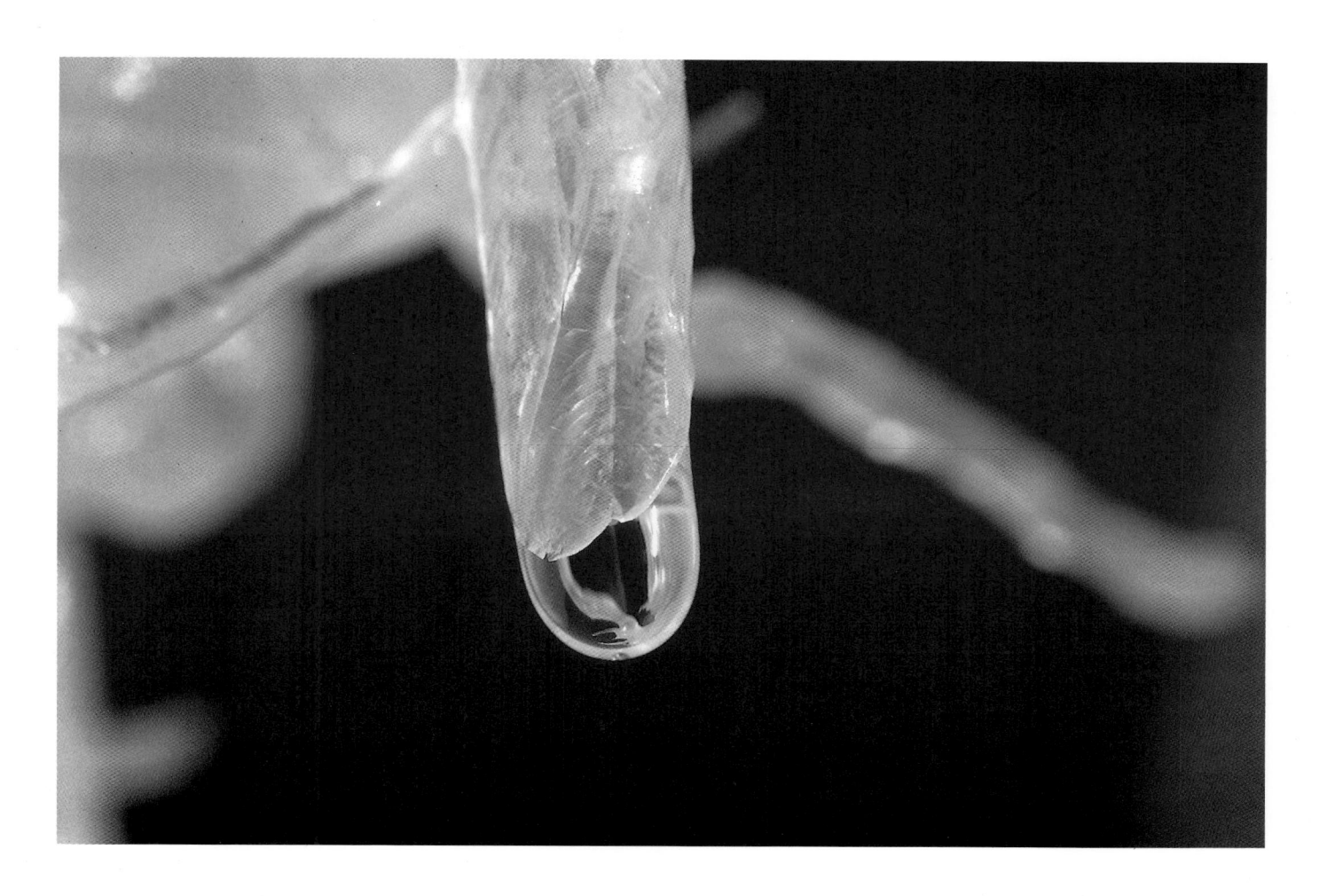

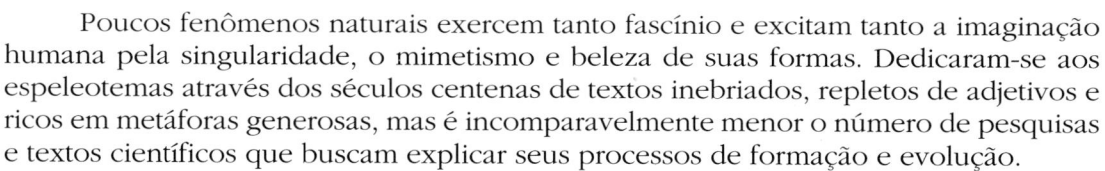

Poucos fenômenos naturais exercem tanto fascínio e excitam tanto a imaginação humana pela singularidade, o mimetismo e beleza de suas formas. Dedicaram-se aos espeleotemas através dos séculos centenas de textos inebriados, repletos de adjetivos e ricos em metáforas generosas, mas é incomparavelmente menor o número de pesquisas e textos científicos que buscam explicar seus processos de formação e evolução.

Por serem os mais comuns e normalmente os primeiros a se formar nas cavernas, os espeleotemas mais conhecidos são as estalactites e as estalagmites, geralmente compostos de carbonato de cálcio — calcita. Sua gênese, aqui apresentada de forma muito simplificada, permite o entendimento dos processos básicos de deposição mineral nas cavernas.

As águas de chuva, aciduladas pelo gás carbônico da atmosfera e do solo, ao penetrar pelas fraturas da rocha calcária, vai dissolvendo-a e transportando o bicarbonato de cálcio em solução até emergir no teto de uma caverna preexistente. A gota dessa solução aquosa fica pendurada no teto até que atinja volume e peso suficiente para vencer a tensão superficial, força de adesão, e cair. Nesse período, já no espaço da caverna, aquela solução é submetida a condições ambientais muito distintas das anteriores, quando percorria, sob pressão, as estreitas fraturas da rocha. Essa mudança de condições — maior ventilação, alteração de temperatura, pH, pressão de CO_2 — gera o desequilíbrio químico da solução pela liberação do gás carbônico no ambiente da caverna, com a conseqüente precipitação de parte do carbonato dissolvido. Formam-se assim, na superfície da gota, área de maior desequilíbrio, os primeiros cristais de calcita que, ordenando-se ao longo do contato da gota com o teto, dão origem a um anel cristalino o qual servirá de base para a futura estalactite. Gota após gota, o processo tem continuidade, formando-se uma estalactite tubular e oca, que cresce em sentido descendente.

A gota, ao cair, ainda carrega consigo bicarbonato em solução, o qual vai sendo depositado em capas sucessivas no piso logo abaixo, formando uma estalagmite. O crescimento oposto da estalactite e da estalagmite faz com que essas peças muitas vezes se unam dando origem a colunas.

Notam-se nesse processo três fases seqüenciais que podem ser sintetizadas pelas reações químicas simplificadas apresentadas abaixo:

1. Acidulação da água (formação do ácido carbônico):

$$H_2O + CO_2 \rightleftarrows H_2CO_3$$
água   dióxido de   ácido carbônico
       carbono

2. Dissolução da rocha pelo ácido carbônico:

$$H_2CO_3 + CaCO_3 \rightleftarrows Ca(HCO_3)_2$$
ácido   carbonato   bicarbonato

3. A precipitação da calcita com a formação do espeleotema:

$$Ca(HCO_3)_2 \rightleftarrows CaCO_3 \downarrow + H_2O \downarrow + CO_2 \nearrow$$
bicarbonato   calcita   água   dióxido de
de cálcio   carbono

Essas reações são válidas desde que a rocha atacada seja carbonática e que o reagente seja o ácido carbônico. Assim, embora sejam representativos de talvez mais de 90% dos casos, não englobam espeleotemas formados por ação de outros ácidos ou sobre rochas como os arenitos e quartzitos nas quais também ocorrem cavernas. O processo, no entanto, considerando-se as etapas descritas é bastante semelhante nas diversas situações.

Em cavernas calcárias, por razões óbvias, vão predominar os minerais de cálcio como a calcita, a aragonita e a gipsita.

A calcita — carbonato de cálcio — é um mineral branco ou leitoso, quando puro, que se cristaliza no sistema romboédrico — cristais com forma semelhante a um paralelepípedo achatado —, sendo o mineral mais freqüente e que mais tipos de espeleotemas forma nas cavernas, em todo o mundo.

A aragonita é um polimorfo da calcita, isto é, tem a mesma composição química ($CaCO_3$), mas apresenta diferente hábito de cristalização — sistema ortorrômbico. Por ser um mineral muito mais solúvel que a calcita, a aragonita apresenta maior dificuldade em precipitar-se, o que a torna relativamente rara e/ou confinada a ambientes subterrâneos muito peculiares.

A aragonita teoricamente só se cristaliza quando a precipitação do carbonato como calcita é impedida. Todavia, dada a relativa abundância de espeleotemas de aragonita em diversas cavernas, essa questão é uma das que mais intrigam os pesquisadores. Várias teorias tentam explicar o fenômeno, sendo as mais aceitas aquelas que condicionam a precipitação da aragonita à supersaturação da solução aquosa, ou à presença de íons magnésio (Mg^{++}), estrôncio (Sr^{++}), chumbo (Pb^{++}) ou sulfato (SO_4^{-}) nessa solução, considerados inibidores da precipitação da calcita.

Espeleotemas formados de aragonita, sob certas condições, podem-se transmudar em calcita, por ser esta uma forma mais estável para o carbonato de cálcio.

Nesses casos, o espeleotema de calcita pode externamente manter a forma cristalina original com agulhas e arestas, típicas da aragonita.

81. Conjunto de espeleotemas de calcita observando-se estalactites, estalagmites, colunas, cortinas, helictites e formas de piso, na Gruta Bonita, Januária (MG). CFL.

A group of calcite speleothems showing stalactites, stalagmites, columns, curtains, helictites, and floor forms. Gruta Bonita, Januária (MG). CFL.

A gipsita, sulfato de cálcio ($CaSO_4$), apesar de bastante comum em nossas cavernas, dá origem a um número relativamente pequeno de tipos de espeleotemas. Apresentam-se geralmente na forma de flores, crostas delgadas, agulhas ou cristais alongados e retorcidos. Outras vezes, ocorrem na forma de amontoados irregulares de cristais finíssimos e transparentes.

Na maioria das vezes, a presença de gipsita em cavernas se dá provavelmente pela dissolução e transporte do gesso que ocorre como integrante do calcário.

Outra explicação para a origem da gipsita no meio subterrâneo é a oxidação da pirita (FeS_2) que eventualmente ocorra como impureza na rocha calcária. Essa reação com o conseqüente ataque do carbonato de cálcio, produz dióxido de carbono e água, que são liberados no ambiente, bem como limonita ($2Fe_2O_3$) e gipsita ($CaSO_4$) que se precipitam como espeleotemas (Gèze, 1968).

Nas cavernas areníticas estudadas no Brasil, segundo Martins (1985), vão predominar os minerais de sílica, como a opala, a calcedônia e o quartzo, sendo igualmente comum a gipsita, a segunda mais freqüente depois da opala. Todos esses minerais apresentam coloração branca quando puros.

82. Flores de aragonita, observando-se os cristais alongados e finos típicos desse mineral. Caverna de Santana, Iporanga (SP). JAL.
Aragonite flowers. Note the fine elongate crystals typical of this mineral. Caverna de Santana, Iporanga (SP). JAL.

A presença maciça dos citados minerais faz com que a coloração branca seja predominante nas "formas de reconstrução", embora espeleotemas de branco puro sejam raros, dada a freqüente presença de impurezas nas soluções que lhes dão origem.

Segundo Hill (1976), a coloração dos espeleotemas se dá por duas vias:

1. o espeleotema é colorido, "tingido", por impurezas depositadas entre os cristais ou recobrindo superficialmente a peça;

2. a coloração resulta da substituição do íon cálcio por outros íons, como o níquel ou cobre, na própria estrutura cristalina do carbonato.

No primeiro caso, são freqüentes os espeleotemas coloridos por óxidos de ferro e manganês. A presença de ferro produz ornamentações de coloração vermelha, ocre, parda, amarela e laranja. Por vezes, enormes superfícies de calcita são assim coloridas gerando espeleotemas espetaculares como os conjuntos de represas vermelhas da Gruta Laje Branca, em São Paulo, ou conjuntos alaranjados da Gruta São Vicente, em Goiás.

Os óxidos de manganês produzem espeleotemas negros, cinza-azulados ou de azul profundo e brilhante. Exemplos notáveis de espeleotemas enegrecidos por óxido de manganês são encontrados na Gruta do Jeremias e na Caverna de Santana, ambas no sul do estado de São Paulo.

Sais de cobre foram igualmente encontrados em algumas cavernas paulistas colorindo espeleotemas de calcita e aragonita. O caso mais espetacular era o da Gruta da Fenda Azul com dezenas de tipos de espeleotemas azuis que foram irremediavelmente destruídos por uma mineração irregular.

No segundo caso, onde ocorre a presença de outros minerais, destacam-se os espeleotemas azuis-esverdeados formados por malaquita. Os únicos exemplares de estalactites desse mineral conhecidos no Brasil ocorriam, juntamente com outros espeleotemas de crisocola e azurita, na caverna encontrada durante a exploração da mina de cobre de Santa Blandina em Itapeva, São Paulo (Guimarães, 1966). Essa caverna também foi destruída, restando apenas algumas peças conservadas no Museu Lefèvre do Instituto Geológico, em São Paulo.

O níquel produz coloração amarela em espeleotemas de calcita e um intenso verde em formações de aragonita. Não se comprovou até o momento a presença de níquel em cavernas brasileiras.

No Brasil, já se identificaram cerca de vinte minerais em cavernas (Guimarães, (1974); Lino e Allievi (1980); Martins (1985) etc., apesar dos pouquíssimos estudos nesse campo. Tais minerais, com a respectiva distribuição e associação com tipos de espeleotemas, são apresentados no quadro a seguir.

	NOME / *NAME*	FÓRMULA / *FORMULA*	CRISTALIZAÇÃO / *CRYSTAL SYSTEM*	CARACTERÍSTICAS / *DISTINCTIVE PROPERTIES*
MINERAIS CARBONATOS / *CARBONATE MINERALS*	Aragonita	$CaCO_3$	Ortorrômbica	Incolor ou branco. Transparente e transluzente. *Hábito acicular*: geralmente em forma de agulhas em grupos radicais. Mineral comum em cavernas. Gravidade específica: Aragonita – 2,95, Bromofórmio – 2,85, Calcita – 2,75. A calcita flutua em bromofórmio; a agaronita afunda.
	Aragonite	$CaCO_3$	*Orthorhombic*	*Colorless or white; transparent to translucent;* **Acicular habit:** *usually in the form of needles in radiating groups; common cave mineral; Specific gravity determination: Aragonite – 2.95, Bromoform – 2.85, Calcite – 2.75, Calcite will float in bromoform; aragonite will sink.*
	Calcita	$CaCO_3$	Trigonal	Geralmente incolor ou branco, porém pode ser tingido de várias tonalidades de vermelho, marrom ou cinza. Transparente a transluzente. Dureza: 3. Geralmente maciço, porém às vezes na forma de um escalenoedro ou romboedro. Birefringência extremamente alta. O mineral mais comum em cavernas. Efervesce vigorosamente em ácido clorídrico frio.
	Calcite	$CaCO_3$	*Trigonal*	*Usually colorless or white, but can be stained various shades of red, tan, or gray; Transparent to translucent; Hardness: 3. Usually massive, but sometimes in the form of a scalenohedron or rhombohedron; Extremely birefringence; The most common cave mineral;* **effervesces vigorously in cold dilute hydrochloric acid.**
	Nesqueonita	$MgCO_3\ 3H_2O$	Monoclínico	Branco, maciço e de grão fino. Facilmente solúvel em ácido diluído. Raro em cavernas. Deve ser identificado por técnicas de raios X.
	Nesquehonite	$MgCO_3\ 3H_2O$	*Monoclinic*	*White, massive and fine-grained; Easily soluble in dilute acid; Rare in caves; Should be identified by X-ray techniques.*
MINERAIS SULFATOS / *SULFATE MINERALS*	Anidrido	$CaSO_4$	Ortorrômbico	Branco a marrom-pó. Crostas, cristais. A formação é devida à desidratação de gipsita em temperaturas altas ou pela evaporação de água salgada.
	Anhydrite	$CaSO_4$	*Orthorhombic*	*White to dusty brown; Crusts, crystals; Forms by the dehydration of gypsun at high temperatures or by evaporation of salty water.*
	Gipsita	$CaSO_4\ 10H_2O$	Monoclínico	Claro a branco. Selenita transparente a espato vítreo acetinado a alabastro opaco. Dá para arranhar com a unha. Tabular, acicular ou fibrosa. Gêmeos em "cauda de andorinha" são comuns. Flexível; vira no sentido contra-relógio. Ligeiramente solúvel em água. Um dos minerais mais comuns em cavernas.
	Gypsum	$CaSO_4\ 10H_2O$	*Monoclinic*	*Clear to white; Transparent selenite to vitreous satin spar, to white, opaque alabaster;* **Can scratch with fingernail.** *Tabular, acicular, or fibrous. Swallowtail twins common; Flexible, curves in counterclock wise direction; Slightly soluble in water; One of the most common cave minerals.*
	Mirabilita	$Na_2SO_4 IOH_2O$	Monoclínico	Clareza vítrea, transparente, como um pingente de gelo. Hábito acicular. Extremamente solúvel. Derrete facilmente em temperaturas baixas. "Sais de Glauber" comum. Desidrata para formar tenardita.
	Mirabilite	$Na_2SO_4 IOH_4O$	*Monoclinic*	**Glassy clear,** *transparent icicle-like;* **Slightly bitter and salty taste;** *Needle-like habit; Extremely soluble; Melts easily at low temperatures; Common glauber salty; Dehydrates to thenardite.*
SILICATOS / *SILICATES*	Quartzo Calcedônia	SiO_2	Trigonal	Claro a branco. A calcedônia é dura, densa e compacta. O quartzo pode formar cristais grandes. A calcedônia é a variedade criptocristalina de quartzo.
	Quatz (chalcedony)	SiO_2	*Trigonal*	*Clear to white; Chalcedony hard, dense, and compact; Quartz may form in large crystals; Chalcedony is the cryptocrystalline variety of quartz.*
	Opala	$SiO_2 n\ H_2O$	Amorfo	Branco a cinzento amarelado. Lustro vítreo, opalino. Criptocristalino a amorfo. A opala é uma variedade amorfa de cristobolita.
	(opal)	$SiO_2 n\ H_2O$	*Amorphous*	*White to gray to yellowish;* **Opaline,** *vitreous luster; Cryptocrystalline to amorphous; Opal is an amorphous variety of cristobolite.*
FOSFATOS / *PHOSPHATE*	Leucofosfita	$KFe_2(PO_4)_2(OH)\ 2H_2O$	Monoclínico	Incolor a branco; acinzentado a amarelo-claro. Cristais tabulares. Ocorre junto com hemimorfita e spencerita.
	Leucophosphite	$KFe_2(PO_4)_2(OH)\ 2H_2O$	*Monoclinic*	*Colorless to grayish-white to pale-yellow. Tabular crystals; Occurs with hemimorphite and spencerite.*
NITRATOS / *NITRATE*	Nitrocalcita	$Ca(NO_3)_2\ 4H_2O$	Monoclínico	Incolor a branco. Transparente. Sabor amargo, fresquinho. Muito solúvel em água; altamente deliqüescente. Ocorre somente em cavernas com umidade abaixo de 54%.
	Nitrocalcite	$Ca(NO_3)_2\ 4H_2O$	*Monoclinic*	*Colorless to white; Transparent; Bitter-cool taste; Very soluble in water;* **highly deliquescent;** *Found only in dry caves with humidities below 54%.*
HIDRÓXIDOS / *HIDROXIDE*	Goetita	$aFeO(OH)$	Ortorrômbico	Cor de ferrugem. amarelo-ócreo a marrom-avermelhado. Opaca, textura de terra; às vezes iridescente.
	Goethite	$aFeO(OH)$	*Orthorhombic*	**Rust-colored;** *ochre yellow to reddish-brown; Opaque, earthy; ocasionally iridescent.*
ÓXIDOS / *ÓXIDES*	Hematita	aFe_2O_3	Trigonal	Marrom a marrom-escuro. Pode formar-se em cristais.
	Hematite	aFe_2O_3	*Trigonal*	*Brown to dark-brown; May form as crystals.*
ÓXIDOS DE MANGANÊS / *MANGANESE OXIDES*	Romanequita (psilomelana)	$BaMn_9O_{16}(OH)_4$	Ortorrômbico	Todos os óxidos de manganês são pretos a cinza-escuro. Opaco, com um lustro leve. Geralmente ocorrem como coberturas microcristalinas ou criptocristalinas; cristais individuais são de uma extrema raridade. Muitas vezes são de uma composição variável. Muitas vezes, não é possível identificá-las por difração de raios X. A espectroscopia infravermelha é uma técnica útil.
	Manganita	$MnO(OH)$	Monoclínico	
	Romanechite (psilomelane)	$BaMn_9O_{16}(OH)_4$	*Orthorhombic*	*All manganese oxides are* **black to dark-gray;** *Opaque, with a dull luster; Usually form as microcrystalline or crystocrystalline coatings; single crystals extremely rare; Often of variable composition; Often impossible to identify by X-ray diffraction; Infrared spectroscopy is a useful characterization tool.*
	Manganite	$MnO(OH)$	*Monoclinic*	
MINERAIS RELACIONADOS COM MINÉRIOS / *ORE-RELATED MINERALS*	METAL / *METAL*			
	Azurita	$Cu_3(CO_3)_2(OH)_2$	Monoclínico	Azul-escuro a azul-celeste. Pequenos cristais prismáticos. Em associação com malaquita.
	Azurite	$Cu_3(CO_3)_2(OH)_2$	*Monoclinic*	*Royal-blue to azure-blue; Small, prismatic crystals; Associated with malachite.*
	Malaquita	$Cu_2CO_3(OH)_2$	Monoclínico	Verde-musgo a verde-brilhante. Como crostas mamilares, "cabelo de anjo" e estalactites.
	Malachite	$Cu_2CO_3(OH)_2$	*Monoclinic*	*Moss-green to bright green; As mammillary crusts, "angel hair", and estalactites; Associated with azurite.*
	Crisocola	$(CU, Al)_2H_2SiO_5(OH)_4\ nH_2O$	Monoclínico	Verde-claro a azul-claro. Crostas finas em cima de escorrimentos de malaquita.
	Chrysocolla	$(CU, Al)_2H_2SiO_5(OH)_4\ nH_2O$	*Monoclinic*	*Pale-green to pale-blue; Thin crusts over malachite lowstone.*
	Alunita	$KAl_3(SO_4)_2(OH)_6$	Trigonal	Verde-claro. Nódulos friáveis no solo.
	Alunite	$KAl_3(SO_4)_2(OH)_6$	*Trigonal*	*Pale-green; Powdery nodules in soil.*

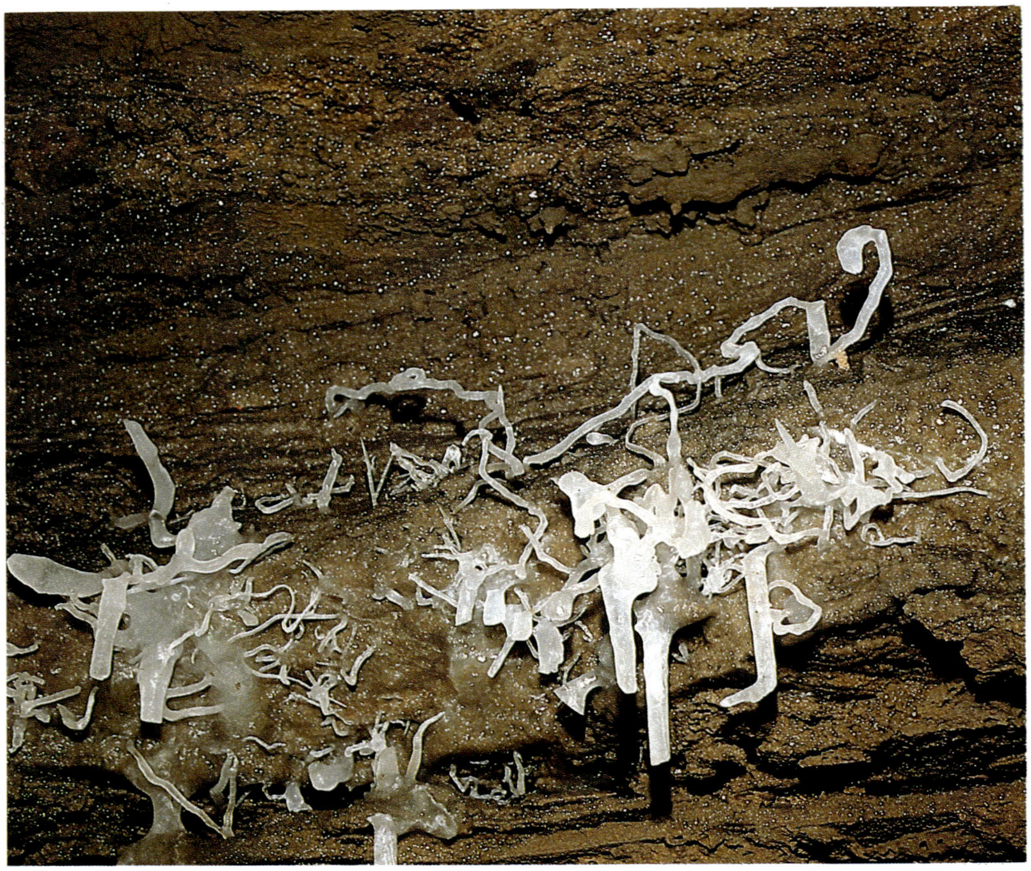

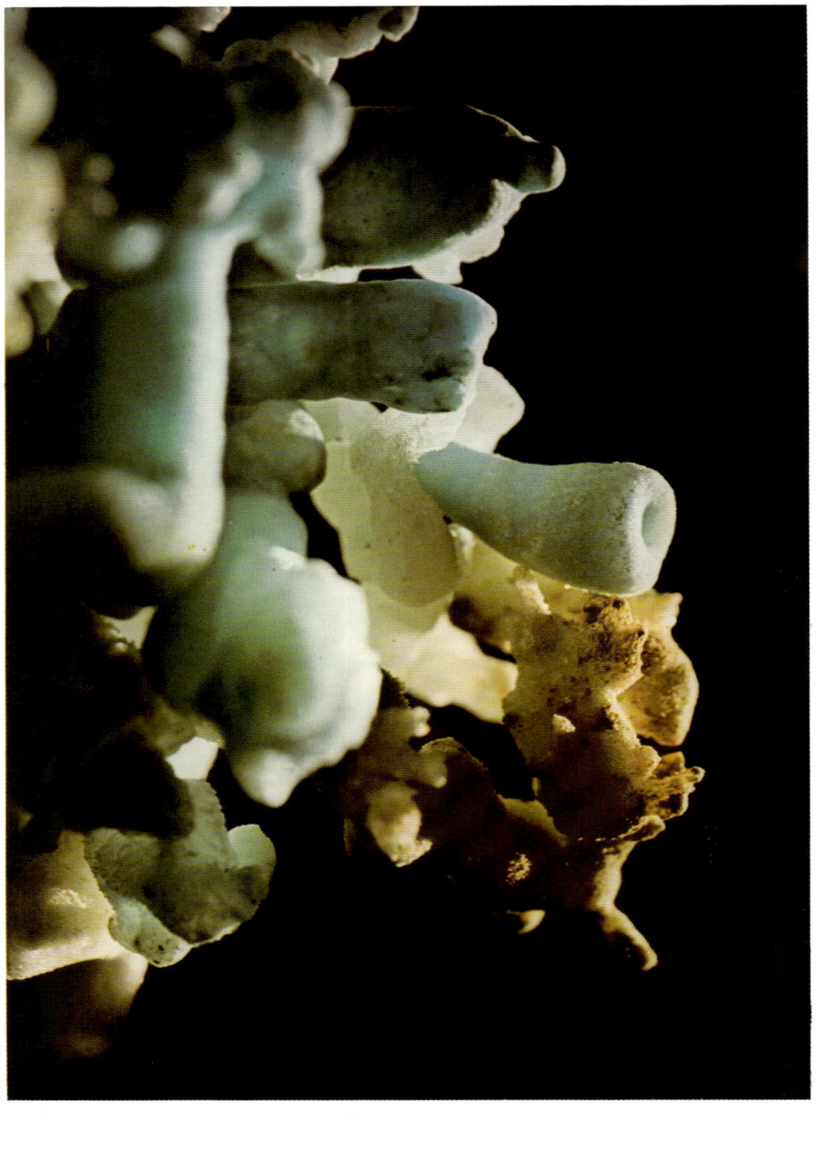

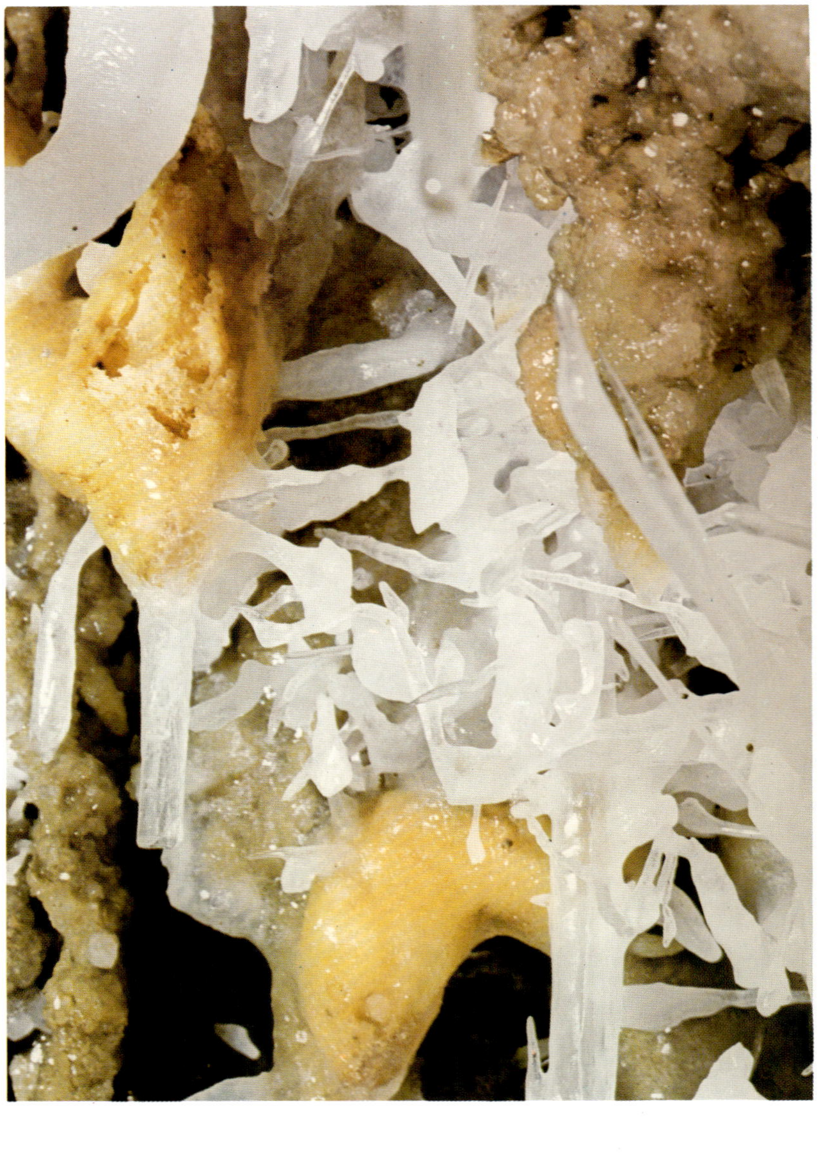

83 a 87. A presença de distintos minerais condiciona a tipologia, a textura e a coloração dos espeleotemas. Nas fotografias 83, 85 e 87, óxidos de ferro e manganês dão colorações do negro ao marrom e ao amarelo em helictites que se destacam entre os formados por calcita pura, de coloração branca translúcida. Na fotografia 84 uma helictite apresenta forte coloração azul, dada a presença de sais de cobre em sua composição. Na figura 86 observam-se corais de nesqueonita, um mineral raro em cavernas que dá origem a essas estruturas, pouco consistentes, de coloração creme, amarela e vermelha. Foto 86 PCB e demais CFL.

The presence of distinct minerals will condition the type, the texture, and the coloration of speleothems. In photos 83, 85 and 87, oxides of iron and manganese give a colouring from black to brown and yellow in helictites which stand out among those formed of pure calcite which are translucent and white. In photo 84 a helictite displays a notably blue colour due to the presence of copper in salts. Photo 86 shows corals of nesquehonite, a mineral rarely found in caves which gives rise to these structures, not very consistent, cream, yellow, and red in colour. CFL, except for 86 PCB.

Em termos mundiais segundo Hill e Forti (1986) passa de 160 o número de minerais observados em cavernas, dos quais segundo Moore (1970) e Broughton (1972) cerca de vinte são freqüentes nesses ambientes.

Fora raras exceções, não há correspondência biunívoca entre tipo de espeleotema e tipo de mineral depositado, uma vez que a definição de espeleotema é sobretudo morfológica. Assim, uma estalactite pode ser de calcita, aragonita, malaquita, etc., sem que isso altere sua tipologia básica. No entanto, a presença de um ou outro mineral pode dar origem a variedades de forma, dimensões, coloração, textura, resistência física, distribuição, etc., sendo, nesse sentido, o tipo de mineral um dos indicadores fundamentais na classificação dos espeleotemas.

Outros condicionantes básicos na formação da diversidade de espeleotemas são os *mecanismos de deposição* e as *condicionantes ambientais*.

Conforme visto no exemplo "estalactite-estalagmite-coluna", todo o processo de precipitação da calcita e conseqüente construção desses tipos específicos de edifícios cristalinos estão apoiados no mecanismo de gotejamento. Qualquer dos três tipos de espeleotemas analisados só se forma por meio desse mecanismo, o que lhe dá grande importância na definição da própria categoria na qual se incluem tais espeleotemas. Diversos outros mecanismos de deposição são freqüentes em caverna. Além do gotejamento, podemos citar o *escorrimento* (*linear ou laminar*); o *borrifamento*, a *exsudação*, a *precipitação em meio líquido* e a *floculação*, entre outros.

Além desses aspectos, devem-se considerar fatores ambientais extremamente importantes que interferem na forma de deposição dos minerais no ambiente cavernícola. Nesse sentido, o processo deve ser analisado em suas três fases fundamentais, ou seja, a fase de acidulação da água, a fase de dissolução da rocha e a fase de deposição mineral propriamente dita.

Na primeira fase há que se considerar o ambiente externo em que se insere a rocha envoltória da caverna. Assim, o índice pluviométrico e a periodicidade de chuvas, a cobertura vegetal, a temperatura média, a espessura e a composição química de solo, entre outros fatores, vão influenciar os espeleotemas gerados sob tais condicionantes. A título de exemplo: um maior volume e maior regularidade de chuvas podem implicar maior vazão das águas aciduladas que atingem o teto das cavernas. As gotas permanecem pouco tempo penduradas no teto, logo sendo substituídas por outras. Dessa forma, pouco carbonato poderá se precipitar no teto, sendo basicamente depositados no piso da caverna. Em outras palavras, considerando um razoável nível de saturação, as estalactites nesse local serão pequenas, ou mesmo inexistentes, e as estalagmites terão um rápido crescimento e/ou formas volumosas.

Na fase de dissolução, além dos fatores acima citados, que vão em síntese determinar o volume e a capacidade agressiva da água que penetra pelas fendas da rocha, as características da mesma ganham enorme importância. Assim, a espessura da camada rochosa, seu grau de pureza, seu nível de fraturamento, sua solubilidade, etc. são fatores importantes nesse processo. Eles vão condicionar o nível de saturação da solução, seus canais de acesso na caverna e os tipos de minerais que serão dissolvidos, determinando, assim, as características do espeleotema que se formará. Conforme exemplo já citado, a presença de pirita na massa calcária poderá dar origem ao sulfato de cálcio — gipsita — e, conseqüentemente, a espeleotemas eflorescentes, ou em crostas, típicas desse mineral.

Na terceira fase, a de deposição mineral, inúmeros fatores relacionados ao ambiente cavernícola irão condicionar a tipologia dos espeleotemas a serem formados. Um primeiro aspecto a considerar é a própria morfologia e dimensões do espaço subterrâneo — tetos planos, inclinados, abismos, grandes salões, piso tomado por água, etc. O segundo é a interligação desse espaço com outros compartimentos da caverna ou com

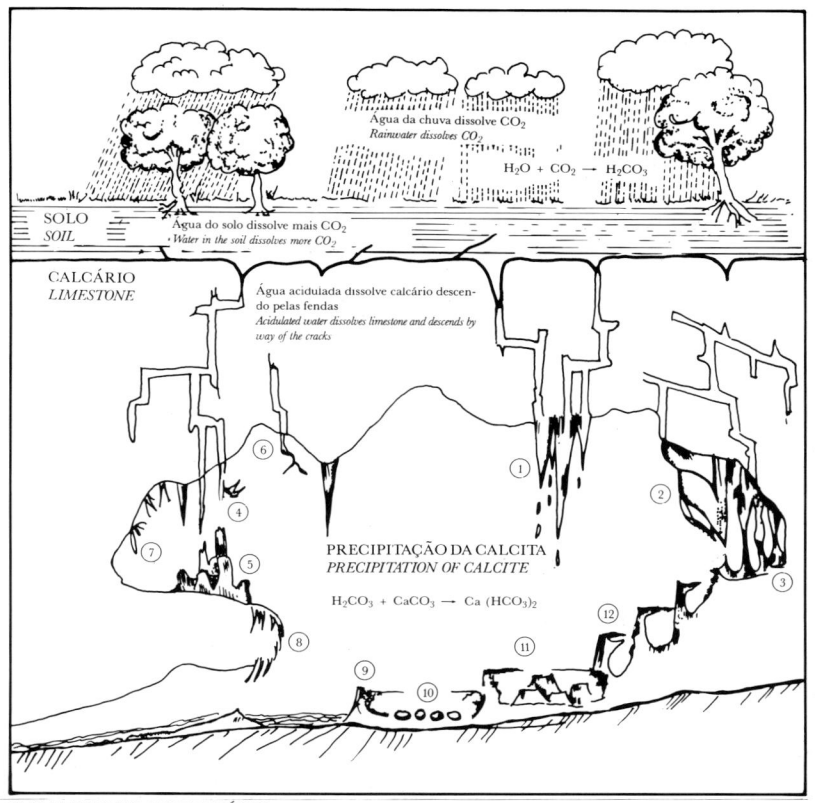

EMBASAMENTO IMPERMEÁVEL
1 – estalactite; 2 – cortina; 3 – coluna; 4 – canudo (estalactite); 5 – estalagmites; 6 – helictite; 7 – flores de aragonita; 8 – cascata de pedra; 9 – cristais "dente-de-cão"; 10 – pérolas de caverna; 11 – "vulcões"; 12 – represas de travertino

IMPERMEABLE BASE
1 – stalactite; 2 – curtain; 3 – column; 4 – "soda straw" stalactite; 5 – stalagmites; 6 – helictite; 7 – aragonite flowers; 8 – stone cascade; 9 – "dogtooth" crystals; 10 – cave pearls; 11 – "volcanoes"; 12 – rimstone dams

o exterior, implicando maior ou menor circulação de água e de ar — ventilação, níveis estáveis ou instáveis de temperatura e umidade relativa, composição química do ar (especialmente pressão de CO_2), etc.

Exemplificando: se ao atingir a caverna, a gota de solução saturada encontra não um teto plano onde fica retida temporariamente pela tensão superficial, mas, ao contrário, um teto inclinado, ela vai escorrer pelo mesmo deixando atrás de si um rastro de calcita. A continuidade desse processo faz com que cresça não uma estalactite, mas sim uma lâmina vertical ondulada de calcita, denominada cortina. Embora haja um relativo parentesco entre essas formações, trata-se de dois tipos de espeleotemas morfologicamente distintos.

Outro exemplo: certos espeleotemas como "flores de aragonita", descritas adiante, estão associadas a espaços subterrâneos confinados onde a circulação do ar é insignificante. Aparentemente, tais condições ambientais, entre outros fatores, são indispensáveis para o desenvolvimento desse tipo de espeleotema.

Esse conjunto de fatores integrados vai determinar a tipologia do espeleotema que irá se formar — forma, dimensões, mineral, coloração, textura — e irá determinar igualmente a distribuição dos espeleotemas em cada compartimento de cada uma das cavernas da mesma região. Tais aspectos, entretanto, serão abordados com mais detalhe após a apresentação dos principais tipos de deposições encontrados em nossas cavernas, permitindo assim uma melhor exemplificação. Antes, porém, é conveniente tecer alguns comentários sobre uma classificação desses depósitos visando ordená-los de forma mais adequada.

CLASSIFICAÇÃO DOS ESPELEOTEMAS

Não existe uma classificação padrão, universalmente aceita para os espeleotemas. A mais antiga é a clássica divisão entre *estalactites* e *estalagmites*, a partir da qual surgiram categorias mais genéricas englobando *formações estalaclíticas* e *formações estalagmíticas* para os espeleotemas formados nos tetos e nos pisos das cavernas respectivamente.

Nessa mesma linha, surgiram divisões dos espeleotemas em formas zenitais, *parietais e pavimentárias* (Llopis-Lladó, 1970), que assume o critério localizacional como básico. O citado autor se utiliza, no entanto, de certos malabarismos conceituais pouco convincentes para definir as chamadas formações parietais, uma vez que os tipos aqui incluídos são geralmente transicionais entre os elementos de teto e elementos de piso. A própria definição de "parede" em caverna muitas vezes é de difícil formalização e geralmente de pouca utilidade.

Com o estudo de formas bizarras como as helictites, que ocorrem tanto em tetos, paredes e pisos, como sobre outros espeleotemas e cuja direção de crescimento parecia aleatória, surgiram categorias gerais buscando classificar os espeleotemas em *gravitamórficos* — crescimento no sentido vertical, gravitacional — e *não-gravitamórficos* — sem orientação definida verticalmente — na terminologia de Hallyday (1962). Por sua vez, Llopis-Lladó (*op. cit.*) propõe a designação de *orthogeotropas*, positivas ou negativas, e *plagiotropas* para as mesmas categorias definidas por Hallyday.

Paralelamente, outros autores preferiram ater-se à composição química dos espeleotemas e ordená-los apenas como carbonatos, fosfatos, óxidos, etc., o que, embora contribua para o estudo dessas formações do ponto de vista mineralógico, pouco avança sob o aspecto espeleológico propriamente dito.

A maioria dos autores, no entanto, apresenta simplesmente descrições de novas formas, atendo-se a elementos isolados, sem qualquer preocupação maior de sistematização do fenômeno espeleotemático e seus processos de formação. Surgiu assim uma miríade de denominações para cada tipo de espeleotema, reproduzindo geralmente nomes populares — "bacon", "macarroni", cogumelos, pérolas, flores, bolachas, leite-de-lua, couve-flor etc. — baseados em comparações morfológicas.

Predominam assim classificações estáticas, que levavam em conta as *formas* e os *estilos* dos espeleotemas ou ainda sua *localização* no espaço da caverna mas não sua natureza própria, explicitada por seu *processo de formação*. Essa preocupação, todavia, já está implícita no termo estalactite.

Segundo consta, essa palavra deriva do indo-europeu **stal**, que significa "urinar" e que, em grego, deu origem a **estalactos**: "que cai gota a gota", "que goteja", "que cresce por gotejamento". Assim, o termo destaca não a forma, não o mineral, mas o próprio mecanismo e processo de deposição.

Nessa linha, Guimarães (1966), num primeiro esforço de sistematização entre nós, propôs o agrupamento dos espeleotemas em três grandes categorias:

1. depósitos de águas circulantes;
2. depósitos de águas de exsudação;
3. depósitos de águas estagnadas.

CLASSIFICAÇÃO DE ESPELEOTEMAS ERRÁTICOS (CONFORME MOORE & HALLIDAY, 1953)
CLASSIFICATION OF ERRATIC SPELEOTHEMS (AFTER MOORE AND HALLIDAY, 1953)

Método de formação / *Method of formation*	Aragonita / *Aragonite*	Calcita / *Calcite*	Gipsita / *Gypsun*	Anidrido / *Anhydrite*
Subaquática Água freática / *Subaqueous, Phreatic water*	—	Cristais grandes de espato / *Large spar Crystals*	Espada de selenita / *Selenite swords*	—
Subaquática Água de poço / *Subaqueous, Pool water*	Coralóides subaquáticos / *Subaqueous coralloids*	Espato pequeno; coralóides subaquáticos / *Smaell spar; subaqueous coralloids*	—	—
Fluxo superficial de camadas finas de água / *Surface flow of thin films of water*	Antodites (aciculares) / *Anthodites (acicular)*	Coralóides subaéreos; antodites (calamo) / *Subaerial coralloids; Anthodites (quill)*	Gipsita estrelada / *Starburst gypsum*	—
Extrusão basal / *Extrusion from de base*	—	—	Crostas, flores, cabelo, algodão, corda / *Crust, flowers, hair, cotton, rope*	—
Canal central / *Central canal*	Helictites de aragonita / *Aragonite helictites*	Helictites de calcita / *Calcite helictites*	—	Helictites de anidrido / *Anydrite helictites*

88. Conjunto de estalactites tipo "canudo de refresco" na Caverna São Mateus/Imbira, em São Domingos (GO). AA.
Group of "soda straw" type stalactites in the Caverna São Mateus/Imbira, São Domingos (GO). AA.

Outros autores, como Moore & Halliday, propuseram classificações considerando o cruzamento matricial de variáveis como "método de formação" e minerais, a exemplo do quadro (Moore e Halliday,1953, *apud* Hill e Forti,1986):

Parece-nos óbvio que uma classificação mais adequada deverá necessariamente basear-se no cruzamento matricial de variáveis; isso, no entanto, torna-se praticamente impossível no momento, dado o pouco conhecimento efetivo sobre a gênese e a evolução de grande parte dos espeleotemas conhecidos. Assim, consideramos que a classificação proposta por Guimarães (*op. cit.*), mesmo com certo grau de reducionismo, por não considerar a princípio a formação de espeleotemas por processos combinados — mistos ou seqüenciais, é a base mais adequada para a descrição apresentada a seguir.

1. *Depósitos de águas circulantes*

Depósitos de águas circulantes são os espeleotemas formados pela deposição dos minerais contidos em soluções aquosas que se movem nas cavernas principalmente pela força da gravidade e que se desenvolvem por três mecanismos básicos: o gotejamento, o escorrimento e o turbilhonamento. Ocorrem tanto nos tetos como nas paredes e pisos das cavernas.

As formas desse grupo são as mais freqüentes em cavernas de todo o mundo, sendo encontradas também em ambientes artificiais, como galerias de mineração, e em diversos espaços urbanos, onde predominam as construções de concreto armado. Dessa forma, são comuns estalactites, cortinas, estalagmites e diversos escorrimentos em pontes e viadutos, túneis, galerias do metrô e em inúmeros edifícios. Autores como Hill e Forti (1986), apegando-se à etmologia da palavra *espeleotema* ("spelaion" = caverna), excluem dessa terminologia as estalactites formadas em outros ambientes como os citados. A nosso ver, todavia, considerando-se o fenômeno em si, não vemos razão para tal restrição. Caberia, isso sim, a adjetivação do termo (espeleotemas urbanos ou artificiais), diferenciando-os daqueles formados em meio cavernícola propriamente dito.

Entre os depósitos de águas circulantes podem-se destacar os que seguem:

Estalactites: são os espeleotemas mais comuns, sendo encontrados em praticamente todas as cavernas calcárias conhecidas no mundo, ou mesmo em cavidades formadas em outras rochas.

Sua gênese, como já visto, é sem dúvida uma das mais simples: a água contendo o mineral em solução, ao sair das fraturas do teto da caverna, forma uma gota, que fica presa a ele até atingir o peso suficiente para vencer a tensão superficial e cair. Nesse tempo, libera-se o gás carbônico (CO_2) na atmosfera da caverna, a solução fica supersaturada e precipita-se, então, um delicado anel de calcita, no contato da gota com o teto. Gota após gota, forma-se a estalactite tubular, cilíndrica e oca, semelhante a um "canudo de refresco" (**soda straw** — Dawkins, 1874), que cresce verticalmente, em sentido descendente.

Esses canudos têm de 2 mm a 9 mm de diâmetro, com paredes de aproximadamente 0,5 mm de espessura, e chegam excepcionalmente a atingir 3 m de comprimento como na magnífica "Galeria do Nirvana", na Caverna de Santana, em Iporanga, São Paulo. Na Gruta de Vallorbe, na Suíça, existe um exemplar com 4,10 m de comprimento. Segundo Robinson (1960), o maior "canudo" conhecido até o momento mede 6,24 m e foi encontrado em uma caverna na Austrália (Hill & Forti, 1986).

Nesses "canudos", cada novo cristal é depositado geralmente em continuidade cristalográfica com o anterior, o que é evidenciado pelo paralelismo dos planos de clivagem, quando se parte uma estalactite deste tipo. Estalactites monocristalinas são transparentes.

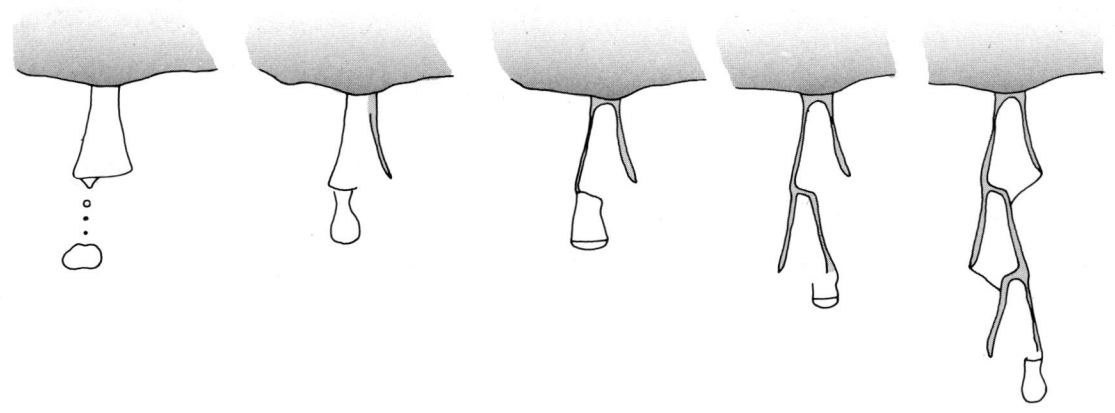

Processo de formação de um espirocone (*spathite*) segundo Hubbard *et al.* (1984).
Spathite (spirocone) in process of formation. After Hubbard et al. (1984).

89. Espirocone (*spathite*), um especial e raro tipo de estalactite com forma semelhante a um sacarrolhas. Caverna São Mateus/Imbira (GO). CFL.
The spathite (spirocone), a rare and special type of stalactite resembling a corkscrew. Caverna São Mateus/Imbira (GO). CFL.

A razão de crescimento dessas estalactites tubulares varia de local para local e de época para época, mas, segundo estudos realizados em diversas partes do mundo, o crescimento desses espeleotemas é da ordem de 0,3 mm ao ano (Guimarães, *op. cit.*).

Sabe-se, todavia, que não existe um "crescimento médio" para esses espeleotemas, reduzindo-se esse dado a um simples valor de referência.

As estalactites também crescem em diâmetro: o tubo original é normalmente poroso e a água pode, pelos interstícios e pelos planos de clivagem do mineral depositado, sair para o lado externo da estalactite, depositando ali parte do material que transporta. Isso geralmente ocorre quando o canal central é obstruído pelo crescimento de cristais nas paredes internas.

A água represada no conduto central também emerge pelos poros existentes no contato do teto com a estalactite, escorrendo pelas suas paredes externas, depositando finas lâminas de calcita que a envolvem. A deposição maior da calcita no topo superior da estalactite lhe confere a forma cônica tradicionalmente encontrada.

O desenvolvimento da estalactite e a evolução do sistema cristalino dependem da intensidade e da constância da deposição. A deposição lenta e constante dá origem a uma estrutura composta por grandes porções monocristalinas, que seguem a orientação do canudo original. Quando, porém, a deposição se dá de forma muito rápida ou intermitente, a camada recém-depositada é formada por cristais em forma de cunha que se orientam perpendicularmente ao eixo do canudo original, dando origem a uma estrutura cristalina radial. Nos dois casos, no entanto, o aspecto externo da estalactite é o mesmo.

Além das estalactites tubulares e das estalactites cônicas, existem outras com seção elipsoidal, de aspecto oblongo e ainda formas complexas, onde duas ou mais estalactites estão reunidas em uma só peça, dando origem a ornamentações, às vezes gigantescas. Tais conjuntos são denominados *maciços estalactíticos* por alguns autores.

Outras estalactites curiosas e raras são os *espirocones*, conhecidos como **spathite**, em inglês. Esses espeleotemas são geralmente de aragonita e sua forma lembra um saca-rolhas composto por um conjunto de pétalas ou cones justapostos, formando uma estrutura em espiral. Essas pétalas, com a concavidade voltada para o solo, correspondem a segmentos de "canudos" por onde descem as gotas, à semelhança da estalactite tubular de calcita.

Sua origem e seu desenvolvimento, segundo Hill (1976), Hubbard *et al.* (1984), devem-se basicamente às características cristalográficas do mineral que o compõe, ou seja, aragonita, embora já tenham sido identificados espirocones de calcita. Nesses casos, a calcita é sempre uma alteração da aragonita inicialmente depositada.

Segundo Hubbard *et al.* (*op. cit.*), diferentemente do que ocorre na formação de uma estalactite tubular, onde os cristais de calcita crescem paralelamente ao eixo do canudo, a aragonita se deposita através de cristais radiais dando origem não a um tubo cilíndrico, mas a um cone. Com o crescimento desse cone e o correspondente aumento do diâmetro chega um momento em que a gota já não consegue cobrir toda a superfície de sua base e se desloca para uma das laterais. Tem início então a formação de um outro cone à semelhança do anterior. A continuidade do processo gera a forma típica desse espeleotema. A teoria, todavia, ainda necessita de comprovação em número e

90. Grandes estalactites com mais de 20m de comprimento em uma das entradas da Gruta do Janelão (MG). Observe para escala a pessoa no centro da foto. AA.

Large stalactites, more than 20 m long, at one of the entrances to the Gruta do Janelão (MG). For an idea of scale, note the person in the centre of the photo. AA.

maior ocorrência. Tais concreções são relativamente comuns na Caverna São Mateus, em Goiás, e em menor escala em algumas grutas de Iporanga, em São Paulo.

Cortinas: quando a gota de água emerge em uma parede ou teto inclinado, ela escorre pela sua superfície deixando um fino rastro de calcita, que, com a continuidade do processo, cresce verticalmente dando origem a uma lâmina ondulada, branca e translúcida.

Essas lâminas, denominadas cortinas, quando formadas pela deposição da calcita apenas em sua borda inferior, têm uma espessura da ordem de 6mm. A existência, no entanto, de escorrimentos laterais aumenta a espessura de sua parede atingindo até 10 cm em alguns casos.

91. Cortina tipo "bacon" com bandas coloridas pela presença de impurezas na calcita. Abismo de Furnas, Iporanga (SP). JAL.
"Bacon" type curtain; the coloured bands are caused by impurities in the calcite. Abismo de Furnas, Iporanga (SP). JAL.

92. Cortinas de calcita ondulada, Gruta Olhos d'Água, Itacarambi (MG). CFL.
Curtains of undulated calcite. Gruta Olhos d'Água. Itacarambi (MG). CFL.

Os cristais depositados na borda inferior da cortina são orientados paralelamente a ela e os provenientes dos escorrimentos laterais apresentam-se perpendiculares à sua superfície.

Às vezes, por alternância de soluções puras e impuras, as cortinas apresentam um bandeamento de cores que lhes dá o aspecto de **bacon**, nome este que se popularizou internacionalmente.

Outra interessante característica desses espeleotemas é o som metálico, semelhante ao de sinos, que emitem quando tocados com habilidade. Tal peculiaridade foi aproveitada em uma caverna turística americana onde as cortinas foram utilizadas como componentes de um extraordinário órgão, que executa músicas sacras e eruditas.

Estalagmites: a gota que cai do teto, ou de uma estalactite, ao chocar-se contra o piso da caverna, deixa precipitar a calcita, que ainda trazia dissolvida em forma de bicarbonato de cálcio. O contínuo gotejar e a correspondente deposição da calcita dá origem a uma estalagmite, que cresce verticalmente a partir do solo.

As novas gotas, chocando-se contra a extremidade superior da estalagmite, depositam ali e nas laterais do topo a calcita que transportam. Assim, a deposição ocorre por meio de capas côncavas de calcita que se superpõem. Portanto, diferentemente das estalactites, as estalagmites não apresentam conduto central, sendo seus cristais dispostos perpendicularmente à superfície do espeleotema.

Essa superposição verticalizada de capas côncavas dá à estalagmite formas cilíndricas ou cônicas que, não raras vezes, atingem vários metros de altura e mais de 1m de diâmetro.

O diâmetro das estalagmites varia de 5 cm a alguns metros. Esse diâmetro, assim como suas formas mais ou menos regulares, depende da intensidade e concentração da solução gotejante. A constância desses fatores confere à estalagmite um diâmetro uniforme e, nesse caso, quando o comprimento é muito grande, elas são denominadas velas. Belíssimos exemplos desse tipo de estalagmite são encontrados no "salão da Catedral", na Caverna do Diabo, em São Paulo, e na Gruta Rei do Mato, em Minas Gerais, dentre outras.

Tendo sua formação associada às estalactites, apresentam razão de crescimento da mesma ordem e são, depois delas, os espeleotemas mais comuns nas cavernas.

Várias são as formas de estalagmites encontradas em nossas cavernas: *as terraçadas* — ou "pilhas de prato" —, que indicam variações periódicas na intensidade da deposição; as *estalagmites cônicas* — "bolo-de-noiva", "buda" etc. —, que indicam um decréscimo nessa intensidade ou equilíbrio químico entre o CO_2 da atmosfera da caverna; e as *formas complexas* — "cáctus" etc. —, que são formadas a partir de mais de um ponto de gotejamento, duas estalactites, por exemplo.

Se a partir de um dado momento a água que atinge a estalagmite apresentar maior acidez, em vez de depositar novas capas cristalinas irá provocar a corrosão ou perfuração do espeleotema. Tais espeleotemas, perfurados, não devem, contudo, ser confundidos com os denominados "vulcões", descritos mais adiante.

Cálice: o gotejamento, quando ocorre sobre solos não compactados e pouco consistentes — caso de depósitos de areias ou argila nas margens dos rios —, escava pequenos orifícios no piso da caverna. A continuidade do processo vai aprofundando tais orifícios ao mesmo tempo que, pela precipitação da calcita, vai cimentando as paredes internas e, pelo borrifamento, vai criando uma borda — lábio — superior.

As variações do nível das águas fazem com que, comumente, a areia ou argila acumulada em uma época seja removida pelas águas de outras estações chuvosas. A remoção dessa camada do solo da gruta põe à mostra a estrutura do precipitado, o qual

93. Estalactites (teto) ao se encontrarem com estalagmites (piso) formam as colunas. Lapa Doce, Iraquara (BA). FC.
Stalactites (from the roof) meeting with stalagmites (from the floor) form columns. Lapa Doce, Iraquara (BA). FC.

Esquema sintético da formação dos "cálices" de calcita.
Synthetic scheme of "chalice" formation in calcite.

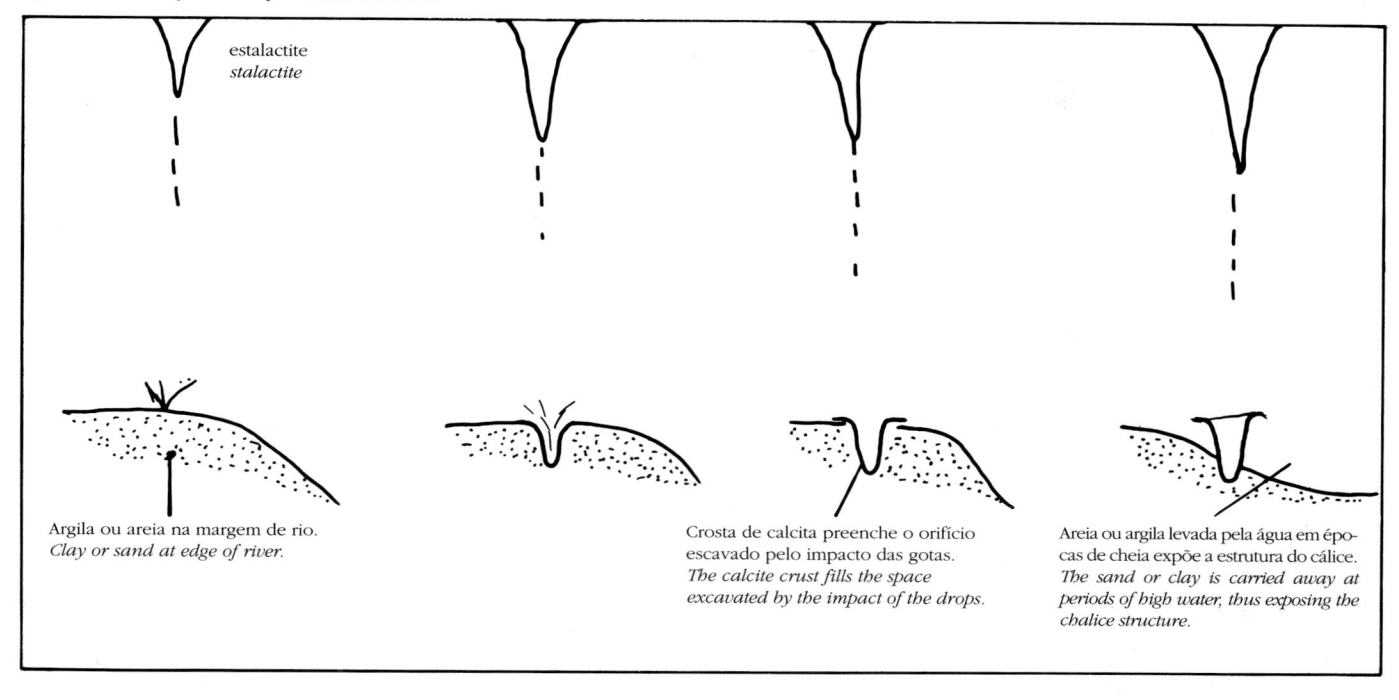

estalactite
stalactite

Argila ou areia na margem de rio.
Clay or sand at edge of river.

Crosta de calcita preenche o orifício escavado pelo impacto das gotas.
The calcite crust fills the space excavated by the impact of the drops.

Areia ou argila levada pela água em épocas de cheia expõe a estrutura do cálice.
The sand or clay is carried away at periods of high water, thus exposing the chalice structure.

se apresenta como um cálice de paredes finas, pedestal curto, corpo alongado, cilíndrico ou cônico, bordas salientes e, por vezes, horizontalizadas.

Esses espeleotemas, também conhecidos pelo nome de *conulites*, são observados em grupos na Caverna São Mateus, em Goiás, e na Gruta do Padre, na Bahia, sendo mais raramente encontrados em cavernas de outras regiões.

A continuidade do processo de deposição transformaria o cálice em uma estalagmite com "raiz", fato também já observado em cavernas das referidas áreas.

Torres de calcita: são conjuntos de pequenos pináculos de argila revestidos por calcita, os quais são formados por processo de erosão diferencial e deposição mineral, similar ao que produz os citados cálices. Enquanto nesses últimos o gotejamento abre orifícios isolados em depósitos de argila na formação de torres, a erosão nesses depósitos é produzida por múltiplos gotejamentos vizinhos. As áreas entre orifícios não erodidas e as partes protegidas por seixos resistentes ao impacto das gotas restam como testemunho do banco argiloso na forma de pequenas torres, conhecidas como "chaminés de fada". Essas chaminés se incluem entre os *espeleogens* e não entre os espeleotemas. No entanto, em alguns casos, a exemplo do que ocorre na formação dos cálices, essas torres residuais são recobertas por calcita proveniente do gotejamento de soluções saturadas, transformando as torres calcificadas em verdadeiros espeleotemas.

Hill e Forti (1986) referem-se a esses espeleotemas pelo nome de **coral pipe** e registram sua formação não apenas em argila, mas também em depósitos de guano de morcego e em "leite-de-lua".

94 e 95. Duas gigantescas estalagmites. A primeira na Gruta Termimina, Iporanga (SP), e a segunda com 28m, considerada a maior do mundo, na Gruta do Janelão, Januária/Itacarambi (MG). CFL.

Two gigantic stalagmites: the first is in the Gruta Temimina in Iporanga (SP); the second, 28 m high, considered the biggest of the world, in the Gruta do Janelão, Januária/Itacarambi (MG). CFL.

96. Estalagmite tipo "cáctus", Caverna do Diabo, Eldorado (SP). CFL.
Cactus type stalagmite. Caverna do Diabo, Eldorado (SP). CFL.

Belos exemplares de torres de calcita ocorrem na Gruta do Janelão, em Minas Gerais.

Colunas: são as formas verticais e geralmente cilíndricas que se originam da união de estalactites e estalagmites, ou do crescimento "exagerado" de uma delas, unindo teto e piso da caverna.

Não raras vezes, são formadas pela reunião de várias estalactites e estalagmites e atingem, tanto em altura como em diâmetro, enormes proporções.

Escorrimentos de calcita: são depósitos laminados que recobrem as paredes e pisos das cavernas originados da precipitação da calcita dissolvida nas águas que por elas escorrem.

Os cristais depositados se orientam geralmente segundo a perpendicular à superfície de crescimento e o espeleotema apresenta coloração muito variada, incluindo o branco, o vermelho e diversas tonalidades marrons e alaranjadas, devido às impurezas freqüentemente contidas na solução aquosa.

Quando tais escorrimentos criam volumes arredondados e se dependuram pelas paredes da caverna, recebem o nome de *cascata de pedra*, sendo igualmente conhecidos como *órgão* quando suas bordas são ornamentadas por estalactites e cortinas.

Algumas vezes, esses escorrimentos volumosos e maciços ocorrem como pingentes isolados nos tetos das cavernas, apresentando formas que lembram botões de rosa, alcachofras ou medusas. São conhecidos localmente por esses nomes ou genericamente como *lustres*. Nas cavernas São Mateus em Goiás e Ubajara, no Ceará, existem alguns belos exemplos desses espeleotemas.

Outra forma curiosa de escorrimento são os denominados sinos, patas de cavalo ou conchas (**bell canoppy**, em inglês), encontrados geralmente em grutas espaçosas ou mesmo em áreas externas de alguns maciços calcários. Tais escorrimentos, de origem ainda controversa, apresentam-se como saliências inclinadas e côncavas, semiesféricas, presas à parede, às vezes apenas em sua parte superior, por onde chegam as águas carbonatadas. Um bom exemplo dessas "conchas" é encontrado na Gruta de Maquiné, em Minas Gerais.

Trompas: essas estranhas e raras formações apresentam um certo parentesco com as estalactites por serem espeleotemas de teto e por possuírem forma cilíndrica e oca, pela qual descem águas que chegam à caverna. No entanto, o processo de deposição aqui não se baseia no gotejamento, mas sim na circulação de um jorro de água saturada de calcita que atinge a caverna por um orifício regular no teto. Parte da água em queda desliza pela parede interna do conduto rochoso e vai depositando a calcita. Tal deposição vai se dar em maior intensidade na "boca" do orifício pelo turbilhonamento e conseqüente facilidade de liberação de CO_2 no ambiente. Forma-se assim um grosseiro anel nas bordas do orifício que, com a continuidade do processo, vai crescendo verticalmente, tomando a forma de um tubo pendente, semelhante a uma trompa. Faltam, todavia, estudos mais detalhados sobre a gênese desses depósitos.

Na Caverna Temimina II e na Gruta Casa de Pedra, ambas em São Paulo, existem exemplares desses espeleotemas.

Os escorrimentos calcíticos formados nos pisos recebem o nome genérico de *placas estalagmíticas* e, várias vezes, pela remoção do solo subjacente, ficam suspensas dividindo dois pavimentos, sendo nesse caso denominados *marquises*. Bons exemplos de marquises são encontrados na Gruta das Areias, Iporanga, e na Caverna do Diabo, em Eldorado, no estado de São Paulo.

Os escorrimentos, por vezes, dão origem a depósitos cujos cristais se orientam sem uma direção preferencial, criando superfícies multifacetadas que, quando ilumi-

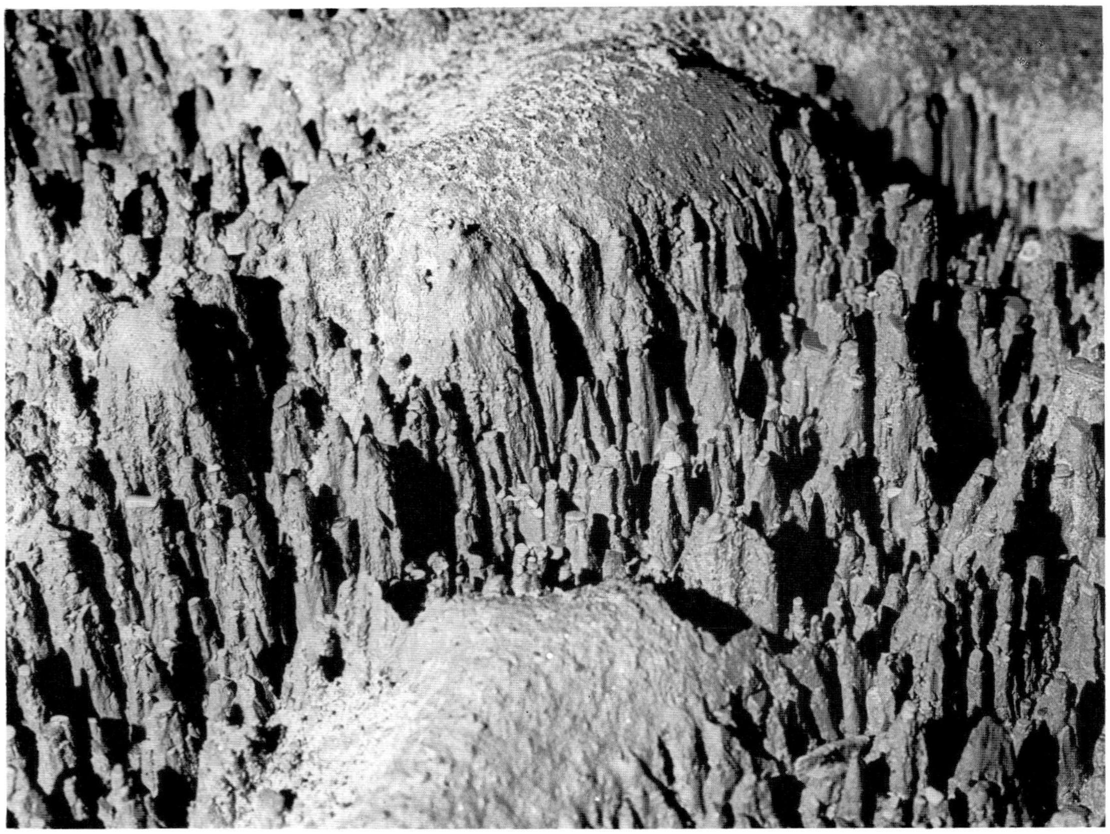

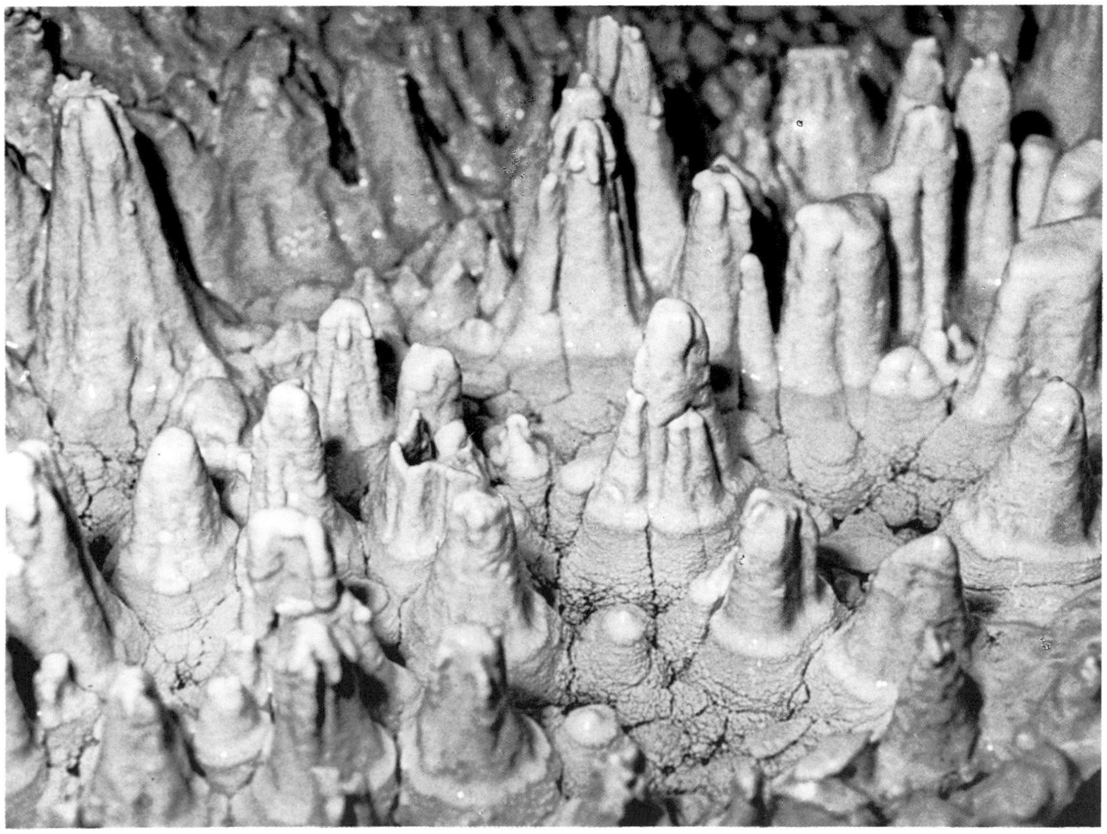

97 a 100. "Chaminés-de-fada" (97) formadas pela erosão diferencial da argila por gotejamento do teto. As partes cobertas por pequenos seixos estão protegidas da erosão e subsistem podendo ser cobertas por calcita (98, 99, 100), transformando-se em verdadeiros espeleotemas como os encontrados na Gruta do Janelão, Januária/Itacarambi (MG). Foto 97 CFL e demais JAL.

"Fairy chimneys" (97); these are formed by differential erosion of clay by water dripping from the roof. Where there are small pebbles, the clay beneath is protected from erosion; these structures may then be covered by calcite (98, 99, 100), forming genuine speleothems such as those in the Gruta do Janelão, Januária/Itacarambi (MG). JAL, except for 97 CFL.

101. Escorrimento de calcita cintilante ("chão-de-estrelas") na Gruta das Areias, Iporanga (SP). CFL.
Scintillating calcite flowstone ("star-floor") in the Gruta das Areias, Iporanga (SP). CFL.

102. Escorrimento de calcita mostrando várias tonalidades devido às impurezas da solução ao longo do tempo. Abismo de Furnas, Iporanga (SP). CFL.
Calcite flowstone in a variety of colours; this is due to impurities in the solution over a period of time. Abismo de Furnas, Iporanga (SP). CFL.

nadas, apresentam um belo efeito cintilante. Essa característica lhes confere o nome popular de "chão-de-estrelas" cobrindo por vezes escorrimentos com mais de 30 m de altura, como no "salão do Oásis" na Gruta do Padre, na Bahia. Há que se distinguir, porém, essas formações cintilantes de outras conhecidas pelo mesmo nome, formadas pela deposição subaquática de cristais em águas contidas no interior das cavernas.

Represas de travertino: são formas especiais de escorrimento semelhantes a pequenos diques que represam, em "piscinas" escalonadas, a água que escorre pelos pisos das cavernas. Em aspecto, lembram uma "escada alagada" cujas paredes são lamelares e sinuosas com cavidade geralmente voltada para a corrente de água. O nome francês de gours tem grande aceitação internacional.

Sua origem ainda é um tanto controvertida, especialmente pela regularidade com que essas "piscinas" se sucedem ao longo de pisos inclinados. A deposição de calcita se dá nas bordas superiores das paredes da represa, quando do transbordamento da água, e a conseqüente precipitação da calcita por turbilhonamento.

Por causa das impurezas da água, sua coloração é geralmente marrom, existindo formas de tons laranja e vermelho, como as já citadas nas cavernas de Goiás e na Caverna da Laje Branca, em Iporanga, São Paulo.

As dimensões dessas represas são muito variáveis. Algumas atingem poucos milímetros de altura — microtravertinos —, dando ao piso um desenho rendilhado e vesicular. Outras apresentam paredes com metros de altura, formando verdadeiras muralhas, como as existentes nas cavernas São Mateus, São Vicente e Angélica, em

103. Gigantesco conjunto de "represas-de-travertino" denominado "altar" na Gruta dos Brejões, Irecê/Morro do Chapéu (BA). JA.

A gigantic group of "rimstone dams" known as "the altar", in the Gruta dos Brejões, Irecê. Morro do Chapéu (BA). JA.

104. Represas de travertino e maciço estalactítico na Gruta Temimina, Iporanga (SP). CFL.

Rimstone dams and stalactite mass in the Gruta Temimina, Iporanga (SP). CFL.

105. Microtravertinos no topo de uma estalagmite na Gruta do Janelão, Januária/Itacarambi (MG). CFL.
A microformation of rimstone dams on the top of a stalagmite in the Gruta do Janelão. Januária/Itacarambi (MG). CFL.

Goiás, nas grutas dos Brejões e do Padre, na Bahia, e nas grutas do Janelão, Lapa Grande e Maquiné, em Minas Gerais, entre outras.

Quando em microformas, as represas de travertino podem ocorrer sobre diversos espeleotemas de piso, como certas "pérolas de caverna", ou ainda sobre estalagmites.

As represas de travertino, por conterem águas ricas em carbonato, representam importantes berços para a formação de diversos espeleotemas como os cristais "dentes-de-cão", as "pérolas de caverna", os "vulcões" e as "jangadas", descritos adiante.

2. Depósitos de águas de exsudação

Depósitos de águas de exsudação são espeleotemas formados nas cavernas a partir das soluções aquosas que, por capilaridade, circulam lenta e descontinuamente pelos poros da rocha ou pelos vazios intercristalinos de espeleotemas previamente existentes. Diversos fatores, como a diferença de temperatura e pressão entre os poros da rocha e o vazio das cavernas, fazem essas soluções emergirem das paredes, depositando a calcita, ou outro mineral, presente na solução.

Segundo Guimarães (*op. cit.*), "tão lento é o movimento das águas que nenhuma gota é formada nas emergências e, portanto, a gravidade não encontra oportunidade de afetá-las e de influir na conformação e apresentação do carbonato de cálcio recém-depositado. Podem, assim, os espeleotemas resultantes adquirir as mais caprichosas formas, que se destacam dentre os demais pelas suas características de beleza e delicadeza".

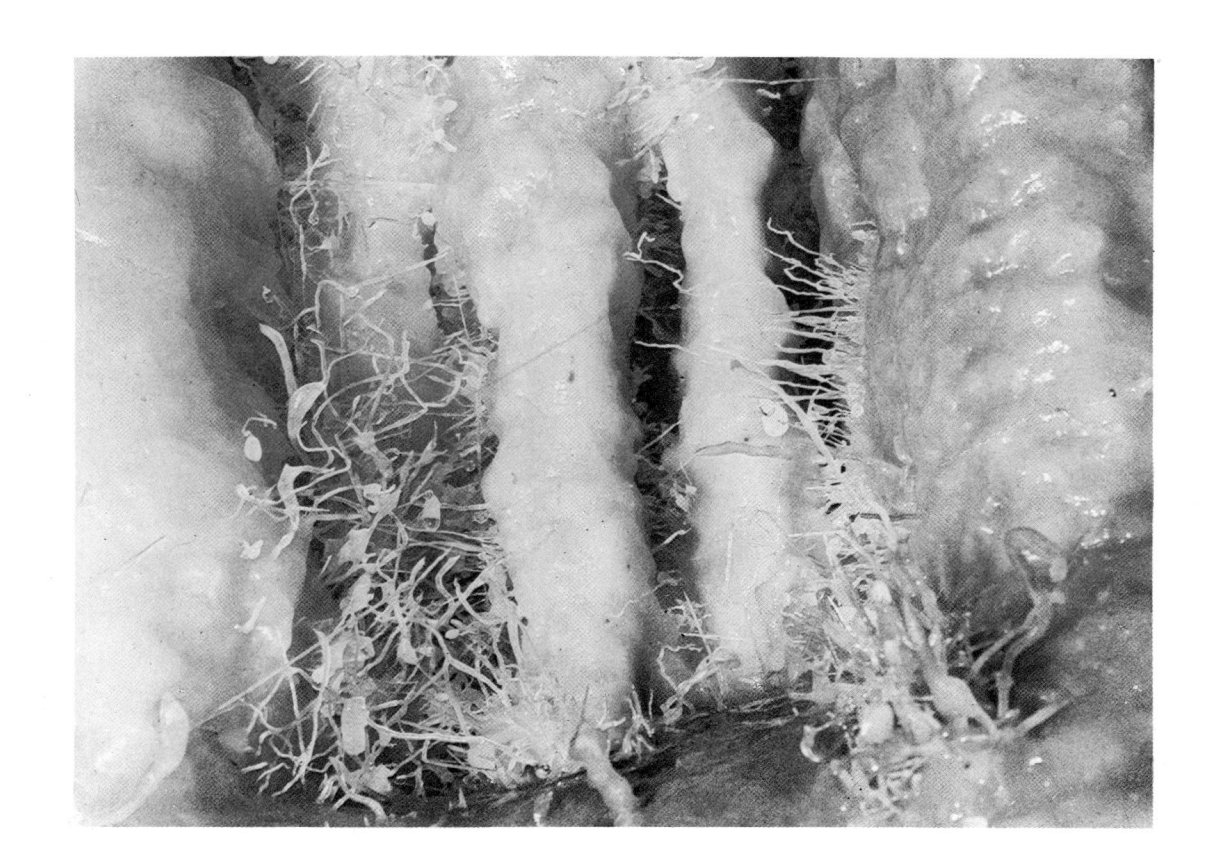

106. Helictites no salão Duka, Gruta do Jeremias (SP). CFL.
Helictites in the salão Duka, Gruta do Jeremias (SP). CFL.

107. Heligmites no salão Taquêupa, Caverna de Santana (SP). JAL.
Heligmites in the salão Taquêupa, Caverna de Santana (SP). JAL.

São espeleotemas encontrados exclusivamente em cavernas e, mesmo assim, restritos a certos ambientes internos com especiais condições de microclima e de composição da rocha no local, entre inúmeros outros fatores. Nesse grupo, destacam-se os seguintes espeleotemas:

Helictites: também denominados "excêntricos", são dos mais belos e delicados espeleotemas existentes em cavernas. Embora sejam raros em suas formas mais espetaculares — que exigem condições muito específicas para se desenvolver —, ocorrem normalmente em grupos, recobrindo por vezes grandes áreas de tetos e paredes.

Apresentam-se geralmente como pequenas estruturas cristalinas de formato retorcido ou espiralado, de onde surgiu o nome (**helix** = espiral), com coloração branca ou transparente. Suas dimensões são geralmente reduzidas, de poucos centímetros, atingindo excepcionalmente até 1 m de comprimento, como em algumas formas existentes no "salão Taquêupa" da Caverna de Santana.

Apesar de serem normalmente encontradas nos tetos e nas paredes das grutas, ocorrem freqüentemente em meio a outros espeleotemas, especialmente estalactites e cortinas. Também são encontradas sobre escorrimentos de calcita que recobrem os pisos de algumas cavernas. Quando originadas nos pisos ou sobre outros espeleotemas crescendo no sentido ascendente, são denominadas *heligmites*.

Tanto as helictites como as heligmites apresentam um canal central semelhante às estalactites, mas de diâmetro muito menor — de 0,008 mm a 0,5 mm —, pelo qual circula sob pressão hidrostática a água proveniente dos poros do calcário. Segundo Roaves (1963), a vazão nesses finos condutos é da ordem de 10^{-8}//seg, ou seja, bem menos que um litro por ano.

Ao emergir na extremidade do conduto, dada a liberação do CO_2, a calcita se precipita provocando o crescimento do espeleotema, que é normalmente curvo.

A razão para que tal crescimento fuja da verticalidade está em que, dada a ínfima quantidade de água e carbonato envolvidos na reação, a influência da gravidade é muito pequena ou desprezível em relação a outras que determinam os hábitos de cristalização.

A tendência ao crescimento curvo e contorcido das helictites é explicada por Moore (1954) como devida à "rotação do eixo de cristalização, onde cada cristal depositado se apoiaria em uma "face lateral" do precedente, gerando a curvatura pela continuidade do processo". Isso é possível em deposições diminutas e lentas como as que ocorrem nas helictites. Obstrução do canal central, deposição de impurezas, níveis diferenciados de suprimento e evaporação das soluções aquosas, ação de correntes de ar e inúmeros outros fatores são também lembrados por diversos autores como possíveis condicionantes do crescimento errático, espiral ou bifurcado das helictites. A palavra final sobre o assunto parece todavia estar longe de ser dada sobre a origem e evolução dos diversos tipos de formas apresentadas por esses espeleotemas. Hill e Forti (1986) subdividem as helictites em quatro categorias:

1. *Helictites filiformes*: constituídas por filamentos muito finos — frações de milímetro a 1mm de diâmetro — semelhante a fios de cabelo, por vezes flexíveis, formados preferencialmente de aragonita.

2. *Helictites em rosário*: compostas por uma seqüência de pequenas contas — 0,5 mm a 2 mm de diâmetro — de aragonita, interligadas. Elas podem ser lineares, ramificadas ou se apresentar em forma de "anêmonas-do-mar" ou "crinóides", com vários ramos ou tentáculos irradiando de uma base comum.

3. *Helictites vermiformes*: são as mais comuns e que maior variedade e combinações apresentam. Espirais, anzóis, anéis, raízes, borboletas, cachimbos, etc. são algu-

108. Helictite filiforme de aragonita. Gruta Olhos d'Água, Itacarambi (MG). CFL.
Filiform helictite in aragonite. Gruta Olhos d'Água, Itacarambi (MG). CFL.
109. Estalactite tubular originada de uma helictite. Gruta do Jeremias, Iporanga (SP). CFL.
Tubular stalactite originating from a helictite. Gruta do Jeremias, Iporanga (SP). CFL.

110. Agulhas, tipos especiais de helictites que chegam a atingir 30 cm de comprimento retilíneo. Gruta do Jeremias (SP). CFL.
Needles: a special form of helictite which may reach as much as 30 cm of straight length. Gruta do Jeremias, Iporanga (SP). CFL.

mas das formas mais freqüentemente descritas. Podem igualmente formar ângulos e se desenvolver em ziguezague.

4. *Helictites ramificadas (arborescentes)*: são variedades de maior diâmetro — mais de 15 cm — com um "talo" reto e extremidades ramificadas em "chifres-de-veado". Em geral, esse tipo de helictite projeta-se horizontalmente, a partir das paredes da caverna, ou cresce verticalmente, a partir de seus pisos.

Quase todas essas tipologias são encontradas nos espetaculares salões Duka, Gruta do Jeremias, e Taquêupa, Caverna de Santana, onde ocorrem igualmente formas compostas. Em períodos muito úmidos, pode ocorrer a redissolução do conduto interno — capilar — com sua ampliação e o acúmulo de água suficiente para a formação de gotas (Hill & Forti, *op. cit.*). Nesses casos pode iniciar-se a formação de uma estalactite tubular a partir de uma helictite. O mais freqüente, no entanto, é o inverso, ou seja, a formação de helictites a partir das paredes de estalactites e cortinas. Isso ocorre especialmente quando o conduto central das estalactites é obstruído por cristais e a solução é forçada por pressão hidrostática a escapar, movimentando-se pelos espaços intercristalinos do espeleotema.

Agulhas de aragonita: são magníficos espeleotemas, em forma de cristais finos (1 mm a 2 mm de diâmetro) e retilíneos, com até 30 cm de comprimento.

São transparentes ou brancos e, por vezes, e apresentam-se em feixes ou ramificados. Crescem em paredes ornamentadas e sobre outros espeleotemas, sem orientação predominante, sendo indeterminada a sua gênese, até o momento. São extremamente raros, ocorrendo, no entanto, em profusão, no "salão Taquêupa" da Caverna de Santana e especialmente no "salão Duka" da Gruta do Jeremias, em Iporanga, São Paulo, onde, em espetaculares cristais, recobrem toda a parede.

A presença de gotas nas extremidades de algumas dessas agulhas indica que tais espeleotemas devem ser variedades muito peculiares de excêntricos com canal capilar interno.

Antodites ou flores de caverna: com esse nome são reunidos diversos tipos de espeleotemas "erráticos", formados de aragonita ou calcita, como as *medusas*, ou *espaguetes*, os *ouriços-do-mar* e outras formas caracterizadas por conjuntos de tentáculos, ramos, filamentos ou agulhas, que se irradiam de um centro ou eixo comum.

As antodites se assemelham por vezes a conjuntos de helictites e diferenciam-se destes, segundo Hill e Forti (1986), por não possuírem conduto central, sendo formadas pela lenta deposição mineral de soluções que se movem em sua superfície externa. Existem, todavia, formas transicionais entre flores e helictites, com presença parcial de conduto central, descritas por autores como Webb e Brusch (1978), que tornam essa definição relativamente arbitrária (Hill e Forti, *op. cit.*).

Ainda segundo os últimos autores, predominam as antodites de aragonita sobre as de calcita, sendo o hábito de cristalização da primeira responsável pelas formas radiadas que caracterizam a maioria desses espeleotemas.

A gênese dessas flores não está explicada. Ao contrário, teorias totalmente contraditórias são apresentadas a partir dos estudos até então realizados. Alguns autores como White (*in* Ford e Cullingford, 1976) ressaltam por exemplo a necessidade de ambientes confinados para sua formação; outros, como Hill e Forti (*op. cit.*), destacam como condição para seu crescimento a necessidade de maior circulação do ar e maior evaporação. É possível que estejam tratando de espeleotemas distintos reunidos em uma única denominação apenas por similaridades morfológicas.

Assim, na espera de pesquisas mais conclusivas, parece-nos conveniente distinguir apenas as três tipologias morfológicas básicas de flores identificadas em cavernas brasileiras: *flores de feixes cristalinos radicais, flores com tentáculos emaranhados e flores com eixo linear de irradiação*.

As flores com feixes radiais observadas são claramente formadas por aragonita e apresentam dimensões que vão de alguns milímetros a 40 cm de diâmetro. Apresentam-se como conjuntos de feixes de cristais alongados, retilíneos, pontiagudos e brancos ou transparentes que divergem de um centro de irradiação. Ocorrem, às vezes, diretamente sobre substrato rochoso, embora predominem as formas apoiadas sobre outros espeleotemas. Quando sobre estalactites, várias vezes as flores recobrem apenas uma de suas laterais; quando seus componentes são de maiores dimensões, é comum a existência de "nódulos" cristalinos semelhantes a botões de rosa em suas extremidades e pequenos cristais pontiagudos, que, como espinhos, crescem perpendicularmente ao feixe cristalino principal.

As flores com tentáculos emaranhados assemelham-se, em vários casos, a conjuntos de helictites, cujas bases divergem de um centro comum de irradiação — medusas. Noutros, apresentam-se como emaranhados de espeleotemas, do mesmo tipo que lembram certos liquens ou *espaguetes*, nome pelo qual também são conhecidas. Seus componentes, a exemplo das helictites, são geralmente brancos, opacos e de conformação retorcida, por vezes ramificados. Essas flores normalmente se apóiam diretamente na rocha calcária, em locais de alta porosidade.

Existem ainda algumas "flores" cujos componentes, geralmente centimétricos, relativamente grossos (3 mm a 10 mm), retilíneos e de textura aveludada e branca se ramificam de um eixo linear nos tetos — linhas de fratura. São geralmente de calcita e parecem ser menos freqüentes que os tipos anteriores.

Em alguns locais, ocorrem todos esses tipos de "flores", tornando-se por vezes difícil a clara diferenciação entre os mesmos ou a identificação de componentes formados de calcita ou aragonita, por se apresentarem em geral concentrados nos mesmos locais. Além disso, os cristais de aragonita são comumente encontrados crescendo so-

111. Flores de aragonita na Caverna de Santana (SP). PM.
    Aragonite flowers in the Caverna de Santana (SP). PM.
112. Flor de calcita com tentáculos emaranhados. Caverna de Santana (SP). CFL.
    Calcite flower with 'tentacles'. Caverna de Santana (SP). CFL.

113. Cilindro de gipsita da Gruta Olhos d'Água, Itacarambi (MG). CFL.
    Gypsite cylinder in the Gruta Olhos d'Água, Itacarambi (MG). CFL.
114. Flor de gipsita de pétala única. Gruta do Padre, Santana (BA). CFL.
    Gypsite flower with a single petal. Gruta do Padre, Santana (BA). CFL.

115. Antodite com eixo linear de irradiação. Caverna de Santana (SP). LAM.
Anthodite with a linear axis of radiation. Caverna de Santana (SP). LAM.

bre espeleotemas de calcita. "Da mesma forma, pequenos cristais de calcita formados sobre outros de aragonita sugerem que soluções circulando por eles perderam a supersaturação, necessária para a precipitação da aragonita, e começaram a precipitar a calcita." (White *in* Ford e Cullingford, 1976).

Baseado nas observações anteriores e em diversas outras pesquisas, White (*op. cit.*) resume as condições para a formação de flores de aragonita da seguinte forma:

"É necessária a percolação lenta de soluções supermineralizadas e supersaturadas em um ambiente úmido confinado e sob condições climáticas constantes".

Tais condições são respeitadas em alguns dos principais ambientes onde ocorrem as flores de aragonita e calcita em nossas cavernas: Capela Sistina, Golpe Final e Jardim de Alá na Caverna de Santana, em Iporanga, São Paulo. Nesses locais, existem "flores" com mais de 40 cm de diâmetro e com "ramos" que chegam a 25 cm de comprimento. Na Caverna São Mateus, em Goiás, todavia, elas aparecem em locais como o "salão do Sílex", onde as condições citadas não comparecem em sua totalidade.

Flores de gipsita: apresentam-se como conjuntos de cristais estriados e retorcidos. São relativamente freqüentes nas cavernas brasileiras, preenchendo juntas das rochas ou recobrindo paredes em finas e, por vezes, cintilantes crostas cristalinas.

Desenvolvendo-se a partir da base de contato, os cristais, à semelhança de pasta dentifrícia ao sair do tubo, como que vão sendo expulsos da parede. São freqüentemente observadas crostas de rocha destacadas da parede pelo crescimento desses espeleotemas. É comum nesse sentido, que tais flores se apresentem na forma de "bolhas explodidas" onde o centro é liso — rocha — e as "pétalas" se expandem a partir de uma base em um círculo. Noutras vezes, a base de expansão é linear e as pétalas são todas paralelas, formando um cilindro cristalino de 1 a 3 cm de diâmetro.

Belos exemplos são encontrados nas grutas do Córrego Grande, Alambari e Cabana, entre outras, em São Paulo. Também nas grutas do município de São Domingos, Goiás, na Gruta do Padre, Bahia, e nas regiões de Januária-Itacarambi, Lagoa Santa e Cordisburgo, Minas Gerais, tais espeleotemas são comumente observados.

O nome de "flores de gipsita" é muitas vezes utilizado na designação de espeleotemas compostos não apenas por esse mineral, mas também por *epsomita* e

116. Dendritos de gipsita: crostas arborescentes da Gruta do Padre (BA). CFL.
Gypsite dendrites: arborescent crusts in the Gruta do Padre, Santana (BA). CFL.

mirabilita. As "flores" formadas por esses minerais são morfologicamente similares a eles, apresentando, todavia, diferenças de cor e textura em relação aos primeiros.

Flores de mirabilita são incolores, puras e transparentes; flores de epsomita apresentam textura acetinada; flores de gipsita são brancas e opacas (Hill, 1976). É possível que algumas flores de gipsita descritas no Brasil venham a ser identificadas como de mirabilita, a partir de estudos mais adequados.

Pela quantidade de gipsita, merecem destaque o espetacular "conduto de gipsita" na Gruta Olhos d'Água em Itacarambi, Minas Gerais, e a Gruta do Padre, na Bahia, que apresentam os maiores e mais diversificados conjuntos de espeleotemas de sulfato de cálcio conhecidos no país. Nelas, além de "flores", ocorrem crostas cristalinas, "agulhas", "cabelo-de-anjo" (Gruta Olhos d'Água) e diversos outros tipos de espeleotemas desse mineral.

Algodão e cabelo-de-anjo: a gipsita dá origem a alguns dos mais raros e notáveis espeleotemas. Finíssimos cristais, da ordem de microns, de comprimentos variados, criam, às vezes, um delicado emaranhado cristalino que se dependura nos tetos ou paredes das cavernas.

Essa estrutura de fios entrelaçados, cujo aspecto lembra teias irregulares ou, por vezes, delicadas mechas de cabelo branco e lustroso, é extremamente frágil e chega a balançar sob a ação de leves brisas.

No primeiro caso, quando tais cristais — geralmente crescendo interblocos ou no solo arenoso — apresentam-se como um "chumaço fibroso", o espeleotema recebe o nome *algodão de cavernas*.

Existem contudo formações onde o emaranhado cristalino lembra, em aspecto os "algodões" mas é menos denso que estes, e se pendura nos tetos. Esses espeleotemas foram encontrados em duas localidades no Brasil: Caverna de Santana — onde foi destruído por pseudopesquisadores — e Gruta Olhos d'Água, onde existem dois belos exemplares.

Tais estruturas tomaram entre nós o nome de "cabelo-de-anjo", não correspondendo ao típico "**angel hair**", encontrado em cavernas norte-americanas, constituído

117. Agulha de gipsita com cerca de 20 cm de comprimento, formada por um feixe de cristais finos e transparentes. Gruta do Padre (BA). CFL.
Gypsite needle about 20 cm in length; this is formed of a bundle of fine transparent crystals. Gruta do Padres (BA). CFL.

118. Coralóides tipo couve-flor recobrindo paredes na Lapa Vermelha I de Pedro Leopoldo (MG). JAL.
'Cauliflower' type coralloids covering the walls of the Lapa Vermelha I in Pedro Leopoldo (MG). JAL.

por conjuntos de cristais fibrosos que se penduram como cordas e que, até o momento, não foram observados no Brasil, exceto em grutas da Bahia.

Agulhas de gipsita: sob esse nome genérico, inclui-se, em verdade, uma série de espeleotemas compostos por *sulfatos* e não apenas pela gipsita. É provável que outros minerais como a mirabilita, a epsomita e a selenita, entre outros, predominem na formação dessas finas agulhas.

Esses espeleotemas em forma de espinhos formados por feixes de cristais finos e alongados, são geralmente transparentes, brancos ou de coloração creme, rígidos e frágeis. Desenvolvem-se em meio a solos argilo-arenosos secos e pouco consistentes, ou nas juntas de estratificação de calcários porosos.

Tais agulhas se encontram praticamente soltas sobre ou no interior dos referidos solos, com suas bases, mais grossas, mais aprofundadas e geralmente em grupos, onde, no entanto, cada agulha é independente das demais.

São raramente encontradas, só ocorrendo em grutas ou galerias secas. Ocorrem em profusão e apresentam desenvolvimento excepcional, até 25 cm de comprimento, no *conduto da gipsita* na Gruta Olhos d'Água, em Itacarambi, Minas Gerais, e, especialmente na Gruta do Padre, em Santana, Bahia. Nada se compara, no entanto, com as agulhas de gipsita encontradas aos milhares na Gruta da Torrinha, na Bahia, onde se localiza a maior agulha até hoje conhecida no mundo, com 65 cm de comprimento.

Coralóides: com essa designação, são identificados diversos tipos de espeleotemas compostos por conjuntos de nódulos ou ramificações de calcita, ou outro mineral, que recobrem pisos, paredes e escorrimentos de calcita no interior de cavernas.

Seus componentes, em forma de "bastões", "corais", "couve-flor", "pipocas", "cachos de uva" ou "cogumelos" — nomes pelos quais também são conhecidos —, são geralmente de pequenas dimensões, embora ocorram conjuntos que ocupem grandes áreas de galerias e salões.

Sua estrutura, mostrada em corte, é concêntrica, bandeada com cristalização radiada, não possuindo geralmente conduto central. A coloração varia entre o branco-amarelado e o marrom-escuro pela presença de impurezas na calcita. Alguns exemplos dos mais curiosos são os corais de nesqueonita existentes na Gruta do Lago Azul, no Mato Grosso do Sul. Uma vasta área é recoberta por essas formações nodulares, porosas e frágeis, cuja coloração varia entre o creme-claro e o vermelho, passando por peças amarelas e alaranjadas.

Também chamam a atenção as "bolotas", "nuvens" ou "pompons", que, raras em outras áreas do país, são comuns nas grutas da região de Lagoa Santa, em Minas Gerais. Tais bolotas são esféricas ou semi-esféricas, brancas e porosas "brotando", isoladas ou em grupos, nos tetos e paredes secas. Um dos melhores exemplos se localiza na Gruta do Baú, em Minas Gerais.

Os corais em forma de ramos e espinhos que recobrem núcleos, paredes, pisos ou outros espeleotemas existentes nas cavernas são denominados "couve-flor". Sua superfície porosa e a inexistência de conduto central os distingue dos excêntricos como as helictites.

São formados pela exsudação das águas nas paredes e pisos das cavernas, especialmente próximo a acumulações de água — lagos, represas de travertino, paredes úmidas —, ou sob fluxo laminar de água.

Assim, grandes áreas dos pisos e paredes são recobertas por esses espeleotemas, geralmente pouco consistentes, cuja aparência final, ramificada e irregular, lembra o vegetal de onde se originou seu nome. Bons exemplos são encontrados nas cavernas Arataca e Alambari de Baixo em Iporanga, São Paulo, no "salão do cáctus" da Caverna São Mateus, em Goiás, na Gruta do Janelão e Gruta de Lapa Vermelha, ambas em Minas Gerais, entre muitos outros.

Pinheiros ou abetos de argila: no interior de represas de travertino, quando secas ou apenas periodicamente inundadas, são encontradas, às vezes, algumas estruturas cônicas, pontiagudas, de superfície rugosa, formadas por argila carbonatada. São espeleotemas individualizados que, no entanto, sempre se apresentam em grupos com dezenas ou centenas de exemplares recobrindo o piso de tais bacias. Algumas vezes, são solidamente cimentados ao piso, noutras estão apenas parcialmente presos ao fundo argiloso, por uma base estreita. São estruturas rígidas, verticais e apresentam tal regularidade de distribuição que inviabilizam qualquer explicação relacionada com gotejamentos do teto.

A gênese desses abetos de argila parece estar relacionada à exsudação, por capilaridade nas argilas, as quais, segundo Gèze (1968), se comportam como excelentes "acumuladores de umidade". Hill e Forti (*op. cit.*) consideram os abetos de argila (**tower coral**) formações coralóides de origem subaquáticas geradas em piscinas rasas, onde, devido à evaporação, as águas próximas à superfície seriam mais saturadas, gerando a deposição mais acentuada da calcita nessas partes altas. Se confirmada essa hipótese, tais espeleotemas seriam mais bem agrupados entre os depósitos de águas estagnadas apresentados mais adiante.

Eles são descritos em diversas cavernas no mundo, sendo famosos os exemplos das grutas de Moulis e de Trabuc, na França, formando nesta última um conjunto

Páginas seguintes — *Following pages*

119 e 121. Coralóides na Gruta do Janelão (MG). CFL.
Coralloids in the Gruta do Janelão (MG). CFL.

120. "Pinheiros de argila" ocupando o fundo de uma represa de travertino na Gruta de Capela, Iporanga (SP). CFL.
"Clay pines" or tower coral in the bottom of a rimstone dam in the Gruta da Capela, Iporanga (SP). CFL.

122. Coralóides no interior de uma represa de travertino na Gruta de Água Suja, Iporanga (SP). CFL.
Coralloids inside a rimstone dam in the Gruta de Água Suja, Iporanga (SP). CFL.

123. Coralóides em área molhada na Gruta Jeremias, Iporanga (SP). CFL.
Coralloids in a damp part of the Gruta Jeremias, Iporanga (SP). CFL.

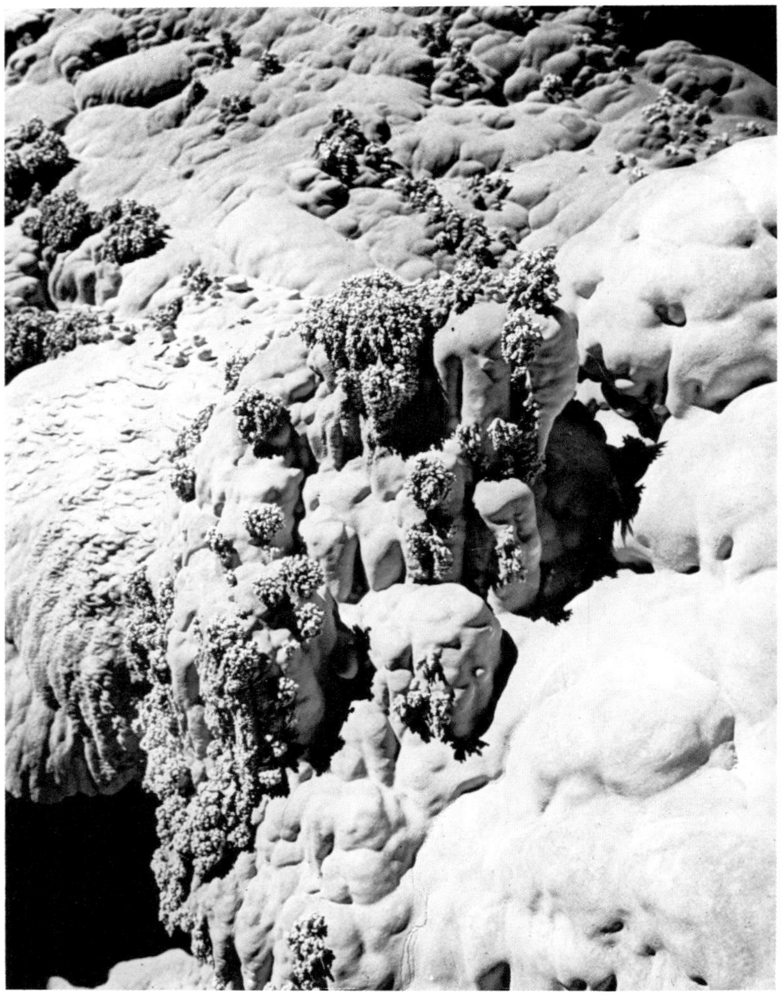

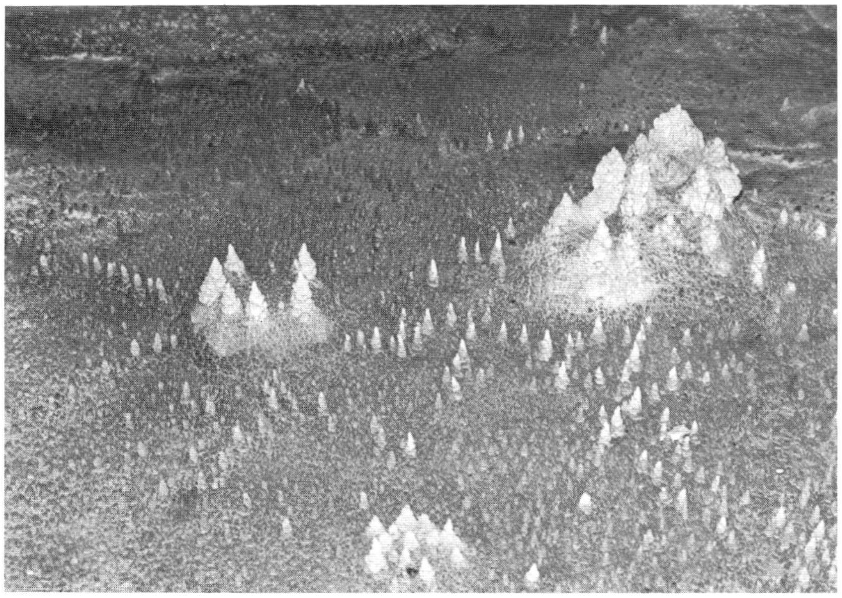

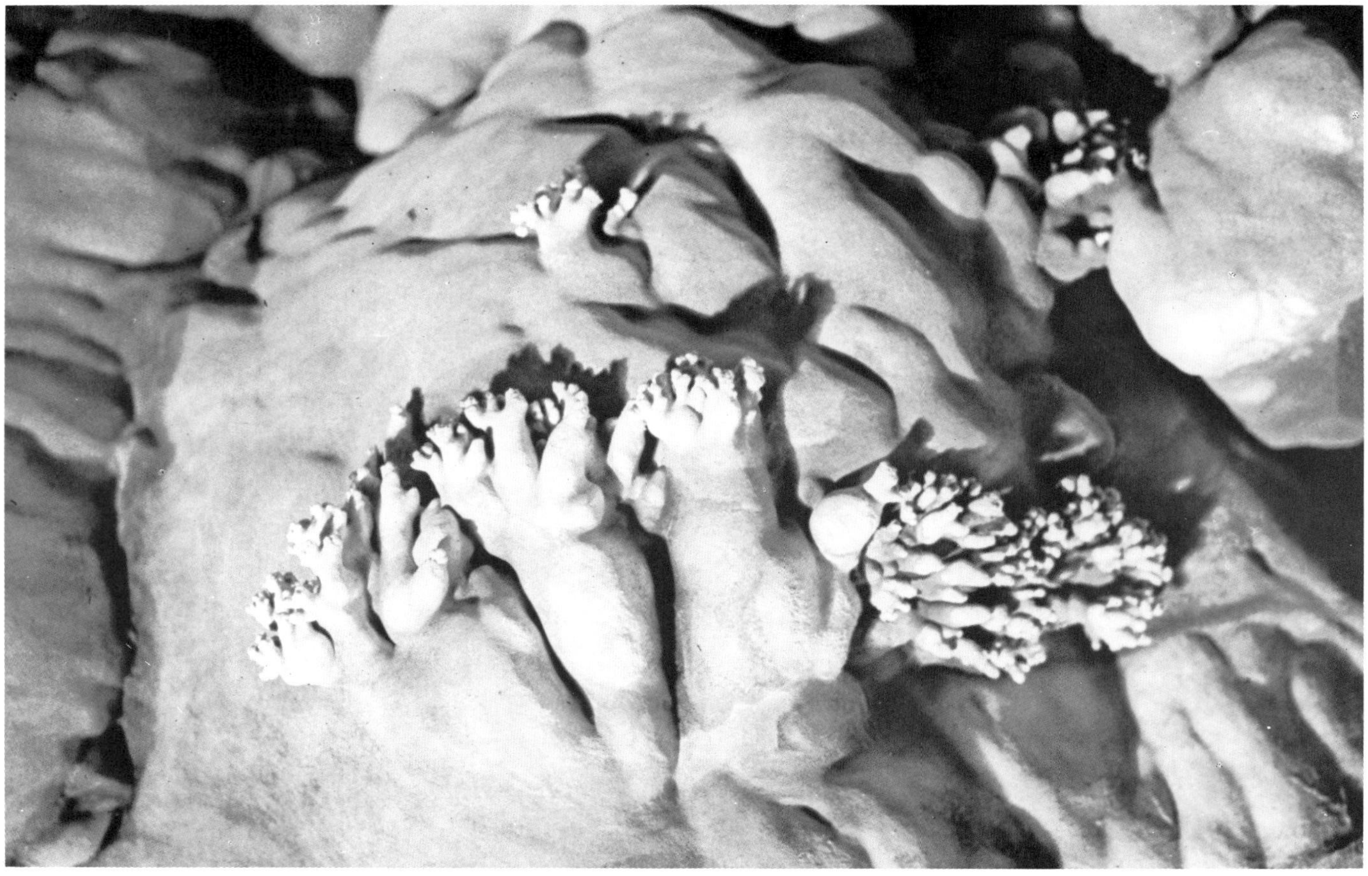

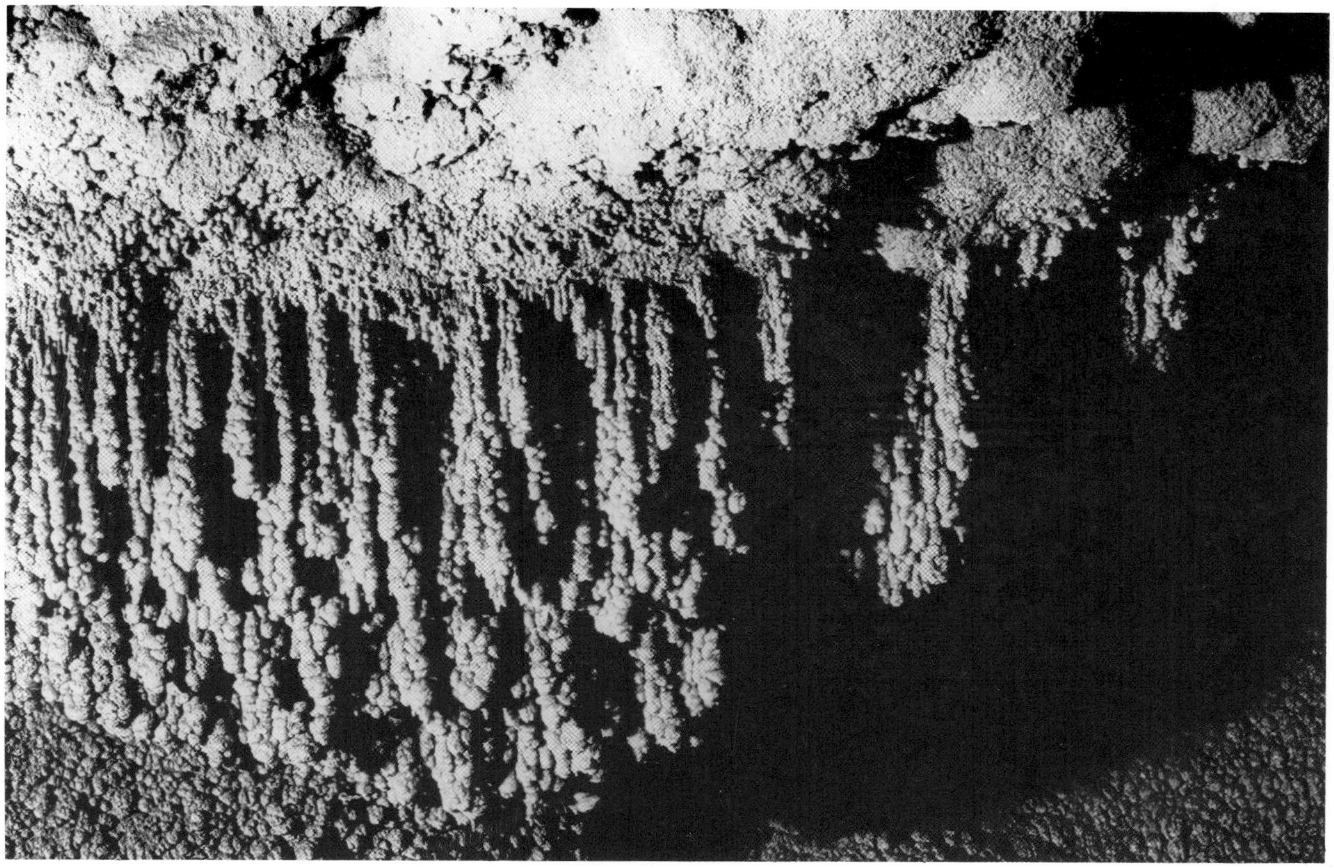

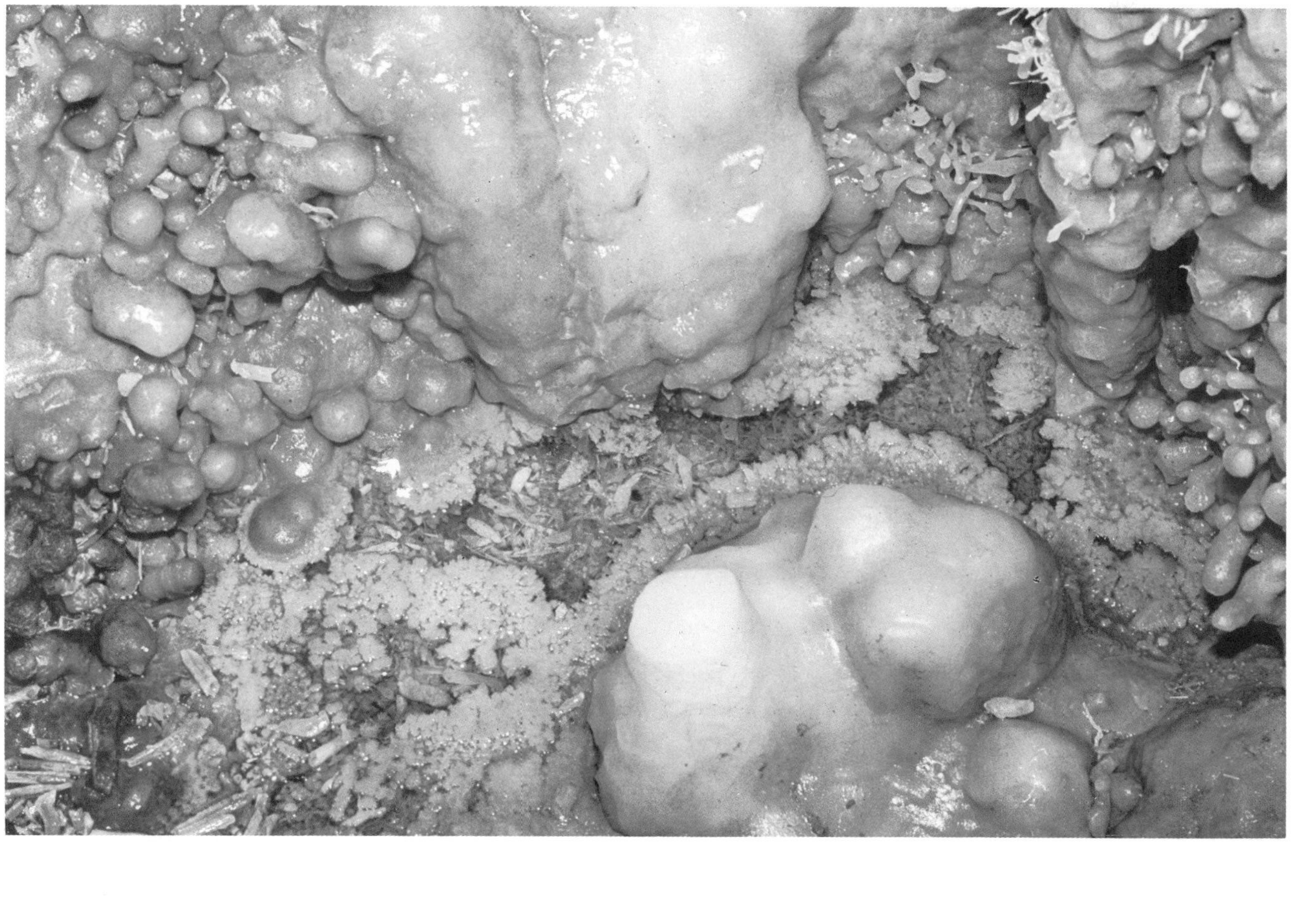

espetacular conhecido como os "cem mil soldados". No Brasil, merecem destaque os pinheirinhos do "salão Taquêupa", na Caverna de Santana, e da Gruta da Capela, em São Paulo, ambas no Parque Estadual Turístico do Alto Ribeira (PETAR).

Pétalas ou folhas de calcita: é também a exsudação o processo responsável pela formação dessas estruturas, que por vezes, recobrem as estalagmites. Os exemplos mais conhecidos desses tipos de espeleotemas estão nas Grutas de Armand e Orgnac na França onde, crescendo sobre estalagmites gigantes de mais de 10 m de altura, essas "folhas" chegam excepcionalmente a 3 m de comprimento (Gèze, *op. cit.*).

No Brasil esses espeleotemas já foram observados em diversas cavernas, merecendo destaque por seu desenvolvimento os existentes no Abismo Anhumas em Bonito, no Mato Grosso do Sul, na Gruta do Caboclo, em Januária, Minas Gerais, na Gruta São Geraldo em Santana, Bahia e na Caverna do Diabo em Eldorado, São Paulo. Não há estudos concluídos sobre a gênese desses espeleotemas.

Escudos ou *discos*: são espeleotemas planos, de forma circular ou semicircular, que se projetam, ora oblíqua ora perpendicularmente, às paredes da caverna. Essas notáveis estruturas planas têm poucos centímetros de espessura e comumente mais de 1m de diâmetro. Apesar de raramente encontradas, quando o são geralmente ocorrem em grupo.

O exemplo mais notável até agora conhecido em cavernas brasileiras é o da "sala do Disco", na Caverna de Santana, onde existem vários espeleotemas desse tipo, ornamentados por cortinas e estalactites nas suas faces inferiores. Tais ornamentações dão aos espeleotemas o aspecto de "púlpitos", nome pelo qual também são conhecidos.

A gênese destas estruturas foi estudada por J. Kunsky (1950), Kundert (1952) e Moore (1958), entre outros.

Kunsky os classifica como "o análogo bidimensional da estalactite" e Kundert demonstrou que a orientação dos escudos, segundo suas pesquisas nas Lehman Caves, segue a orientação das juntas existentes no calcário encaixante. Segundo esse autor, a água existente nas juntas da rocha movimenta-se por pressão hidrostática e, atingindo as bordas, deposita ali uma película de calcita em ambas as laterais. A deposição prossegue formando duas placas paralelas de calcita, separadas por uma fratura plana que se orienta em concordância com ajunta do calcário.

Esses discos ocorrem também associados às colunas que sofrem fraturamento horizontal pelo deslocamento — subsidência — do solo que as suporta. Se a fratura plana assim originada for de espessura milimétrica, as águas que circulam pelos vazios intercristalinos da coluna, sob ação da pressão hidrostática, são expulsas lentamente, reproduzindo o mesmo processo de deposição acima descrito. Nesses casos, porém, o disco se apresenta como um anel plano horizontal que circunda a coluna, recebendo o nome de *colar*. Belos exemplos desse tipo de discos são encontrados na Gruta dos Caboclos, em Januária, Minas Gerais.

Esferas ou *"blisters"*: pequenas protuberâncias esféricas e geralmente brancas que ocorrem em paredes das cavernas, freqüentemente em meio às áreas ocupadas por corais. Diferentemente destes, no entanto, são estruturas ocas. Já foram identificadas esferas compostas por gipsita, calcita, calcedônia e opala (Moore, 1952). Sua origem é desconhecida.

Essas esferas são encontradas na Gruta do Padre, na Bahia, nas cavernas de São Domingos, em Goiás, e na Gruta do Salitre, em Cordisburgo, Minas Gerais, não tendo, porém, merecido nenhum estudo entre nós. Podem ter relação com as *bolotas* já descritas ou com os *cotonetes*.

124. "Cotonete", na Gruta da Mangabeira (BA). JA.
"Orange-stick" in the Gruta da Mangabeira (BA). JA.
125 e 126. Discos de calcita na Caverna de Santana (SP). CFL.
Calcite discs or shield in the Caverna de Santana (SP). CFL.
127. Esfera (*blisters*) na Gruta do Padre (BA). CFL.
Blisters in the Gruta do Padre (BA). CFL.

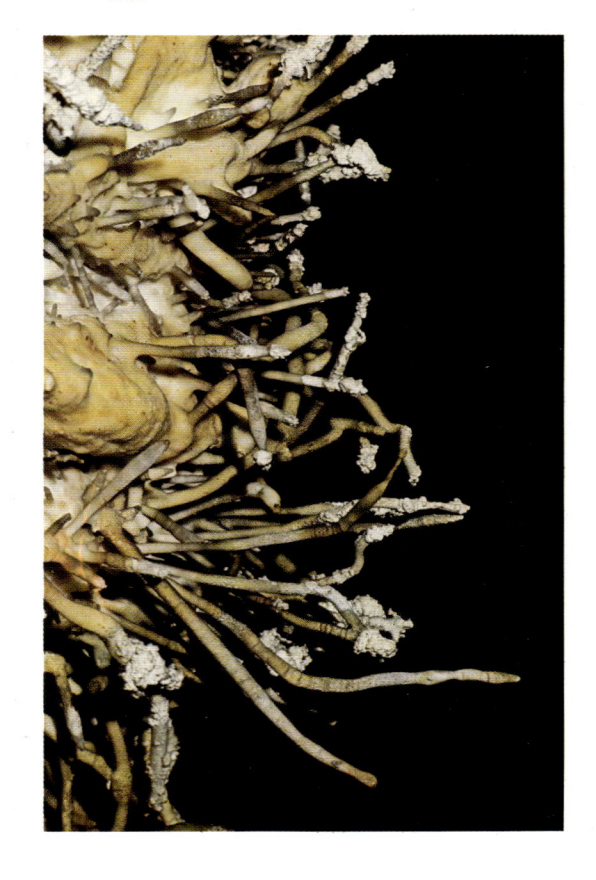

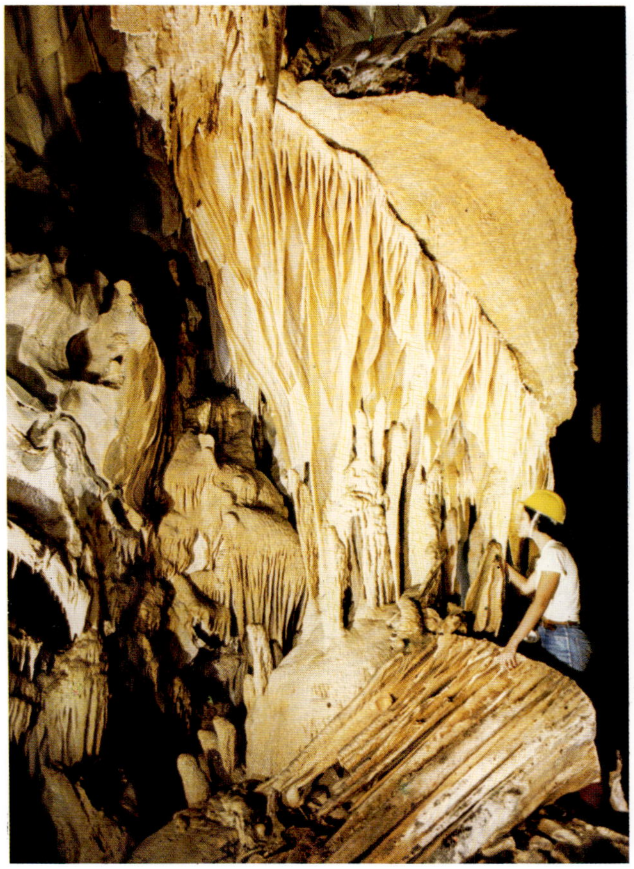
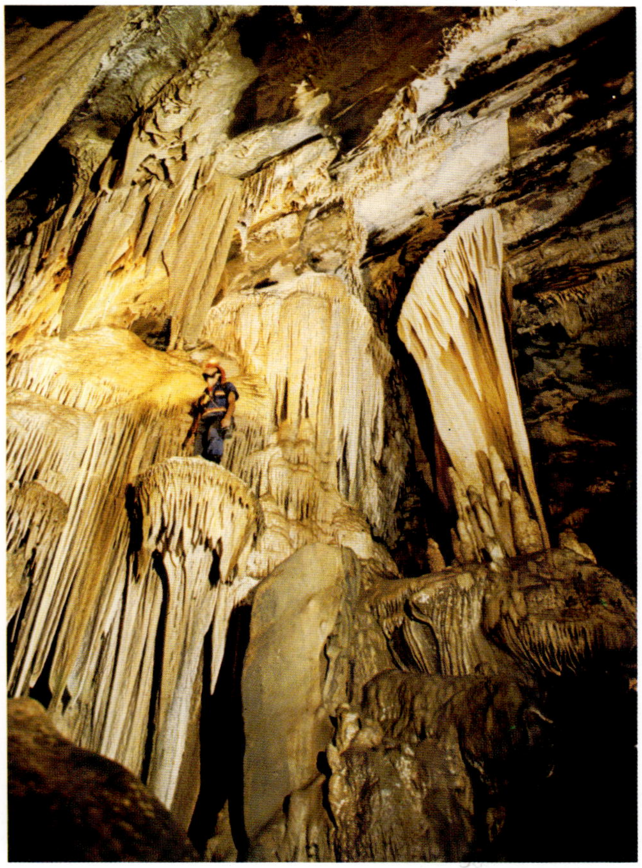
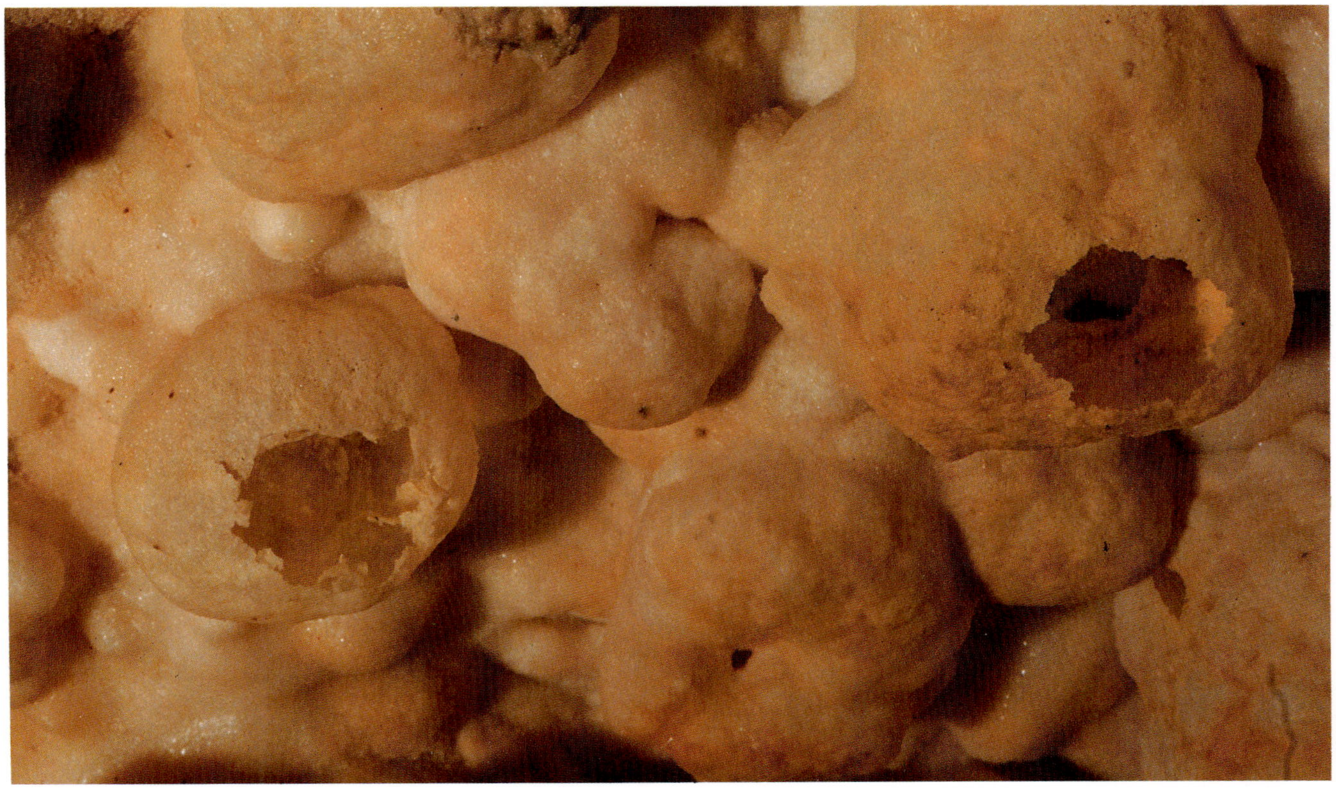

128. Gruta dos Cristais, um enorme geodo de calcita situado em Matozinhos (MG). Autor anônimo.
The Gruta dos Cristais: a cave encrusted with a frosting of calcite in Matozinhos (MG). Anonymous.

Cotonetes: encontrados em diversas cavernas brasileiras, especialmente em Goiás, Minas Gerais e Mato Grosso do Sul, são helictites ou flores de aragonita, cujas extremidades livres são envolvidas por pequenos tufos brancos de consistência porosa. A formação desses cotonetes não foi ainda devidamente estudada. Existem hipóteses que relacionam sua origem à deposição de sais de magnésio e ao "leite-de-lua", adiante descrito.

3. Depósitos de águas estagnadas

Depósitos de águas estagnadas são os espeleotemas originados a partir da deposição de minerais nas partes submersas ou superficiais dos represamentos de água existentes nas cavernas, nas quais a solução pode ficar saturada de carbonato pela lenta liberação de CO_2 no ambiente.

Tais depósitos são tipicamente erráticos, sem orientação preferencial, e irregulares, mostrando geralmente elementos com muitas faces cristalinas em projeção. Nesse tipo de depósito predomina a calcita, que comumente apresenta uma morfologia externa muito desenvolvida. Entre os espeleotemas desse grupo salientam-se:

Geodos de calcita: são os mais comuns depósitos de águas estagnadas em cavernas. Apresentam-se na forma de revestimentos cristalinos das superfícies submersas de poças e represas de travertino ou em reentrâncias e concavidades das paredes. Dentre as variedades desse espeleotema, destacam-se os "dentes-de-cão", os "triângulos", as "pirâmides" e as "estrelas de calcita".

Dentes-de-cão: são espeleotemas de calcita depositados na forma de cristais alongados, com hábito romboédrico ou escalenoédrico e comprimento que, em alguns casos, chega a atingir mais de 20 cm. Belos exemplos são encontrados na Caverna de Santana.

Algumas grutas são, por vezes, total ou parcialmente inundadas por águas saturadas de bicarbonato. Desde que essa inundação perdure por um tempo relativamente grande e que a solução atinja um certo nível de saturação, pode ocorrer a deposição de cristais "dente-de-cão" em todas as superfícies internas.

Um extraordinário exemplo desse tipo de revestimento cristalino no piso, paredes e teto de uma caverna é o que ocorre na Gruta dos Cristais, em Matozinhos, Minas Gerais, transformada em um único e gigantesco geodo de calcita.

Pirâmides e *triângulos de calcita*: Nos depósitos de águas estagnadas, é comum a mudança de hábito no crescimento dos cristais, em função de mudanças no ambiente químico ou físico onde ocorrem as deposições. Assim, cristais com hábito romboédrico podem, por exemplo, ter desenvolvimento escalenoédrico a partir de um certo estágio.

Da mesma forma, associado com variações do nível de água, o crescimento dos cristais pode sofrer modificações pela deposição diferencial em algumas de suas partes em prejuízo de outras. Um curioso exemplo desse tipo de depósito é o representado pelos "triângulos de calcita" que, por vezes, recobrem os fundos de piscinas rasas formando uma verdadeira malha com arestas pronunciadas e interior côncavo.

Os melhores exemplos desses triângulos que temos em cavernas brasileiras são encontrados na Lapa do Cedro, em Minas Gerais. O crescimento tridimensional desses triângulos pode gerar o aparecimento de "pirâmides", descritas em algumas cavernas de Minas, especialmente na referida Lapa do Cedro.

Estrelas de calcita: Por vezes, crescem, em piscinas de águas rasas, macrocristais de calcita irradiando-se de uma única base. Tais estruturas, aparentadas com pirâmides invertidas, geralmente apresentam-se como estrelas de múltiplas pontas. A origem dessas formações ainda é desconhecida, embora o processo da formação individual de cada cristal em nada difira dos "dentes-de-cão". O melhor exemplo dessas estrelas é encontrado no "salão Taquêupa", na Caverna de Santana, onde se apresentam em conjuntos, com coloração branca e translúcida.

Jangadas: a precipitação da calcita em águas estagnadas tende a ser mais rápida na superfície livre da água por ocorrer ali a maior liberação de CO_2 da solução para a atmosfera da caverna. Em conseqüência, crostas de calcita tendem a crescer nas bordas da piscina chegando, às vezes, a cobri-la em toda a sua área.

Algumas vezes, no entanto, pequenas crostas de calcita (Hill e Forti, *op. cit.*, se referem também a aragonita e siderita) são encontradas boiando livremente na superfície da água. São estruturas planas, microcristalinas, de formato irregular, que chegaram a mais de 2 metros de diâmetro. Tais espeleotemas são chamados *jangadas*.

Essas placas, suportadas pela tensão superficial da água, se tocadas, perdem seu equilíbrio e afundam. Se as jangadas crescem significativamente, podem atingir as bordas da piscina, cimentando-se a elas.

As hipóteses existentes sobre a formação desses espeleotemas consideram também a precipitação da calcita em torno de partículas diversas que venham a cair nas piscinas e que, pelo seu pequeno peso, não afundam. A partir desses "grãos" iniciais, que poderiam ser simples partículas de poeira, a calcita se cristalizaria em torno deles e, com a continuidade do processo, a jangada teria sua área ampliada. Embora esse processo possa acontecer em alguns casos, essa não é uma condição para a formação de jangadas, bastando para tal que haja a liberação de CO_2 na superfície de águas saturadas de carbonato. Notáveis jangadas deste tipo são encontradas na região do "salão Taquêupa" na Caverna de Santana, em Iporanga, São Paulo, na Lapa da Angélica, em Goiás, e em outras grutas dessas regiões.

Bolhas de calcita: esses raros espeleotemas correspondem a estruturas ocas, usualmente esféricas ou semiesféricas, que se cristalizam pela liberação de CO_2 na

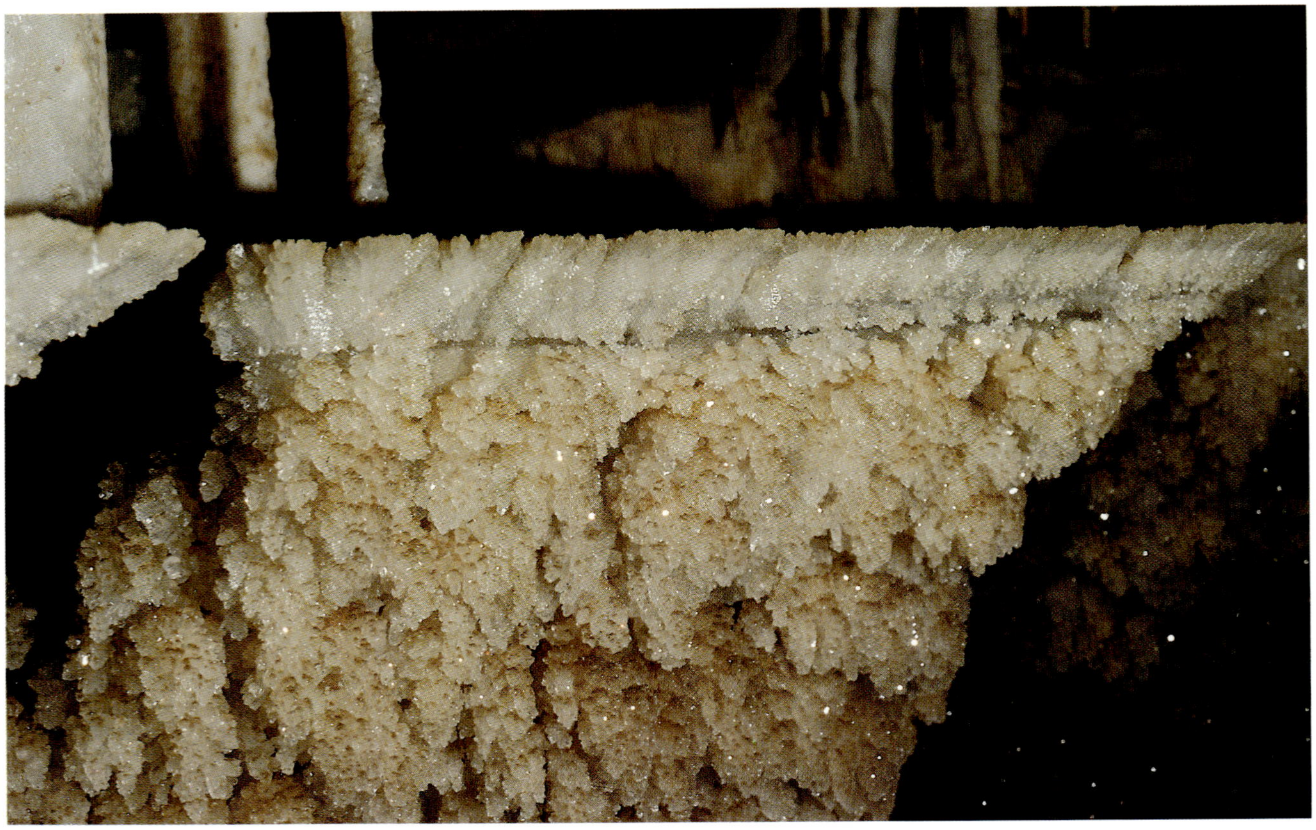

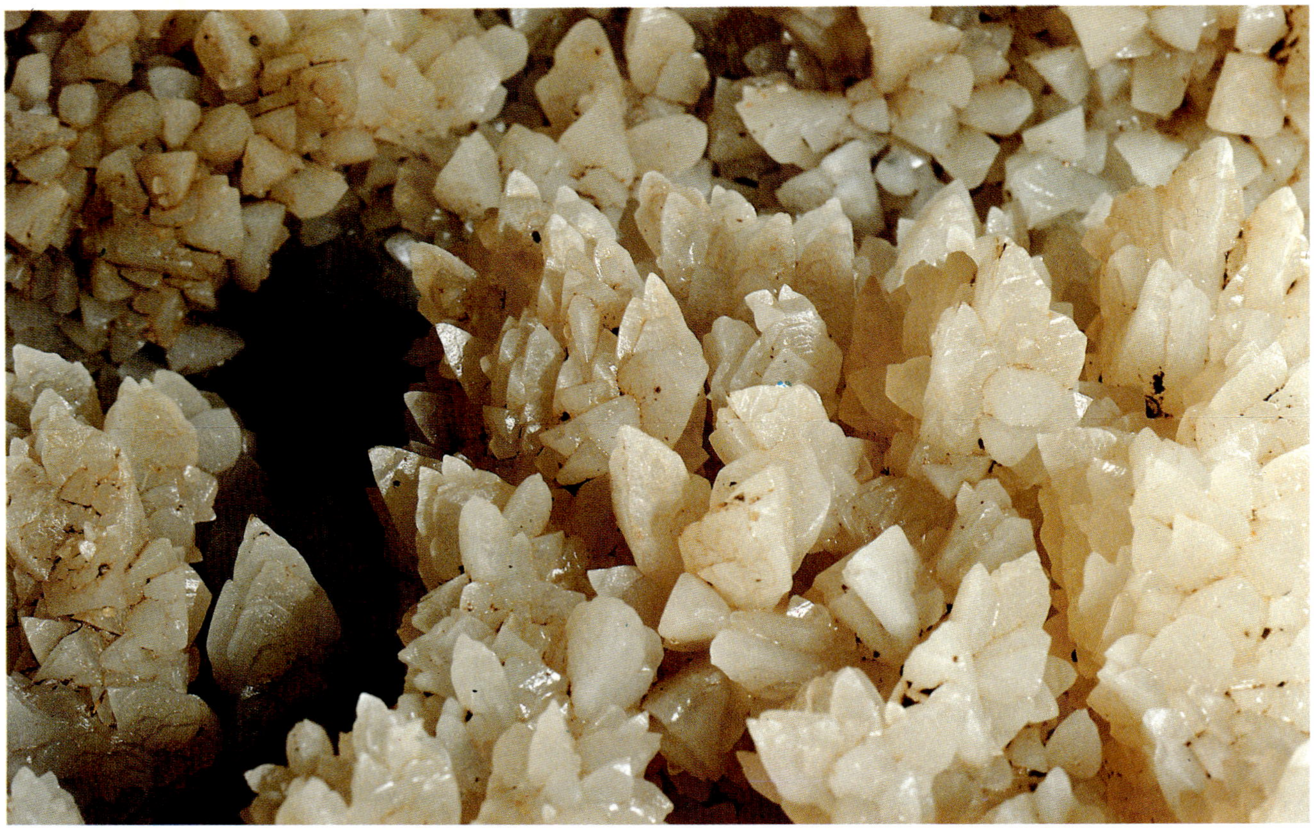

129. Cristais "dente-de-cão". Caverna de Santana (SP). JAL.
    Dog-tooth crystals. Caverna de Santana (SP). JAL.
130. Cristais "dente-de-cão" na Caverna de Santana (SP). CFL.
    Dog-tooth crystals in the Caverna de Santana (SP). CFL.
131. Gruta dos Cristais (MG). Detalhes de estrelas de calcita e cristais "dente-de-cão". JAL.
    The Gruta dos Cristais (MG). Details of the calcite stars and dog-tooth crystals. JAL.

superfície de poças de água estagnada, geralmente represas de travertino, tendo como suporte bolhas de ar flutuantes.

Com diâmetro geralmente inferior a 1 cm e espessura de cerca de 0,2 mm, esses espeleotemas estão geralmente associados às "jangadas" e podem apresentar formas tubulares, ovoidais, de balões ou de taças de vinho. Mais raras são as formas compostas onde se apresentam como "bolhas duplas" ou mesmo pequenos colares de bolhas interligadas (Hill e Forti, 1986).

Sua superfície interna é lisa e externamente costumam apresentar asperezas e cristalizações. São geralmente de calcita embora já tenham sido registradas formações de aragonita (Hill e Forti, *op. cit.*).

A deposição da calcita ocorre preferencialmente no topo da bolha, o que torna esse topo mais pesado provocando, com freqüência, um lento movimento rotatório da mesma e, conseqüentemente, seu afundamento.

No Brasil, até o momento, a presença desse tipo de espeleotema só foi registrada na Gruta do Padre, Bahia, durante a experiência de permanência subterrânea ali desenvolvida em 1987.

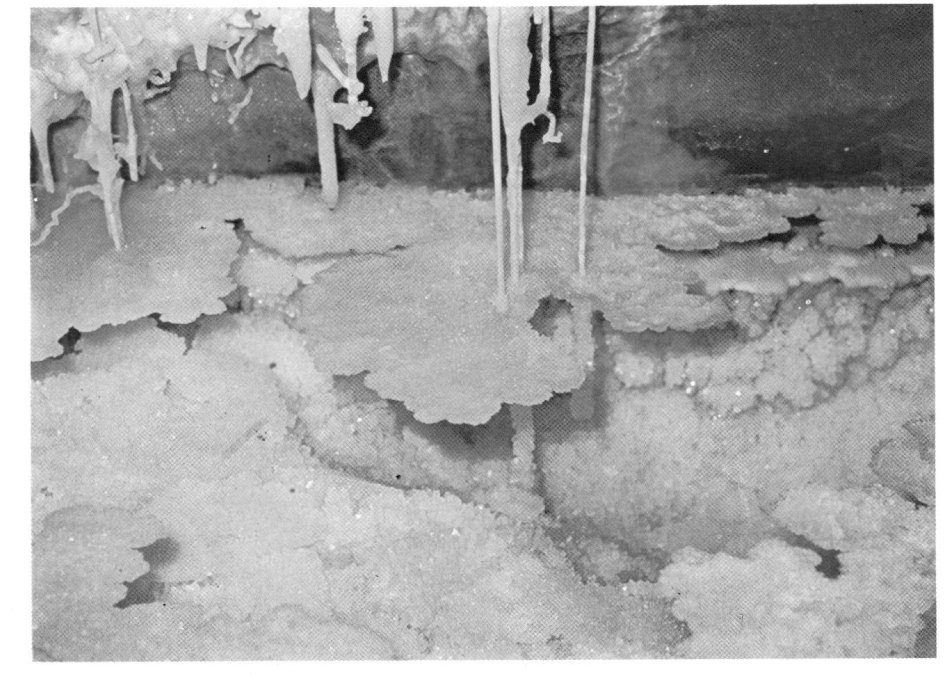

132. Plataformas originados pela fixação de jangadas de calcita na margem da represa de travertino, atualmente seca. Caverna de Santana (SP). JAL.

Platforms arising from the fixing of calcite rafts to the edges of a "rimstone dam", at present dry. Caverna Santana (SP). JAL.

133. Estrelas de calcita. Caverna de Santana (SP). CFL.

Calcite stars. Caverna de Santana (SP). CFL.

134. Triângulo e pirâmides de calcita na Lapa do Centro. AA.
Calcite triangle and pyramids in the Lapa do Cedro (BA). AA.

No referido local são encontradas cerca de uma dezena de bolhas esféricas e ovais em uma pequena e rasa poça de água, na época totalmente seca. Tais bolhas, incluindo uma composta (bolha dupla) são encontradas tanto soltas quanto presas a uma fina membrana de calcita que, como nata, recobre toda a superfície da poça.

Plataformas: conforme visto anteriormente em represamentos de água saturada, a área mais propícia à precipitação da calcita é a do nível de água que, pelo contato com o ar da caverna, possibilita a evaporação e maior liberação do CO_2. Embora tal precipitação possa se dar de forma livre (jangadas), a deposição se realiza com maior facilidade nos contatos da linha de água com as bordas ou obstáculos naturais que servem de suporte para tais depósitos cristalinos. Dessa forma, no entorno dos lagos e represas de travertino, são comuns as "plataformas de calcita" ou *marquises* que avançam sobre as águas. Por sua forma particular, algumas plataformas recebem o nome de "orelhas de água" — quando circulares ou elipsoidais e presas à margem por um pequeno trecho — ou "ilhas" e "cogumelos", quando se desenvolvem sobre bases **puntuais** no interior da piscina, sem contato direto com as margens.

Clavas, espigas e castiçais: certas estalactites localizadas a pequenas alturas sobre piscinas de água ricas em bicarbonato têm, às vezes, suas extremidades nelas mergulhadas pelo aumento do nível da água.

Essa extremidade submersa passa então a funcionar como "germe" para a cristalização do carbonato dissolvido, o que ocorre geralmente na forma de cristais "dente-de-cão". Tal deposição, se ocorre ao longo de um razoável segmento da estalactite, confere-lhe o aspecto de uma espiga de milho onde os grãos são representados por grandes e pontiagudos cristais de calcita. Por vezes, a cristalização da calcita sobre a estalactite (ou estalagmite) parcialmente submersa se dá apenas na linha de água, criando uma estrutura circular plano-horizontal — marquise — em volta da mesma. Por sua aparência final, esses espeleotemas são conhecidos como "castiçais".

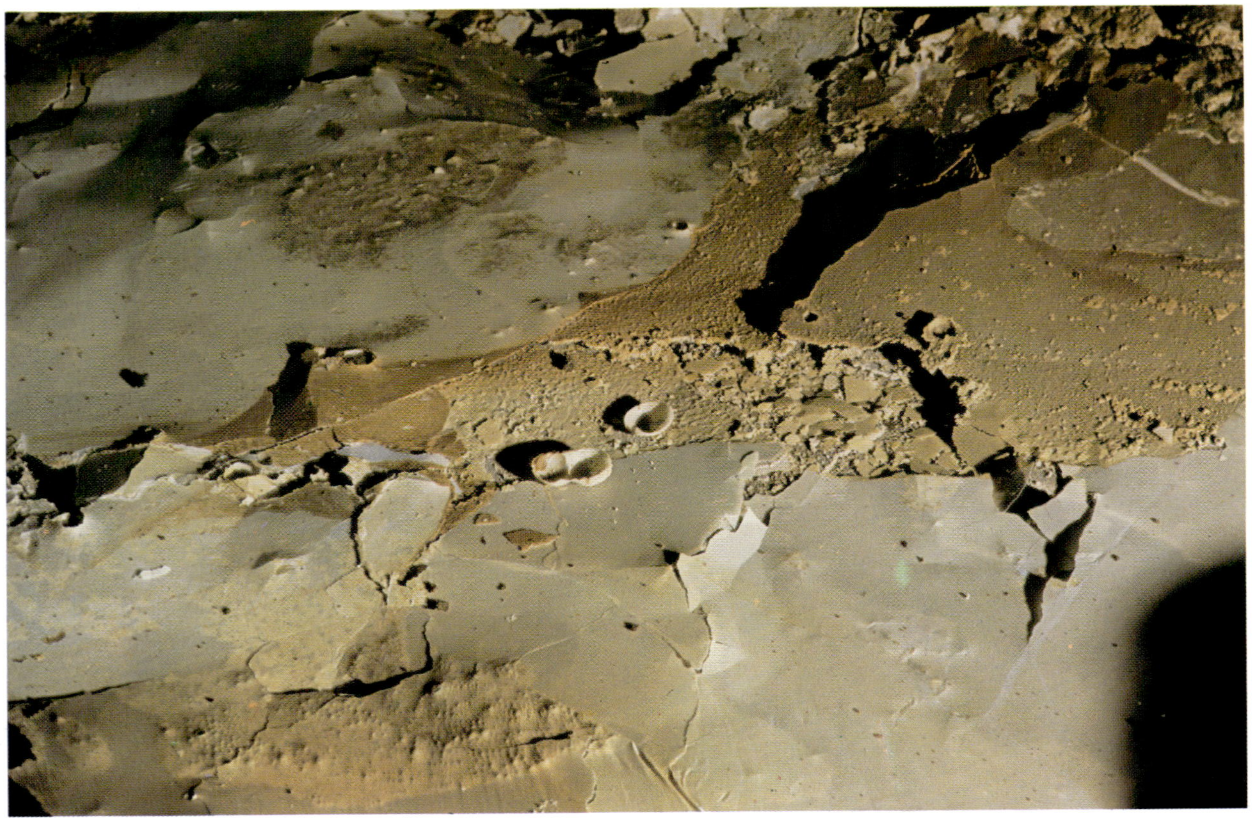

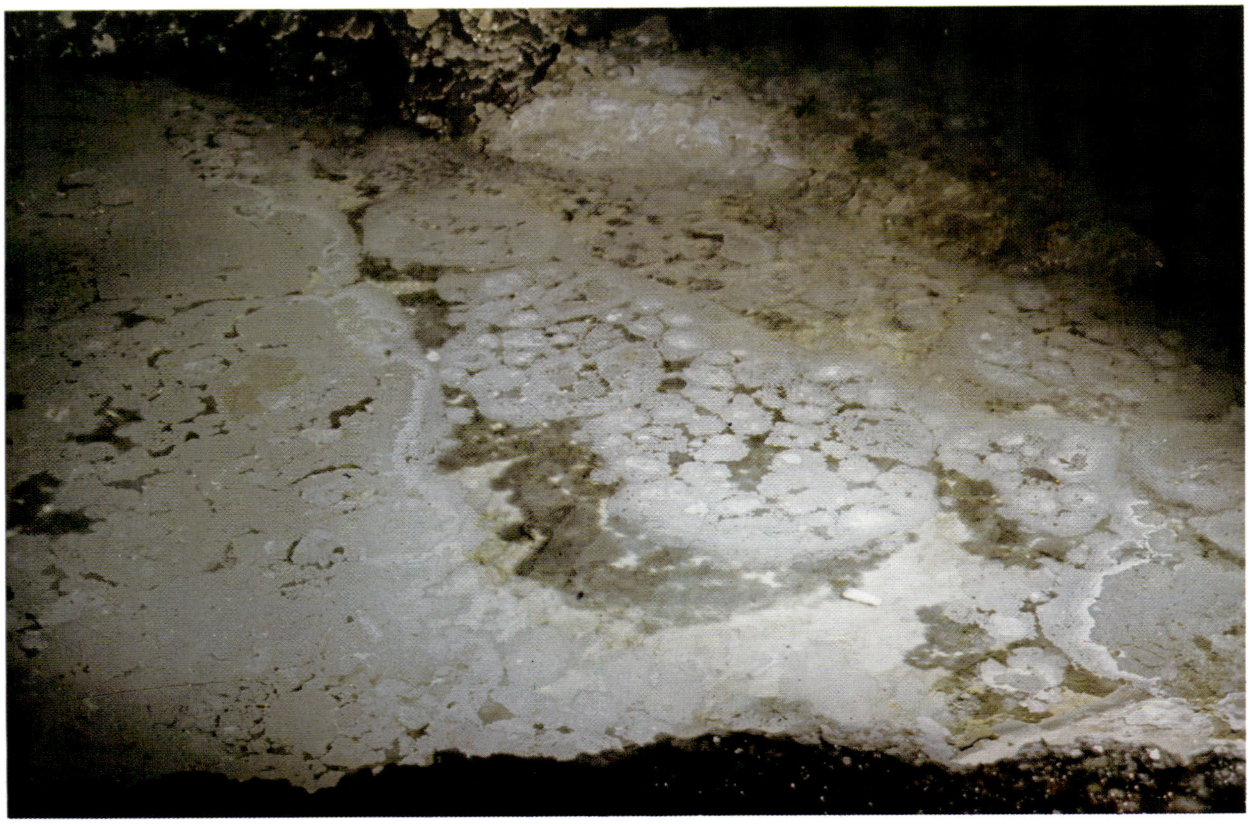

135. "Bolhas de calcita". Espeleotemas raros formados no interior de uma pequena poça d'água recoberta por uma fina membrana de calcita flutuante. Note a "bolha dupla", no centro da fotografia. Gruta do Padre (BA). CFL.

"Calcite bubbles". These rare speleothems have been formed inside a small pool covered with a fine membrane of floating calcite. Note the "double bubble" in the centre of the photo. Gruta do Padre (BA). CFL.

136. "Jangadas" de calcita flutuante no "salão Taquêupa" da Caverna de Santana (SP). JAL.

Calcite "rafts" floating in the "salão Taquêupa" of the Caverna de Santana (SP). JAL.

137. "Clavas de calcita" na Caverna de Santana (SP). JAL.

"Calcite clubs" in the Caverna Santana (SP). JAL.

Quando, no entanto, a deposição ocorre apenas na extremidade inferior da estalactite, geralmente o depósito toma a forma esférica ou semi-esférica com os cristais se dispondo radialmente. Esses espeleotemas, pela sua forma peculiar, são conhecidos como "clavas".

Concreções: são agregados sedimentares, geralmente de calcita, que revestem ou englobam pequenos núcleos soltos existentes na superfície do solo nas cavernas. Tais núcleos podem ser simples grãos de areia, fragmentos de rocha ou de outros espeleotemas, fragmentos vegetais, ossos, conchas de moluscos e inúmeros outros suportes.

O aspecto final dessas concreções é variável em função da forma do núcleo recoberto e da textura do revestimento que pode ser rugosa, áspera ou totalmente lisa.

As formas mais comuns são as de pequenos bastonetes, as elipsoidais e as perfeitamente esféricas, sendo normalmente estas últimas concreções pela sua especial estrutura, denominadas "pérolas de cavernas".

Pérolas de cavernas: são concreções de estrutura concêntrica que se formam sob gotejamento no interior de represas de travertino ou em pequenas cavidades inundadas nos pisos das grutas. Tais cavidades, quando revestidas por uma capa de calcita, são denominadas "ninhos de pérolas" e geralmente se localizam sob estalactites, cujo gotejamento alimenta de água essas pequenas bacias. Os ninhos podem conter uma única pérola ou dezenas delas, mas é mais comum encontrá-los em grupos do que isoladamente.

Suas dimensões variam de poucos milímetros a 20 cm de diâmetro, sendo raras as formas que ultrapassam os 3 cm de raio. As pérolas esféricas de 20 cm de diâmetro encontradas na Caverna São Mateus, em Goiás, e outras com até 23 cm, da Lapa d'Água, Montes Claros (MG), são exemplos excepcionais em termos mundiais. Peças encontradas com dimensões semelhantes geralmente apresentam formas irregulares e superfícies enrugadas.

O corte de uma pérola mostra a existência de duas partes: o núcleo, já descrito, e o envoltório. Este é formado pela superposição de camadas concêntricas de calcita ou outro mineral, cujos cristais se apresentam perpendiculares à superfície do espeleotema.

Em cavernas européias e americanas, são descritas pérolas cujas camadas são formadas ora de aragonita, ora de calcita. No Brasil, no entanto, todas as pérolas estudadas (Guimarães, 1974) são formadas exclusivamente pela calcita, independentemente das impurezas nela encontradas.

Comumente, as camadas apresentam colorações diferentes pela presença de impurezas e suas espessuras são variáveis de dezenas de micros a 5 mm, conforme as alterações das condicionantes de hidrologia e meteorologia.

Tais alterações implicam igualmente a variação da deposição da calcita ao longo do tempo, o que dificulta os estudos relativos à velocidade de crescimento desses espeleotemas.

Levando-se em conta pesquisas realizadas em diversas partes do mundo, poderíamos considerar que o crescimento médio dessas pérolas se situa entre 0,2 mm e 2 mm por ano.

As camadas iniciais têm suas formas comprometidas com a forma do núcleo que recobrem, sendo aos poucos sucedidas por outras mais regulares e geralmente mais esféricas.

138. "Clavas de calcita" no "salão Duka" da Gruta do Jeremias (SP). CFL.
"Calcite clubs" in the "salão Duka" of the Gruta do Jeremias (SP). CFL.

Para a formação dessas estruturas esféricas parece, segundo vários autores, ser necessária a agitação e rotação constantes da pérola. Tal requisito é, todavia, discutível e polêmico.

Em casos de pérolas como a de 20 cm da Caverna São Mateus, dadas as suas dimensões e o peso, a rotação seria dificilmente explicada pelos gotejamentos ou escorrimentos. Na mesma caverna, no entanto, foram observadas pérolas com cerca de 2,5 cm em visível movimento de rotação sob o fluxo do gotejamento.

Outra teoria que tenta explicar o revestimento total da pérola e sua correspondente esfericidade é a que apela para a "força de cristalização" da calcita. Essa força seria, em alguns casos, capaz de "levantar" o espeleotema, desde que existisse entre o cristal — na superfície inferior da pérola — e o suporte sólido — ninho — uma lâmina de solução capaz de fornecer o composto para a precipitação da calcita.

É possível que ambas as teorias tenham importância na explicação da gênese destes interessantes espeleotemas.

No sentido de ampliar tal discussão, trazemos alguns exemplos de depósitos de pérolas que mereceriam especial estudo: os dois primeiros apresentam-se de formas semelhantes, sendo um na Gruta das Pérolas, em Iporanga, São Paulo, e outro na Caverna São Mateus, em São Domingos, Goiás. Nesses dois locais, em pisos inclinados, cobertos por pequenas represas de travertino, espalham-se centenas de pérolas perfeitamente esféricas. Também na Gruta do Janelão, Minas Gerais, ocorre fato semelhante, embora os milhares de pérolas ali existentes se espalhem por um piso praticamente plano, segmentado por baixas represas de travertino e alinhamentos de corais tipo "couve-flor".

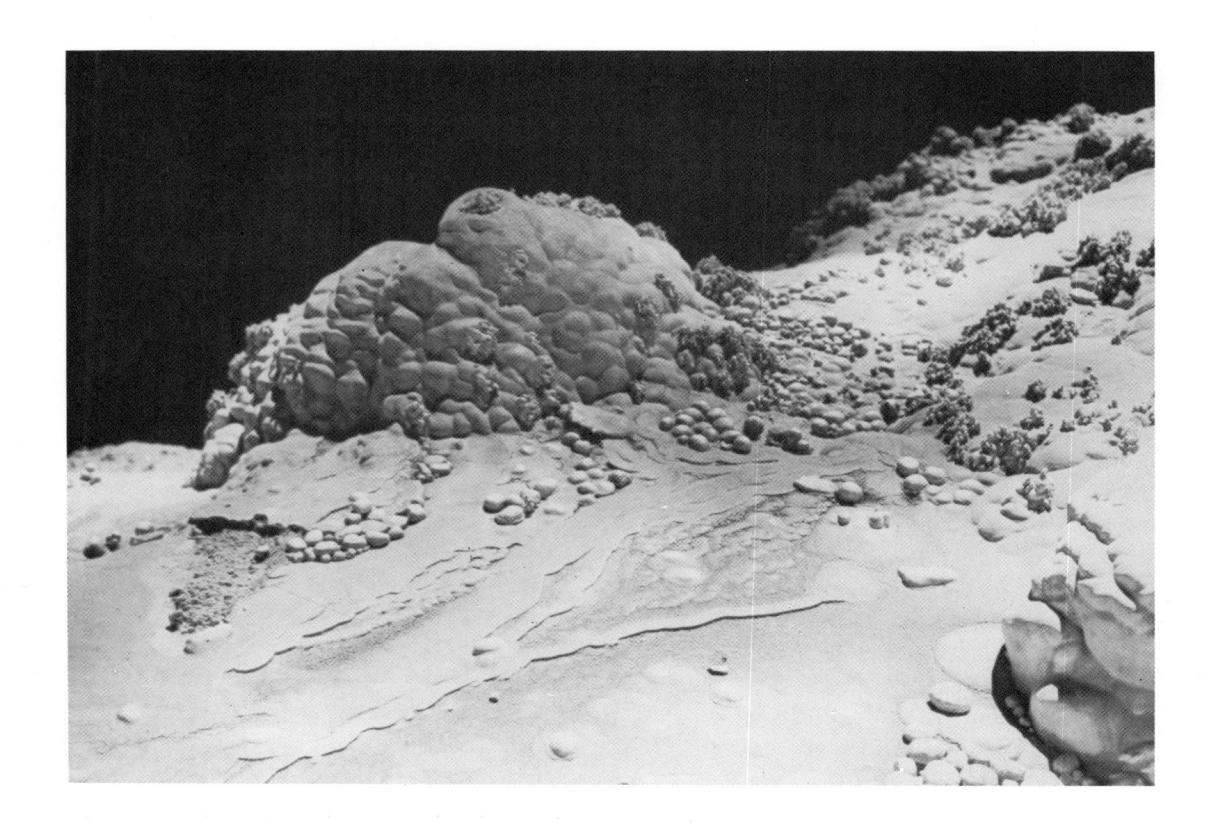

139. Pérolas em ninho disperso sobre piso estalagmítico. Gruta do Janelão (MG). CFL.
Pearls in a dispersed nest on a stalagmitic floor. Gruta do Janelão (MG). CFL.

Um quarto caso, sem dúvida um dos mais notáveis, ocorre na Gruta dos Paiva, em Iporanga, São Paulo. Nessa caverna, toda uma sala de mais de 150 m² é recoberta por uma "camada" de cerca de 5 a 10 cm de espessura, formada por milhares de pérolas. Essas pérolas, com dimensões variando entre alguns milímetros e 2 cm de diâmetro, têm superfície lisa e coloração marrom-clara.

Outro exemplo intrigante é a Lapa d'Água, em Montes Claros, Minas Gerais. Toda uma galeria é forrada de pérolas gigantes. Um banco argiloso, parcialmente escavado (provável retirada de salitre) deixou à mostra inúmeras pérolas de cerca de 10 cm de diâmetro incrustadas no antigo sedimento.

Nos cinco casos, não se pode falar em ninhos muito delimitados, não existe gotejamento constante e seria difícil explicar o envolvimento de tantos núcleos pelo processo citado no início. Atualmente, os locais são secos e nessas cavernas não existem outras áreas com quantidades comparáveis desse tipo de espeleotema.

Nos casos mais comuns, as pérolas têm superfície áspera e marrom, existindo ainda formas revestidas com grossas saliências e cristais cintilantes. Outras vezes, são perfeitamente lisas e brancas, cujo aspecto invoca um processo de contínuo polimento.

Nas grutas do Janelão e Bonita, ambas em Januária, Minas Gerais, são encontradas ainda algumas pérolas em cuja parte superior crescem corais eflorescentes. Esse fato, cuja gênese é desconhecida, confere a esses espeleotemas a forma de "petecas" e "camafeus", nomes pelos quais são costumeiramente designados.

Nas grutas dessa mesma área, bem como em São Paulo, na Gruta das Pérolas, entre outras, foram observadas pérolas "achatadas" cuja parte superior é recoberta por microtravertinos.

140. Pérolas tipo "bolacha" sobre microtravertinos na Gruta do Janelão (MG). Observe-se que a superfície das pérolas também é recoberta por microtravertinos. CFL.

'Biscuit' type pearls in a rimstone micro-formation in the Gruta do Janelão (MG). Note that the surface of the pearls is also covered by a rimstone microformation. CFL.

141. Pérolas ovais soltas e outras já soldadas às bordas do ninho. Gruta do Padre (BA). CFL.

Oval pearls: some are still loose, others attached to the edges of the nest. Gruta do Padre (BA). CFL.

142. Acúmulo de pérolas de calcita marrom, observando-se as concavidades naturais existentes nos pontos de contato entre cada uma delas. Gruta das Pérolas, Iporanga (SP). LAM.

An accumulation of brown calcite pearls. Note the natural concavities occurring at the points of contact. Gruta das Pérolas, Iporanga (SP). LAM.

143 e 144. "Vulcões" de diversos tipos, formados pelo acúmulo de jangadas de calcita flutuante na Gruta do Convento, Campo Formoso (BA). FC.
"Volcanoes" of different types, formed by the accumulation of rafts of floating calcite in the Gruta do Convento, Campo Formoso (BA). FC.

Merecem ainda destaque algumas pérolas existentes na Gruta do Padre, Bahia. Lá foram encontradas pequenas pérolas com 1 cm, formadas por macrocristais transparentes de calcita, verdadeiras jóias da natureza.

Em todos os casos citados, quando existe descontinuidade na alimentação de água nos ninhos, as pérolas, especialmente aquelas situadas junto às bordas das bacias, são muitas vezes cimentadas ao piso e lentamente envolvidas por escorrimentos, que interrompem seu desenvolvimento.

Vulcões: as piscinas de água estagnadas também servem de berço para um tipo de espeleotema muito curioso e aparentemente raro em termos mundiais: os "vulcões". Tais espeleotemas, como indica seu nome, têm a forma de um tronco de cone cuja extremidade superior é côncava, semelhante a uma pequena cratera.

Na literatura espeleológica internacional existem referências a espeleotemas morfologicamente semelhantes, mas com gênese distinta daquela observada em cavernas brasileiras. Deve-se, por essa razão, esclarecer que tais vulcões não podem ser confundidos com as "geysermites" identificadas em grutas de Cuba e da Tchecoslováquia, nem com as estalagmites perfuradas, cujo topo é dissolvido por águas subsaturadas posteriores à sua formação. Também é necessário descartar totalmente a descrição desses vulcões como **sand boils** (Hill e Forti, *op. cit.*), em que as estruturas seriam formadas por areia depositada no encontro de ressurgências de águas, no interior das cavernas.

Os vulcões são formados por gotejamento em represas com águas saturadas em carbonato de cálcio, crescendo verticalmente, como uma estalagmite, a partir do piso submerso. Apresentam estrutura microcristalina permeada, às vezes, por pequenos nódulos carbonáticos semelhantes às pérolas de caverna ou pela superposição de camadas de "jangadas" afundadas.

Não existe ainda um estudo completo sobre sua gênese mas, pelo que se pode observar nas grutas onde ocorrem, esses espeleotemas são originados pela deposição de calcita provocada pela queda de gotas em águas estagnadas e saturadas, contidas em represas de travertino, especialmente naquelas onde encontram-se "jangadas". O choque da gota na superfície da água e a correspondente liberação do CO_2 fazem com que a calcita precipitada, em forma de microcristais ou plaquetas, venha a depositar-se no fundo da piscina, formando uma película circular de pequena espessura.

Outras gotas caem e a deposição da calcita vai superpondo novas camadas àquela original. O diâmetro dessas placas circulares vai, no entanto, diminuindo, dada a redução entre o nível da água e a base de acumulação que se vai elevando lentamente pela constante deposição.

No centro do círculo, porém, dada a turbulência ocasionada pelo impacto da gota, a calcita precipitada não se acumula. As camadas de deposição vão assim modificando-se de círculos para anéis laminares, tendendo paulatinamente para a circunferência, com diâmetros externos cada vez menores. Várias gotas esparsas vão dar origem a vários vulcões vizinhos que, se muito próximos, têm suas bases interligadas.

A altura desses espeleotemas é limitada pelo nível da água e, por essa razão, seus topos são geralmente nivelados. Tal nivelamento é igualmente notado nas ornamentações das bordas das piscinas onde, às vezes, cristais "dente-de-cão" formam crostas horizontais alinhadas com os topos dos vulcões. Variações de altura nesses espeleotemas indicam variações do nível da água nas piscinas por determinados períodos.

A ocorrência confirmada de vulcões ainda é restrita a poucas cavernas brasileiras: Caverna de Santana, Gruta do Gambá, Gruta Temimina II e Gruta do Jeremias, em São Paulo; Cavernas São Mateus, em Goiás; Lapa d'Água, Lapa Encantada, Lapa do Cedro, Gruta Morena, Gruta Tobogã, Gruta Olhos d'Água, em Minas Gerais, e Gruta da Represa, Gruta do Convento, na Bahia. Há todavia indicações de outros locais.

4. *Depósitos de origem biológica (biotemas)*

Os depósitos de origem biológica são os espeleotemas formados pela ação de organismos animais ou vegetais (predominantemente) que ocorrem em cavernas. Podem se apresentar tanto como formas deposicionais quanto erosionais ou ainda como produto simultâneo desses dois processos.

A referência à ação erosiva e química de vegetais sobre rochas carbonáticas é bastante antiga (Sollas, 1880, entre outros), mas apenas a partir da década de 1970 iniciaram-se estudos mais sistemáticos sobre o tema em cavernas, destacando-se, entre outros, Folk *et al.* (1973), Waltham e Brook (1981) e Schneider (1976), que definiram termos como **phytokarst**, **photokarren** e **biokarst** respectivamente. Mais recentemente Viles apresentou uma revisão do assunto.

No referido estudo, Viles mostra que "Went (1969) sugere, a partir de trabalhos em cavernas do leste de Nevada que fungos estão regularmente associados com a extremidade ativa de estalactites e que o fungo **hyphae** age simultaneamente como

145. "Vulcões" na galeria Jardim de Alá. Caverna de Santana (SP). JAL.

"Volcanoes" in the Jardim de Alá gallery of the Caverna de Santana (SP). JAL.

146. "Vulcões" na Caverna de Santana (SP). Observe-se a borda da represa de travertino, as cristalizações tipo calcita "dente-de-cão" indicando diferentes níveis de água represada coincidindo com o nível dos diversos "vulcões". CFL.

"Volcanoes" in the Caverna de Santana (SP). At the edge of the rimstone dam "dog-tooth" type calcite crystal formations may be seen; these indicate different water-levels within the dam, coinciding with the level of the various volcanoes. CFL.

147. "Vulcões" de calcita branca na Gruta São Mateus/Imbira (GO). CFL.

White calcite "Volcanoes" in the Gruta São Mateus/Imbira (GO). CFL.

núcleo de cristalização e elo de ligação para a precipitação do carbonato de cálcio". Outros autores, como Withe (1981) e Latham (1981), atribuem também a microorganismos a coloração de vários espeleotemas; e Latham considera que tais organismos podem afetar a estrutura e possivelmente a morfologia dos espeleotemas.

Moore (1981), Laverty e Crabtree (1978), entre outros, consideram ainda que a deposição de manganês e outros minerais em cavernas pode igualmente ser induzida por atividade microbiológica. Também em relação à formação do "leite-de-lua", adiante descrito, esse processo bioquímico é defendido por vários autores (Caumartin e Renault, 1958, Pochon *et al.* 1964, e Bernasconi, 1981).

Entre esses espeleotemas alguns merecem destaque em cavernas brasileiras:

O "leite-de-lua" — é um dos mais interessantes biotemas encontrados nas cavernas. Trata-se de um depósito de consistência pastosa ou porosa, semelhante a uma argila de coloração branca. Quando seco tem uma aparência pulveriforme e lembra o giz.

Pode ser composto de diversos minerais carbonáticos como a calcita, a aragonita, a monohidrocalcita, a magnesita, a hidromagnesita, a nesqueonita, a huntita, etc. É conhecido desde a Idade Média e sua ocorrência, especialmente na Europa, já foi descrita inúmeras vezes.

Segundo Williams (1959), é provável que o "leite-de-lua" tenha origem na ação de microorganismos que são encontrados nesse tipo de depósito. Esses microorganismos — actinomicetos, algas, e bactérias como a **Macromonas bipunctata** — são identificados como responsáveis pela "quebra" da calcita, onde se originam os componentes do "leite-de-lua".

No Brasil, não existe nenhuma ocorrência desse tipo de depósito que tenha sido adequadamente estudada. Sua presença, no entanto, é notada em diversas cavernas em São Paulo, Minas Gerais e Goiás.

O termo, de origem germânica — *Mondmilch* — e que por vezes é substituído e por **Montmilch** (leite de montanha), foi criado segundo consta, em 1714, pelo sábio alemão M. B. Valentini de Frankfurt em uma referência à caverna de Mondloch — caverna da lua, próxima a Lucerna — onde ocorriam tais tipos de depósito.

Segundo outras fontes (Nuñez Jimenez, 1967), o termo é de origem suíça, criado no século XV, sendo derivado de **Monmilch**, ou seja, "leite de gnomo", seres mitológicos que, acreditava-se, viviam nas cavernas.

O *salitre* é uma das mais conhecidas formas de decomposição encontradas em cavernas. É um mineral que há mais de 4 000 anos vem sendo utilizado pelo homem como atestam alguns documentos — tábuas — suméricos de 2100 a.C. Tais documentos, assim como outros também antigos, contam a história da produção, descoberta e usos desse nitrato, sendo mais comuns os de seu emprego como diurético.

Seu uso mais importante, porém, foi o de componente no fabrico da pólvora nos tempos coloniais. A presença de salitre em cavernas brasileiras já é noticiada por Gabriel

Soares, em 1587, no *Tratado Descriptivo do Brasil*. Em 1757, a exploração das "nitreiras" das grutas dos vales dos rios das Velhas, São Francisco e das Contas, ganha maior importância com o estabelecimento de várias usinas para extração e refino do salitre naquela região. Durante toda a época do Império, a produção de pólvora no país, embora pequena, baseou-se nessas nitreiras de Minas Gerais e Bahia, sendo óbvia sua importância na descoberta das cavernas daquela área.

O salitre é originado a partir da ação de bactérias (**Nitrobacter** ou **Nitrosomonas**) em depósitos de cavernas, estando segundo alguns autores associado ao guano de morcego. O mineral encontrado nas cavernas é a nitrocalcita $Ca(NO_3)_2\ 4H_2O$ — nitrato de cálcio — que, para ser usado no fabrico de pólvora, deve ser transformado em nitrato de potássio KNO_3 — niter. O nitrato de potássio natural existe em cavernas, mas é extremamente raro, sendo identificado apenas em cavernas da região árida da Austrália Central (Mawson, 1930).

Espeleofototemas: são curiosas formações identificadas pelo autor em cavernas brasileiras a partir de 1977, com peculiaridade de só ocorrerem em zonas de entradas e apresentarem orientação claramente voltada para a luminosidade, mostrando um "fototropismo positivo", semelhante ao da vegetação que ali ocorre.

Apresentam-se na forma de pequenos cilindros, filetes e cones alongados — como espinhos ou torres inclinadas —, sempre formando conjuntos e "crescendo" tanto sobre a rocha encaixante, como sobre blocos abatidos e, mais raramente, sobre espeleotemas. Ocorrem geralmente em cavernas com grandes entradas, tendo sido identificados em diversas grutas de São Paulo — Casa de Pedra, Temimina, Morro Preto, Água Suja —, de Minas Gerais — Janelão — e de Goiás — São Mateus —, entre outras.

Em 1978, Brook e Waltham identificaram esse mesmo tipo de formação em entradas de cavernas, não especificadas, situadas no Gumung Mulu National Park, em Sarawak. A partir dessas observações, Bull e Laverty (1982) realizaram o primeiro estudo conhecido sobre essas formações, identificando-as não como formas deposicionais mas sim formas residuais da ação de algas que atacam química e fisicamente o substrato rochoso. Nesse sentido, não podem ser incluídas formalmente entre os espeleotemas mas sim entre os denominados "espeleogens".

Os referidos autores apontam ainda, entre outras conclusões, variações morfológicas nesse tipo de **phytokarst** e associam tais variações à posição da superfície rochosa em relação à direção prevalecente da luz incidente. Segundo afirmam, a inclinação da rocha subparalela à luz incidente produz formas filetadas, enquanto em superfícies subperpendiculares à luz difusa são produzidas formas cônicas grosseiras. Julgam também que a luz direta de algum modo influencia o desenvolvimento de cilindros pontiagudos ou cones e dizem que o eventual controle litológico sobre essas morfologias não foi demonstrado.

5. Depósitos de origem mista

Vários espeleotemas têm sua composição química ou aspecto final relacionado à atuação simultânea ou seqüencial de vários mecanismos de formação. Criam-se, então, espeleotemas híbridos ou compostos.

Não pretendemos nessa oportunidade apresentar estudos detalhados sobre tais espeleotemas, mas apenas descrever alguns dos mais freqüentes e/ou mais interessantes.

Nas formas híbridas se incluem basicamente os formados pela superposição e integração de espeleotemas diversos, de cuja combinação se originam peças com as

148 e 149. Anemolites nas entradas das grutas do Brejal, Januária (MG) e Lapa Vermelha I, Pedro Leopoldo (MG). CFL.

Anemolites at the entrances of the caves of Brejal, Januária (MG) and Lapa Vermelha I, Pedro Leopoldo (MG). CFL.

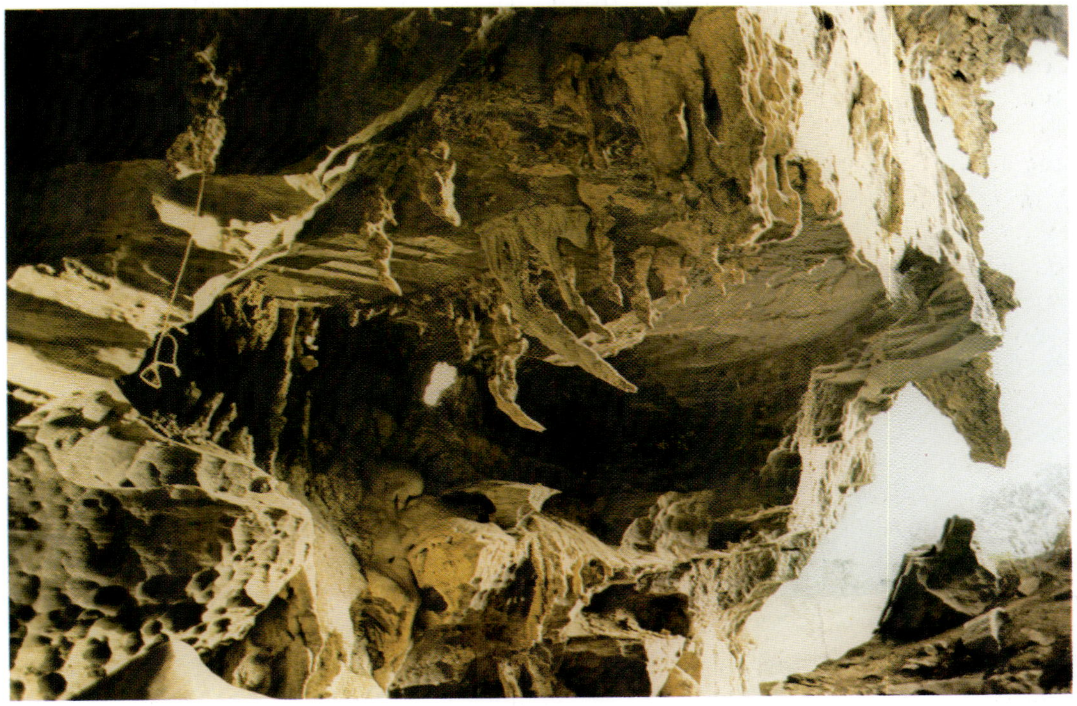

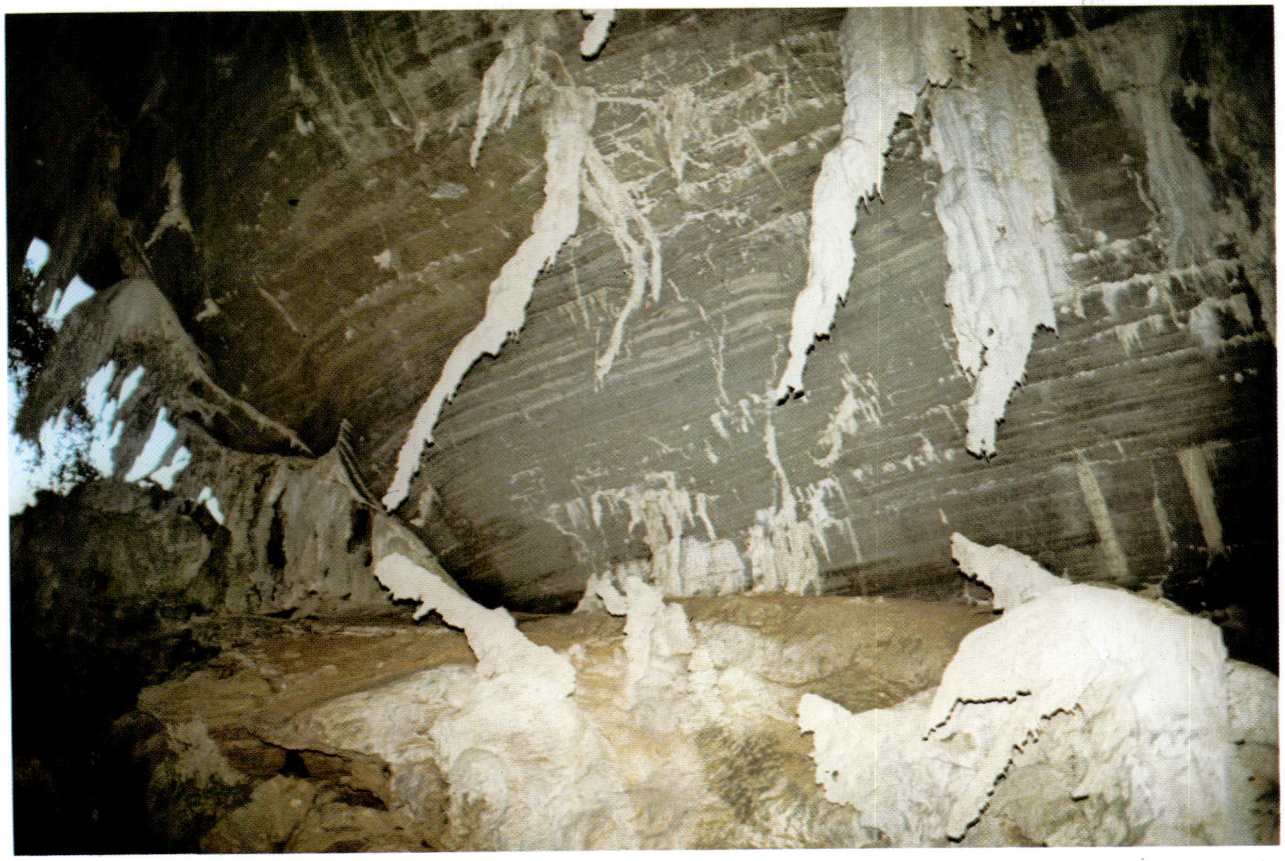

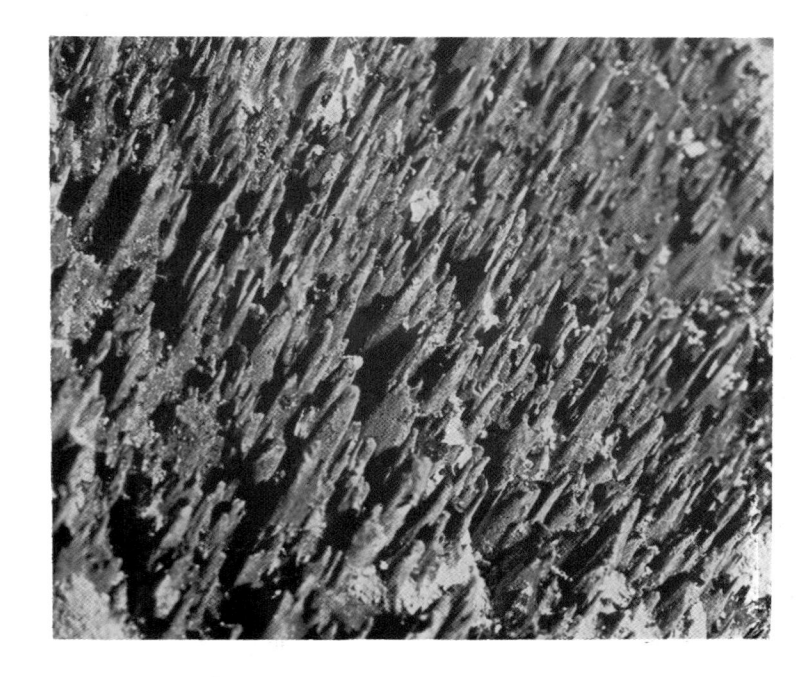

150. Espeleofototemas (fitocarste). Agulhas formadas pela dissolução de calcário por microorganismos em entradas de cavernas. Na foto, exemplares da Caverna Casa de Pedra (SP). CFL.
Speleophotothems (phytokarst). Needles formed by the dissolution of limestone by micro-organisms at cave entrances. In the photo, examples from the Caverna Casa de Pedra (SP). CFL.

mais diversas formas e estilos. Assim, são comuns blocos de ornamentação onde estalactites, cortinas e helictites se agrupam e interpenetram. Da mesma forma, ocorrem estalagmites recobertas e associadas com "corais", "represas de travertino" e tufos de "couve-flor". Estariam aqui englobadas também as "clavas", "espigas", e "ilhas" já descritas.

Entre os espeleotemas formados pela ação simultânea de vários mecanismos estão os denominados *anemolites* (do grego **anemos** = vento), que englobam as estalagmites e as helictites, cuja direção de crescimento seja claramente condicionada pela circulação de ar em entradas ou condutos de caverna. Assim, existem por exemplo conjuntos de estalactites que fogem da verticalidade, "inclinando-se" na direção dos ventos predominantes.

Não se trata obviamente do "entortamento" desses espeleotemas pela força física do vento, mas, basicamente, pela deposição diferencial — assimétrica —, deslocada da calcita em função da maior evaporação em um dos lados do espeleotema. Embora raras, existem estalagmites que crescem inclinadas sob estalactites — anemolites —, cujo ponto de gotejamento vai se deslocando pela sua inclinação gradativa. Os melhores exemplos desse caso no Brasil ocorrem na Gruta do Brejal, rio Peruaçu, no norte de Minas Gerais.

Alguns autores também associam a forma de tais espeleotemas à ação de microorganismos, o que não é, todavia, compartilhado pela maioria dos estudiosos.

No grupo dos espeleotemas híbridos se incluem, igualmente, os formados a partir da cimentação e revestimento de fragmentos de espeleotemas quebrados que jazem nos solos das grutas. Formas originais e bizarras surgem dessa maneira.

Um exemplo interessante é o de algumas estalagmites encontradas na Caverna São Mateus, em Goiás, que, se partidas, deixam à mostra um conduto central como os de estalactites. Tais estalagmites se originam a partir do revestimento de fragmentos de "canudos de refresco", que, pelo excesso de peso, se partiram e se enterraram verticalmente no piso argiloso da gruta. O gotejamento posterior revestiu-os, aumentando-lhes o diâmetro e usando-os como suporte para verdadeiras estalagmites que passaram a crescer a partir do seu topo.

Outra ornamentação interessante é a *estalactite esférica*. Em locais onde ocorrem grandes inundações é comum que as estalactites atingidas por elas sejam recobertas por camadas de argila razoavelmente espessas. Com o abaixamento do nível das águas, essas estalactites recobertas de argila encontram dificuldade em se desenvolver, dada a obstrução do seu canal central. A água represada nesse canal é, então, forçada a escoar pelo contato da estalactite com o teto e escorre pela superfície externa à camada de argila, dando origem a uma capa calcítica de consistência porosa e formato relativamente esférico. Na extremidade inferior dessa capa envolvente, é comum originar-se uma nova estalactite tubular e, pela aparência final, é conhecida popularmente como "mama-de-vaca". Essa teoria não explica, no entanto, todos os casos conhecidos, uma vez que, enquanto algumas dessas formações se cortadas mostram a clara alternância entre capas de argila e de calcita, outras apresentam bandas concêntricas, mas unicamente desse último mineral.

Também a modificação da composição química do mineral depositado — de aragonita para calcita, por exemplo — ou a superposição de minerais distintos depositados seqüencialmente podem originar espeleotemas de forma e estilos complexos. Bons exemplos desse caso são algumas helictites de calcita do salão Nirvana, na Caverna de Santana, em São Paulo, que apresentam florações de aragonita em suas extremidades, ou ainda os já citados "cotonetes", comuns nas cavernas do Brasil Central.

Outros espeleotemas raros e inusitados foram por nós observados no "salão Duka", na Gruta do Jeremias, em São Paulo, e, por sua forma, denominados "cachimbos". Trata-se de "canudos-de-refresco" em cuja extremidade inferior cresceram cristais escalenoédricos possivelmente de calcita. Esses macrocristais têm seu eixo de crescimento oblíquo ao canudo e sentido ascendente de crescimento gerando a forma de cachimbo, que lhe dá o nome. A gênese dessas estranhas formações é ainda desconhecida.

Esses são apenas alguns exemplos das surpresas e curiosidades que as cavernas, de forma contínua, podem ainda nos oferecer.

CONSIDERAÇÕES COMPLEMENTARES

Ainda hoje, a grande maioria dos estudos sobre os espeleotemas tem se baseado, via de regra, na análise de casos ou tipos isolados. A ocorrência e distribuição dos espeleotemas em nossas cavernas, no entanto, não se dá de forma aleatória. Existem certas leis ainda a serem claramente identificadas, que determinam por que alguns espeleotemas são muito freqüentes, enquanto outros são extremamente raros; por que alguns deles estão sempre associados a outros — estalactites com estalagmites, por exemplo —, ou por que dependem da prévia existência de outros — "jangadas" e "vulcões", por exemplo, pressupõem geralmente a existência de represas de travertino. São também pouco conhecidas as leis que determinam que alguns espeleotemas sejam constituídos por um único tipo de mineral, enquanto outros se apresentam em várias composições minerais; que certas formações só existam em entradas de cavernas, ao passo que outras se restrinjam a áreas confinadas muito particulares dessas cavidades; ou ainda que alguns espeleotemas ocorram isolados enquanto outros somente em grupos, entre tantas outras indagações até o momento não respondidas adequadamente.

Essas e outras questões exigem que a "espeleotemalogia", se assim pode ser denominado o estudo dessas deposições, ultrapasse sua fase descritiva e fragmentária e assuma uma visão mais sistêmica e articulada. Cada espeleotema é o componente de um sistema mais amplo e complexo e seu estudo deve ser entendido como ferramenta nesse sentido, um meio e não um fim.

Página seguinte — *Following page*
151. Espirólito. Um raríssimo tipo de espeleotema sem conduto central, encontrado na Gruta do Lapão (quartzítica), em Lençóis (BA). FC.
Spirolith: an extremely rare speleothem type with no central conduit, found in the quartzitic Gruta do Lapão in Lençóis (BA). FC.

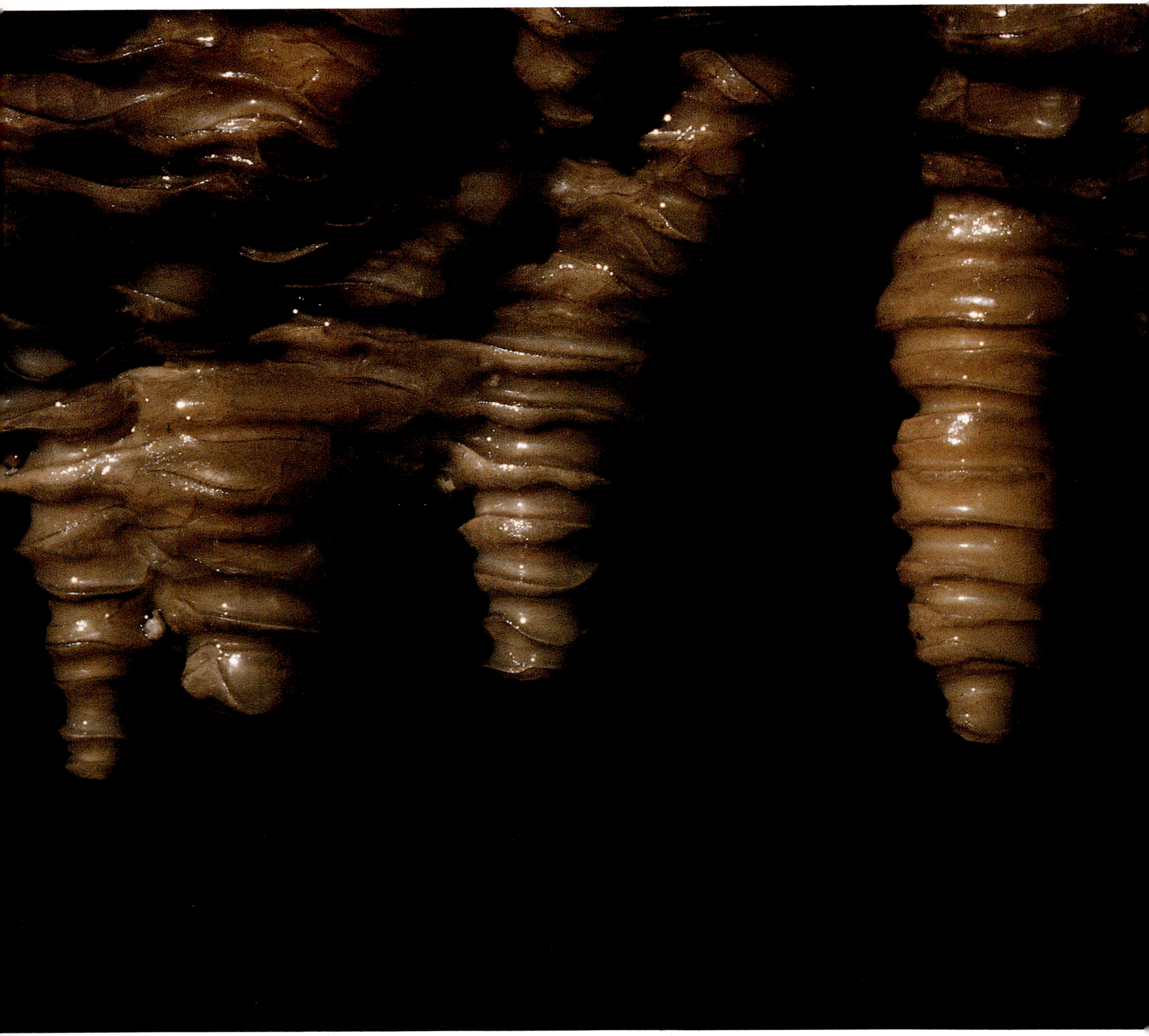

SPELEOTHEMS: Fantasy in Stone

*… from the roof of some there drips,
released in time, that trickle,
laden with its salts, gathering into a drop
which becomes stone in the air, hardens,
and hangs there for a whole lifetime…*

Guimarães Rosa

SPELEOTHEMS

Caves are phenomena, sometimes ephemeral phenomena, in the geological dynamics of the earth's crust. In this sense, the processes of fracturing, erosion and, principally, dissolution of the rock cause the formation of cavities. Contrary to this, however, there are other natural mechanisms which, with a certain similarity to the formation of scar tissue, tend to restabilize the rock mass by filling in the spaces — caves — through the deposition of sediments of a variety of kinds. Such sediments may be grouped in two broad categories — clastic sediments and speleothems.

Clastic sediments *may be composed of autochthonous material, which is derived from the surrounding rock-mass, or of allochthonous material, from outside the cavity, originating on the surface and carried into the interior of the caves by the action of water, wind, or gravity. Among the former we find clays produced by the dissolution of limestones and of collapsed blocks, while among the latter are eroded soils, vegetable remains, and general detritus.*

In tropical areas — where violent storms are common and, as a result, swollen rivers have considerable carrying capacity — it is common to find the entrances to caves blocked up by branches and twigs, leaves, and soil. The slow and continuous deposition of sand and clays in subterranean passages may also end up by blocking these conduits completely, and by filling large stretches of the cave with sediment, thus reducing the chances of adequate speleological study.

In spite of this, the fact remains that a large part of this sedimentary material is formed of organic matter which is subject to decomposition, of sandbanks, and of clays without much consistency; these deposits may be impermanent and thus subject to reworking by further effects of the watercourse. They should therefore be regarded as frequently dynamic in character.

Speleothems, *on the other hand, are mineral depositions formed in caves, basically by chemical processes of dissolution and precipitation. This usually gives them a character which is of greater permanence, and which may even be structural. There do exist speleothems formed by predominantly physical processes; this does not change the fact that in the majority of cases, chemical processes are predominant.*

The term speleothem was devised by Moore (1952), from the Greek **spelaion**, *"cave", and* **thema**, *"deposit". In view of the growing prevalence of Moore's term, a number of other terms such as* **speleolith**, **stalagmitic formations**, *and* **reconstruction forms** *(Martel, 1932) are little by little dropping out of use.*

It is necessary to insist on the very specific application of the word, to forms derived from deposition of secondary minerals in a cave which has already been opened up; it does not apply to other concretions which may be found in the same environment. One should distinguish between underground features formed by the dissolution of rock or by clastic sediments which, in their shape, may look like certain types of speleothems. This is the case with various types of subterranean lapies such as pendants, scallops, domes and bell canopies, "demoiselles" (residual forms resulting from the differential erosion of sandbanks), and other features already described and given the name of **speleogens** *by Lange (1953).*

Also distinct from speleothems are mineral depositions of a secondary character, formed in the interior of the rock and later exposed by chance through the formation of a cave; such features have been called **petromorphs** *(Halliday, 1955), and the classic example is the* **boxwork** *already described.*

But, in all probability, it is the speleothems themselves, in the form of stalactites, stalagmites, columns, cave flowers, and an infinite number of other formations covering ceilings, walls, and floors, which most cause the admiration of visitors and excite the curiosity of research workers.

There can be few natural phenomena which are so fascinating, or so stimulating to the imagination, as speleothems, individual, imitative, beautiful in their forms. Over the centuries, a great deal of purple prose has been addressed to the subject, with a wealth of adjectives and generous metaphors. But the scientific texts which seek an explanation of how these forms are created and evolved are incomparably fewer in number.

The best-known and most studied — because the commonest and the first to form in caves — of all speleothems are the stalactites and stalagmites, generally composed of calcium carbonate (calcite). The genesis of these, described here in simplified form, serves as a means of understanding the basic processes of deposition of minerals in caves.

Rainwater, acidulated by atmospheric and soil CO_2, penetrates into cracks and fissures in the calcareous rock, dissolving it and carrying off the calcium carbonate until this finally emerges on the roof of an existing cave. The drop of water (aqueous solution) hangs on the roof until it reaches the volume and weight necessary to overcome surface tension and fall. During the period of hanging in the cave, the solution is exposed to environmental conditions which are quite distinct from those through which it had previously passed on its journey under pressure through the narrow fissures of the rock. This change, which involves greater ventilation, alterations in temperature, pH, and CO_2 pressure, creates chemical instability through the liberation of the CO_2 into the cave and the consequent precipitation of part of the dissolved carbonate. Thus the surface of the drop, which is the area of greatest instability, develops the first crystals of calcite; these, organizing themselves during the period in which the drop is still in contact with the roof, form an initial crystalline ring which will serve as a base for a future stalactite. Drop by drop, a hollow tubular stalactite grows in a downward direction.

The drop, when it at last falls, carries with it a solution of carbonate which slowly forms a succession of layers on the floor immediately below, and which become a stalagmite. The opposing growth of stalagmite and stalactite finally result in the union of the two, to form a column.

It will be seen that there is a sequence of three phases within this process; they may be summed up in the simplified chemical reactions which follow:

1. Acidulation of water (formation of carbonic acid)

$$H_2O + CO_2 \rightleftharpoons H_2CO_3$$
water   carbon dioxide   carbonic acid

2. Dissolution of rock by carbonic acid

$$H_2CO_3 + CaCO_3 \rightleftharpoons Ca(HCO_3)_2$$
carbonic acid   calcium carbonate   calcium bicarbonate

3. Precipitation of calcite with formation of speleothem:

$$Ca(HCO_3)_2 \rightleftharpoons CaCO_3 + H_2O + CO_2$$
calcium bicarbonate   calcite   water   carbon dioxide

These reactions are based on the assumption that the rock under attack is carbonate, and that the reagent is carbonic acid; this is true of more than 90% of cases, but does not represent the case of spleleothems formed by the action of other acids on other rocks, such as sandstones, basalts, and other types where caves may be found. Even so, the phases involved in the process are substantially similar.

In calcareous caves, it is obvious that there will be a predominance of minerals composed of calcium — calcite, aragonite, and gypsite, possiby in that order.

Calcite (calcium carbonate) is a white or milky mineral in its pure form; crystallization is rhombohedral (crystals shaped rather like a flattened cobblestone). In world-wide terms, it is the most frequent mineral in caves, and that which forms most types of speleothem.

Aragonite is a polymorph of calcite — that is, it has the same chemical composition ($CaCO_3$) but has a different type of crystallization (orthorhombic). It is much more soluble than calcite, and the process of precipitation is thus more difficult: this makes it relatively rare and / or confined to distinctive underground environments.

Theoretically aragonite will crystallize only when there is an obstacle to the precipitation of carbonate in the form of calcite. In view of the relative abundance of aragonite speleothems in some caves, the matter is intriguing to those involved in research. Various theories have attempted to explain the phenomenon; those which are most widely accepted relate it to the supersaturation of the aqueous solution, and the presence of ions of magnesium ($Mg_{\_\_}$), strontium ($Sr_{\_\_}$), lead ($Pb_{\_\_}$), or sulphate ($SO_{4\_}$) in the solution — all of these are considered inhibitors of calcite precipitation.

Speleothems formed of aragonite may, in certain conditions, turn into calcite, a more stable form of calcium carbonate. When this happens, the calcite speleothem may keep the original external crystalline form, with the acicular form characteristic of aragonite.

Gypsite (calcium sulphate, $CaSO_4$), though common enough in Brazilian caves, produces a relatively small number of speleothem types. These usually occur as "flowers", or crusts of elongated and twisted crystals. They may also be found as irregular heaps of extremely fine transparent crystals. In most cases the presence of gypsite in caves is probably due to the dissolution and transportation of the gypsum in limestone.

Another explanation for the origin of subterranean gypsite is the oxidation of pyrite (FeS_2), which may by chance occur as an impurity in limestone. The reaction, with the consequent attack on the calcium carbonate, produces carbon dioxide and water, which are liberated in the environment, and also limonite ($2\ Fe_2\ O_3$) and gypsite ($CaSO_4$), which are precipitated as speleothems.

In the sandstone caves already studied in Brazil, according to Martins (1985), there will be a predominance of silica minerals, such as opal, chalcedony, and quartz, while gypsite (in second place after opal) is also common. All these minerals are white in their pure form. The large-scale presence of these minerals means that white is a predominant colour in reconstruction forms; pure white speleothems, however, are rare, due to the frequent presence of impurities in the solutions which give rise to them.

According to Hill (1976), the coloration of speleothems arises through two possible factors: 1. the speleothem is coloured ("dyed") by impurities deposited between the crystals or covering the surface and 2. coloration results from the substitution of the calcium ion by other ions, nickel or copper, for example, in the crystalline structure of the carbonate.

In the first of these two cases, speleothems coloured by oxides of iron and manganese are common. The presence of iron produces ornament which may be red, ochre, brown, yellow, or orange. On occasion enormous calcium surfaces may be so coloured, creating spectacular speleothems such as the groups of dams, red in colour at the Laje Branca cave (State of São Paulo), or orange in the São Vicente cave (State of Goiás).

The oxides of manganese produce speleothems which may be black, blue-grey, or a deep brilliant blue. Fine examples of speleothems blackened by oxides of manganese may be found in the Jeremias and Santana caves, both in the south of the State of São Paulo.

Also found in a number of caves in this State are speleothems of calcite and aragonite coloured with copper salts. The most spectacular case is that of the Fenda Azul cave, with of many types of blue speleothems. These have been irrecuperably destroyed by illegal mining.

In the second case, in which there are other minerals, speleothems of a blue-green colour formed by malachite are of particular note. The only examples known in Brazil were found together with other speleothems of chrysocole and azurite in the cave discovered during exploitation of the copper mine at Santa Blandina, Itapeva, State of São Paulo. The cave was destroyed, and only a few objects have been preserved in the Museu Lefèvre of the Institute of Geology, São Paulo.

Nickel produces yellow speleothems in calcite, and speleothems of an intense green colour in aragonite. No examples are so far known from Brazilian caves.

To date, 20 minerals have been identified from caves in Brazil (Guimarães, 1974; Lino & Allievi, 1980; Martins, 1985), in spite of the fact that little work has been done in this field. These minerals, with their respective distribution and association with types of speleothems are given in the table on page 129.

In worlwide terms, according to Hill and Forti (1986), there are more than 160 minerals in caves, from which about 20, according to Moore (1970) e Broughton (1972), are common there. With rare exceptions there is no one-to-one correspondence between speleothem type and type of mineral deposited, as the definition of a speleothem is essentially morphological. So a stalactite may be of calcite, aragonite, malachite etc. with no alteration in its basic types. However the presence of a particular mineral may give rise to variety in form, dimension, colour, texture, physical resistence, frequency, distribution etc., and in this sense at least, the type of mineral is one the fundamental indicators in the classification of speleothems.

*Other basic conditions in the formation of speleothems in all their variety are **deposition mechanisms** and **environmental conditions**.*

*As has been seen in the example "stalactite-stalagmite-column", the whole process of calcite precipitation and, consequently, of the construction of these specific types of crystalline body, is based on dripping. Any one of the three types of speleothem analysed is formed only by this means, which gives it great importance in the definition of the category into which such speleothems fall. Several other types of deposition mechanism are frequent in caves: **flow (linear** or **laminar)**, **spray**, **exudation**, **precipitation in a liquid environment**, and **flocculation**, among others.*

One must also take into account certain extremely important environmental factors which have an effect on mineral depositon in caves. In this case, the process must be analysed in three fundamental phases — acidulation of water, dissolution of the rock, and deposition of the mineral itself.

In the first phase, the external environment of the rock which encloses the cave must be taken into consideration. The quantity and periodicity of rainfall, vegetation cover, depth and chemical composition of the soil, among other factors, will have an effect on the formation of speleothems. Just as an example: a greater volume and regularity of rainfall may mean a greater flow of acidulated water as far as the roof of a cave. The drops remain hanging on the roof for a short time only, and are quickly substituted by others; as a result, not much carbonate is deposited on the roof, and almost all of it ends up on the floor. Or, in other words, given a reasonable level of saturation for the solution, stalactites occuring in these conditions will be small (if they exist at all), while stalagmites will grow rapidly and / or will reach large size.

In the dissolution phase, in addition to the factors already mentioned — which will basically determine the volume and the capacity for aggression of the water which penetrates the cracks in the rock — the characteristics of the rock itself are of great importance. Thus the thickness of the rock layer, its degree of purity (the presence of other minerals), the degree of fracturing, solubility etc. are factors which will condition the level of saturation of the solution, its channels of access and distribution within the body of the cave, and the minerals dissolved, thus determining the type and characteristics of the speleothem which will take shape. Following the example given, the presence of pyrites in the limestone mass may give rise to calcium sulphate (gypsite), and thence to efflorescent speleothems, typical of this mineral.

In the third phase, that of mineral deposition, a great variety of factors related to the cave environment will participate in the type of speleothem to be formed. In first place, there is the size and morphology of the cavern itself — plane or inclined roofs, abysses, large chambers, a floor covered by water etc. In second place there comes the interconnection of this space with others, either in the cave or with the outside world; this means greater or lesser circulation of water and air (ventilation), stable or unstable temperature levels and relative humidity levels, chemical composition of the air (specially CO_2 pressure), and a number of other variables. Thus, if, upon penetrating to the cave, the drop of saturated solution meets not a plane roof where it will remain for a time on account of surface tension, but rather an inclined roof, it will then slip downwards along the roof leaving a trail of calcite behind it. Continuity of this process gives rise not to a stalactite, but to an undulating vertical sheet of calcite, known as drapery. Although there is a clear degree of relationship between these formations, they are still two morphologically distinct types of speleothem.

A further example is to be found among certain types of speleothem such as aragonite flowers (described later), which are associated with **confined** underground spaces, where there is practically no circulation of air. It is only in conditions such as these that speleothems of this type can form.

The association of factors, all together, will determine not only the type of speleothem which will form (shape, size, mineral, colour, texture) but also the distribution in time and space of the speleothems in every cave in a particular area, and in the interior of each. This will be considered in greater detail after the description of the principal speleothem types found in our caves, so as to permit better use of examples. With regard to listing the types of speleothem, it is convenient first to comment on the system of classification, so as to provide a suitable order for the list.

THE CLASSIFICATION OF SPELEOTHEMS

There is no standard and universally accepted classification of speleothems. The oldest system known is the classic division between **stalactites** and **stalagmites**, from which have arisen more generic categories covering **stalactite formations** and **stalagmite formations** for speleothems formed on the roof and floor respectively of a cave.

Following the same line of thought, Llopis Lladó (1970) proposed the division of speleothems using their location as criterion, into Zenith, parietal and paering speleothems. His definition of wall speleothems, however, involved a certain amount of conceptual acrobatics, as the types of speleothem included in the category are generally transitional between roof and floor speleothems. Indeed, with rare exceptions, the definition of a "wall" in a cave is difficult to formalize and not, in general, of much use.

Discovery of the bizarre forms known as helictites, which may occur on roof, wall, or floor, or even on other speleothems, and whose direction of growth is apparently random, gave rise to general categories which sought to classify speleothems as **gravitomorphic** and **nongravitomorphic**, according to whether they grow along a vertical axis determined by gravity or not. The terminology follows Halliday (1962). Llopis Lladó (op. cit.) proposes **orthgeotrope** (positive or negative) and **plagiotrope** for the same categories. Other authors have chosen a classification based on chemical composition, classifying speleothems in accordance with whether they are carbonates, phosphates, oxides etc.; though this may be useful from a mineralogical standpoint, it adds very little to the speleological aspect of the question.

Most authors, however, have satisfied themselves with simple descriptions of new forms and with isolated types, without bothering much about an overall systematization of speleomatic phenomena and the processes by which they are formed. A multitude of names has sprung up for the various types of speleothem, most of them popular — bacon, maccaroni, mushrooms, pearls, flowers, biscuits, moonmilk, cauliflower, to name but a few — and generally based on formal domestic comparisons.

It will be seen that there is a predominance of static classifications, which take into account the forms and styles of speleothems, or their position in the cave, but not their nature as expressed by the process which creates them, and which is implicit in the origin of the term "stalactite". This is said to derive from the Indo-European **stal**, meaning urinate, and which, by way of Greek **stalactos** (to drip, fall drop by drop), provides a word which defines not the form nor the mineral, but the mechanism of deposition by which the phenomenon occurs.

It was along these lines that Guimarães (1966), in one of the first attempts at systematization to be made in Brazil, proposed the grouping of speleothems in three broad categories:
1. Deposition through water in circulation
2. Deposition by exudation of water
3. Deposition by stagnant water

Other authors, such as Moore & Halliday, have proposed classifications based on matrix crossing of variables such as "means of formation", and mineral content; this is demonstrated on page 135, following Moore & Halliday, 1953, apud Hill & Forti, 1986.

It seems clear to us that an adequate classification must of necessity be based on a matrix of variables. Yet for the time being such a procedure is practically impossible due to our lack of effective knowledge about the genesis and evolution of most types of speleothem. Thus it seems that the classification proposed by Guimarães (op. cit.), albeit somewhat reductionistic in that it does not take into account the formation of speleothems by mixed processes (simultaneous or sequential), is still adequate for the descriptions given here.

1. **Deposition through water in circulation**

This category includes speleothems formed by the deposition of minerals contained in aqueous solution, which moves through caves principally by the force of gravity. These speleothems develop through three basic mechanisms: dripping, flow, and the "whirlpool effect" which may occur in currents. They may occur on roofs, walls, and floors of caves.

The forms which belong to this group are, on a world-wide basis, the commonest in caves, and they may be found also in *artificial environments such as mine galleries, and even in urban spaces where there is wide use of ferro-concrete. Stalactites, drapery, stalagmites, and various forms of flow may be found under bridges, in tunnels, in underground railway systems, and under buildings. On the basis of the etymology of the word "speleothem" (from **spelaion** = cave), Hill & Forti (1986) and other authors exclude stalactites formed in non-cave environments such as these from the use of the word. We can see no reason for this limitation in view of the phenomenon in itself. The use of a qualification — urban, or artificial, speleothems, would serve to establish the difference. The principal speleothems in this group are:*

Stalactites. *These are the commonest of all speleothems, and occur in practically all known limestone caves, and sometimes in caves in other types of rock. As has already been said, their genesis could hardly be simpler: the water with the mineral in solution comes from fissures in the cave roof, forming a drop, and remains affixed to the roof for a certain time until the volume builds up sufficiently to overcome surface tension, and the drop falls. During this period, carbonic anhydride (CO_2) is liberated into the atmosphere of the cave, the solution becomes supersaturated, and a delicate ring of calcite is precipitated at the point of contact between drop and roof. Drop by drop, a tubular stalactite, called a* **soda straw** *by Dawkins (1874) grows vertically downwards towards the floor.*

These straws vary between 2 and 9 mm in diameter, and their walls are approximately 0.5 mm thick; they may in exceptional cases reach a length of 3 m, as happens in the magnificent "Galeria do Nirvana" in the Santana cave (Iporanga, State of São Paulo).

In the cave at Vallorbe (Switzerland) there is a soda-straw 4 m 10 long; according to Robinson (1960) the longest known example is 6 m 24, and was found in a cave in Australia (Hill & Forti, 1986).

Each crystal is generally deposited in crystallographic continuity with the preceding crystal; this is shown by the parallel cleavage planes which are exposed when a stalactite of this sort is broken open. Monocrystalline stalactites are transparent.

The growth rate of such tubular stalactites varies from place to place and from epoch to epoch, but, according to studies carried out in various parts of the world, it is somewhere in the region of 0.3 mm per year (Guimarães, op. cit.). Nevertheless, it is a known fact that there is no "average growth rate" for stalactites, and that the notion is merely a point of reference.

Stalactites also grow in diameter: the original tube is normally porous and the water may, by means of interstices and the cleavage planes of the mineral deposited, move to the outside of the stalactite, where it deposits part of the material which it is carrying. This usually takes place when the central canal is blocked by impurities carried by infiltration water or by the growth of crystals on the internal walls.

The water thus held back in the central passage may also leak out by way of the pores at the point where stalactite and roof meet; it then runs down the outside surface, depositing thin sheets of calcite which enclose the stalactite itself. The greater deposition on the upper part of the surface gives the stalactite the conical form associated with it by tradition.

Development of the stalactite and the evolution of its crystal structure depend on the intensity and constancy with which deposition occurs. A slow and constant deposition will give rise to a structure composed by large monocrystalline parts which follow the orientation of the original straw. But when deposition is very fast, or intermittent, the recently-deposited layer is formed by wedge-shaped crystals orientated in a position perpendicular to the axis of the original straw, forming a radial crystalline structure. In both cases, the outward appearance of the stalactite is the same. In addition to tubular and conical stalactites, there are also those of elliptical section, those which are oblong, and complex forms where two or more stalactites may fuse into one, at times producing gigantic ornaments. These are known by some authors as **stalactite blocks**.

A rare and curious form of stalactite is that known as a **spathite**. *Spathites are made of aragonite, and look rather like corkscrews; they are formed of a series of juxtaposed cones which make up a spiral structure. The hollow cones, base downwards, correspond to the segments of "soda straws"; the drops run down them as with tubular calcite stalactites. Their origin and development, according to Hill (1976) and Hubbard (1984), is basically related to the crystallographic characteristics of the mineral of which they are made — that is, aragonite, though spathites of calcite have been identified. In the latter case, the calcite is always an alteration of the aragonite initially laid down.*

In a tubular stalactite, the calcite crystals grow parallel to the axis of the straw; in an aragonite stalactite, however, the mineral is deposited in radial crystals which form not a cylinder but a cone (Hubbard et al., op. cit.). With the growth of this cone and the corresponding increase in diameter, there comes a time when the drop no longer manages to cover the entire surface at the base, and thus moves to one side, beginning a new cone similar to the previous one. The process continues, creating the very characteristic shape of the speleothem. This theory, however, needs further statistical substance.

Spathites are rare; they occur with some frequency in the São Mateus cave (State of Goiás) and a number of grottoes in Iporanga (State of São Paulo). In Brazil these are known as spirocones.

Drapery *is formed when a drop of water emerges on an inclined wall or roof. It runs down the surface, leaving behind a slight trail of $CaCO_3$ which, as the process goes on, grows vertically until it forms a white, translucent, undulating sheet of calcite.*

When this drapery is formed only by the deposition of calcite along the lower margin (smooth or sawtoothed) it is about 6 mm thick. The existence of lateral flows may increase the thickness to as much as 10 cm. The crystals deposited on the lower edge of the curtain are parallel in orientation, while those created by lateral flow are perpendicular to its surface.

On occasion, and as a result of the alternation of pure and impure solutions, drapery may display parallel bands of colours; this effect is internationally known as **bacon**.

A further interesting characteristic of drapery is the metallic sound, similar to that of a bell, which it will produced when struck in the proper way. Use has been made of this peculiarity in an American cave open to tourists, where the drapery has been employed to form an extraordinary "organ" on which recitals of classical music are given.

Stalagmites. *A drop of water, falling from the roof of a cave or from a stalactite, on reaching the floor precipitates the calcite which it contains in solution. Continual dripping, and deposition of the calcite, gives rise to a speleothem known as a stalagmite, which grows vertically upwards from the floor.*

Further drops, falling on the upper extremity of the stalagmite, deposit there and on the side most of the calcite which they carry, in the form of calcium bicarbonate. As they run down the sides of the upper portion, they also precipitate calcite, in such a manner that deposition as a whole occurs in superimposed concave layers of calcite. Unlike stalactites, stalagmites have no central channel, and the crystals are deposited perpendicularly to the surface. This vertical superimposition of concave layers gives the stalagmite a cylindrical or conical form, and it may reach a height of several metres and a diameter of a metre or more.

The diameter of stalagmites may vary from 3 cm to several metres, depending, together with greater or lesser regularity of form, on the intensity and concentration of the solution which forms the drops. The constancy of these factors confers on the stalamite a uniform diameter; when this is combined with great length, the result is known as a candle. There are fine examples in the "Salão da Catedral" in the Caverna do Diabo (State of São Paulo), and in the Rei do Mato grotto (State of Minas Gerais).

Various forms of stalagmites are found in Brazilian caves: the **terraced** type **(dish-stacks)**, which indicate periodical variation in the intensity of deposition; **conical stalagmites** ("wedding cakes", "buddhas" etc.), which indicate a decrease in intensity or a chemical balance of CO_2 among the atmosphere of the cave; and **complex forms** ("cactuses" etc.) which are formed by more than one source of dripping — two stalactites, for example — or when the point from which dripping occurs changes.

Alteration in the saturation level of the water which drips onto a stalagmite, resulting in greater acidity, may cause not the deposition of new crystalline layers but, on the contrary, the corrosion or perforation of the speleothem. But these speleothems should not be confused with the so-called "volcanoes", described elsewhere.

Mud cups. When dripping occurs on non-compacted soils, or soils of little consistency (deposits of sand or clay on river banks), it hollows out little orifices in the floor of the cave. As the process goes on, these pits get deeper, and the walls are covered by the precipitation of calcite, while the spray effect caused by the drops forms an upper margin or lip.

Variation of water level often means that the sand or clay acumulated in one season is carried away by water in the next. The removal of this soil layer from the cave exposes the structure of the precipitate, which appears as a chalice with thin walls, a short stem, and an elongated cylindrical or conical body with prominent horizontal edges.

These speleothems, also known as **conulites**, were found for the first time in Brazil in 1973, in the São Mateus cave in the State of Goiás, and are rare in other caves. When this process of deposition is carried to an extreme, the cup is turned into a stalagmite with a "root" — a phenomenon to be observed in caves in the same area.

Calcite towers are groups of small clay pinnacles covered with calcite. They are formed by a process of differential erosion and mineral deposition similar to that which forms conulites. In the latter, dripping opens isolated orifices in clay deposits; in the formation of towers, the erosion is caused by a multiplicity of neighbouring drops. The areas between orifices, untouched by erosion, and areas protected by pebbles which resist the impact of the drops remain as witness to the clay bank in the form of little towers known as **fairy chimneys**. These chimneys are speleogens rather than speleothems. However, in certain cases these residual towers are covered with calcite from the dripping of saturated solutions — as occurs with mud cups — and the calcified towers are turned into speleothems.

Hill & Forti (1986) refer to these under the name of **coral pipes**, and record their formation not only on clay banks but also in deposits of bat guano and on "moonmilk". There are fine examples in the Janelão cave (State of Minas Gerais).

Columns are vertical and generally cylindrical forms which originate with the union of stalactites and stalagmites, or by the "exaggerated" growth of one of these, in such a way that the structure joins the roof and floor of a passage or chamber. Columns are not infrequently formed by the union of several stalactites and stalagmites, and may reach enormous size, both in height and diameter.

Flowstones are laminar deposits which cover the walls and floor of a cave; they arise through precipitation of calcite (and / or aragonite) dissolved in the water which runs over these surfaces. The crystals laid down are almost always perpendicular to the growth surface, and the speleothem may adopt a wide variety of colours, including pure white, bright red, and shades of brown and orange, which arise from impurities in the aqueous solution.

When flowstones form rounded masses which hang on the walls of a cave, they are known as **flowstone waterfalls**, and as **organs** when their margins are decorated with stalactites and drapery.

On occasion these voluminous formations may occur as isolated hangings from the cave roof, and may remind one of **rosebuds**, **artichokes**, or **medusas** — name given to them locally. Generically they are known as chandeliers. There are fine examples in the São Mateus (State of Goiás) and Ubajara (State of Ceará) caves.

Another curious type of flowstone formation is that known as a **bell-canopy**, and found generally in spacious caves or even on the outside of some calcareous rock masses. The origin of bell-canopies is a matter of controversy, but they appear as inclined concave protuberances, semispherical in shape and attached to the wall only by their upper part, where the carbonated water arrives. There is a fine example of a bell-canopy in the Gruta de Maquiné (State of Minas Gerais).

Horns. These strange and rare formations are to some extent related to stalactites in that they are roof spleothems, cylindrical and hollow, through which water descends into the cave. Here, however, the process of deposition is due not to dripping but to the circulation of a spout of calcite-saturated water which reaches the cave by a regular orifice on the roof. Part of the falling water slides down the inside wall of the rocky conduit and deposits the calcite. On account of 'whirlpool' action, deposition takes place with greater intensity at the 'mouth' of the orifice, and consequently CO_2 is liberated into the environment. In this fashion a thick ring is formed at the edges of the orifice; as the process goes on, it grows vertically, taking on the shape of a hanging tube similar to a horn. Greater details of such deposits are still necessary. There are fine examples in the Temimina II and the Casa de Pedra caves, both in the State of São Paulo.

Stalagmite formations on the floor of a cave are generically known as **stalagmite plates**; when the underlying soil is removed by water, these plates may remain suspended, thus dividing the space into two storeys; the plates are known as **canopies**. There are good examples in the Gruta de Areias (Iporanga, State of São Paulo) and in the Caverna do Diabo (also in the State of São Paulo).

Flowstones may on occasion give rise to deposits in which the direction of crystal growth is not defined; this creates multi-faceted surfaces which, under illumination, produce a beautiful scintillating effect from which they take their popular name of **star floors**. They may at times cover spaces of up to 30 m high, as is the case in the Gruta do Padre, State of Bahia. This scintillating formation must, however, be distinguished from others known by the same name, but formed by the underwater deposition of crystals in water held back inside a cave.

Rimstone dams are flowstone formations which look like small dykes and which hold back, in a series of "ladders", the water which runs along the floor of a cave. The appearance of the flooded ladders arises from sinuous lamellar walls, generally concave with the current behind them. The French name **gour** is an internationally accepted synonym for a rimstone dam.

The formation of these structures is also controversial, particularly because of the regularity with which they may occur along sloping floors. The subsequent deposition of calcite takes place along the upper edges of the dams, where the overflow of water leads to precipitation by the "whirlpool effect". As a result of impurities in the water, these dams are usually brownish in colour, but may be orange or yellow, as are those in the caves of Goiás, or the Laje Branca cave (Iporanga, State of São Paulo).

Rimstone dams are extremely variable in size: they may be only a few millimetres high (microgours), giving the floor a vesicular and lacy appearance, or they may reach several metres, when they form veritable walls such as those in the São Mateus, São Vicente, and Angélica caves (São Domingos, State of Goiás), in the Gruta dos Brejões (Irecê, State of Bahia), and the Janelão and Maquiné caves in the State of Minas Gerais.

The microforms of rimstone dams may occur on a variety of floor speleothems, such as "cave pearls" or stalagmites.

As rimstone dams hold back water in carbonate, they form an important "cradle" for the formation of a variety of other mineral deposits in caves, including "dogtooth" crystals, "cave pearls", "volcanoes" and "cave rafts", all of which are described in their appropriate place.

2. Deposits of exudation water are speleothems formed in caves from aqueous solutions which, as a result of capillary effect, circulate slowly and discontinuously through pores in the rock or through the intercrystalline spaces of existing speleothems. A variety of factors, including the differences of temperature and pressure between the pores in the rock and the space of the cave itself, cause these solutions to seep from the rock, depositing the calcite (or other mineral) that exists in the solution. According to Guimarães (op. cit.) "so slow is the movement of the water that no drop is formed at the points of exit, and thus the force of gravity finds no opportunity to exert its effect and to influence the conformation and appearance of the newly-deposited calcium carbonate. Speleothems formed in this way may acquire entirely capricious forms which stand out by their delicacy and beauty".

These are typically "cavernicolous" speleothems in that they are formed only in caves, and even then with restrictions as to environment; they demand special conditions of microclimate (pressure, temperature, and humidity), of composition of the surrounding rock, and of a variety of other factors.

Among the speleothems belonging to this group, several merit further comment:

Helictites (also known as **excentrics**) are some of the most delicate and beautiful of all cave speleothems. Although they are rare in their more spectacular forms, on account of the very specific conditions demanded for their formation, when they do occur they will normally occupy a significant portion of the cave.

They usually appear as small twisted or spiral structures (whence the name, from **helix**, "a spiral") and are white or transparent. They rarely exceed a few centimetres in size, but can occasionally reach 1 metre, as in the "Salão Taquêupa" of the Santana cave. Although they are normally to be found on the roofs and walls of caves, they frequently occur among other speleothems, especially drapery and stalactites. They also occur on the calcite flowstone which covers some cave floors. When they originate on floors or on other speleothems, and grow in an upward direction, they are known as **beligmites**.

Both helictites and heligmites have a central duct like that of stalactites, but much smaller in diameter (about 0.01 mm); water uprising from the pores of the limestone circulates through this duct by hydrostatic pressure. According to Roaves (1963), the water output of such a channel is of the order of 10^{-8} l/sec., or less than 1 litre a year.

When the water leaves the end of the duct, the calcite precipitates on account of evaporation and causes the growth of the speleothem, which is usually curved. The reason for growth not being vertical lies in the fact that, when such minute quantities of water and carbonate are involved in the process, the influence of gravity is extremely small or entirely negligible in relation to the other forces which determine the convection crystallization.

The tendency towards curved and twisted growth in helictites is explained by Moore (1954) as being due to the fact that "rotation of the axis of crystallization results in each crystal being deposited on the 'lateral surface' of the one before, creating curvature through the continuity of the process". This is possible in the case of slow and minute deposition, such as occurs in helictites. Obstruction of the central canal, deposition of impurities, differentials in the levels of supply and evaporation of aqueous solutions, action of air currents, and a variety of other factors have been proposed by authors as possible causes of the erratic, spiral, or bifurcate growth of helictites — a subject on which, it seems, the last word is far from having been said. Hill & Forti (1986) divide helictites into four categories:

1. **Filiform helictites** — are made up of very fine, filaments, from a fraction of a millimetre to 1 millimetre in diameter; they are rather like hair, sometimes flexible, more often than not of aragonite.

2. **Rosary beaded** — are made up of a sequence of small "beads", from 0.5 to 2 mm in diameter, interconnected. They are of aragonite. They may be linear, branched, or in the form of "sea-anemones" or "crinoids", with a number of "tentacles" radiating from a common base.

3. **Vermiform helictites** — are the commonest of all, and display the greatest variety. Spirals, fish-hooks, rings, roots, butterflies, pipes — these are only some of the forms described. They can also assume angles and develop in (**twig like**) forms.

4. **Branching (arborescent) helictites** — are of larger diameter (15 cm and more); they have a straight "stalk" and branched extremities, like "antlers". This type frequently projects horizontally from the walls of the cave or grows vertically from the floor.

All these typologies may be found in the spectacular Duka and Taquêupa chambers, in the Jeremias and Santana caves respectively, and where compound forms are also in evidence. In periods of great humidity, the internal capillary duct may be redissolved and enlarged, with a resulting accumulation of water sufficient to form drops. In such cases, a tubular stalactite may begin to form on a helictite. More common, however, is the opposite — formation of helictites on stalactites and drapery. This is particularly likely to occur when the central duct of a stalactite is obstructed by crystals or impurities, and the solution is forced by hydrostatic pressure to escape through the intercrystalline spaces of the stalactite wall.

Aragonite needles are magnificent speleothems formed of fine (1 to 2 mm across) and rectilinear crystals, up to 30 cm long. They are transparent or white and at times bobbed or branched. They grow on decorated walls and on other speleothems, with no predominant orientation. Their genesis is as yet unknown.

Aragonite needles are extremely rare; they are profuse, however, in the "Salão Taquêupa" of the Santana cave, and above all in the "Salão Duka" of the Jeremias cave (Iporanga, State of São Paulo) where the crystalline spectacle covers an entire wall.

The presence of drips at the tips of some of these needles declares them to be highly peculiar varieties of excentric with an internal capillary duct.

Anthodites (or **cave flowers**) is a term used to cover a variety of "erratic" speleothems, of aragonite or calcite, such as "medusas", "spaghetti", "sea-urchins", and other forms characterized by groups of tentacles, branches, filaments, or needles radiating from a centre or common axis.

Anthodites sometimes resemble sets of helictites but differ, according to Hill & Forti (1986) in that they have no central conduit and are formed by the slow deposition of minerals through solutions which move on their outside surface. There are however transitional forms between flowers and helictites (partial presence of a central duct) described by authors such as Webb & Brusch (1978); this makes the distinction relatively arbitrary (Hill & Forti, op. cit.). According to the latter authors, there is a predominance of aragonite over calcite anthodites, and it is the crystallization habits of the former which are responsible for most of these speleothems.

There is at present no explanation for the genesis of these speleothems; indeed, on the basis of the studies which have been carried out, totally contradictory theories have been offered. Some authors, such as White (in Ford & Cullingford, 1976), emphasize the need for a confined environment for their growth; others, such as Hill & Forti (op. cit.), point to a need for greater circulation of air and evaporation as being of prime importance. It may be that they are in fact dealing with quite distinct types of speleothem which have been given the same name on the grounds of morphological similarity. While we await more conclusive results, it seems convenient to distinguish three basic morphological types as found in Brazilian caves: flowers with radiating crystalline bundles, flowers with tangled "tentacles", and flowers with a linear axis for radiation.

Those flowers observed to have radial bundles are clearly of aragonite, and vary from a few millimetres to 40 centimetres in diameter. They appear as groups of bundles of elongated crystals, straight, sharp, and white or transparent, and diverging from a centre of radiation. They may occur directly on a rock substrate, although they are more commonly found on other speleothems. When they grow on stalactites, they often appear on one side only; when their component parts are large it is common to find crystalline "nodules" like rosebuds at the tips, and small sharp spine-like crystals growing perpendicular to the primary bundle.

The flowers with tangled "tentacles" often resemble collections of helictites, the bases of which diverge from a common centre (medusas). In other cases they look like tangles of speleothems of the same type, and look like certain types of lichen, or like spaghetti, which is the name given to them. The component parts, like helictites, are white in most cases, opaque, and twisted, sometimes branched. These flowers usually grow directly on the rock in highly porous places.

There are other "flowers" of which the parts are usually a few centimetres long, relatively thick (3 mm to 10 mm), straight, white, velvety in texture, and branch from a linear axis along cracks (fracture lines). They are usually of calcite, and are less common than the types mentioned above.

In certain places all these types of "flowers" may grow together; this may make it difficult to distinguish clearly between them, or between components of calcite and components of aragonite. Furthermore, aragonite crystals often grow on calcite speleothems: "Similarly, small calcite crystals formed on crystals of aragonite suggest that the solutions in circulation lose their supersaturation (necessary for the deposition of aragonite) and begin to precipitate calcite" (White, in Ford & Cullingford, 1976).

On the basis of previous observations and other research works White (op. cit.) sums up the conditions necessary for the formation of aragonite flowers as follows: "there is a need for the slow percolation of supermineralized and supersaturated solutions in a damp and confined environment under constant climatic conditions". These conditions are satisfied in a number of the major cave sites for aragonite and calcite flowers in Brazil, including the "Sistine Chapel", "Last Blow" and "Allah's Garden" chambers in the Santana cave (Iporanga, State of São Paulo), where there are "flowers" of more than 40 cm diameter with "branches" up to 25 cm long. In the São Mateus cave, in the State of Goiás, these "flowers" occur in spots like the "Salão do Sílex", where the conditions cited are not entirely satisfied.

Gypsite flowers appear as groups of striated and twisted crystals. They are relatively frequent in Brazilian caves, where they fill cracks in the rocks or cover walls with fine and sometimes scintillating crusts of crystals. Rather like toothpaste coming out of the tube, these crystals develop from the point of contact at the base, as if they were emerging from the wall. It is not uncommon to observe crusts of rock detached from the wall by the growth of these speleothems, and they often appear as "exploded bubbles", in which the centre (rock) is smooth and the "petals" expand from the base and form a circle. In other cases the base of expansion is linear and the petals are all parallel, forming a crystalline cylinder from 1 to 3 cm across. Fine examples occur in the Córrego Grande, Alambari, and Cabana caves, among others, in the State of São Paulo; they are also frequently found in the caves of the municipality of São Domingos (State of Goiás) in the gruta do Padre (State of Bahia) and in the regions of Januária-Itacarambi, Lagoa Santa, and Cordisburgo (State of Minas Gerais).

The name "gypsite flowers" is not infrequently used to designate speleothems of other minerals, particularly **epsomite** and **mirabilite**. "Flowers" composed of these minerals are morphologically similar, but display differences of colour and texture when compared with gypsite. Mirabilite flowers are colourless, pure and transparent; epsomite flowers have a satiny texture; flowers of gypsite are white and opaque (Hill, 1976). It is possible that some of the flowers identified as gypsite in Brazil will be, upon closer study, identified as mirabilite. For sheer quantity of gypsite, it is worth mentioning the spectacular "gypsite conduit" in the Olhos d'água cave (Itacarambi, State of Minas Gerais), and also the Gruta do Padre (State of Bahia) where there are to be found the largest and most varied calcium sulphate speleothems in Brasil. In the former, there exist not only "flowers" but crystalline crusts, "needles", "angel hair", and a variety of other speleothems of the same material.

Cave cotton and angel hair are among the rarest and most beautiful gypsite speleothems. Extremely fine crystals (measured in thousandths of a millimetre) of varying lengths form a delicate crystalline web which hangs down from the roof of the cave. This structure of lacy threads, in aspect reminiscent of gossamer or delicate locks of lustrous white hair, is extremely fragile, and will swing in very light breezes. When the crystals, growing generally between blocks or on sandy soil, appear as a fibrous wad, they are known as **cave cotton**.

There are however formations in which the crystalline web brings "cotton" to mind, but is less dense, and hangs from the roof; this has been found in two Brazilian caves: the Santana cave (where it has been destroyed by people involved in pseudo-research) and in the Olhos d'água cave, where there are two fine examples. Here in Brazil the name "angel hair" (**cabelo-de-anjo**) is used, but it does not correspond to the typical "angel hair" known from caves in the United States: this is formed by clusters of fibrous crystals which hang down like cord, and which to date have not been seen in Brazil except in caves of Bahia.

Gypsite needles is in itself a generic term which includes not only gypsite but a variety of sulphate-based speleothems. It is probable that other minerals, including mirabilite, epsomite, and selenite, all play predominant parts in the formation of such needles.

These spine-shaped speleothems are made of bands of fine elongate crystals; they are generally rigid, fragile, and transparent, white or cream in colour. They develop on dry clay-sand soils of little consistency or on the joints of porous limestones. They lie practically loose on or in such soils with their thickened bases deeper than the rest of the structure; they usually form clusters, though each needle is independent of the rest.

Gypsite needles are rare, and occur in dry caves or passages. They are found in profusion in the "gypsite gallery" in the

Olhos d'Água cave in Itacarambi (State of Minas Gerais), where they reach the exceptional length of up to 25 cm, and, above all, in the Gruta do Padre in Santana, State of Bahia. However nothing can be compared to the thousands of gypsite needles found in the Gruta da Torrinha, State of Bahia, where one can see the biggest needle ever known (65 cm in length).

Coralloids is a generic term for a variety of types of speleothem which are composed of groups of nodules or branches of calcite (or some other mineral) which cover floors, walls, and calcite flowstone in the interior of caves. The component parts, which may take the shape and the name of "rods", "corals", "cauliflower", "popcorn", "bunches of grapes", or "mushrooms", are generally small, though when grouped together they may occupy large areas of galleries and chambers.

Their cross section reveals a banded structure with radiating crystallization and with no central duct. Colouring varies between yellowish white and dark brown, due to the presence of impurities in the calcite. Some of the most curious examples are the nesquehonite corals in the Gruta do Lago Azul (State of Mato Grosso do Sul). A vast area is covered by these nodular formations, porous and fragile in their structure; in colour they vary between pale cream and red, with yellow and orange.

Also eye-catching are "knobs", "clouds", or "pom-poms"; these are rare in most of Brazil, but common enough in the caves around Lagoa Santa (State of Minas Gerais). These knobs are spherical or nearly so, white, and porous; they "sprout" individually or in groups from roofs and dry walls. One of the best examples is in the Gruta do Baú (State of Minas Gerais).

Corals in the form of branches or spines, covering walls, floors, or other speleothems are known as "cauliflower" and are distinguished from helictites in that they have a porous surface and no central duct. They are formed by the exudation of water from cave walls and floors, especially near accumulations of water — lakes, "rimstone dams", damp walls, or beneath a laminar flow of water, large areas of walls and floors may be covered with these speleothems. They are generally of little bulk, and their appearance, branched and irregular, brings to mind the vegetable after which they are named. There are good examples in the Arataca and Alambari de Baixo caves at Iporanga (State of São Paulo), in the "cactus chamber" of the São Mateus cave, in the Janelão cave, and in the Lapa Vermelha cave (both in the State of Minas Gerais) as well as elsewhere.

Pine trees or **mud firs**. These are pointed conical structures with rugose surfaces, formed from carbonated clays. They are found inside rimstone dams which are dry or only periodically full of water. They are individual structures which always occur in groups of dozens or hundreds all over the floors of the dams. They are on occasion firmly affixed to the floor, but may also be only partially secured to the clay substrate by a narrow base. They are rigid, vertical structures which are so irregularly distributed that they do not permit any explanation related to drips from the roof. Genesis appears to be related to exudation by capillary effect from the clay which, according to Gèze (1968) is an excellent "accumulator of humidity". Hill & Forti (op. cit.) consider this **tower coral** as being a coralloid formation of underwater origin, originating in shallow pools where, due to evaporation, the water near the surface is more saturated and thus the deposition is greater in these upper parts. If this is the case, then this type of speleothem would be better classified under the stagnant water deposits described later on.

These speleothems have been found in a variety of caves all over the world; there are good examples in the caves of Moulis and Trabuc (France), where in the latter case they are known as the "hundred thousand soldiers". In Brazil, the "little pine trees" of the Taquêupa chamber (Santana cave) and the Capela cave (State of São Paulo, both in the State Tourist Park of the upper Ribeira (PETAR), deserve attention.

Calcite petals or **leaves**, which at times entirely cover stalagmites, are also formed by exudation. The best known examples are those in the caves of Armand and Orgnac, in France, where they grow on giant stalagmites (more then 10 metres tall) and in few cases reach as much as 3 metres in length (Gèze, 1968). In Brazil, calcite leaves are known from a number of caves, and particularly from the Anhumas abyss (Bonito, State of Mato Grosso do Sul), the Caboclo cave (Januária, State of Minas Gerais), and the Caverna do Diabo (Eldorado, State of São Paulo). There has been no specific study which might explain the origin of these speleothems.

Shields or **discs** are flat circular or semicircular speleothems which project obliquely or at right angles from the walls of a cave. These strange flat structures are only a few centimetres thick but often reach more than 1 metre in diameter; although rarely found, they usually occur in groups. The best-known example so far in Brazil is that in the "disc chamber" in the Santana cave, where there are several examples of the type; in all cases the internal surfaces are ornamented with drapery and stalactites. Such decoration gives the speleothems the aspect of "pulpits", by which name they are also known.

The genesis and formation of shields has been studied by J. Kunsky (1950), Kundert (1952), and Moore (1958). Kunsky classifies them as "the bi-dimensional analogue of the stalactite", while Kundert shows that the orientation of the shield (according to his research in the Lehman caves) follows the orientation of the joints in the enclosing limestone. The water in the joints moves by hydrostatic pressure; when it reaches the edge of the rock, it deposits a thin film of calcite at both sides. Deposition forms two parallel plates of calcite, separated by a plane fracture which follows the joint in the limestone.

Discs of this sort may also occur when a column is fractured horizontally by dislocation (subsidence) of the supporting soil. If the fracture which thus forms is of no great thickness (millimetres), the water which circulates through the intercrystalline spaces in the column, under the action of hydrostatic pressure, is slowly expelled, reproducing the process of deposition which has been described. In this case the disc looks like a flat horizontal ring surrounding the column, and is known as a **necklace** or welt. There are fine examples in the Caboclo cave at Januária (State of Minas Gerais).

Spheres or **blisters** are small spherical white protuberances which occur on the walls of caves, usually in areas otherwise occupied by **corals**. They differ from the latter in being hollow. In composition, blisters of gypsite, calcite, chalcedony, and opal have been identified (Moore, 1952). Their origin is unknown, they may be related to orange-sticks.

Orange-sticks are similar in type but involve different minerals; they are found in a number of Brazilian caves, particularly in the States of Goiás, Minas Gerais, and Mato Grosso do Sul. They are helictites or aragonite flowers of which the free extremities are wrapped in little white tufts of a porous consistency. The formation of these speleothems is unknown, but there are hypothesis related to the deposition of magnesium salts and of the "moonmilk" described below.

3. **Stagnant water deposits** are speleothems which arise from the deposition of minerals in the surface or submerged areas of water which is dammed up on the floor of a cave. This solution may become saturated with carbonate by the slow liberation of CO_2, thus permitting the formation of some of the most notable of speleothems. These are typically erratic — that is, with no defined orientation — and irregular, generally with numerous projecting crystalline facets. Calcite is predominant here, and may display a highly developed external morphology. Among speleothems of this type are:

Calcite geodes. These are the most common stagnant water speleothems in caves. They appear in the form of crystalline linings on the submerged surfaces of wells and dams, or of concavities and re-entrances of walls. Of particular interest are the so-called "dog's teeth", "triangles", "pyramids", and "calcite stars".

Dog's teeth are calcite speleothems which are deposited in the form of elongated crystals; they are rhombohedral or scalenohedral and may on occasion reach more than 20 cm in length. There is a fine example in the Santana cave.

A cave may at times be partially or wholly flooded with bicarbonate-saturated water. So long as the time during which saturation occurs is relatively long, and a certain degree of saturation is reached, "dog-tooth" crystals may be deposited on all the internal surfaces. An extraordinary example of this type of lining is that which may be seen on the floor, walls, and roof of the Gruta dos Cristais (Matozinhos, State of Minas Gerais), which is in itself a single gigantic geode.

Calcite pyramids and triangles. A change of habit of crystal growth, in function of the changes of chemical and physical environment in which deposition takes place, is common among stagnant water deposits. Thus rhombohedral crystals, for example, may from a certain stage of growth adopt a scalenohedral habit. Similarly, in association with variations in water level, crystal growth may undergo modification through differential deposition — more on some of its parts, less on others. A curious example of this is the "calcite triangles" which at times may cover the bottoms of shallow pools, forming a veritable network of triangles with pronounced edges and concave interior.

The best examples of these triangles in Brazil are in the Taquêupa chamber of the Santana cave (Iporanga, State of São Paulo) and the Cedro cave (State of Minas Gerais).

Three-dimensional growth of these triangles may otherwise give rise to **pyramids**, such as are found in some of the caves of the State of Minas Gerais, and particularly the Cedro cave.

Calcite stars grow sometimes in shallow pools, where calcite macrocrystals radiate outwards from a single base. These structures are related to pyramids, and usually appear as stars with a number of rays. It is not known how calcite stars arise, though the individual formation of the crystals in no wise differs from these of dog's teeth. The best-known example of stars is in the Taquêupa chamber of the Santana cave, where there are clusters of them, translucent and white in colour.

Rafts. The precipitation and growth of calcite in stagnant waters tend to be faster at free surface of water on account of the greater liberation of CO_2 into the atmosphere of the cave. As a result of this, crusts of calcite may grow at the edges of the pool, and may extend so far as to cover its entire area.

But it may also occur that small calcite crusts (Hill & Forti, op. cit., refer to aragonite and siderite) may grow, not at the edges but floating freely on the surface. They are plane microcrystalline structures, irregular in form, which reached more than 2 m in diameter. They are known as **cave rafts**.

These rafts are supported by the surface tension of the water, and if they are touched, they lose their equilibrium and sink. If the rafts grow significantly, they may reach the edges of the pool and become attached to them.

Hypothesis as to the formation of these speleothems is based on the idea of the precipitation of calcite around particles which fall into the pool and which, on account of their insignificant weight, do not sink. The calcite crystallizes around these "grains", which may be no more than dust; as the process goes on, the raft increases in size. This may happen in some cases, but it is not a condition for raft formation, for which it is sufficient that there should be liberation of CO_2 from the surface of carbonate-saturated water. There are fine rafts of this type in the Taquêupa chamber, of the Santana cave (Iporanga, State of São Paulo), in the Angélica cave (State of Goiás), and in other caves in the same regions.

Calcite bubbles are rare speleothems, hollow in structure, usually spherical or hemispherical; they crystallize through the liberation of CO_2 on the surface of pools of stagnant water, dams in general, and are supported by floating bubbles of air.

They are generally less than 1 cm in diameter, and about 0.2 mm in thickness; they are usually associated with rafts, and may appear as tubular, ovoid, balloon-shaped, or cup-shaped forms. Rarer are the compound forms, "double bubbles", or even necklaces of connected bubbles (Hill & Forti, 1986).

The internal surface is smooth; outwardly, there is some roughness and crystallization. These speleothems are generally of calcite, though aragonite formations have been found (Hill & Forti, op. cit.).

Deposition of calcite occurs from preference on the top of the bubble; this makes the top heavier, causing the formation to rotate slowly and, as a consequence, to sink.

In Brazil, calcite bubbles have so far been recorded only in the Gruta do Padre, in the State of Bahia, during the experimental subterranean stay made in that cave in 1987. There are ten or so spherical and oval bubbles in a small shallow pool, during a wholly dry period. The bubbles, including one compound (double) formation, may be either loose or attached to a fine calcite membrane which, like cream on the milk, covers the entire surface of the pool.

Platforms. We have seen that, in dams of saturated water, the most likely area for precipitation of calcite is at water level where, due to the contact with the atmosphere, makes possible evaporation and more liberation of CO_2. Although, in the case of rafts, precipitations may give rise to free forms, deposition occurs with greater facility at the point of contact between water-line and the edges of the pool, or natural obstacles, which act as a support for the forming crystals. Thus around the edges of pools and rimstone dams, calcite "platforms" are common, which advance outward over the water. On account of their peculiar structure, some platforms are given specific names: "water ears", when they are circular or ellipsoid and attached to the margin by only a small portion of their edge; "islands", or "mushrooms", when they form with a base at a particular point inside the pool, and have no direct contact with the margins.

Clubs, **corncobs**, and **candlesticks**. Stalactites positioned only a little way above the surface of bicarbonate-rich pools may, if there is an increase in the water level, undergo immersion of their tips. When this happens the submerged point serves as a "germ" for the crystallization of dissolved carbonate, this generally occurring in the form of "dog-tooth" crystals. When this takes place along a reasonable part of the length of a stalactite, it comes to look like a **corncob**, where the grains are represented by large sharp calcite crystals. When the crystallization of calcite on the partially submerged stalactite or stalagmite occurs only at the water-line, thus creating a flat circular structure, this is known on account of its appearance as a "candlestick".

When deposition takes place only at the lower tip, the deposit is spherical or hemispherical, and the crystals are radial in arrangement; the speleothems are then known as "clubs".

Concretions are sedimentary aggregations, usually of calcite, which cover or wrap round small nuclei found on the soil surface of a cave. The nucleus may be no more than a grain of sand, a fragment of rock or of another speleothem, a piece of vegetable matter, bone, shell, or of a variety of other substances. The final aspect of a concretion varies in function of the nucleus and of the texture of the covering, which may be wrinkled, rough, or perfectly smooth. The commonest forms are in the shape of small sticks, ellipses, and perfect spheres — the last being known as "cave pearls".

Cave pearls are concentric concretions formed by dripping inside rimstone dams or in small flooded cavities in the floors of caves. When lined with calcite, these cavities are called "pearl nests", and are usually found under stalactites, the dripping of which fills the cavities with water. The nest may contain a single pearl or dozens of them, but they are more commonly found in numbers than one at a time.

Cave pearls vary in size from a few millimetres to 20 cm across, but are rarely more than 3 cm in radius. The cave pearls with a diameter of 20 cm found in the São Mateus cave, in the State of Goiás, and others up to 23 cm, in Lapa d'Água, in Montes Claros (State of Minas Gerais), are exceptional by any standards. Pearls of such size are usually irregular in form and have wrinkled surfaces. A cross-section shows the nucleus, already described, and the outer layer. This is formed of successive concentric layers of calcite or other mineral, with crystals in a perpendicular position to the surface of the speleothem.

In European and American caves, pearls have been found of both aragonite and calcite; in Brazil, however, all pearls so far studied (Guimarães, 1974) are of calcite, quite independent of any impurities which may be found inside them. The concentric layers may display a variety of colours on account of impurities, and may vary in thickness between a few microns and 5 mm, in accordance with local hydrological and meteorological conditions. The same conditions have an effect on variation in time taken for deposition of calcite, and make any study of speed of deposition somewhat difficult; however, investigations in different parts of the world suggest that the average growth rate of a cave pearl lies between 0.2 mm and 2.0 mm per year.

The first layers are intimately related with the shape of the nucleus around which they form, but later they are followed by more regular, and generally more spherical, layers. Some authorities believe that constant agitation and rotation is necessary for the pearl to assume a spherical structure, but this notion remains open to argument. In the case of cave pearls such as that with a diameter of 20 cm, from the São Mateus cave, size and weight would make rotation a difficult matter to explain in terms of dripping or flow of water. Even so, in the same cave, pearls of approximately 2.5 cm across have been clearly seen to rotate under the influence of dripping.

A rather different theory is that which seeks to explain the total covering and the spherical shape of the pearl through the "force of crystallization" of the calcite, which, in some cases, would be able to "lift" the speleothem — given that there was a lamina of carbonate solution capable of providing the calcite necessary for precipitation between the lower surface of the pearl and the solid support (nest). Both these theories may have a good deal to do with the genesis of these interesting speleothems, but a good deal of research is necessary for greater understanding of their formation. Further examples may here be given of pearl deposits which merit special study: The first two — one in the Pearl cave at Iporanga (State of São Paulo) and the other in the São Mateus cave (São Domingos, State of Goiás) are similar in character. In both cases the cave floor is sloping, covered with small rimstone dams, and covered with hundreds of perfectly spherical pearls. In the Janelão cave (State of Minas Gerais), the thousands of pearls are scattered around an almost plane floor, divided by rimstone dams and lines of "cauliflower".

A fourth example, certainly one of the most striking, is that in the Paiva cave at Iporanga (State of São Paulo). In this cave, an entire chamber of more than 150 m² in length is covered by a layer of thousands and thousands of pearls, in some places 5 cm to 10 cm thick. These pearls, which vary between a few millimetres and 2 cm in diameter, are smooth on the surface and light brown in colouration.

Another intriguing example is the Lapa d'Água, in Montes Claros, State of Minas Gerais. All gallery is covered with giant pearls. A clay bank, partially excavated (probably by removal of saltpetre), shows lots of pearls about 10 cm in diameter incrusted in the old sediment.

In none of these five cases is there any real question of "nests"; there is no constant dripping, and it would be difficult to explain the "wrapping" of so many nuclei by the process mentioned above. The areas in question are at present dry, and the caves contain no other areas with comparable quantities of speleothems.

In the commonest cases, the pearls have rough brown surfaces; some display large protuberances and scintillating crystals. But others are perfectly smooth and white, and suggest a process of continuous polishing.

In the Janelão and Bonita caves (both in Januária, State of Minas Gerais) pearls may be found with corals growing on their upper surfaces. These speleothems, of unknown genesis, are commonly known as "shuttlecocks" or "cameos" on account of their appearance. In the caves of the same region, and in the Pearl cave and others in the State of São Paulo, there are "flattened" pearls, the upper part of which is covered with minute rimstone dams. Worthy of mention are some of the pearls found in the Gruta do Padre, State of Bahia. There were small pearls, up to 1 cm in diameter, formed by transparent macro-crystals of calcite, true jewels of nature.

When there is an interruption of the water supply to the nests, the pearls — and especially those near the edges of the cavity — may become affixed to the floor and slowly covered by flowstone, thus discontinuing their development.

Volcanoes are a rare and curious form of speleothem which also arise from pools of stagnant water. As the name suggests, they take the form of a truncated cone with a concave upper surface like a crater.

There are references in international caving literature to morphologically similar speleothems; the genesis of these, however, is different to that observed in Brazilian caves. It must be made clear that "volcanoes" are not the same as the "geysermites" found in caves in Cuba and Czechoslovakia, nor are they same as perforated stalagmites, the top of which is dissolved by subsaturated water after formation. The description of volcanoes as "sand boils" (Hill & Forti, op. cit.) — a formation resulting from the deposition of sand around a resurgence of water in a cave — should also be discarded.

Volcanoes are formed by dripping into dams of water saturated with calcium carbonate, and grow vertically like stalagmites from a submerged floor. The drop of water which falls from the roof lands on the surface of the pool, divides, and, through the liberation of CO_2, the calcite in precipitation spreads outwards in the form of microcrystals. These precipitates sink, and form a thin circular film on the bottom of the pool.

There is no adequate study of the genesis of volcanoes; from what has been observed in caves where they occur, these speleothems originate with the deposition of calcite provoked by the dropping of water into stagnant saturated waters; the consequent liberation of CO_2 causes the calcite (from the drop itself and from the water in the dam) to precipitate on the bottom of the pool, forming a circular film of little thickness.

Other drops continue the work, and new layers of calcite follow the first. However, as a result of the lessening distance between the water-level and the surface of deposition, which gets closer to the surface, the diameter of each layer gets gradually smaller. But in the centre of the circle, due to water turbulence caused by the impact of the drops, there is no accumulation of calcite, and the layers come to form laminar rings instead of circles, with a slow tendency to move outwards. Different series of drips will give rise to different and neighbouring "volcanoes" which, if close enough, will join at the bases.

The height of these speleothems is limited by the level of the water; thus the "peaks" are generally all on the same level. This is also the case in the ornament of the edges of pools, where dog-tooth crystals form horizontal crusts aligned with the tops of the volcanoes. Any variation in height between these speleothems indicates a variation of water-level in the pool.

Volcanoes occur in only a few Brazilian caves: the Santana cave, the Gambá cave, the Temimima II cave, and the Jeremias cave in the State of São Paulo, the São Mateus cave in the State of Goiás, the Lapa d'Água, Lapa Encantada, Lapa do Cedro, Gruta Morena, Gruta Tobogã, and Gruta Olhos d'Água caves in Minas Gerais, and the Gruta da Represa cave in the State of Bahia. Although there are further localities.

4. Deposits of biological origin (biothems). This type of speleothem is formed by the action of animal or (largely) vegetable organisms in caves. They may occur in depositional or erosional forms, and at times as a combination of both at the same time.

Reference to the chemical and erosive action of vegetation on carbonate rocks goes back a long way (Sollas, 1880, among others). However, more systematic investigation of the subject in relation to caves dates only from the 1970s — Folk et al. (1973), Waltham & Brook (1981) and Schneider (1976), in particular. These writers defined terms such as **phytokarst**, **phytokarren**, and **biokarst** respectively. A revision of the subject has been presented more recently by Viles (1984).

In this last study, Viles shows that Went (1969) suggests, on the basis of work on fungi carried out in the east of the State of Nevada, that fungi are regularly associated with the active extremity of stalactites, and that the fungal **hyphae** act at the same time as a nucleus for crystallization and a connecting link for the precipitation of calcium carbonate. Other authors, including White (1981) and Latham (1981) also attribute the coloration of certain spelothems to micro-organisms, while Latham believes that such organisms may affect the structure and perhaps the morphology of the speleothem.

Moore (1981) and Laverty & Crabtree (1978), among others, believe that the deposition of manganese and other minerals in caves may also be induced by microbiological activity. Such a biochemical process is upheld in relation to moonmilk (described below) by a number of authors (Caumartin & Renault, 1958; Pochon et al., 1964; Bernasconi, 1981).

The occurrence of some of these speleothems in Brazilian caves deserves mention.

Moonmilk is one of the most interesting biothem forms found in caves. It is a paste-like or porous deposit, rather like a white clay. When dry it is powdery and somewhat reminiscent of chalk. It may be composed of a variety of minerals of carbonate nature, including calcite, aragonite, monohydrocalcite, magnesite, hydromagnesite, nesquehonite, huntite etc. It has been known since the middle ages, and, especially in Europe, has been described on many occasions. According to Williams (1959) moonmilk probably originates through the action of micro-organisms found in this type of deposit. These micro-organisms (Actinomycetes, algae, and bacteria such as **Macromonas bipunctata**) have been identified as being responsible for the breakdown of calcite, whence the origin of the components of moonmilk. This type of deposit has not been adequately studied in Brazil; however, it seems that occurrence is confirmed in various caves in the Ribeira valley (State of São Paulo), and in the States of Minas Gerais and Goiás.

The term comes from the German **Mondmilch**, and has been on occasion replaced by **Montmilch** (mountain milk); it seems to have been coined in 1714 by the German scholar M. B. Valentini, of Frankfurt, with reference to the Mondloch cave, near Lucerne, where such deposits are found. Others would have it (Nuñez Jimenez, 1967), that the word is 15th century Swiss, from **Monmilch**, or "gnome's milk" — as gnomes were believed to live in caves.

Saltpetre, one of the most widely known products of decomposition in caves, is a mineral which has been used by man for more than 4,000 years — as attested by Sumerian documents dating from 2100 B.C. These and others describe the production, discovery, and uses of this nitrate — the most common use being as a diuretic.

The most important use, however, was in the manufacture of gunpowder during the colonial phase of Brazilian history. The presence of saltpetre in Brazilian caves was noted as early as 1587 by Gabriel Soares in his work "Tratado Descriptivo do Brasil". In 1757, the exploitation of the nitrate deposits in the caves of the Velhas, São Francisco and Contas rivers increases in importance with the establishment of several factories for extracting and refining the mineral. During the empire, the production of gunpowder in Brazil was small, but based on these same deposits in the States of Minas Gerais and Bahia; the discovery of the caves in the region was an obvious result of the search for saltpetre.

Saltpetre is formed through the action of bacteria (**Nitrobacter** or **Nitrosomonas**) on cave deposits, generally through the association with bat guano. The mineral found in caves is nitrocalcite (calcium nitrate $Ca(NO_3)_2 \cdot 4H_2O$) which, to be of use in the manufacture of gunpowder, must be transformed into potassium nitrate (KNO_3). Natural potassium nitrate exists in caves but is extremely rare, being known only from caves in the arid region of central Australia. (Mawson, 1930).

Speleophotothems are curious formations identified by the author in Brazilian caves from 1977 on. They have the peculiarity of occurring only in entrance zones, and are clearly orientated towards the light, thus displaying positivo "phototropism" similar to that of the vegetation in the same place.

They appear in the form of small cylinders, rods, or elongated cones like spines or leaning towers; they always grow in groups — if "grow" is the word — on both the bedrock and fallen blocks and, more rarely, speleothems. They generally grow in caves with large entrances, and have been found in the States of São Paulo (Casa de Pedra, Temimima, Morro Preto, Água Suja), Minas Gerais (Janelão), Goiás (São Mateus) and others.

In 1978 Brook & Waltham identified the same type of formation in the entrances to unspecified caves in the Gumung Mulu National Park, in Sarawak. On this basis Bull & Laverty (1982) carried out the first known study of these formations, identifying them not as depositional forms but as residual forms resulting from the action of algae, which attack the rocky substrate both chemically and physically. They may not, therefore, be formally included among speleothems, but in the so-called "speleogens".

These latter authors further pointed out, among their conclusions, that there are morphological variations in the type of **phytokarst**; they associated these variations with the position of the rock surface in relation to the prevailing angle of the incidence of light. Thus the inclination of the rock in a direction subparallel to the light will produce thread-like forms, while on surfaces sub-perpendicular to the light thick conical forms will appear. They also believe that direct light will in some way influence the formation of sharp cylinders or cones, but state that possible lithological control over such morphology remains to be demonstrated.

5. **Mixed origin deposits**. The chemical composition and final aspect of some speleothems are related to the simultaneous or sequential action of more than one mechanism of formation. In such cases we find speleothems which may be included in two categories: **hybrid forms** and **decomposition forms**. It is not the intention to offer any detailed study of these forms, but rather to describe some of the most frequent or most interesting of them.

Hybrid forms basically include structures derived from the superimposition and integration of a variety of speleothems, resulting in a wide range of combinations of shape and style. It is common to find decorative blocks made up from stalactites, drapery, and helictites, which join together and interpenetrate. Stalagmites may be covered with "corals", rimstone dams, and clumps of "cauliflower". The "clubs", "corncobs", and "islands" already described fall into this category.

Among those speleothems formed by the simultaneous action of various different mechanisms are the so-called **anemolites** (anemos = wind, from Greek); these include stalagmites and helictites of which the direction of growth is clearly conditioned by the circulation of air in entrances or conduits of caves. Thus there exist groups of stalactites which, instead of hanging vertically, "lean" with the prevailing wind.

This is not due to "twisting" on account of the physical pressure exerted by the wind, but to differential (assymetrical) deposition of calcite in function of a higher evaporation rate on one side of the speleothem. Although they are rare, there do exist stalagmites which grow at a angle underneath stalactites (anemolites) of which the point of drip is displaced due to gradual inclination. In Brazil, the best examples are in the Gruta do Brejol (Rio Peruaçu) in the north of the State of Minas Gerais. Some authors — not the majority — associate these speleothems with action of micro-organisms.

Among hybrid speleothems are also those formed from the cementation and covering of fragments of broken speleothems lying on the ground. Some curious and bizarre forms arise in this way.

An interesting case may be seen in the São Mateus cave (State of Goiás), where there are stalagmites which, if split, display a central duct like that of a stalactitte. These stalagmites originate from the covering of "soda straws" which, due to excess weight, fell from the ceiling and stuck vertically in the floor, which is of clay. Later dripping covered them, increased them in size, and used them as support for true stalagmites which thence grew normally upwards.

Also interesting is the **spherical stalactite** where there are extensive floods, stalactites may be covered by reasonably thick layers of mud. As the water-level drops, these clay-covered stalactites cannot develop normally because of blockage of the central duct. The water held back in this duct is forced to drain off at the point where the stalactite touches the roof, and then runs down the outside surface of the clay covering, giving rise to a calcite surface of porous consistency and relatively spherical shape. It is common for a new tubular stalactite to originate at the lower extremity of this structure, which is then for obvious reasons known as a "cow's udder". The theory does not fit all known cases; although some such formations, when opened, show clearly the alternation of clay and calcite, others only display concentric bands of calcite.

The modification of the chemical composition of the mineral in deposition (aragonite for calcite, for example), or the superimposition of distinct minerals, laid down in sequence, may give rise to speleothems of complex forms and styles. There are good examples among the calcite helictites of the Nirvana chamber in the Santana cave (State of São Paulo), which have aragonite crystals at their extremities, or some of the "orange-sticks" found in the caves of Brazil Central.

Other rare and unusual speleothems have been seen in the Duka chamber of the Jeremias cave (State of São Paulo) and, on account of their shape, called "tobacco-pipes". They are "soda straws" at whose lower extremity grow scalenohedral crystals (balloons), possibly of calcite. The growth axis of these macrocrystals is oblique to the straw, and takes an upward direction of growth, creating the for of a pipe, whence the name. The genesis of these strange formations is unknown.

It will be seen that, in terms of surprises and curiosities, caves still have much to offer us.

FINAL CONSIDERATIONS

It still remains true today that most studies of speleothems have been based on analysis of isolated cases or types. Yet the occurrence and distribution of speleothems in our caves is not merely aleatoric. There are certain laws, yet to be clearly identified, which determine why some speleothems are frequent, while others are extremely rare; why some are always associated with others — stalactites with stalagmites, for example — or why some depend on the previous existence of others — "rafts" and "volcanoes", which presuppose rimstone dams; why some speleothems are made of a single type of mineral, while others are composed of several; why some exist in the entrances to caves, while others restrict themselves to very specific and confined areas of the cave; why some occur in isolation and others only in groups. For these and other questions, adequate answers are needed.

These questions and others demand that "speleothemology" if it might be called that, should go beyond the descriptive phase, the fragmentary phase, and assume a more systematic and articulate way of looking at things. Every speleothem is a component of a broader and more complex system, and the study of speleothems should be regarded as a tool for the interpretation of such systems — a means and not an end.

Página seguinte — *Following page*

152. O bagre cego (**Pimelodella kronei**) da Gruta das Areias, Iporanga (SP), que, com cerca de 15cm, é o maior troglóbio brasileiro. CFL.

*The blind catfish (**Pimelodella kronei**) in the Gruta das Areias, Iporanga (SP). At about 15 cm in lenght, it is largest Brazilian troglobite. CFL.*

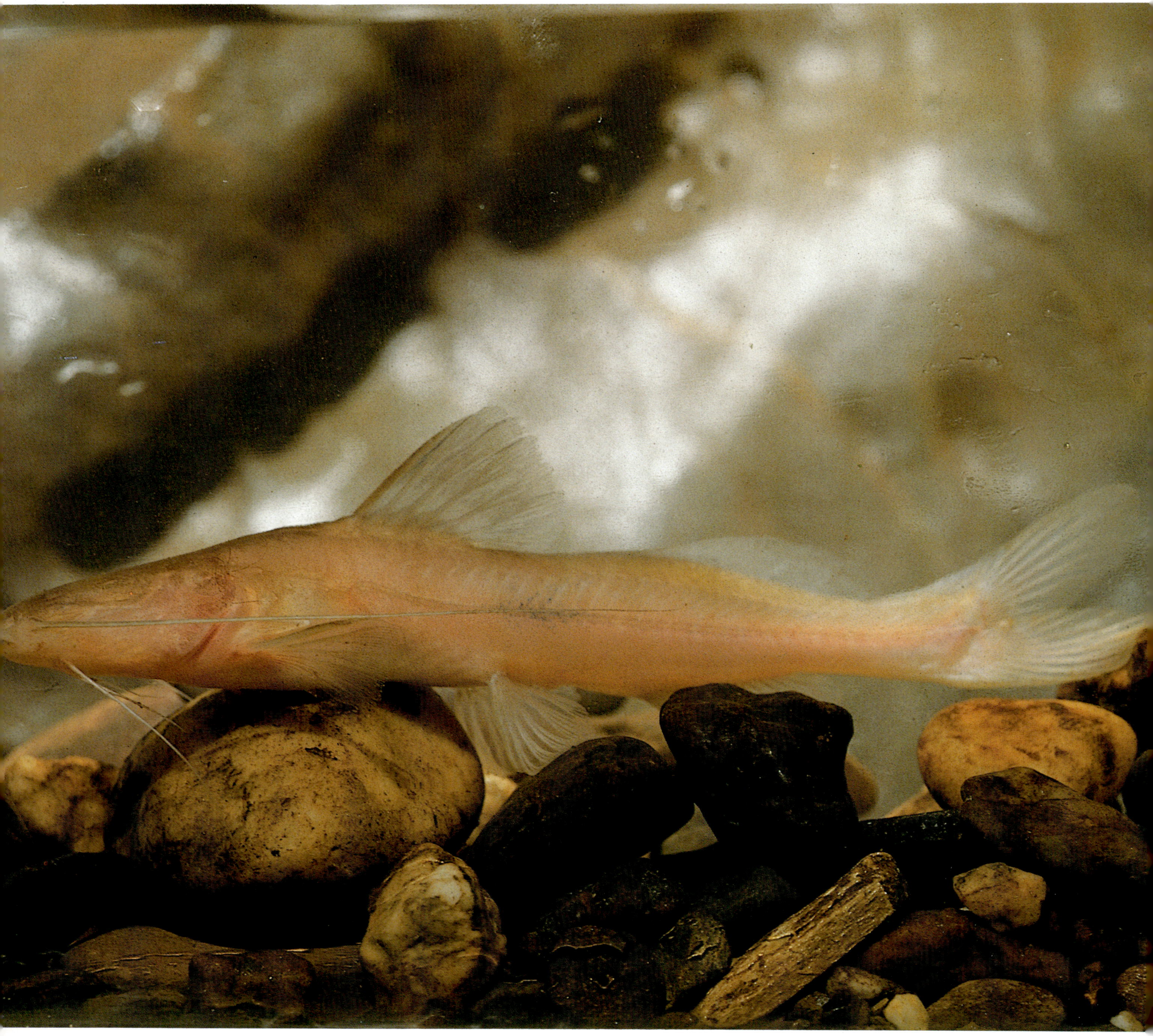

Ambiente e Vida nas Cavernas

Se nas cavernas não se encontram os dragões e outros animais horrendos das lendas antigas, não se deve crer, no entanto, como a maioria dos turistas, que o mundo subterrâneo é um deserto no qual só existem os minerais.

B. Gèze (1968)

BIOESPELEOLOGIA NO BRASIL E NO MUNDO

Há 18 000 anos, um primitivo habitante das cavernas nos Pirineus franceses gravou em um osso de bisonte, encontrado na Gruta Trois Frères, o mais antigo documento sobre a fauna cavernícola atualmente conhecido. A gravura, de uma espécie de grilo, é de tal forma precisa que foi possível identificá-lo como pertencente ao gênero **Troglophilus**, ainda hoje encontrado nas cavernas européias (Howarth, 1983). É, no entanto, um documento isolado que tem mais significado na compreensão de primórdios da cultura humana que especificamente no campo das ciências biológicas em caverna.

O primeiro relato escrito sobre um animal exclusivamente cavernícola surgiu apenas em 1689, quando o Barão Johann Weichard Valvasor encontrou um estranho anfíbio nas águas subterrâneas de Carniola, hoje parte da Iugoslávia, descrevendo-o como um "pequeno dragão", coerente com as idéias da época que consideravam as cavernas como moradias de monstros e feras sobrenaturais.

Esse "pequeno dragão", descrito cientificamente por Laurenti em 1768, foi por ele batizado de **Proteus anguinus** e apresentava uma série de caracteres morfológicos como despigmentação, atrofia dos olhos e estranhas brânquias externas de forte coloração vermelha. Era apenas o primeiro entre inúmeros seres extremamente singulares que seriam encontrados no interior das cavernas.

Em 1799, uma nova e importante descoberta. O pesquisador prussiano Alexander Von Humboldt descobre nas cavernas da Venezuela um grande e estranho pássaro que nidifica na completa escuridão: o *guácharo* (**Steatornis caripensis**), o qual, como os morcegos, usa uma espécie de sonar que permite seu vôo seguro em plenas trevas. Esse método de orientação denominado "ecolocação" viria a ser descoberto apenas em 1938 pelos trabalhos de pesquisadores americanos que, com auxílio de detectores de ultra-som, estudaram essa extraordinária propriedade dos morcegos.

Em 1831, na mesma região iugoslava onde foi encontrado o **Proteus**, na Gruta de Postojna, foi descoberto por Luka Cec, também descobridor da gruta, o primeiro inseto cavernícola. Esse coleóptero, despigmentado e cego, cuja aparência lembra uma grande formiga, foi enviado ao Barão Franz Von Hohenwart que, por sua vez, o encaminhou ao naturalista Fernand Schmidt, a quem se deve sua identificação (**Leptodirus hohenwartii**).

Não tardaram a surgir as primeiras espécies cavernícolas na América. Em 1842, Kay, Wyman e Tellkampf descobriram os primeiros peixes de vida estritamente subterrânea. Tais animais (**Amblyopsis spelaeus**) encontrados na famosa *Mammoth Cave* (a maior caverna do mundo, com mais de 570 km de desenvolvimento!), apresentavam, entre outras características, também a despigmentação e a atrofia dos órgãos visuais, fazendo crer serem essas características freqüentes em vários cavernícolas, independentemente da região geográfica ou grupo zoológico.

Novos peixes cavernícolas com as mesmas características viriam ainda a ser descobertos no Brasil no final do século. Encontrados nas cavernas de Areias e Bombas, em Iporanga, São Paulo, por Ricardo Krone em suas pesquisas paleontológicas e descritos por Ribeiro (1907/1911), esses peixes foram denominados **Typhlobagrus kronei** (hoje **Pimelodella kronei**), ampliando em muito a área de ocorrência de peixes cavernícolas nas Américas. Cabe ressaltar que peixes restritos ao meio subterrâneo não são encontrados na Europa.

Embora não tendo encontrado nenhum animal exclusivamente cavernícola em suas pesquisas nas grutas de Minas Gerais (1835-1844), Peter Lund também contribuiu para o estudo da fauna cavernícola no Brasil. Foi dele uma série de observações sobre a inter-relação entre a fauna externa e interna, tanto em nossa época quanto em relação à fauna extinta, cujos vestígios se conservaram naquelas cavernas.

Foram importantes suas contribuições no campo da sistemática subterrânea e na biogeografia da fauna cavernícola, áreas nas quais se destacam atualmente os nomes de Barr, Reddell, Poulson, Howarth, Chapman, Culver e diversos outros pesquisadores norte-americanos cujas pesquisas redirecionaram todos os estudos da fauna em cavernas.

Segundo Howarth (1983), "na última década ocorreu uma virtual revolução no entendimento da bioespeleologia. Essa mudança era exigida pela verificação de que cavernícolas obrigatórios também vivem em cavernas não calcárias como tubos de lava e mesmo nos vazios de rochas fraturadas e depósitos de talus; de que uma significativa fauna cavernícola especializada é encontrada em regiões tropicais; e de que muitos cavernícolas obrigatórios não eram relictos", questões que serão retomadas em detalhe mais adiante.

Esses novos dados, que contrariam muitas das teorias dominantes até então, fazem com que atualmente a bioespeleologia esteja passando por uma ampla revisão e reorientação. Assim, ganha importância o estudo dos diversos ambientes subterrâneos, suas características e peculiaridades, a comunidade cavernícola a eles relacionada e a dinâmica própria desses ecossistemas.

O DOMÍNIO SUBTERRÂNEO E O AMBIENTE DAS CAVERNAS

As cavernas não são os únicos ambientes que compõem o domínio hipógeo ou subterrâneo. Tanto o solo como o subsolo rochoso se organizam em estruturas espaciais que comportam inúmeros "vazios" de dimensões e distribuição variadas. Os grãos de areia, por exemplo, compõem um arranjo que dá ao solo arenoso um alto grau de porosidade, com espaços relativamente bem distribuídos, que são preenchidos pelo ar ou pelas águas. As rochas, por sua vez, especialmente as carbonáticas, apresentam fendas e fraturas que podem representar grandes volumes vazios em seu interior.

Esse conjunto de espaços compostos pelas porosidades do solo, pela fissuração das rochas e pelos condutos e cavernas geralmente está inter-relacionado, formando um **continuum**. Demonstração disso é dada pela circulação da água de superfície que, atravessando vastas camadas de rocha "impermeável", pendura-se nos tetos das cavernas dando origem às estalactites e, em seguida, volta à superfície através das fontes e ressurgências.

Cada tipo de espaço subterrâneo, embora sujeito a certas características abióticas comuns, apresenta-se como um ambiente ecologicamente distinto, podendo abrigar de forma temporária ou permanente uma fauna peculiar.

Howarth (1983), baseando-se em suas dimensões, divide as cavidades em três grupos, definindo como *microcavidades* aquelas com diâmetro menor que 0,1 cm, como *mesocavidades* aquelas com dimensões entre 0,1 e 20 cm e como *macrocavidades* as superiores a 20 cm, incluindo aqui, por conseguinte, todas as cavernas. Em seu estudo, mostra a importância das mesocavidades no desenvolvimento da fauna troglóbia, ou seja, aquela exclusiva dos ambientes cavernícolas.

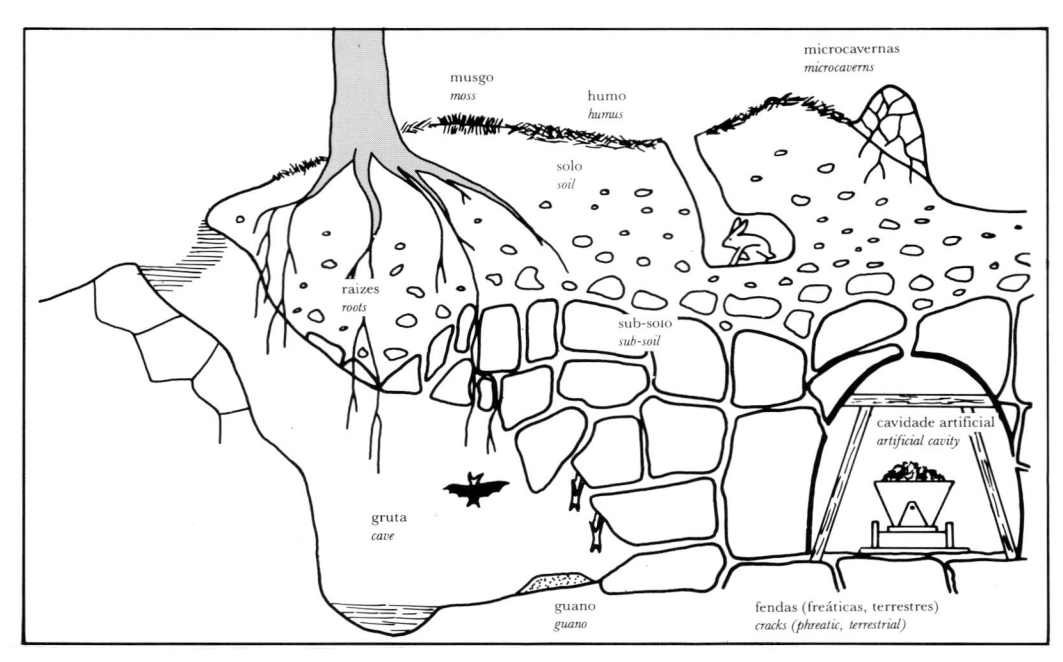

O domínio subterrâneo segundo esquema de Ginet e Decou (1977).
The subterranean domain, after a scheme by Ginet e Decou (1977).

Autores como Ginet e Decou (1977), baseados em uma extensa bibliografia, preferem maior detalhamento distinguindo as *grutas* — cavernas —, as *fendas rochosas* — incluindo espaços interblocos —, as *cavidades artificiais*, as *microcavernas* — tocas escavadas por animais — e o meio *endógeo* — interstícios do solo. Destacam ainda o *meio intersticial* composto pelos vazios dos solos e rochas imersos no lençol freático. Em todos esses meios são encontradas formas de vida vegetal e animal peculiares.

O meio *endógeo* ou *edáfico*, que corresponde ao interior do solo, apresenta em escala reduzida fatores bióticos e abióticos bastante similares aos do ambiente cavernícola. A comunidade do solo propriamente dita, que foi denominada **edafon** por Coiffait (1959), reúne vários grupos animais, especialmente insetos — colêmbolos, orthópteros, coleópteros, etc. —, opiliões e miriápodes, geralmente de espécies encontradas também na superfície. Estão ali representados, no entanto, alguns animais estritamente endógeos, encontrados exclusivamente no interior do solo, que são denominados *edafóbios*, como o molusco gastrópode **Caecilioides acicula**, que é despigmentado e cego (Ginet e Decou, 1977).

Acredita-se que tais animais possam representar os ancestrais de alguns habitantes das cavernas e são, por seu turno, procedentes de espécies da superfície que passaram a viver no solo desde épocas remotas. Coiffait (*op. cit.*) por essa razão os denomina "fósseis-viventes do solo", em uma analogia aos "fósseis-vivos das cavernas" no dizer de Jeannel (1943).

As *microcavernas* por sua vez, representam cavidades do solo abertas por animais como tatus, coelhos, marmotas e outros mamíferos que ali fazem suas tocas, por corujas e outras aves que também escavam seus ninhos no solo, e por insetos como formigas e cupins.

Racovitza (*apud* Ginet e Decou, *op. cit.*), analisando esses hábitats observa que "além das cavidades naturais... existe todo um mundo de reduzidos obscuros, construídos ou escavados por animais, que outros seres escolheram como domicílio", chamando atenção para esses hóspedes secundários que vivem em companhia ou na dependência dos mamíferos, aves, répteis e outros animais que deram origem às microcavernas.

Os referidos autores esclarecem que essa fauna dependente e parasita é composta em sua maioria por espécies lucífugas e higrófilas, isto é, que buscam locais escuros e úmidos, originadas na superfície do solo e caracterizadas por insetos, miriápodes, ácaros e crustáceos terrestres. Dizem ainda que "neste povoamento secundário, os fatores ambientais têm papel acessório, prevalecendo a existência dessa microfauna no local em função dos recursos alimentares representados pelo hóspede principal" — seu sangue, suas fezes, restos de suas presas, etc. Essa microfauna, todavia, é distinta da fauna cavernícola propriamente dita, que será posteriormente analisada.

Mais importantes em nível bioespeleológico são as *fendas rochosas*. Diversas rochas, especialmente as carbonáticas, e as de origem vulcânica, apresentam comumente uma fissuração profunda com espaços de pequenas dimensões, inacessíveis ao homem, que podem ocupar um volume de vazios no corpo rochoso bem maio do que aquele ocupado pelas cavernas.

Diversos estudos mostram que nessas fendas predominam um ambiente confinado, muito úmido, com concentração de CO_2 mais elevada e com um microclima pouco variável. Tais características tornam esse hábitat semelhante ao das cavernas e, sob certo ponto de vista, incluindo o fato de, em geral, apresentar pouca quantidade de nutriente, mais adequado para uma fauna subterrânea especializada.

Tal hipótese já era aventada por Racovitza, que no início do século dizia: "Eu me inclino a pensar que muitos cavernícolas têm seu hábitat normal nas fendas e não nas grutas". Ginet e Decou (*op. cit.*), são ainda mais categóricos: "as fendas constituem o hábitat preferido dos troglóbios".

Viriam a corroborar essa idéia as diversas descobertas realizadas na exploração de poços artesianos onde foram encontrados vários animais, peixes, salamandras, camarões, isópodes e anfípodes entre outros, com adaptações morfológicas tidas como tipicamente cavernícolas. Tais ocorrências já registradas nos Estados Unidos (Mitchell e Reddell, 1971), Europa e Japão, foram igualmente documentadas no Brasil onde, no início do século (Goeldi, 1904), um pequeno peixe despigmentado e sem olhos (**Phreatobius cisternarum**) já havia sido encontrado a cerca de 15 m de profundidade, na escavação de um poço de água na ilha de Marajó, delta do Amazonas. Essa mesma espécie foi posteriormente encontrada em Belém, Pará e Macapá, Amapá. Outros peixes com características semelhantes foram registrados em outros locais da Amazônia e de Minas Gerais (Myers, 1944; Carvalho,1967).

A dispersão de cavernícolas através de fendas calcárias foi especialmente estudada com relação a um anfípode comum no meio freático dos calcários europeus, o **Niphargus**, um dos cavernícolas mais conhecidos no carste da Europa.

As *cavidades artificiais*, por sua vez, como minas, túneis e catacumbas, apresentam, salvo raras exceções, várias condições ambientais similares às das cavernas e, após sua abertura, representam do ponto de vista ecológico, vazios passíveis de colonização biológica. Nesse sentido, são ambientes cada vez mais englobados no campo da bioespeleologia, podendo até mesmo representar importantes laboratórios para estudos de colonização do meio subterrâneo por animais da superfície.

Husson (1936), entre outros autores, realizou estudos sobre a fauna dessas cavidades notando que entre as estudadas elas eram ocupadas predominantemente por oligoquetas, isópodes terrestres, aracnídeos, pseudo-escorpiões, colêmbolos, coleópteros e dípteros encontrados tanto naquele meio como na superfície.

O grande campo de estudo da bioespeleologia iniciou-se, no entanto, no ambiente das cavernas propriamente ditas. O *ambiente cavernícola* **stricto sensu** é considerado um dos mais peculiares e estáveis existentes na biosfera. A capa rochosa que cobre e resguarda as cavernas das variações climáticas bruscas que ocorrem na superfície dá a esse ambiente uma série de características próprias, que condicionam a diversidade de vida animal e vegetal que se desenvolve em seu interior.

A primeira e principal característica desse ambiente é a *completa ausência de luz nas zonas mais profundas*. Entre inúmeras conseqüências disso, ressalta-se o fato de que nessas áreas não se podem desenvolver as plantas verdes que são a base das cadeias alimentares na maioria dos ecossistemas da superfície. Esse fato, entre outros, propicia a existência de uma fauna cavernícola especializada e, por vezes, com significativas diferenças morfológicas, fisiológicas e comportamentais, em relação à fauna epígea.

Associada à ausência de luz solar, a *amenidade e constância da temperatura do ar* é outra característica básica do ambiente subterrâneo. A temperatura do ar nas cavernas é geralmente igual à média anual das temperaturas externas em cada região e depende sobretudo da localização da cavidade. Assim, cavernas semelhantes situadas em diferentes latitudes ou altitudes apresentam temperaturas médias correspondentes a essas situações.

Dessa forma, enquanto em cavernas européias é freqüente a presença de águas congeladas e temperaturas do ar abaixo de 10°C no inverno, no Brasil, mesmo nos invernos mais rigorosos, jamais a temperatura no interior de cavernas profundas atinge valores semelhantes. Dadas as dimensões do país, mesmo entre distintas regiões, as cavernas apresentam temperaturas médias diferenciadas variando entre 17°C e 20°C no Vale do Ribeira (Sudeste) e entre 18°C e 26°C nas regiões Centro-Oeste e Nordeste do país. Tais diferenças de temperaturas, associada a outros fatores internos e externos, certamente interferem na composição e distribuição da fauna cavernícola no Brasil.

Mesmo considerando-se uma única região, no interior de cada caverna existe um significativo gradiente térmico. Nas entradas, a temperatura aproxima-se das médias externas apresentando, por conseguinte, muitas e, às vezes, rápidas variações. Mais para o interior do maciço, tende a tornar-se constante, apresentando-se, em relação à média externa, geralmente mais fria no verão e mais quente no inverno.

A temperatura no interior das cavernas apresenta, todavia, caráter dinâmico, dependendo da maior ou menor intensidade da circulação do ar nesses ambientes.

Em um estudo já clássico na literatura espeleológica, Gèze (1968) aponta as causas e características da circulação do ar nas cavidades. Mostra que a movimentação do ar é conseqüência da diferença de densidade entre o ar exterior e o ar subterrâneo, determinado pela temperatura das massas gasosas correspondentes. A diferença de altitude e latitude entre distintas "bocas" da mesma caverna também ocasiona tal circulação atmosférica. Essas características são sintetizadas nos gráficos sobre cavernas em "saco de ar" e em "tubo de vento".

Embora as cavernas brasileiras em geral não apresentem grandes desníveis, é comum entre nós a existência de entradas onde esse tipo de circulação em "tubo de vento" é bastante perceptível. Entre outros, um exemplo bastante conhecido é o da Gruta Arataca, em Iporanga, São Paulo, onde, em uma pequena entrada, o vento proveniente do interior da cavidade sopra com intensidade, agitando permanentemente a vegetação em seu redor, denunciando a existência da abertura.

Não só nas entradas tal circulação é notável. Várias cavernas de grandes dimensões apresentam "túneis de vento" em locais onde exista um abrupto estreitamento ou abaixamento do teto. Na Caverna Água Suja e na Caverna do Diabo, ambas em São Paulo, a própria exploração é, às vezes, dificultada em um desses "túneis" devido à força do vento que, repetidamente, apaga as chamas da iluminação a acetileno.

A temperatura e a circulação do ar são básicos na dinâmica de um outro fator de grande importância ecológica no ambiente subterrâneo, a *umidade relativa do ar*.

Salvo em algumas exceções, o grau de umidade na maioria das cavernas é extremamente elevado, próximo de 100%, ou seja, o ar em repouso está geralmente saturado de vapor de água, o qual pode se condensar nas paredes rochosas.

Também nas grutas ditas secas — desprovidas de corpos de água no seu interior — a umidade tende a aumentar, à medida que se aprofunda em seu interior, chegando a apresentar valores acima de 90% mesmo em regiões semi-áridas.

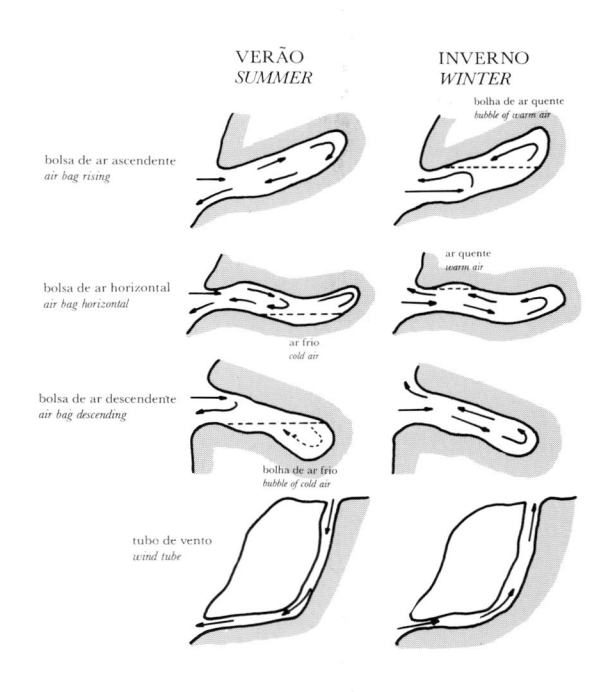

Esquemas de circulação de ar no verão e no inverno em cavidades dos tipos "bola de ar" e "tubo de vento" (Gèze, 1968).
Air circulation schemes in summer and winter in cavities of the "air bag" and "wind tube" type (Gèze, 1968).

155. Gotas de água condensadas no teto da caverna pela diferença de temperatura entre o ar saturado de umidade (mais quente) e a rocha (mais fria). Caverna do Ouro Grosso, Iporanga (SP). CFL.

Droplets of condensation on the roof of the cave, caused by the difference in temperature between the saturated air (warmer) and the rock (colder). Caverna do Ouro Grosso. Iporanga (SP). CFL.

156. Pequeno cachorro mumificado na entrada da Lapa do Catarino I, Campo Formoso (BA). FC.

A small mummified dog in the entrance to the Lapa do Catarino I, Campo Formoso (BA). FC.

157. Gruta Leonardo da Vinci, Altamira (PA), onde existe uma enorme colônia de morcegos (*Pteronotus parnellii*), cujo guano infecta o ambiente com forte cheiro de amônia, dificultando a exploração. RV/GEP.

*The Gruta Leonardo da Vinci, Altamira (PA), where there is an enormous colony of bats (**Pteronotus parnellii**). The guano gives of a powerful stench of ammonia, making exploration difficult. RV/GEP.*

158. Nevoeiro provocado pelo desequilíbrio entre a temperatura corporal dos espeleólogos, a água fria do rio e o ambiente saturado da umidade, na Caverna de Santana (SP). CFL.

Mist caused by imbalance between the body temperature of the cavers, the cold water of the river, and the environmental saturation. Caverna de Santana (SP). CFL.

Essa umidade é a responsável pela sensação de abafamento e calor que o espeleólogo muitas vezes sente explorando certas grutas, mesmo onde a temperatura seja baixa. Tal sensação deve-se ao fato de o ar saturado de umidade impedir a evaporação do suor, que escorre pela pele, dificultando sua aeração. Também deve-se ao excesso de umidade a formação de verdadeiros nevoeiros no interior de cavernas quando da exploração, problema muito sentido pelos fotógrafos subterrâneos.

As elevadas taxas de umidade e a baixa taxa de evaporação características do ambiente cavernícola propriamente dito, desenvolvem ainda um papel essencial para a existência de uma fauna exclusivamente subterrânea, os animais ditos troglóbios, como veremos adiante.

Em algumas grutas, no entanto, fugindo à regra, o ambiente é extremamente seco concorrendo para isso geralmente, uma constante aeração e a existência de acúmulo de argila seca — solo pulvurolento —, que absorve qualquer "excesso" de umidade. Nesses locais, por vezes ocorre a "mumificação" de animais mortos pela desidratação de seus corpos em contato com o solo argiloso seco. Um dos exemplos bem conhecidos no Brasil é o da Gruta de Morro Redondo, em Matozinhos, Minas Gerais, explorada pela SEE em 1938, onde foram encontrados diversos animais "mumificados", como morcegos, porco-espinhos e ratos. Outro exemplo é o da pequena Gruta dos Cristais, na Bahia, onde o autor descobriu cerca de vinte pombas (**Columbidae**) em igual estado de ressequimento com pele e penas intactas. São, entretanto, casos raros.

Além do alto grau de umidade, o ar das cavernas é geralmente rico em dióxido de carbono, CO_2, proveniente tanto da liberação desse gás no processo de precipitação da calcita, já descrito anteriormente, como da decomposição de matéria orgânica trazida do exterior e acumulada nas partes baixas e confinadas das cavernas. Segundo Howarth (1983), a concentração de CO_2, bem como a grande variação de concentração desses gases no ambiente subterrâneo, pode influir significativamente na adaptação dos animais cavernícolas.

O caso mais conhecido de significativo acúmulo de gás carbônico em cavernas talvez seja o da Gruta do Cão, na Itália. Ali, segundo consta, os guias que acompanham os turistas costumavam levar consigo um cão, que ficava exposto à camada daquele gás acumulado nas partes baixas, passando por processo de convulsões e asfixia para prazer e sadismo dos visitantes.

No Brasil, poucos são os casos registrados de grande concentração de CO_2, embora se saiba que em regiões tropicais a produção desse gás pela intensa atividade orgânica seja maior do que em regiões temperadas. Merecem destaque entre nós, como fonte de pesquisa, uma pequena sala na Gruta dos Estudantes, em Minas Gerais, descrita por Ramos (1938), e dois pequenos abismos de fundo fechado na região da Caverna São Mateus, em Goiás, onde em um deles, desenvolvem-se peixes despigmentados. (Lino, 1979, relatório de expedição não publicado).Talvez seja o caso também da Gruta Gameleira, em Monjolos, descrita por Chaimowicz (1986-c) e da gruta Olhos d'Água, em Itacarambi (Augusto Auler, com. pessoal), ambas situadas em Minas Gerais.

Além do CO_2, a amônia é também freqüente na composição do ar nas cavernas onde ocorre grande acúmulo de guano de morcegos, rico em compostos nitrogenados. Tais casos, são, no entanto, menos comuns no Brasil, merecendo todavia destaque a Gruta dos Morcegos, em Tianguá, no Ceará, e algumas grutas areníticas no Pará como a Gruta Leonardo da Vinci.

As características gerais, arroladas neste capítulo, não são todavia encontradas em todos os ambientes subterrâneos. Ao contrário, cada caverna é única, em função de sua localização, dimensão e morfologia interna, entre outros fatores.

Cabe também lembrar que tais condições ambientais não são estáticas e sofrem alterações ao longo do tempo, dentro do contexto maior da dinâmica climática do planeta. Por outro lado, se considerada uma caverna individualizadamente, tais características não se distribuem de forma homogênea, seguindo um zoneamento em função da maior ou menor interação do ambiente subterrâneo com o meio externo. Dessa forma, para cavernas relativamente profundas, pode-se, a princípio, distinguir três zonas ambientais em seu interior baseando-se na interação luz-temperatura-umidade.

Zona I (entradas): é aquela onde a luz incide direta ou indiretamente e tanto a temperatura quanto a umidade relativa do ar acompanham basicamente as variações externas. Dependendo das dimensões e conformação da entrada, esta zona pode ser subdividida em duas subzonas: a zona de entrada propriamente dita e a zona de penumbra, com temperatura menor ou maior que a exterior, respectivamente, nos períodos de verão ou inverno.

Zona II (zona de temperatura variável): são os locais onde a ausência de luz é total, existindo, no entanto variações da temperatura e umidade por força das correntes de ar entre os meios externo e interno. Tal zona tem seus limites alterados em função das condições externas, sendo geralmente mais restrita nos meses de verão e atingindo maiores profundidades no inverno. Alterações bruscas externas (por exemplo, formação de tormentas) também podem alterar temporariamente o limite interior dessa zona.

Zona III (zona de temperatura constante): é marcada pelas trevas permanentes, pela amenidade e constância da temperatura e umidade relativa do ar muito elevada, geralmente entre 90% e 100%. A temperatura do ar e a da água tendem a um perfeito equilíbrio, tanto no inverno como no verão.

Obviamente, tal zoneamento tem como premissa uma caverna "ideal" com uma única entrada, com seção transversal relativamente constante, desenvolvimento significativo e predominantemente horizontal. Tais características, como já vimos anteriormente, são propriedades de apenas uma parte das cavernas existentes. Assim, a zona de penumbra ou a zona de temperatura constante, por exemplo, podem simplesmente não existir em algumas cavidades, pelas simples características morfológicas e dimensões das mesmas. Por outro lado, uma mesma cavidade pode possuir várias zonas "I", "II" e "III".

Cavernas com grandes entradas apresentam costumeiramente zonas de penumbra e temperatura amena onde sobrevive uma vegetação especializada. Esta, juntamente com outros fatores, vai influenciar a existência e características de uma fauna peculiar que ali, ainda que periodicamente, irá desenvolver-se. Pequenas entradas, por sua vez, podem funcionar como verdadeiras barreiras ambientais que, ao mesmo tempo, separam e interligam meios muito diferenciados entre si. Galerias estreitas, por seu turno, definem ambientes geralmente muito distintos dos encontrados em salões e amplos corredores.

Tão importante quanto esses aspectos morfológicos, é a diversidade de substratos, como os cursos de água, os lagos, os bancos de argila, o solo arenoso, as paredes rochosas, os acúmulos de detritos orgânicos, o guano de morcego, etc., que podem ocorrer no interior das cavernas, definindo diferentes hábitats.

Em função desses hábitats e do nível de adaptação ecológica ao ambiente, os animais de cavernas são classificados nas categorias descritas a seguir.

159. Fauna acidental em cavernas. Essa vaca penetrou na Gruta Antonio Costa, Montes Claros (MG), morrendo em seu interior. AA.

    An accidental in the cave environment. This cow got into the Gruta Antônio Costa, Montes Claros (MG), where it died. AA.

160. Entrada da Caverna São Mateus/Imbira, em São Domingos (GO), mostrando a zona de iluminação direta e de penumbra (zona "I"), onde se desenvolvem uma fauna e uma flora especializadas. CFL.

    Entrance of the São Mateus/Imbira cave at São Domingos (GO), showing the zones of direct illumination and of shade, where a specialized flora and fauna develop. CFL.

CLASSIFICAÇÃO ECOLÓGICA DOS ANIMAIS DE CAVERNAS

Ao longo de quase um século, à medida que novos pesquisadores se dedicavam ao estudo dos animais em cavernas e, em conseqüência, novos dados iam sendo coligidos, surgiram inúmeras tentativas para uma adequada classificação dos cavernícolas.

O próprio termo "cavernícola" foi, ao longo das décadas, tomando uma conotação mais objetiva, embora não no sentido de um detalhamento ou precisão mas, ao contrário, de sua generalidade; passou a ser um termo genérico, aplicado a todos os animais que, temporária ou permanentemente, habitam as cavernas, independentemente de qualquer adaptação fisiológica, morfológica, ou outras que eventualmente possam apresentar. É nesse sentido que o termo é usado nesta obra.

Com o mesmo significado, usa-se a expressão "fauna hipógea", englobando também os animais das fendas rochosas, em contraponto à fauna epígea, de superfície, e à endógea, que vive no interior do solo.

Ainda em termos genéricos, os animais de caverna são subdivididos em *cavernícolas aquáticos* e *terrestres*, distinção importante para o entendimento da origem e distribuição da fauna hipógea em diversas regiões do globo.

A classificação mais utilizada para os cavernícolas é, porém, aquela desenvolvida por Schiner (1854) e Racovitza (1907), aprimorada por vários autores — Jeannel (1926), Pavan (1950), Ruffo (1957), Motas (1962), Barr (1963), Vandel (1965), Decou (1969), Hamilton-Smith (1971), Mitchell e Reddell (1971), etc. —, que divide os cavernícolas em quatro categorias básicas: acidentais, troglóxenos, troglófilos e troglóbios.

Os "acidentais" são animais da fauna externa que eventualmente são encontrados no interior das cavernas, mas não mantêm nenhuma relação com aquele ambiente, tendo ali penetrado por acidente como queda em abismos, condução por cursos de água, perseguição de predadores, etc. Esse é o caso de alguns animais domésticos ou silvestres por vezes encontrados em cavernas, como porcos-do-mato, pacas, cobras, vacas, borboletas, etc., que muitas vezes não conseguem sair e morrem nesses locais.

Os troglóxenos (**troglos** = caverna, **xenos** = estrangeiro), como expressa o termo, são animais que, embora encontrados costumeiramente em cavernas, não são exclusivos desse ambiente e nem conseguem desenvolver todo o seu ciclo vital nesse meio. São animais de superfície que freqüentam de forma regular as cavernas, buscando naquelas cavidades abrigo contra os rigores climáticos, proteção contra predadores, alimentação específica mais abundante (guano de morcegos, por exemplo) ou melhores condições para reprodução.

A título de exemplo, podemos citar os morcegos que hibernam em cavernas de regiões temperadas ou aqueles que, embora saiam todos os dias para se alimentar no exterior, utilizam as cavernas para seu descanso e reprodução; corujas, onças e outros animais que usam as áreas próximas às entradas como suas tocas; sapos que costumeiramente penetram nas cavidades possivelmente em busca de ambiente úmido, etc. Em vários casos, como no dos Anura — sapos, pererecas —, às vezes é muito difícil diferenciar entre troglóxenos e acidentais.

Os troglófilos (**troglos** = caverna, **filos** = amigo), por sua vez, são cavernícolas facultativos, que podem desenvolver todo o seu ciclo vital nas cavernas e ali perpetuar sua espécie, mas que não são exclusivos desse ambiente, podendo viver igualmente em ambiente externo apropriado. Certas características fisiológicas ou etológicas predispõem ou possibilitam essas espécies a viver em cavernas. É o caso, por exemplo, de animais *higrófilos*, que se adaptam melhor a locais úmidos e *lucífugos* ou *umbrófilos*, que vivem em áreas sombreadas.

161. O morcego é o troglóxeno mais conhecido em cavernas. Embora costume passar a maior parte de sua vida nesses ambientes, ele não consegue ali se perpetuar, saindo todas as noites para alimentar-se no meio externo. Gruta Ressurgência das Areias (SP). CFL.

    The bat is the best-known cave-dwelling trogloxene. Although it spends most of its life in caves, it is not able to live exclusively in them, and must go out each night to feed. Gruta Ressurgência das Areias (SP). CFL.

162. Grande parte dos troglóbios apresenta despigmentação, atrofia em ausência dos olhos. O fato de um animal apresentar essas características não quer dizer todavia que ele esteja restrito a cavernas, pois várias espécies que vivem no solo e no meio freático também apresentam essas adaptações. O diplópodo da fotografia (*Alocodesmus Yporangae*) é um troglóbio que habita as grutas do Vale do Ribeira (SP). CFL.

    Most troglobites display depigmentation and either atrophy or absence of eyes. The fact of an animal having these characteristics, however, does not

mean that it is an exclusive cave-dweller; numerous species which live in the soil and at the water-table may have the same adaptations. The polydesmid diplopod in the photo is a troglobite which lives in the caves of the Vale do Ribeira (SP). CFL.

163. Sapo freqüentemente encontrado em grutas, às vezes, a longa distância das entradas, dificultando sua classificação precisa entre os *acidentais* ou os *troglóxenos*. WF.

    A toad frequently found in caves, often far from the entrance. This makes it difficult to decide whether it should be classified as an accidental or a trogloxene. WF.

164. Conchas de caramujos da família *Megalobulimidae* comumente carreadas pelas águas para o interior de cavernas. O animal, todavia, não habita tais ambientes, sendo ali encontrado apenas acidentalmente. CFL.

    The shells of strophochelid snails, frequently carried into caves by water; the mollusc is not, however, a natural inhabitant, but rather an accidental. CFL.

Os troglófilos são adaptados ecologicamente ao meio subterrâneo, mas não apresentam especializações morfológicas e fisiológicas que restrinjam sua vida unicamente a esses ambientes. São encontrados tanto nas zonas de entradas como a grandes profundidades e em estágio ativo durante todo o ano.

Entre os troglófilos mais freqüentes em nossas cavernas, destacam-se os crustáceos, diplópodes, aranhas, opiliões e os insetos, que são bons cavernícolas em potencial, dado o seu baixo metabolismo, entre outros fatores.

Por fim, há os troglóbios (**troglos** = caverna, **bio** = vida), os cavernícolas **stricto sensu**, encontrados exclusivamente nesses ambientes. Eles nascem, vivem, se reproduzem e morrem nas cavernas, apresentando uma série de características que se por um lado lhes garantem a sobrevivência no subterrâneo, por outro transformam-nos em prisioneiros desse mundo, impedindo-os de se perpetuar no ambiente externo, dado seu alto grau de especialização ao meio hipógeo.

Essas características de modo geral se dão em três níveis: o morfológico, o fisiológico e o comportamental. No primeiro nível, são freqüentes nos troglóbios adaptações evolutivas de caráter regressivo como atrofia dos olhos, despigmentação, adelgaçamento de cutícula, diminuição do tamanho das asas em alguns insetos e, por outro lado, a hipertrofia e aumento da complexidade de órgãos sensoriais, como antenas e palpos. Em nível fisiológico, as alterações geralmente estão na diminuição da atividade metabólica, fazendo com que os troglóbios normalmente apresentem maior longevidade e desenvolvimento mais lento que seus congêneres de superfície (Aellen e Strinati, 1975). Outros aspectos, tais como a diminuição no número de ovos, a maior dimensão dos mesmos, a diminuição do período larval, mais frágil, são características registradas nesses cavernícolas.

Os troglóbios, como as demais formas cavernícolas, têm sua origem em ancestrais epígeos, terrestres, de água doce ou marinhos, que atingiram as cavernas em sua maioria de forma indireta, ocupando previamente ambientes de transição. Assim, animais que já viviam no solo ou no húmus estavam adaptados a ambientes similares ao meio subterrâneo e, nesse sentido, estavam em maior ou menor escala "pré-adaptados à vida em cavernas". Outros passaram por diversos biótopos nesse processo, sobretudo alguns animais marinhos, que primeiramente ocuparam areias das praias, passaram para lagoas salobras e posteriormente, já adaptados à água doce, vieram a colonizar cavernas, atingindo-as pelos cursos de superfície ou por fendas a nível freático.

Vários autores costumam associar a origem dos troglóbios às grandes variações climáticas e geográficas sofridas pela Terra, especialmente no período Quaternário. Assim, as grandes glaciações, as variações do nível do mar e processos de dessecamento climático e desertificação são costumeiramente responsabilizados pelo isolamento da fauna de cavernas, as quais foram colonizadas anteriormente a essas grandes transformações.

O fato de existirem troglóbios em cavernas tropicais, em áreas que não sofreram, a não ser eventual e subsidiariamente, as mudanças bruscas ocorridas nas regiões holárticas, bem como a existência de troglófilos colonizando *atualmente* as cavernas, sem que estejamos passando por mudanças climáticas intensas, demonstram que o processo de povoamento não está vinculado necessariamente a esse tipo de evento geoclimático.

Todavia, essas perturbações teriam induzido à extinção dos animais externos fileticamente aparentados aos ancestrais dos troglóbios, tornando assim estes últimos exclusivos desses ambientes.

O grande papel dessas intensas alterações climáticas em algumas regiões teria se dado, no *isolamento genético* dessas populações hipógeas, propiciando que elas ali se desenvolvessem, se especializassem e, por força dessas especializações, viessem a se tornar incapazes de viver na superfície, mesmo após o fim das alterações climáticas ou geográficas.

Nessa linha de pensamento, tem-se como idéias centrais as teorias desenvolvidas por Jeannel, Vandel e seus seguidores, que entendem como troglóbios os animais *exclusivos* do ambiente subterrâneo, que apresentem adaptações interpretadas como caracterizadoras de "evolução regressiva" — despigmentação, ausência de olhos, etc. — e cuja origem como cavernícola se associa às grandes transformações climáticas ocorridas nas últimas eras geológicas.

Representando essa linha, Ginet e Decou (*op. cit.*) afirmam que "para caracterizar corretamente uma espécie como troglóbio [...] deve-se ter em conta sua antigüidade filética — critério histórico —, seu grau de evolução regressiva — critério morfológico — e o grau de afinidade que ele mostra em relação aos fatores do meio hipógeo — critério ecológico".

A caracterização acima, que pode ser adequada para explicar a origem e desenvolvimento de vários paleotroglóbios (espécies "relictos") das regiões temperadas, não atende, todavia, a inúmeras outras situações. Atualmente, grande parte desse arcabouço teórico vem sendo contestada por diversos autores, perante novos dados fornecidos por pesquisas atuais mais abrangentes.

Sabe-se, por exemplo, que características dadas como típicas dos troglóbios não são exclusivas dos habitantes de cavernas, ocorrendo igualmente em animais do solo, endógeos, e do meio freático. Assim, um animal encontrado com essas características em cavernas não é necessariamente um troglóbio.

Sabe-se, igualmente, que existem cavernícolas exclusivos que não apresentam tais adaptações regressivas. É possível que em algumas cavernas de certas regiões, especialmente nos trópicos, a riqueza de nutrientes e disponibilidade de variados biótopos, entre outros fatores, não exijam dos animais adaptações semelhantes às freqüentes em troglóbios de regiões temperadas. Ou ainda, como diz Chapman (1986), é possível que "feições troglomórficas típicas de regiões temperadas" não sejam critérios adequados para definir troglóbios tropicais.

É baseado nesse tipo de questões, entre outras, que Chapman (*op. cit.*) chega a propor o abandono do sistema Schiner-Racovitza — troglóxenos, troglófilos, troglóbios — para classificação dos animais encontrados em caverna. Não propõe, no entanto, sua substituição imediata por qualquer outro sistema generalizante. Propõe, ao contrário, que se aprofundem os estudos sobre ecologia do domínio subterrâneo como um todo e, até novas conclusões, sejam utilizadas categorias como "edafóbio" (do solo), "humícola" (do húmus), "mirmecófilo" (de formigueiros), "termitófilo" (de cupinzeiros), "foleófilos" (das microcavernas), "freatóbios" (do lençol freático), "guanóbios" (dos depósitos de guano), etc., em função do hábitat onde se encontre o animal.

Sugere ainda que sejam cunhados novos termos para descrever espécies que ocupam diversos hábitats nas cavernas, e que os cavernícolas que apresentem feições morfológicas consideradas indicativas de sua adaptação ao ambiente das cavernas sejam descritos como cavernícolas "troglomórficos" ou "troglomorfos" (Howarth, 1982). Alerta, porém, que não se deve considerar que os "não-troglomorfos" não sejam especializados para a vida em cavernas. As discussões nesse campo, portanto, estão apenas no início.

A COMUNIDADE CAVERNÍCOLA

A comunidade, no sentido ecológico, inclui todas as populações animais e vegetais, biocenose, de uma dada área, biótopo, as quais se inter-relacionam com o ambiente em uma permanente troca de matéria e energia. Esse sistema dinâmico de permanente inter-relação é denominado *ecossistema*.

Para uma compreensão da função e estrutura de um ecossistema, tomemos como exemplo uma área cultivada qualquer: nela, as plantas — produtores —, através de fotossíntese, recebem a energia solar e a introduzem no sistema.

Parte dessa energia é consumida pela própria planta em seu crescimento e parte é perdida no ambiente. Ao servir de alimento, por exemplo, para pequenos roedores — então chamados consumidores primários —, a energia de tais plantas vai ser utilizada para o crescimento do animal, sua locomoção, reprodução, etc. O processo tem continuidade com os roedores servindo de alimento para cobras — consumidores secundários —, que, por sua vez, serão fonte de energia para aves de rapina — consumidores terciários. Tais aves, após a morte, terão seus corpos atacados por fungos e bactérias — decompositores —, que vivem no solo e decompõem a matéria orgânica devolvendo-a ao meio ambiente.

O arranjo produtor-consumidor-decompositor é denominado *cadeia alimentar* e, a cada passagem alimentar — nível trófico —, há perda de energia para o ambiente.

Para se desenvolverem, as plantas superiores, que fazem fotossíntese, necessitam, além da luz, de matérias-primas como água, dióxido de carbono (CO_2) do ar e dos sais minerais do solo. Essas matérias-primas são em geral abundantes em cavernas, mas a luz se restringe às zonas de entrada, reduzindo, por conseguinte, a vegetação clorofilada a essas regiões.

Em algumas cavernas com grandes entradas ou em dolinas de maiores dimensões, o ambiente pode ser especialmente favorável ao desenvolvimento de uma vegetação mais densa e diversificada, mesmo em regiões semi-áridas. Nas regiões mais secas do Brasil central, por exemplo, as cavernas com grandes dolinamentos sempre abrigam uma flora mais rica e perene que a da superfície. Para isso contribuem, entre outros fatores, a maior umidade, a amenidade e a pouca variação da temperatura e, em alguns casos, a proteção dos ventos mais fortes. A morfologia dessas dolinas garante ainda um maior acúmulo de nutrientes e, por vezes, um acesso direto aos cursos, ou ao lençol de água e à proteção da vegetação contra queimadas. Nesses locais, pode-se observar igualmente uma fauna característica, incluindo geralmente diversos troglóxenos.

Mais para o interior das cavidades, na denominada região afótica (zonas "I" e "II"), no entanto, a vegetação superior inexiste devido à falta de luz. Por vezes, sementes carreadas por morcegos ou pela água chegam a germinar nas grutas, mas a planta, estiolada e pálida, resiste pouco tempo até se findarem as reservas nutritivas da semente. Podem ser encontradas também raízes penetrando pelas fendas dos tetos. A não ser excepcionalmente, como no caso de algumas cigarrinhas (homópteros) que se alimentam exclusivamente de raízes, esse tipo de vegetação pouco ou nada contribui para o estabelecimento de uma fauna cavernícola estável e especializada.

Na região de trevas permanentes, a flora praticamente inexiste e, além da fauna, as formas de vida se reduzem a algas, liquens, fungos, bactérias e actinomicetos, em sua maioria de dimensões microscópicas. São todas de espécies encontradas na superfície, embora algumas delas possam apresentar aberrações morfológicas que, à primeira vista, possam sugerir tratar-se de espécies peculiares ao mundo subterrâneo. Em outras palavras, nas cavernas podem ser encontrados vegetais classificáveis como

165. Pequenas sementes trazidas por morcegos frugívoros germinando no interior da Gruta Ressurgência das Areias (SP). CFL.
Small seeds dispersed by fruit-eating bats, germinating inside the Gruta Ressurgência das Areias (SP), CFL.

166. Raízes de *Ficus* penetrando na Gruta do Tapuiu I, Campo Formoso (BA), através de fendas no teto. LA.

   Roots of a Ficus *penetrating into the Gruta do Tapuiu I, Campo Formoso (BA), through cracks in the roof. LA.*

167. Cogumelo desenvolvendo-se em madeira apodrecida em zona afótica da Caverna de Santana (SP). CFL.

   Toadstool growing on wood rotting in the lightless zone of the Caverna de Santana (SP). CFL.

168. Nas cavernas com grandes entradas a vegetação avança para o interior com espécies adaptadas às diversas condições de iluminação. Entrada da gruta superior do Buraco das Araras, Formosa (GO). CFL.

   In caves with large entrances the vegetation advances inwards, and species adapt to the various conditions of light. Entrance of the upper part of the Buraco das Araras (GO). CFL.

"troglóxenos" e "troglófilos" em uma correspondência com os animais, mas inexistem plantas "troglóbias", exclusivas desses ambientes (Gèze, 1968).

Algas e liquens podem sobreviver no escuro, mas geralmente perdem sua capacidade reprodutiva. Já os fungos, que não possuem clorofila, independem da luz para se desenvolver, podendo dessa forma colonizar zonas profundas nas cavernas. Segundo Gèze (*op. cit.*) é sobretudo entre os fungos que se constatam as maiores modificações em grutas: é comum o alongamento dos pedúnculos em cogumelos e a atrofia dos órgãos reprodutores, com a ausência ou sensível redução no número de esporos.

Entre os fungos que se desenvolvem em grutas tropicais, um deles, habitualmente encontrado em depósito de fezes de morcegos, é especialmente temido: o **Histoplasma capsulatum**, cujos esporos, se inalados, podem provocar a histoplasmose. Essa infecção micótica se manifesta de diversas formas, sendo a mais grave a que assume o aspecto de uma pneumonia aguda podendo, em casos raríssimos, provocar a morte quando acomete indivíduos imuno-deprimidos ou com alterações graves do parênquima pulmonar.

No Brasil, a bibliografia médica aponta vários casos dessa doença, alguns graves, como o que em 1976 atingiu diversos espeleólogos de Ouro Preto, Minas Gerais, e casos de visitantes que contraíram a doença na "Gruta que Chora", pequena cavidade situada em Ubatuba, no litoral paulista. Da mesma forma, em 1980, vários espeleólogos de Brasília contraíram a doença na Gruta do Tamboril, em Unaí, Minas Gerais, situada nas proximidades do Distrito Federal.

Não basta, porém, a existência do fungo na caverna para que haja contaminação. É geralmente necessário que existam esporos em suspensão no ar para que ele seja inalado maciçamente pelo visitante, o que é mais difícil em cavernas úmidas, como a maioria se apresenta. E, mesmo no caso de contato, na quase totalidade das vezes a doença não se manifesta — forma subclínica.

Deve-se também aos microorganismos denominados actinomicetos o odor de "terra mofada" característico das grutas.

Dentre os microorganismos existentes em cavernas, são as bactérias, todavia, que apresentam maior importância ecológica por sua capacidade de decompor diversos substratos minerais ali depositados.

Como dito anteriormente, atribui-se às bactérias a formação de certos tufos calcários nas cavernas como o já citado "leite-de-lua" e também do salitre, nitrato de cálcio, geralmente atribuída à ação de **Nitrobacter** e **Nitrosomona**.

Embora os estudos sobre a microflora cavernícola ainda sejam restritos, sabe-se que várias bactérias conseguem viver nas cavernas como organismos "autótrofos", isto é, retirando a energia necessária para seu desenvolvimento das reações químicas que provocam em seu substrato mineral. Nesse caso, estão as bactérias ferruginosas, como a **Perabacterium spelei**, que decompõe o carbonato de ferro presente em quase todas as rochas calcárias. Outras decompõem o carbonato de manganês, retiram o potássio do feldspato, o enxofre do gesso, e assim por diante, produzindo compostos assimiláveis por diversos organismos. Tais elementos vão alimentar outros pequenos animais como protozoários e isópodes que, por sua vez, serão presas de espécies maiores como aranhas, crustáceos ou peixes. "Cria-se assim, nas cavernas, a partir das bactérias, todo um ciclo biológico sem a intervenção direta da luz solar, ou seja, cadeias alimentares completamente distintas das tradicionalmente observadas na superfície." (Gèze, *op. cit.*).

A presença dessas bactérias quimiotróficas em cavernas é especialmente importante nos depósitos de argila, onde se concentram os detritos orgânicos trazidos do exterior pelos cursos de água. Ali, agem também microorganismos heterotróficos, denominados saprófagos, que decompõem a matéria vegetal e animal morta retirando dela os nutrientes necessários à sua existência. Por essas razões, entre outras, os depósitos de argila são extremamente importantes no ecossistema cavernícola.

Além desses bancos de argila, outros biótopos se destacam no meio cavernícola, como as fendas rochosas, as represas de travertino, os lagos e poços, os depósitos de detritos que se acumulam em bases de abismos, dolinamentos ou nas margens dos rios.

Esses biótopos não são fixos ou permanentes, podendo várias vezes ser ocupados por certos animais apenas durante algumas fases de sua vida. Sabe-se por exemplo que vários cavernícolas vivem efetivamente nas redes de fendas calcárias, só eventualmente aparecendo no interior das cavernas propriamente ditas (Howarth, 1983). Alguns deles, por outro lado, ocupam tais fraturas rochosas somente em épocas de maior fragilidade, como na fase larvária ou de reprodução.

Merecem ainda destaque os depósitos de guano de morcegos em cavernas tropicais. Em algumas grutas do México, Cuba, do Quênia, do Texas, entre outras, vivem populações de dezenas de milhares de morcegos que deixam no solo dessas cavernas depósitos de fezes de vários metros de espessura.

Ao guano, seja ele composto pelas fezes de morcegos, grilos ou aves como o guácharo, vêm somar-se os restos de alimento como frutas ou insetos e cadáveres desses animais, propiciando o desenvolvimento de uma extraordinária microflora e microfauna guanófaga. Esses microorganismos, considerados guanóbios ou guanófilos, irão servir, por sua vez, de alimento a larvas, grilos, baratas, centopéias, aranhas e inúmeros outros animais que povoam cavernas. Dessa forma, diversos troglóbios dependem fundamentalmente da contribuição de troglóxenos, como o morcego, para desenvolver seu ciclo de vida.

A maioria das cavernas, no entanto, mesmo em regiões intertropicais, não costuma reunir tão grande quantidade de morcegos e conseqüentemente de guano. Ainda assim, em escala reduzida, os depósitos de guano significam especiais fontes de nutrientes em cavernas onde a pequena quantidade e a má distribuição de alimentos disponíveis é um dos fatores que limitam a fauna cavernícola, tanto qualitativa como quantitativamente.

Nesse sentido, são de grande importância igualmente os cursos e represamentos de água que, mantidos direta ou indiretamente pelas águas de superfície, são portadores de nutrientes — plâncton, limo, detritos vegetais e animais, etc. — que vão alimentar toda uma variada fauna subterrânea, especialmente os cavernícolas aquáticos.

Dada a relativa escassez de alimentos, os animais mais adaptados às cavernas são geralmente os onívoros — "comem de tudo" — e os que apresentam baixas taxas metabólicas — necessitam pequeno consumo de nutrientes para desenvolver suas funções fisiológicas.

Assim, pássaros e mamíferos nunca passam todo o seu ciclo vital em cavernas, pois precisam alimentar-se continuamente para manter sua temperatura corporal e seu alto metabolismo. Quando em cavernas, são sempre acidentais ou troglóxenos.

Os répteis e os anfíbios, que são pecilotérmicos, isto é, seu corpo mantém-se à temperatura ambiente, não necessitam, por essa razão, de muito alimento e conseguem sobreviver por períodos relativamente longos, no interior das cavernas. Dessa forma, embora encontrados apenas acidentalmente nesses ambientes, répteis — cobras, cága-

169. Nos bancos de argila desenvolvem-se bactérias, fungos e reúne-se alimento para diversos outros como este grilo (*Endecous sp*). Gruta do Padre (BA). CFL.

*Clay banks serve as dwelling for bacteria, fungi, and animal life such as cockroaches and diplopods, and provide food for other forms such as this cricket (**Endecous sp.**), Gruta do Padre (BA). CFL.*

dos, jacarés — conseguem às vezes sobreviver sem alimento durante meses. O mesmo ocorre com os anfíbios da ordem Anura, bem mais comumente encontrados nas cavernas brasileiras, embora geralmente próximos às entradas e, portanto, passíveis de utilizar outras fontes de nutrientes.

Ainda entre os anfíbios, diversos representantes da ordem dos urodelos são encontrados em cavernas, como troglófilos e mesmo troglóbios. Esse é o caso do **Proteus** das cavernas iugoslavas e diversas outras salamandras das cavernas norte-americanas. No Brasil, até o momento, todos os répteis e anfíbios encontrados em cavernas são identificados como acidentais ou duvidosamente troglóxenos.

Do ponto de vista do metabolismo, também os peixes e os artrópodes — insetos, diplópodes, aracnídeos, crustáceos — são potencialmente capazes de melhor subsistir em cavernas. Esse fato, somado a inúmeros outros fatores de ordem fisiológica, morfológica, etc., fazem com que esses grupos sejam justamente os mais bem representados em caverna e os que englobam a maioria dos troglóbios.

Esse quadro genérico não ocorre todavia em todas as cavernas ou em todas as regiões. Assim, diferenças ocorrem, por exemplo, entre os animais de regiões temperadas e regiões tropicais, estas últimas bem menos conhecidas. É na perspectiva de contribuir para melhor compreensão que é apresentado a seguir o inventário preliminar da fauna cavernícola brasileira.

A FAUNA DAS CAVERNAS BRASILEIRAS

Os estudos bioespeleológicos no Brasil, embora ainda reduzidos e pouco sistemáticos, permitem concluir pela existência de uma importante fauna em nossas cavernas, englobando representantes de muitos grupos taxonômicos. Nessa fauna subterrânea, predominam os troglófilos e troglóxenos, mas incluem-se igualmente diversos troglóbios, especialmente entre os cavernícolas aquáticos.

A ausência de especialistas em diversos grupos zoológicos faz com que grande parte dos animais encontrados em cavernas seja identificada apenas nos níveis taxonômicos mais elevados, dificultando a montagem precisa de um quadro real da composição e distribuição da fauna cavernícola em nosso país. Cabe lembrar ainda que o estudo da microfauna terrestre e aquática é praticamente inexistente no Brasil, transformando geralmente em exercício de especulação qualquer tentativa de análise ecológica mais profunda.

Ainda que restritos, os levantamentos sobre a fauna cavernícola vêm-se desenvolvendo com maior regularidade e sistematização nos últimos anos, tornando possível uma primeira análise comparativa da fauna de nossas cavernas com a de outras regiões tropicais e com a existente em grutas das regiões temperadas.

O primeiro trabalho de síntese e comparação realizado sobre nossos cavernícolas foi publicado por Dessen *et al.* (1980), trazendo informações sobre 28 cavidades de cinco distintas regiões espeleológicas do país.

Quatro anos depois, Chaimowicz (1984) apresenta o levantamento bioespeleológico de 25 cavernas de diversas áreas do estado de Minas Gerais, trabalho posteriormente ampliado com dados de 43 outras cavidades naquele estado e em Goiás (Chaimowicz, 1986-A).

Outros levantamentos de caráter regional (Lino *et al.*, 1984: grutas do Mato Grosso do Sul; Montanheiro *et al.*: Gruta dos Ecos, Goiás, etc.) ou ainda estudos sobre grupos faunísticos específicos — Eickstedt (1975), sobre aranhas cavernícolas de São Paulo; Andrade (1982), sobre avifauna cavernícola; Carvalho e Pinna (1986), sobre peixes cavernícolas da Gruta Olhos d'Água, Minas Gerais; Trajano (1985), sobre morcegos do Alto Ribeira, etc. — vieram somar-se aos trabalhos anteriores, permitindo uma visão relativamente abrangente do assunto.

Trajano (1986) realizou uma nova síntese sobre a fauna cavernícola brasileira apresentando um quadro geral da composição, distribuição e classificação ecológica dos animais encontrados em cavernas de diversas regiões do país. É sobre esse conjunto de dados e pesquisas que se baseia a descrição apresentada a seguir.

Em nossas cavernas, como em praticamente todo o mundo, o **Phylum** predominante é o dos *Arthropoda*, representado principalmente pelas classes *Insecta*, *Arachnida* (aranhas, escorpiões, opiliões, etc.), *Crustacea* e *Diplopoda* (piolhos-de-cobra).

Os insetos ocorrem com grande freqüência nas cavernas do país, sendo em sua maioria troglóxenos ou troglófilos, destacando-se pela freqüência ou ampla distribuição os grilos, os hemípteros (percevejos), os dípteros (mosquitos), as baratas e coleópteros (besouros).

Os grilos parecem ser, sob o ponto de vista de sua distribuição, os cavernícolas mais comuns em nossas grutas, depois dos morcegos. Essa observação registrada para as grutas de Minas Gerais (Chaimowicz, 1984) parece repetir-se em outras regiões, se considerarmos o conhecimento atual sobre o assunto. O gênero predominante é o **Endecous** que comparece como troglófilo em diversas regiões brasileiras. Outro gênero como o **Eidmanacris** já foi observado nas proximidades das entradas.

Os hemípteros são pouco freqüentes, ainda que bem distribuídos, nas cavernas brasileiras. Embora sejam encontrados eventualmente em grandes profundidades, a maioria dos indivíduos é observada na zona de entrada das cavernas, sendo em geral considerados troglóxenos. Entre os hemípteros cavernícolas até hoje observados no Brasil, predominam os representantes da família Reduviidae, especialmente do gênero **Zelurus**.

As baratas (ordem Blattariae) são raras numérica e geograficamente nas cavernas do sudeste brasileiro e freqüentes nas grutas do centro e norte do país. Geralmente associados a depósitos de argila e guano, esses insetos são costumeiramente encontrados a grandes distâncias das entradas, sendo em geral considerados troglófilos.

Entre os lepidópteros do grupo Heterocera — mariposas —, a ocorrência parece ser semelhante à das baratas, isto é, raras em São Paulo e freqüentes nas cavernas do centro e oeste do país. Borboletas são geralmente acidentais; já as mariposas freqüentam regularmente as entradas de grutas em Minas Gerais, Goiás e Mato Grosso do Sul. Não se conhecem até o momento formas troglófilas.

Os coleópteros são relativamente freqüentes em cavernas de São Paulo e Minas Gerais em depósitos de guano de morcegos. A maioria dos coleópteros observados até o momento são troglófilos e troglóxenos, mas, segundo Strinati (1975), uma espécie de carabídeo (**Schizogenius ocellatus**) encontrada no Vale do Ribeira, em São Paulo, apresenta "caracteres que mostram uma adaptação à vida nas grutas" que talvez o incluam entre os troglóbios.

Os dípteros são freqüentes na maioria das cavernas e abundantes em algumas delas, especialmente em galerias de rios subterrâneos. Dentre eles os mais observados até o momento são os Chironomidae e os Keroplatidae. Os Chironomidae são mosquitos muito pequenos que geralmente são atraídos pela luz de acetileno dos capacetes. Encontram-se a grandes profundidades e talvez apresentem formas troglófilas. Em algumas grutas servem de alimento a aranhas (Theridiosomatidae) e larvas de Keroplatidae, em cujos fios de secreção são aprisionados. Na Gruta Olhos d'Água suas larvas servem igualmente de alimento para peixes (**Trichomycterus**) cavernícolas (Carvalho e Pinna, 1986).

Os Keroplatidae (Mycetophiloidea) são encontrados em cavernas apenas aparentemente nas fases de larva e pupa. Em grupos de várias dezenas de indivíduos, dependuram-se em fios de secreção nos tetos das entradas e galerias dos rios, sendo especialmente comuns em grutas de São Paulo. Além dos fios horizontais pelos quais se locomovem, produzem também inúmeros fios verticais que funcionam como teias de caça a pequenos dípteros. A predação desses mosquitos pelas larvas de Keroplatidae, bem como a metamorfose desta até a eclosão dos adultos, foi documentada pelo autor no filme *Spelaion — A Morada da Noite*, de 1977.

A morfologia, as teias e a distribuição das larvas de Keroplatidae lembram muito as larvas de díptero **Arachnocampa luminosa (glow-worms)** encontrados na Caverna de Waitomo na Nova Zelândia. Nessa cavidade, as larvas e seus fios de secreção — com até 50 cm de comprimento — são atração turística, pois, à semelhança dos vaga-lumes, as larvas emitem luz. Também na Tasmânia e Malásia são encontradas larvas com as mesmas propriedades quimiofóticas. Nos Keroplatidae, no entanto, isso não ocorre.

Ainda em relação aos dípteros, cabe destacar que algumas espécies são encontradas como ectoparasitas de morcegos e outras desenvolvem sua fase larval em depósitos de guano. Nesse campo são ainda restritos os estudos nas cavernas brasileiras.

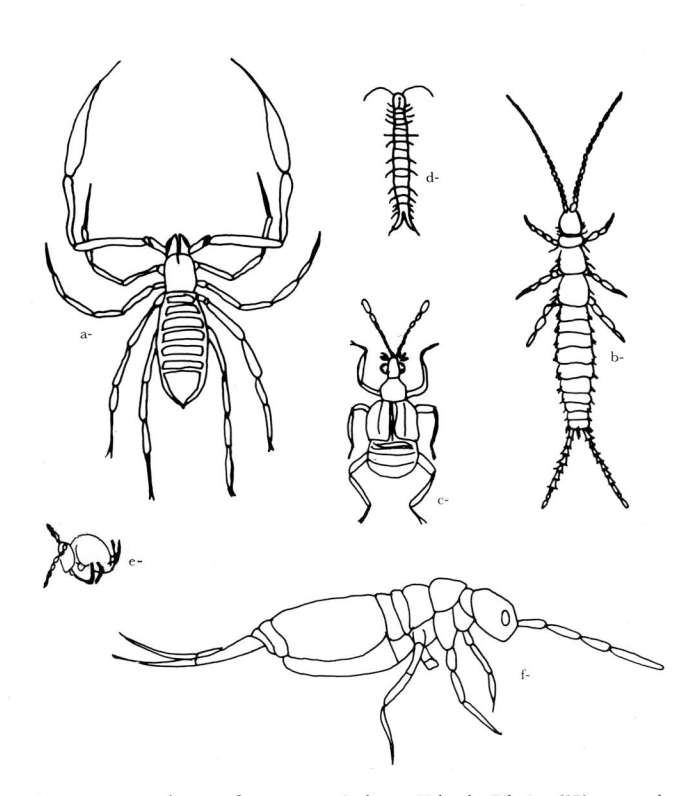

Representantes da mesofauna cavernícola no Vale do Ribeira (SP), segundo Trajano (1985).
a – pseudoescorpião; b – dipluro Campodeidae; c – coleóptero Pselaphidae; d – sínfilo; e – colêmbolo Sminthuridae; f – colêmbolo Entomobryidae.

Representatives of the cave-dwelling mesofauna of the Vale do Ribeira (SP) after Trajano (1985).
a – pseudoscorpion; b – compodeid dipluran; c – psellaphid coleopteran; d – symphylan diplopod; e – sminthurid collembola

170. Heteróptero da família *Reduviidae* pouco freqüente mas bem distribuído pelas cavernas do Brasil. Na fotografia, *Zelurus travassosi*, na Caverna Ouro Grosso (SP). CFL.

    *A Reduviidae bug, not common but widely distributed in Brazilian caves. In the photo, a specimen of genus **Zelurus**, in the Caverna Ouro Grosso (SP). CFL.*

171. Uma barata vermelha, considerada troglófila, vive nas grutas do centro e do norte do país. JAL.

    A red cockroach, considered to be a troglophile, lives in caves in the central and northern parts of the country. JAL.

Também os Hymenoptera — vespas, abelhas e formigas — e os Isoptera — cupins — são eventualmente encontrados em cavernas, geralmente em suas entradas. Formigas e cupins são troglóxenos relativamente comuns em grutas de Minas Gerais, Goiás, São Paulo, Bahia e Mato Grosso do Sul, onde são vistos "túneis de cupim" e alguns formigueiros em áreas totalmente escuras. Trata-se, no entanto, de locais possivelmente próximos à superfície e interligados a ela por passagens estreitas, que servem de acesso aos animais, embora imperceptíveis ao explorador. Abelhas, vespas e marimbondos também constroem suas "casas" em entradas de cavernas e abrigos sob rocha, não mantendo aparentemente relação de importância no ecossistema cavernícola.

Cabe destacar ainda os representantes da ordem Collembola, encontrados em várias cavernas de São Paulo e Minas Gerais. Nas espécies observadas em grutas do Vale do Ribeira, nota-se a despigmentação total e a redução de olhos (Sminthuridae e Entomobryidae) em indivíduos que podem ser considerados troglóbios ou troglomorfos (Trajano, 1986). É ainda interessante notar que em certas grutas paulistanas alguns Collembola são costumeiramente encontrados circulando sobre o longo corpo de diplópodes da ordem Juliformia.

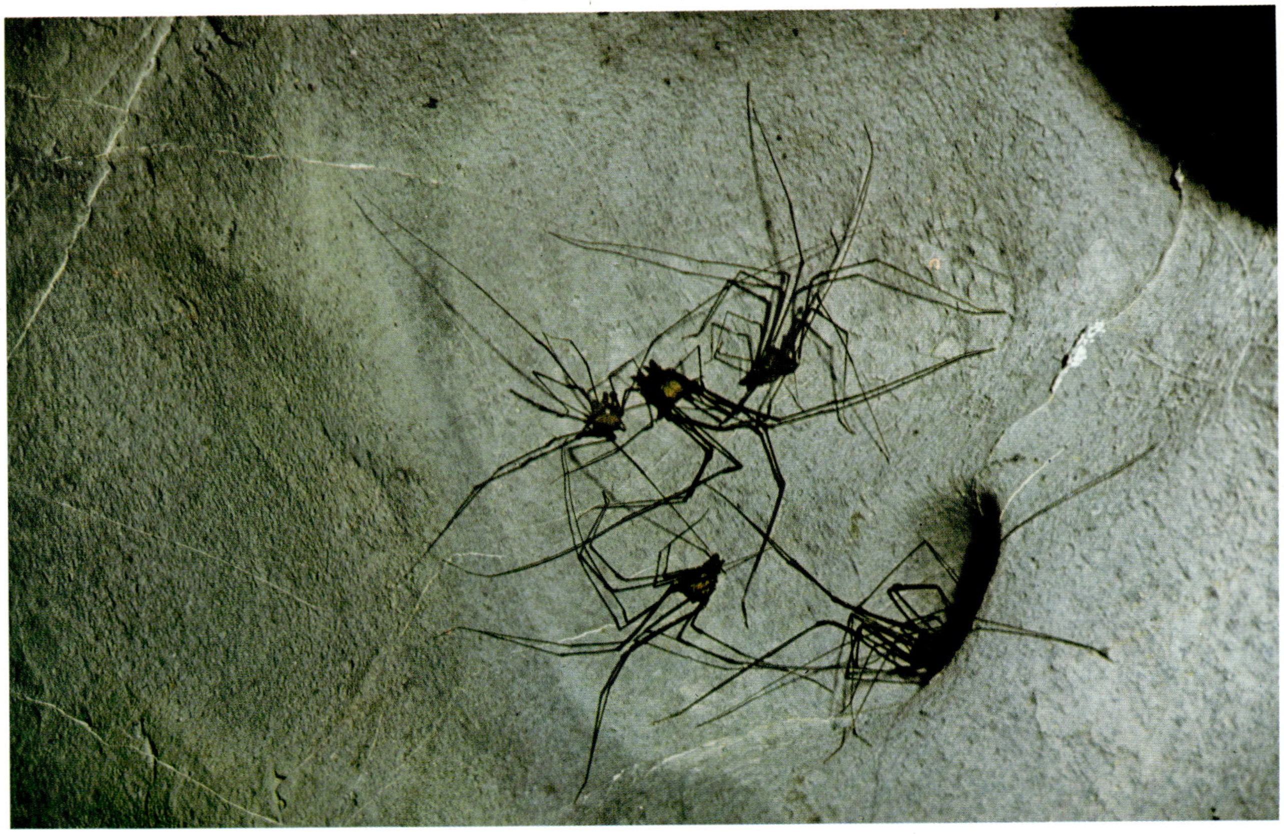

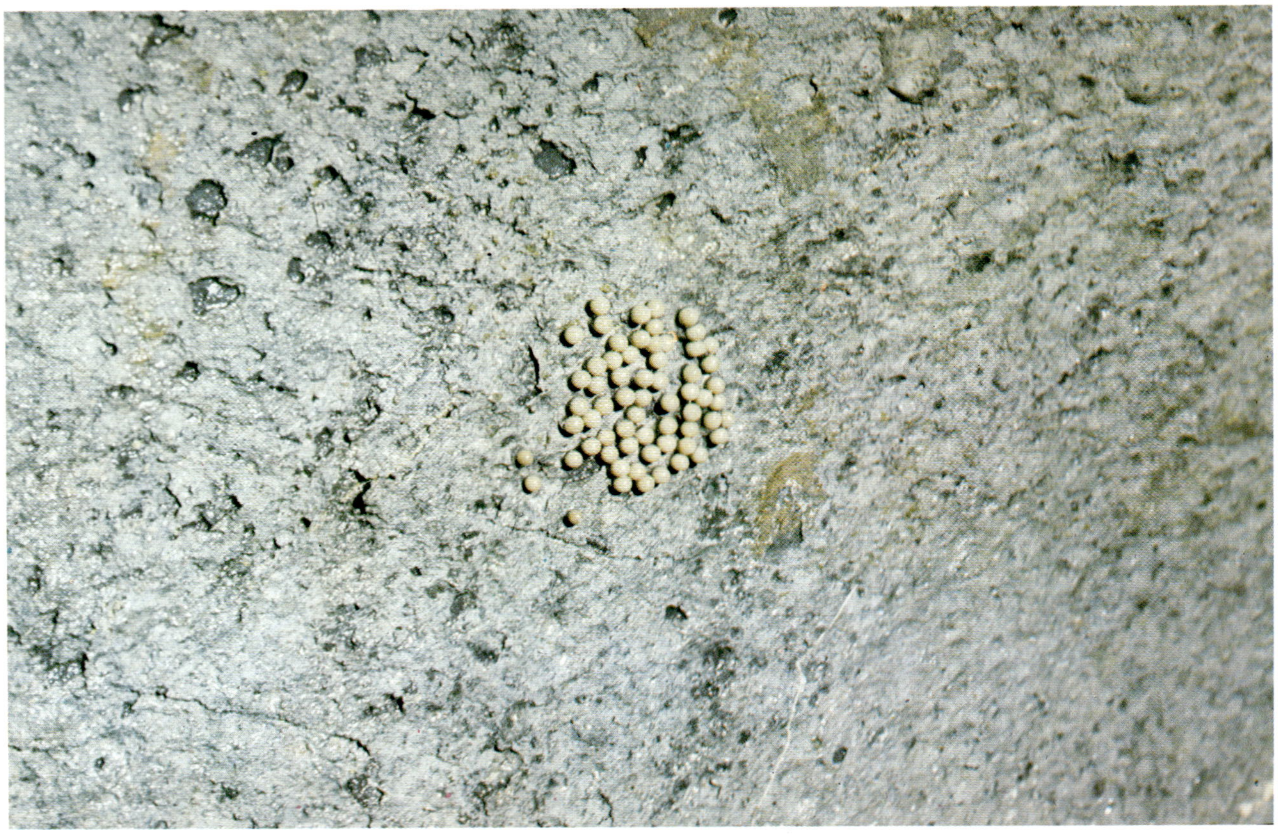

172 e 173. Os opiliões habitam cavernas de todas as regiões do Brasil. Nas fotografias, exemplares adultos de Goniosomae e seus ovos fixados no teto próximo à entrada em grutas do Vale do Ribeira (SP). CFL.

Opilionids (harvestmen) are found in caves all over Brazil. The photo shows adults and their eggs fixed to the roof near the entrance of caves in the Vale do Ribeira (SP). CFL.

174. A *Ctenus* é a aranha mais comum em cavernas brasileiras, especialmente *C. fasciatus*. CFL.

***Ctenus** is the commonest spider in Brazilian caves, particularly **C. fasciatus**. CFL.*

175. A aranha marrom (*Laxoceles adelaida*) é freqüente e bem distribuída em grutas do Vale do Ribeira, São Paulo. CFL.

***Loxoceles adelaida**, the brown spider, is frequent and widely distributed in central and southern Brazil. CFL.*

Na classe Arachnida estão incluídas diversas ordens como a dos escorpiões, pseudo-escorpiões, opiliões, aranhas, amblipígios e ácaros, todas representadas em nossas cavernas.

Os escorpiões são raros em cavernas brasileiras, tendo sido observados até o momento em poucas delas, situadas em Goiás, na Bahia e no Ceará. Geralmente são indivíduos observados próximos às entradas. Na gruta turística de Ubajara, no entanto, foi encontrada cerca de uma dezena de indivíduos em galeria argilosa a mais de uma centena de metros da entrada, em zona escura, fora do circuito de visitação turística.

Os pseudo-escorpiões são animais não peçonhentos, milimétricos e, portanto, de difícil observação. Exemplares coletados em cavernas de São Paulo e Minas Gerais indicam a possibilidade de serem razoavelmente distribuídos em outras áreas do país. Pseudo-escorpiões como o **Pseudochthonius strinatii** apresentam caracteres troglomórficos (Trajano, *op. cit.*).

As aranhas são freqüentes em cavernas de todo o país, especialmente as das famílias Ctenidae, Scytodidae e Theridiosomatidae. Entre as primeiras, está a **Ctenus fasciatus**, muito comum em nossas grutas, onde são observados exemplares adultos, jovens e ootecas. O mesmo ocorre com as Scytodidae do gênero **Loxoceles** — especialmente **L. adelaida** — e as Theridiosomatidae — **Plato spp**. Estas últimas são geralmente encontradas nos tetos e paredes de galerias de rios, em teias regulares, que usam para caça de pequenos dípteros. Suas ootecas em forma de pequenos cubos brancos são fixadas por fios de secreção assemelhando-se a colares de conta por vezes com cerca de uma dezena de cubos.

Ainda entre as aranhas da subordem Araneomorphae, na qual se incluem as anteriores, são encontradas diversas outras famílias em cavernas como as Pholcidae e, eventualmente, Thomisidae, esta última rara em outras regiões, mas comum em entradas nas grutas de Mato Grosso do Sul.

Também as caranguejeiras — subordem Orthognatha —, ainda que raramente encontradas, são bem distribuídas em cavernas do Brasil central — Minas Gerais, Bahia e Goiás — especialmente indivíduos dos gêneros **Lasiodora** e **Acanthoscurria**. São geralmente observadas em praias argilosas nas galerias de rio.

Os opiliões são aracnídeos que apresentam corpo compacto e membros, extremamente desenvolvidos em alguns grupos. Ocorrem com freqüência nas cavernas em todo o Brasil.

Várias vezes são encontrados em grupos nos tetos e paredes rochosas onde depositam seus ovos. Por vezes, aglutinam-se em dezenas de indivíduos formando um verdadeiro emaranhado, o que, somando-se ao seu aspecto "monstruoso", embora inofensivo, causa grande susto a visitantes e espeleólogos pouco experientes. É comum encontrarem-se igualmente indivíduos solitários a grandes profundidades no interior das cavernas. Em nossas grutas predominam representantes da família Gonyleptidae, na qual se incluem exemplares de Pachylospeleinae das grutas do Alto Ribeira, considerados troglóbios (Trajano, *op. cit.*).

Na Gruta Olhos d'Água, Minas Gerais, uma interessante divisão de hábitats foi percebida durante observações preliminares (Chaimowicz, 1986-B). Enquanto opiliões da família Gonyleptidae, subfamília Pachylinae, foram observados exclusivamente nos condutos próximos às entradas, opiliões da mesma família pertencentes à subfamília Pachylospeleinae formavam grandes populações em áreas mais profundas dessa caverna, sendo observados a mais de 2 km das entradas.

Os Amblypygi possuem longos membros locomotores chegando a atingir em alguns casos cerca de 30 cm com patas estendidas, e apresentando palpos providos de poderosas pinças. É o maior artrópode de nossas cavernas, sendo freqüente nas grutas do norte de Minas Gerais, Bahia, Goiás, Mato Grosso e Ceará, não ocorrendo em São Paulo. É provável que várias populações encontradas em cavernas sejam troglófilas. Predominam entre eles os representantes das famílias Damonidae, Phrynidae e Charontidae (Trajano, 1986).

Os Acarina — ácaros e carrapatos — incluem algumas espécies parasitas, isto é, que dependem de outros animais para sobreviver. Sua presença em cavernas está assim, por vezes, associada à existência de um hospedeiro de hábitos cavernícolas como certos anfíbios e morcegos. Entre carrapatos observados, citam-se os Ixodidae encontrados em algumas grutas de Minas Gerais (Chaimowicz, 1984). Estudos mais sistemáticos certamente ampliarão sua ocorrência e diversidade.

Os diplópodes são freqüentes nas cavernas brasileiras, ocorrendo geralmente em colônias numerosas sobre depósitos de guano e em bancos de argila. Entre as mais encontradas, destacam-se as ordens Julida e Polydesmida, incluindo indivíduos identificados como troglóxenos, troglófilos e troglóbios.

As formas troglobíticas são, em geral, representadas pelos Polydesmida, apresentando níveis diferenciados de despigmentação. Indivíduos totalmente despigmentados são comuns em algumas grutas de São Paulo, onde chegam a formar colônias com centenas de exemplares. **Leptodesmus yporangae**, **Peridontodesmella alba**, **Yporangiella stygius**, ao lado de outras espécies encontradas no Alto Ribeira, apresentam caracteres troglomórficos (Trajano, *op. cit.*).

As centopéias, por seu turno, são mais raras, embora sejam observadas em diversas regiões do Brasil. Indivíduos da família Scutigeridae são freqüentes nas cavernas do norte de Minas sendo, no âmbito do Estado, aparentemente restritas a essa área (Chaimowicz, 1986-a).

Entre os crustáceos observados nas grutas brasileiras, estão os Decapoda (aeglas e caranguejos), os Anphipoda, os Isopoda e os Copepoda — plactônicos. Com exceção

176. O *Amblypygi* é o maior artrópode de nossas cavernas. Suas antenas estendidas chegam a mais de 20 cm cada. Possui poderosas pinças e pode prender grilos e opiliões. Sua distribuição restringe-se às cavernas em regiões do Brasil a partir de Montes Claros, em Minas Gerais. Gruta de Ubajara (CE). CFL.

The Amblypygid is the largest arthropod found in our caves. Its antenna, when outstretched, may each be as much as 20 cm in lenght. It has powerful daws and will capture crickets and harvestmen. It is found in caves north of Montes Claros (MG). Gruta de Ubajara (CE). CFL.

177. Alguns diplóides cavernícolas freqüentes no Brasil: Polydesmida, Gruta Ressurgência das Areias (SP). CFL.

Some common Brazilian cave-dwelling diplopods: A Polydesmid. Gruta Ressurgência das Areias (SP). CFL.

178. Juliformia. Gruta Alambari de Baixo (SP). CFL.

Juliformia, Gruta Alambari de Baixo (SP). CFL.

dos Copepoda, onde só foram encontradas formas epígeas, as demais famílias apresentam igualmente troglófilos e troglóbios.

Os caranguejos (grupo Brachiura) são raros em nossas cavernas, embora sua distribuição subterrânea já tenha sido observada em diversos pontos do país. Por vezes encontrados a centenas de metros das entradas, não diferem, no entanto, das formas epígeas.

As aeglas, por sua vez, só observadas até o momento em grutas de São Paulo, apresentam com relativa freqüência adaptações morfológicas que as caracterizam em diversos casos como troglóbios — troglomorfos. Diminuição de tamanho, alongamento das antenas, despigmentação e atrofia dos órgãos de visão são algumas dessas modificações, se comparados os indivíduos cavernícolas com seus parentes epígeos.

Os pitus — "camarões de água doce" —, comuns em rios do sul de São Paulo, são encontrados ocasionalmente em zonas de entradas — sumidouros ou ressurgências —, não apresentando formas troglófilas, até o momento.

Entre os crustáceos merece destaque o troglóbio **Potiicoara brasiliensis**, espécie e gênero novos (Pires, no prelo), da ordem Spelaeogriphacea — Peracarida, coletado pelo autor em 1982 na Gruta Lago Azul, Mato Grosso do Sul. Segundo Godoy (1987), a ordem Spelaeogriphacea possuía anteriormente somente um gênero e uma espécie, **Spelaeogriphus lepidops**, que ocorre em cavernas da África do Sul (Gordon, 1957). Troglóbios como **Potiicoara brasiliensis** têm grande importância paleogeográfica, por se tratar provavelmente de grupo gondwanico, que relaciona fauna africana e sul-americana.

Os isópodes são encontrados em São Paulo, Minas Gerais, Goiás, Bahia e Mato Grosso do Sul. Segundo Trajano (*op. cit.*) apresentam formas troglomórficas em São Paulo — Philosciidae, despigmentados e anoftálmicos, entre outros. Também em Minas Gerais Stylonicidae e Platyarthridae anoftálmicos e despigmentados são considerados troglóbios, o mesmo ocorrendo com Stylonicidae da Gruta do Padre na Bahia (Chaimowicz, comunicação pessoal).

Na ordem Copepoda, foram identificados representantes das famílias Cyclopoida (Goiás) e Harpacticoida (Goiás, Distrito Federal e Paraná). Nessa última, destacam-se pela freqüência e número os **Elaphoidella**, incluindo novas espécies, coletadas por Cleide A. José na Gruta de Clarona e Abismo do Dedé (Reid e José, 1987).

Entre os invertebrados não artrópodes poucos são os animais conhecidos em nossas cavernas, reduzindo-se a alguns moluscos e minhocas, embora exista referência sobre eventuais nematelmintos. Entre os Mollusca, estão pequenos gastrópodes — caramujos — que vivem entre seixos de rios em cavernas paulistas e outros terrestres (**Happia microdiscus**) encontrados pelo autor na Gruta do Padre, Bahia. Embora no interior de cavernas sejam comuns acúmulos de conchas de gastrópodes, especialmente **Megalobulinus**, não se trata, porém, de animais cavernícolas, mas sim de animais de regiões calcárias e áreas úmidas, cujas conchas após a morte são levadas pelas águas para as cavidades.

Também as minhocas (**Anellida**, **Oligochaeta**) são comuns nas margens argilosas dos rios subterrâneos em algumas cavernas de São Paulo e Minas Gerais. Segundo Trajano (*op. cit.*), as minhocas mais coletadas são da espécie **Amynthas hawaianus**.

Os vertebrados também estão representados nas cavernas brasileiras: mamíferos, aves, répteis e anfíbios comparecem com troglóxenos e os peixes apresentam formas troglóxenas, troglófilas e troglóbias.

179. Este pequeno (de 0,5 a 1,0 cm) isópode só é encontrado na Gruta do Padre (BA), onde povoa as represas de travertino. É despigmentado e cego. CFL.

*This small isopod (0.5 to 1.0 cm long) of genus **Flavoniscus** is only found in the Gruta do Padre (BA), where it lives in rimstone dams. It is depigmented and blind. CFL.*

180. A *Aegla* é um crustáceo só conhecido ao sul do limite do estado de São Paulo com Minas Gerais. No Vale do Ribeira ele povoa as cavernas apresentando várias adaptações morfológicas, sendo em alguns casos considerado troglóbio. Gruta das Areias (SP). CFL.

***Aegla** is a small crustacean known only southward from the border of the State of Minas Gerais with São Paulo. It is found in caves in the Vale do Ribeira, where it displays a number of morphological adaptations and may in some cases be considered a troglobite. Gruta das Areias (SP). CFL.*

181. O *Happia microdiscus* é um pequeno caramujo, com cerca de 0,5cm de diâmetro, que é observado no solo e, por vezes, no interior de cavernas, como o da fotografia, encontrado na Gruta do Padre (BA). CFL.

Happia microdiscus is a small snail, about 0.5 cm in diameter; it is a ground dweller and may at times be found in caves. The animal in the photograph was found in the Gruta do Padre (BA). CFL.

Entre os mamíferos, observa-se a presença em cavernas brasileiras de carnívoros — felídeos, mustelídeos e marsupiais —, roedores e morcegos, sempre troglóxenos.

Os felídeos, especialmente as onças (**Panthera onca**), foram observados inúmeras vezes em entradas de cavernas, onde, por vezes, têm suas tocas. Freqüentemente descritos em grutas por cronistas do século passado, os felinos de grande porte, ameaçados de extinção em várias áreas do país, são hoje raramente observados nas cavernas.

Já os mustelídeos, especialmente as lontras (**Lutra longicandis**), são encontrados por vezes em algumas cavernas do Vale do Ribeira, onde chegam a penetrar em grutas percorridas por rios e construir seus ninhos a grandes profundidades, como nas cavernas de Santana e Morro Preto. Suas fezes, com restos de Aegla e peixes, e pegadas são comuns nas margens dos cursos subterrâneos, mostrando extraordinária capacidade de orientação e locomoção na completa escuridão.

Igual capacidade de orientação no escuro é apresentada por alguns marsupiais (gambás) como **Philander oppossum** — cuíca — e **Chironectes minimus** — cuíca d'água. Ambos são encontrados com freqüência andando, escalando ou nadando a centenas de metros para o interior de grutas e abismos no Vale do Ribeira. O **Philander oppossum** é observado, às vezes, entrando nas grutas. Em um dos casos, carregava folhas com sua cauda preênsil, possivelmente para construção de ninho no interior da caverna (Dessen *et al. op. cit.*).

Também alguns roedores como o mocó (Caviidae: **Kerodon rupestris**) são por vezes observados a centenas de metros da entrada em cavernas de Goiás. Os Dasyproctidae (**Agouti paca**) e Cricetidae encontrados costumeiramente mortos, ou seus esqueletos, parecem indicar que esses animais penetraram nas cavernas ocasional ou acidentalmente, não conseguindo se orientar adequadamente no escuro.

São, no entanto, os morcegos os mais importantes mamíferos existentes em nossas cavernas, sendo simultaneamente os mais numerosos, os que melhor se locomovem no escuro, por ecolocação, e os troglóxenos que maior influência têm na ecologia subterrânea.

No Brasil, os morcegos são comuns em praticamente todas as cavernas, formando porém populações pequenas, se comparadas às de outras áreas tropicais, como algumas cavernas mexicanas ou texanas. A diversidade de espécies encontrada em cavidades parece, todavia, ser uma característica em algumas regiões brasileiras.

Trajano (1985), em seu estudo sobre morcegos cavernícolas do Alto Ribeira, São Paulo, registra 23 espécies de cinco famílias, capturados em 32 das 39 cavernas visitadas naquela área. A autora, em suas conclusões diz que "a comunidade de morcegos cavernícolas do Alto Ribeira é bastante diversificada, constituída por uma espécie superabundante (**Desmodus rotundus**), algumas espécies muito comuns (**Carollia perpicillata**, **Artibeus literatus** e **Anoura caudifer** — as duas primeiras abundantes em toda a sua área de distribuição), um bom número de espécies comuns, incluindo Phyllostominae, e várias espécies raras".

As aves estão entre os grupos animais que, por suas características, não apresentam formas troglófilas ou troglóbias. Existem, no entanto, algumas que são troglóxenos regulares, como o já citado guácharo (**Steatornis caripensis**) da Venezuela e Caribe, e a salangana (**Collocalia esculenta**), uma "andorinha-do-mar" que nidifica no interior das grutas do sudeste asiático, Malásia e Austrália.

No Brasil, algumas aves são igualmente freqüentes em entradas de cavernas, onde por vezes nidificam. Poucas, no entanto, chegam a aventurar-se nas zonas afóticas.

Nas grandes dolinas e clarabóias das cavernas de Goiás, Bahia, Distrito Federal, Mato Grosso do Sul e norte de Minas Gerais são constantemente observadas araras, papagaios, periquitos e outros psitacídeos. São igualmente observadas as pombas selvagens (Columbiformes) e andorinhões (Apodidae). Estes últimos, geralmente em dolinas e grutas com lagos ou rios subterrâneos, chegam a penetrar os primeiros salões, voando em áreas de penumbra. Esses andorinhões são encontrados nas zonas escuras de cavernas como a Gruta do Andorinhão, em Claro dos Poções, Montes Claros, Minas Gerais, e Caverna do Diabo, em Eldorado, São Paulo. Também em grutas quartzíticas da serra de Ibitipoca, Minas Gerais os andorinhões penetram em zonas escuras e chegam mesmo a construir ali seus ninhos (Perez, 1985).

Também os urubus (Cathartidae) são observados nas dolinas e grutas do Brasil central. Um deles foi observado aninhado, com ovos, no interior de um pequeno abismo em Bonito, Mato Grosso do Sul (Lino *et al.*, 1984).

Duas outras aves merecem ainda destaque em cavernas brasileiras: a coruja suindara, ou corujão (**Tyto alba suindara**), e o galo-das-rochas (**Rupicola rupicola**).

A coruja suindara, cuja distribuição atinge praticamente todo o país, é encontrada com freqüência em torres de igreja e tetos de antigos casarões de fazenda. De hábitos noturnos, é a ave mais comum em cavernas brasileiras, onde costuma fazer seus ninhos em zonas de entrada, não adentrando em zonas mais escuras a não ser ocasionalmente. Suas "bolotas de regurgitação" são encontradas igualmente em inúmeras cavernas. O galo-das-rochas, por sua vez, típico das regiões altas da Venezuela, Colômbia e Peru, merece destaque pelo fato de ter sido encontrado no norte do Brasil, Amazonas, em três ocasiões (Bierregaard *et al.*, 1986), sempre em cavernas, nidificando em entradas e, por vezes, em áreas já escuras.

O estudo, apenas iniciado sobre aves neotropicais e cavernas na Amazônia brasileira, deverá ampliar o conhecimento de novas aves troglóxenas entre nós, incluindo eventualmente a presença do famoso guácharo, como sugerem algumas informações ainda não confirmadas.

Os répteis encontrados em cavernas são troglóxenos ou acidentais. Predominam entre eles as cobras (subordem Ophidia) que, caídas em abismos ou levadas por enxurradas, são carregadas para o interior das cavernas, ali permanecendo vivas, às vezes, por longos períodos, dado seu baixo metabolismo. Ossadas completas de cobras são relativamente comuns em nossas cavernas. No interior de grutas como a Casa de Pedra, em São Paulo, devido à forte correnteza e o sumidouro em cachoeira, quase uma dezena de serpentes já foi encontrada, geralmente agonizantes. Apenas a título de curiosidade, devemos registrar também a descoberta de uma sucuri (**Eunectes murinus**) no rio da Caverna São Mateus, a cerca de 5 km da entrada.

Em três ocasiões e localidades distintas, Buraco das Araras, Mato Grosso do Sul, Lapa de Angélica, Goiás, e Gruta do Veado, Amapá, foram avistados jacarés. No primeiro caso, o réptil estava no lago que ocupava a base de uma grande dolina de paredes verticais com 60 m de altura, desconhecendo-se como o animal teve acesso ao local. No segundo caso, tratava-se provavelmente de uma visita ocasional do jacaré nos primeiros metros da caverna, percorrida por caudaloso rio. Na Gruta do Veado, foi observado um jacaré fêmea com dois filhotes a cerca de 20 m da entrada em local completamente escuro. São, no entanto, fatos isolados, aparentemente sem maior interesse bioespeleológico.

Ainda entre os répteis, merece registro, também a título de curiosidade, a presença de cágados (Quelônio), observados no interior de duas cavernas servidas por rios subterrâneos, uma delas em Goiás, Gruta do Russão, outra no Mato Grosso, Gruta Currupira, bem como no Buraco do Inferno, um abismo em forma de dolina de abatimento no Distrito Federal.

Os anfíbios também apresentam alguns troglóxenos regulares, encontrados geralmente nas zonas de entrada onde buscam refúgio durante épocas mais quentes ou secas. São sapos e pererecas (ordem Anura) que eventualmente são observadas também em grandes profundidades. Girinos são igualmente encontrados nos rios subterrâneos. Entre as famílias mais freqüentemente observadas, predominam os Leptodactylidae, os Bufonidae e os Hylidae.

Anfíbios da ordem dos Urodela — salamandras —, que se fazem representar com formas troglófilas e troglóbias, em cavernas européias e norte-americanas, não são encontrados em nossas grutas uma vez que, segundo Dessen *et al.* (*op. cit.*), a área de distribuição da ordem não abrange o Brasil.

Os peixes, por seu turno, estão bem representados nas cavernas do Brasil, especialmente naquelas com rios subterrâneos perenes e de razoável vazão, como grande parte das grutas do Vale do Ribeira, médio vale do São Francisco, em Minas Gerais e Bahia, e Bacia Amazônica, especialmente Goiás.

A riqueza quantitativa e qualitativa da fauna ictiológica em cavernas de Goiás é explicada pelo fato de seus rios serem integrantes da bacia Amazônica, principal centro de origem de novos gêneros e espécies entre todas as bacias da América do Sul. Os peixes do gênero **Sternachorhynchus**, por exemplo, comuns na Caverna de São Mateus, não são encontrados em outras regiões, por serem exclusivos da Bacia Amazônica (Dessen *et al.*, *op. cit.*). Os peixes em nossas cavernas apresentam formas troglóxenas, troglófilas e troglóbias, predominando os pertencentes à ordem dos Siluriformes.

Entre os Cypriniformes, das famílias Apteronolidae — ituís —, Rhamphichtydae e Characidae — lambaris —, todos os indivíduos encontrados até o momento são considerados troglóxenos ou acidentais.

182. Os candirus (*Trichomycterus*) que se formam populações troglóbias na Gruta Olhos d'Água, Itacarambi (MG). CFL.
*The candiru (**Trichomycterus**) forms troglobitic populations in the Gruta Olhos d'Água, Itacarambi (MG). CFL.*

As formas troglófilas e troglóbias se restringem até o momento aos Siluriformes das famílias Pimelodidae — bagres —, Loricariidae — cascudos — e Trichomycteridae — candirus.

Entre os Pimelodidae se inclui o maior troglóbio encontrado nas cavernas brasileiras, o "bagre cego" (**Pimelodella kronei**) das grutas de Iporanga. Esses peixes apresentam níveis diferenciados de despigmentação e atrofia dos órgãos de visão em diversos estágios. Entre os Pimelodidae são encontradas também **Rhandia**, **Rhandella** e **Imparfinis** entre outros.

Os candirus (**Trichomycterus**) também apresentam troglomorfos nas cavernas do norte de Minas Gerais e Goiás, dada a anoftalmia e despigmentação que caracteriza algumas populações. A única comunidade de candirus cavernícolas pesquisada até o momento é a da Gruta Olhos d'Água, em Itacarambi, Minas Gerais (Carvalho e Pinna, 1986).

Entre os Loricariidae foram observados **Loricaria**, **Plecostomus** e **Ancistrus**, sendo exemplares desse último gênero, coletados em grutas de Goiás, considerados troglóbios.

Cabe ainda destacar a existência de peixes com características troglomórficas em poços de água subterrânea na Amazônia (**Phreatobius cisternarum**, Goeldi, 1904) e em poços artesianos de Minas Gerais (Characidae: **Stygichllys typhlops**, Brittan & Bohlke, 1965, *apud* Carvalho, 1967).

Em nível planctônico, os estudos sobre a fauna encontrada em nossas cavernas são ainda muito reduzidos, esparsos e isolados. Os organismos que compõem o zooplâncton geralmente não são cavernícolas, uma vez que são carreados pelas águas *através* das cavernas. Sua importância ecológica nesses ambientes é, no entanto, inegável, já que estão na base da alimentação de várias espécies cavernícolas, especialmente as aquáticas.

Nas pesquisas realizadas na Gruta da Clarona e Abismo Dedé, Goiás, por Cleide A. José (1983), foram observados representantes de Nematoda, Oligochaeta, Cladocera e Insecta (larvas de Ephemeroptera e principalmente Chironomidae), entre os grupos freqüentes; Rotifera, Hydracarina e Coleoptera, entre os relativamente raros; e os Copepoda, Cyclopoida e Harpacticoida, dominantes pela freqüência e diversidade.

Entre os Copepoda Harpacticoida foram observados **Elaphoidella parajakobii** e **Elaphoidella pintoae**, espécies descritas por Reid e José (1987).

Segundo as referidas autoras (*op. cit.*), o **Paracyclops fimbriatus fimbriatus** é encontrado em cavernas na França (Dussart, 1969). Os copépodos **Microcyclops**

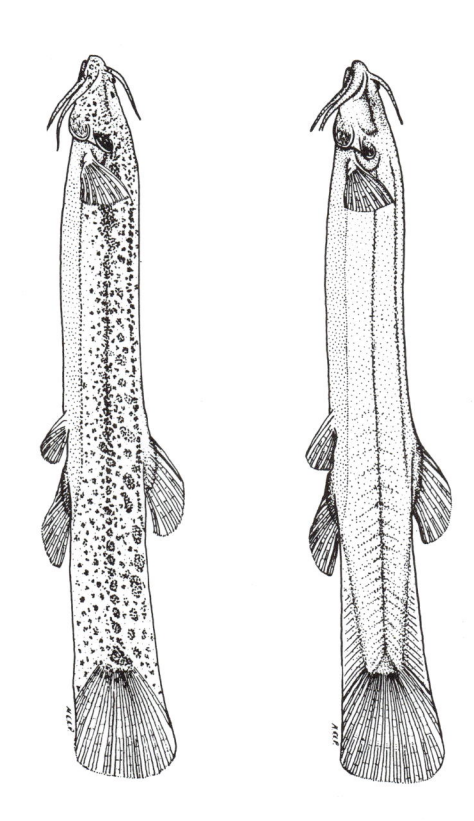

Candirus (*Trichomycterus sp*) da Gruta Olhos d'Água, Itacarambi (MG).
*Candiru (**Trichomycterus sp.**) in the Gruta Olhos d'Água, Itacarambi (MG).*

183. Colônia maternidade de morcegos *Desmodus rotundus* na Gruta Arapei, Bananal (SP). CFL.
Breeding colony of bats in the Gruta Arapei, Bananal (SP). CFL.

anceps anceps e **Tropocyclops prasinus meridionalis** são limitados à América do Sul e Central.

As descrições anteriores permitem uma visão preliminar da composição e distribuição da fauna cavernícola no Brasil. Cabe, no entanto, o registro de alguns dados de interesse ecológico sobre essas comunidades, especialmente nos aspectos da reprodução e predação no interior das cavernas, bem como uma síntese das adaptações morfológicas observadas nesses animais.

Dessen *et al.* (1980) apresentam tais observações, as quais são a seguir complementadas a partir de dados mais recentes.

Evidências de reprodução dentro de cavernas existem para vários grupos. Foram encontradas fêmeas com ovos, ovos em ootecas, ou casulos em: Theridiosomatidae, Ctenidae, **Loxoceles adelaida**, alguns Opilliones, Amblypygi e Oligochaeta, além dos peixes como **Pimelodella** e Trichomycterus e crustáceos como **Aegla** sp. Adultos em eclosão, larvas e pupas de Caeroplatidae, observados no interior de grutas, demonstram sua reprodução nesses ambientes. Os adultos, uma vez eclodidos, aparentemente saem da caverna.

Excepcionalmente, alguns troglóxenos de maior porte também se reproduzem em cavernas. É o caso das aves já citadas que têm seu ninho em zonas escuras, e também dos morcegos.

A predação também é evidenciada no interior das cavernas. As aranhas Theridiosomatidae devoram pequenos dípteros — especialmente Chironomídeos — que caem em suas teias. As aranhas **Ctenus** e **Loxoceles** já foram vistas caçando, embora em **L. adelaida** esse comportamento não seja usual (Eikstedt, 1975).

As lontras predam tatuís em cavernas, o que é evidenciado pela presença de carapaças despigmentadas desse crustáceo, nas fezes deixadas em grutas de São Paulo (Dessen *et al., op. cit.*).

Há que se considerar igualmente a predação exercida pelos guanófilos sobre microorganismos e larvas existentes em depósitos de guano, bem como entre os cavernícolas aquáticos — peixes e crustáceos —, que se alimentam de microorganismos e larvas de insetos que compõem o zooplâncton. Estudos sistemáticos nesse sentido inexistem, porém, entre nós.

Quanto às adaptações morfológicas apresentadas por alguns animais em cavernas brasileiras, observam-se despigmentação e redução de olhos em diversos grupos como crustáceos, diplópodes, alguns aracnídeos e peixes. No caso dos diplópodes da ordem Polydesmida, é importante notar que também os exemplares epígeos são desprovidos de olhos, o que restringe o valor dessa característica na identificação de formas troglóbias nessa ordem.

Outras características como redução de asas e hipertrofia de órgãos sensoriais, geralmente citadas como peculiares aos cavernícolas, são encontradas em representantes desses animais em nossas cavernas. Antenas muito alongadas ocorrem em **Aegla**.

As "enormes" antenas dos grilos **Endecous**, muito comuns em cavernas brasileiras, são, todavia, uma característica própria do grupo e não uma adaptação morfológica à vida subterrânea, o mesmo ocorrendo em relação às dimensões das asas — pequenas nos machos e ausentes nas fêmeas —, segundo A. Mesa (comunicação pessoal).

Para uma visão sintética dessas adaptações em cavernícolas brasileiros, apresenta-se abaixo a relação dos troglóbios ou troglomorfos até o momento assinalados no Brasil, segundo Trajano (1986). A autora observa, no entanto, que atualmente é difícil a aplicação do conceito de troglóbios como organismos confinados ao hábitat subterrâneo aos cavernícolas brasileiros. Isso ocorre devido à falta de levantamentos intensivos e sistemáticos sobre a fauna epígea na maioria das regiões, incluindo aquelas onde se localizam as cavernas. Dessa forma, nossos "troglóbios" são atualmente considerados populações troglomórficas.

"Até o momento, tais populações são encontradas nos seguintes táxons: peixes siluriformes (**Pimelodella kronei**, no Alto Ribeira; **Trichomycterus spp** e **Ancistrus sp**, na Província Espeleológica Bambuí), crustáceos Anomura (**Aegla spp**, no Vale do Ribeira), isópodes Oniscoidea, crustáceos Spelaeogriphacea milipedes Polydesmida (**Alocodesmus yporangae**, **Peridontodesmella alba**, **Yporangiella stygius**, no Alto Ribeira, ao lado de outros ainda não descritos), pseudo-escorpiões como **Pseudochthonius strinatii**, opiliões Gonyleptidae (Pachylospeleinae, do Alto Ribeira, entre outros) e colêmbolos (Sminthuridae e Entomobrydae). O carabídeo **Schizogenius ocellatus** e um pselafídeo do Alto Ribeira podem ser considerados troglóbios, baseados em redução dos olhos, das asas e uma leve despigmentação. É possível ainda que nos táxons tipicamente despigmentados e desprovidos de olhos, como diversos animais de solo registrados por exemplo no Alto Ribeira, se incluam populações troglobíticas" (Trajano, *op. cit.*). A eles devem ser acrescidos alguns isópodes Stylonischidae e alguns Amphipoda, ainda não identificados, da Gruta do Padre, na Bahia.

Como já se afirmou anteriormente, a validade dos critérios para a classificação dos animais nas categorias de troglóxenos, troglófilos e troglóbios vem sendo questionada por diversos autores. Isso é ainda mais significativo em regiões tropicais onde a categoria dos troglóbios na forma tradicionalmente definida para as zonas temperadas se mostra cada vez mais inadequada. Dessa forma, a relação acima, bem como as citações incluídas no texto relativamente a esse aspecto devem ser entendidas apenas como indicativas, passíveis de revisão e complementação permanente à medida que se ampliam os estudos no campo da ecologia das cavernas tropicais.

Página seguinte — *Following page*
184. Corujão (*Tyto alba-suindara*), a conhecida coruja de igreja, freqüentemente faz seus ninhos em cavernas das diversas regiões brasileiras. Gruta Nossa Senhora Aparecida, Bonito (MS). CFL.
The so-called "church owl" (**Tyto alba suindara**) *often nest in caves in Brazil. Gruta Nossa Senhora Aparecida, Bonito (MS). CFL.*

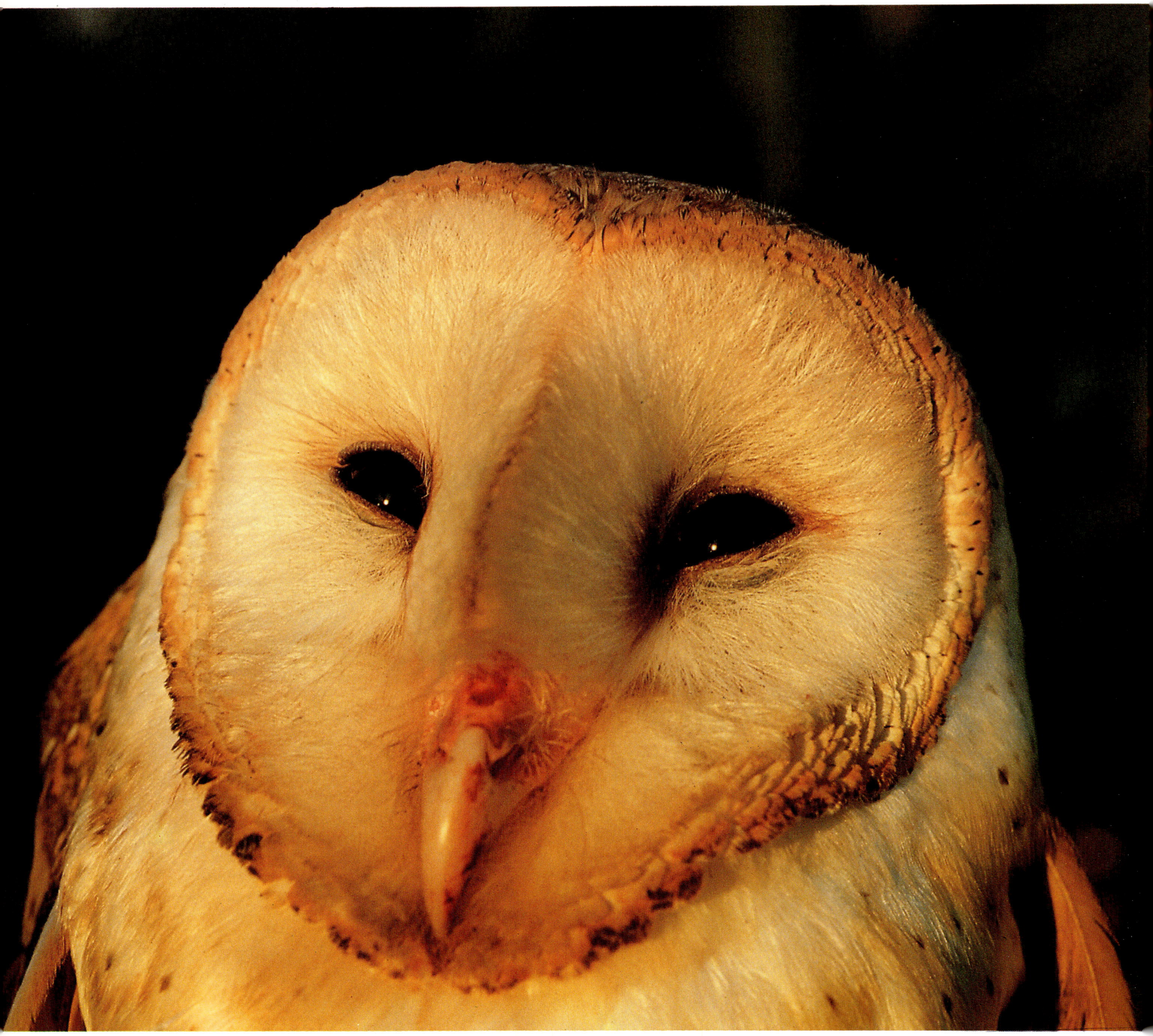

Environment and Life in Caves

If dragons and other horrendous animals from ancient legend are not to be found in caves, we should still not believe, as most tourists do, that the subterranean world is a desert in which nothing exists except minerals.

B. Gèze (1968)

BIOSPELEOLOGY: BRASIL AND THE WORLD

Some 18,000 years ago a primitive inhabitant of the caves in the French Pyrenees engraved on a bison bone, found in the Trois Frères cave, the oldest known document on cave fauna. The engraving, which shows a form of cricket, is so exact that it has been possible to identify it as belonging to the genus **Troglophilus***, still found today in European caves (Howarth, 1983). But this is an isolated occurrence, of more significance in understanding the primordia of human culture than in the specific area of biological sciences in caves.*

The first written report of an exclusively cavernicolous animal appears only in 1689, when the Baron Johann Weichard Valvasor found a strange amphibian in the subterranean waters of Carniola (today part of Yugoslavia); coherent with the ideas of his time, he described it as "a little dragon" — for caves were regarded as the haunt of monsters and supernatural beasts.

This "little dragon" was scientifically described by Laurenti in 1768; he gave it the name of **Proteus anguinus***, and commented on a series of morphological characteristics such as depigmentation, atrophy of the eyes, and strange external gills of a striking red colour. This was only the first of many extremely odd creatures which were to be found in caves.*

*In 1799 came a new and important discovery. The Prussian researcher Alexander Von Humboldt discovers in caves in Venezuela a large and peculiar bird which nests in total darkness: the guácharo (***Steatornis caripensis***) which, like bats, uses a sort of sonar for its flight through the darkness. This method of navigation, known as echolocation, would be identified only in 1938 through the work of American researchers who, using ultrasound detectors, had studied this extraordinary capacity in bats.*

In 1831, in that same region of Yugoslavia where **Proteus** *had been found, in the cave of Postojna, Luka Cec (who also discovered the cave) discovered the first cave-dwelling insect. This coleopteran, without pigment and blind and rather like a large ant in appearance, was sent to Baron Franz Von Hohenwart, who sent it on to the naturalist Fernand Schmidt, to whom the identification is owed, as* **Leptodirus hohenwartii***.*

*It was not to be long before cave-dwlling species were discovered in America. In 1842 Kay, Wyman, and Tellkampf discovered the first fishes of purely underground habit. These creatures (***Amblyopsis spelaeus***), found in the famous Mammoth Cave (the world's largest, with at the moment over 570 km in length), also displayed, among other characteristics, depigmentation and atrophy of the visual organs, thus leading to the notion that these characters were common to a number of cave-dwellers, independent of geographical region or zoological classification. New cave-dwelling fish with the same characters would be discovered in Brazil at the end of the century. Found in the caves of Areias and Bombas, at Iporanga (State of São Paulo) during his palaeontological studies by Ricardo Krone, and described by M. Ribeiro (1907), these fishes were given the name of* **Typhlobagrus kronei** *(now* **Pimelodella kronei***). With this find, the region in which cavedwelling fishes occur in the Americas was greatly increased; it is worth noting that strictly subterranean fishes do not occur in Europe.*

Although, in his researches in the caves of Minas Gerais (1835-1844), Peter Lund found no exclusively cave-dwelling creature, he did make a contribution to the study of cave fauna in Brazil. This was in the form of a series of observations on the interrelationship between the external and internal fauna, in our own times and with regard to extinct fauna of which traces had been preserved in the caves.

At the same time, in the mid-nineteenth century, there were a variety of researches into cave fauna going on in various parts of the world (Mexico, Cuba etc., as well as the United States and Europe). Such research was spasmodic and less than systematic and discoveries, as a result, were generally fortuitous. However, one work stands out on account of the quantity of collections made, the importance of the finds, the detailed descriptions of the species, and the wealth of illustration. This was the first synthetic work on the cave-dwelling fauna of the Adelsberg grotto (today Postojna), in Yugoslavia. This work, the "Specimen Faunae Subterraneae; Bidrag til den Underjordiske fauna", published in 1840 by the Danish scientist J. Schiödte, is considered by numerous biospeleologists as being the foundation stone, the real beginning of biospeleology.

The term "biospeleology" was to be coined only in 1904 by A. Viré, a biologist and speleologist who called himself a "biospeleologist", drawn from the term "speleology", created by Rivière in 1892. It was also Viré who first attempted to construct an underground laboratory for the study of cave fauna. This was installed in one of the galleries of the catacombs of Paris in 1896-7, but was destroyed by the great flood of the Seine of 1910.

*On July 16th, 1904, in the course of an oceanographic expedition to the Balearic Islands, the great Romenian zoologist Emile Georges Racovitza explored, together with G. Pruvot, the famous "Cuevas del Drach" in Majorca. There he discovered a cave-dwelling aquatic crustacean (***Typhlocirolana noraguesi***) and came to take an interest in biospeleology, then still in its cradle. Dedicating himself to the subject in depth, Racovitza became the father of biospeleology; among his collaborators were R. Jeannel, later to become one of the greatest biospeleologists of our times.*

Jeannel, whose works are known the world over, was among those responsible for the creation, together with the CNRS (Centre Nationale de Recherches Scientifiques) in France, of the first underground laboratory to be installed in a natural cavity. The laboratory at Moulis (Ariège, France) was founded in 1948 and became the most important biospeleological research centre in the world.

It was just at this time that biospeleology was taking its first steps in Brazil. The thesis of Prof. C. Pavan (São Paulo, 1945) on the "blind catfish" (up to that time **Typhlobagrus kronei***) of the Iporanga caves, relating them to the forms found in the surface waters of the region (***Pimelodella transitoria***) is fundamental to the history of biospeleology in Brazil. In the following year there appeared important works by Prof. Otto Schubart on cave-dwelling diplopods found in the same area. The Sociedade Excursionista e Espeleológica (SEE), founded in 1937, took up the collection of fauna from the caves of Minas Gerais and São Paulo, and published the results in their journal "Espeleologia".*

In 1940 Costa Lima described the first cave-dwelling cricket in Brazil, found in caves in Minas Gerais (Lima, A. C., 1940). Also of note are the works of the Swiss scientist Pierre Strinati, who, from 1968 on, collected a variety of creatures from Brazilian caves, among them Collembola, Isopoda, and Diplopoda (Strinati, 1968, 1971, 1975).

But it was from 1972/73 on that studies of cave fauna received a certain systematization, with the creation of the Departament of Speleology of the Centro Excursionista Universitário (CEU), connected with the University of São Paulo. A persistent and large-scale program of collection and observa-

tion was undertaken, particularly by the author and the biologists Theresa Temperini, Cecilia Torres, Eliana Dessen, Eleonora Trajano, Verena Eston, and Marietta Sales Silva. These collections, together with the contributions of other groups, were to serve as the basis of the first published synthesis on cave dwelling fauna in Brazil (Dessen et al., 1980).

In 1974 Guy Collet, a Franco-Brazilian speleologist resident in Brazil, tried to found the first underground laboratory in the country. It was to have been installed in the Ressurgência das Areias cave, at Iporanga (State of São Paulo), but in spite of the efforts made, it was never to be established as an effective centre of research. Also of note are the works of the biologist and speleologist Eleonora Trajano, whose M. Sc. (1978) was on the bats of the upper Ribeira Valley, and Ph. D. on the population ecology of the blind catfish of the Gruta de Areias, in the same region of the State of São Paulo, and who is working on a survey of cave-dwelling fauna in a number of parts of Brazil.

Among the biospeleologists of the first and second generations, we may also cite Nilza Maria Godoy, who has carried out surveys of cave fauna and studies of cave-dwelling diplopods; Cleide Aparecida José, responsible for the first work on the microbiology of the underground waters of Brazilian caves; Vera Eickstedt, who published under the auspices of the Instituto Butantã an initial work on cave-dwelling spiders, based on the collections of Theresa Temperini, Eliana Dessen, and Cecilia Torres. Cecilia Torres has also worked on research into **Aegla** (a depigmented crustacean with atrophied eyes and elongated antennae), found in caves in the State of São Paulo; her works have regrettably not been published.

In the course of the 1980s, there was a new step forward in biospeleology in the State of Minas Gerais, in the form of studies carried out by the Grupo Bambuí de Pesquisas Espeleológicas. Of note are the researches of Arnaldo M. Carvalho and Mário C. C. de Pina on the "blind fish". (**Trichomycterus** sp.) of the Olhos d'Água cave (Itacarambi, State of Minas Gerais) and of Flávio Chaimowicz, working on a preliminary survey of the cave fauna of the same State.

In worldwide terms, and on the basis of work by the precursors in the field, there are now many research workers in biospeleology, above all in Europe and the U.S.A. Large numbers of new species have been collected in caves, hundreds of them strict cave-dwellers (troglobes). The larger animal groups of the earth's surface also prove to be substantially represented in the underground domain (Gèze, 1968).

Significant advances have been made in the study of morphological, physiological, and behavioural adaptation displayed by cave-dwellers. It is worth pointing out the studies on regressive evolution by Vandel; although contested today, they are a landmark in the field. His contributions were also important in subterranean systematics, and the biogeography of cavernicoles. In these same areas the names of Barr, Reddell, Poulson, Howarth, Chapman, and other North American research workers are important, and their work points to new directions in the study of cave fauna.

In the words of Howarth (1983) "in the last decade a virtual revolution has taken place in our understanding of biospeleology. This change was made necessary by our having verified that obligatory cavernicoles also live in non-calcareous caves, such as lava tubes and even in the cavities of fractured rocks and talus deposits; that a significant specialized cave-dwelling fauna is to be found in tropical regions; and that many obligatory cavernicoles were not relicts." These points will be taken up in due course.

These new data, contrary to many of the previously dominant theories, are causing biospeleoelogy to go through a broad phase of revision and reorientation. Study of the variety of underground environments gains in importance — their characteristics and peculiarities, the cave community related to them, and the dynamics of such ecosystems.

THE UNDERGROUND DOMAIN AND THE ENVIRONMENT OF CAVES

Caves are not the only environments which compose the hypogean or subterranean domain. Both soil and rocky subsoil are organized into spatial structures which contain innumerable "emptinesses" of varying dimensions and distribution. Grains of sand, for example, form an arrangement which gives sandy soil a high degree of porosity, with relatively well-distributed spaces filled by air or water. Rocks, on the other hand, and especially the carbonates, display cracks and fractures which may have large empty spaces within them.

The set of spaces composed by soil porosities, the fissures of rocks, and conduits and caverns, are generally interrelated to form a continuum. This may be demonstrated through the circulation of surface water which, passing through vast layers of "impermeable" rock, then hangs on the roofs of the caves, giving rise to stalactites and, subsequently, returning to the surface in the forms of springs and exurgences.

Each type of subterranean space, though subject to certain abiotic characteristics in common, displays an ecologically distinct environment, and may, temporarily or permanently, hold its own peculiar fauna.

Howarth (1983), on the basis of cavity dimensions, divides them into three groups, defined as: **microcaverns**, with a diameter of less than 0.1 cm; **mesocaverns**, measuring from 0.1 cm to 20 cm, and **macrocaverns**, of more than 20 cm — and, as a result, all caves. In this study he shows the importance of the mesocaverns in the development of the so-called troglobite or troglomorphic fauna — that is, the fauna which belongs exclusively to cave environments.

Authors such as Ginet & Decou (1977), on the other hand, on the basis of an extensive bibliography, prefer greater detail, and distinguish: **grottoes** (caverns), **rock cracks** (including spaces between blocks), **artificial cavities**, **microcaverns** (dens excavated by animals), and the **endogenous environment** (spaces in the soil). They also distinguish the **interstitial environment**, composed of spaces in soil and rock immersed int he water-table. In each of these environments are to be found forms of distinctive vegetable and animal life.

The **endogenous** or **edaphic** environment, which corresponds to the interior of the soil, shows on a small scale much the same biotic and abiotic factors as those in the environment of caves proper. The soil community in itself, given the name of **edaphon** by Coiffait (1959) contains various animal groups, especially insects (Collembola, Orthoptera, Coleoptera etc.), harvestmen and myriapods — generally of species also found on the surface. However, there may occur certain strictly endogenous animals (found only inside the soil) known as edaphobes, such as the gastropod mollusc **Caecilioides acicula**, which is depigmented and blind (Ginet & Decou, 1977).

It is believed that such animals may represent ancestral forms of some cave-dwellers, and that they are themselves descendants from surface species which have taken shelter in the soil since remote times. Coiffait (op. cit.) for this reason gives them the name of "living soil fossils", by analogy with the "living cave fossils" of Jeannel (1943).

Microcaverns are cavities opened up in the soil by animals such as armadilloes, rabbits, marmots and other mammals, who make their burrows there, by owls and other birds who dig out nests from the soil, and by insects such as ants and termites.

Racovitza (apud Ginet & Decou, op. cit.) in an analysis of these habitats, observes that "in addition to the natural cavities… there is a world of obscure redoubts, built or excavated by animals, which are chosen as dwellings by other creatures"; he draws attention to these secondary occupants who live in company with or dependent upon the mammals, birds, reptiles, and other animals who originally formed the microcaverns.

The authors referred to point out that this dependent and parasitic fauna is largely composed of lucifuge and hygrophilous species — that is, species which seek dark damp spots and which originate on the surface. These are characteristically insects, myriapods, arachnids, and terrestrial crustaceans. They add that "in this secondary occupation, environmental factors have a secondary role; this micro-fauna exists in the spot in function of the food resources represented by the primary inhabitant" (blood, faeces, remains of prey etc.). This micro-fauna is distinct from cave-dwelling fauna proper, which will be considered in due course.

More important from a biospeleological point of view are rock cracks. Various rocks — especially carbonatic and volcanic — frequently crack deeply, but leaving spaces of small size, inaccessible to man, which may still occupy a volume of space within the rock much greater than that occupied by caves. Studies have shown that within these cracks a confined environment prevails, very damp, with a higher concentration of CO_2 and a constant microclimate. Such characteristics produce a habitat similar to that of caves and, from a certain point of view, including the presence of a quantity of nutrients, more suitable for a specialized subterranean fauna.

This hypothesis was first put forward by Racovitza, who, at the beginning 20th century stated that "I am inclined to think that many cave-dwellers belong properly to cracks and not to caves". Ginet & Decou (op. cit.) are even more categorical: "cracks are the favourite habitat of troglobites".

The notion finds support in the various discoveries made during the exploration of artesian wells, where several animals have been found (fishes, salamanders, prawns, isopods, and amphipods among others) with morphological adaptations regarded as typical of cave-dwellers. Occurrences of this sort have been registered in the U.S.A., (Mitchell & Reddell, 1971), Japan, and Europe; also in Brazil where, at the beginning of the century (Goeldi, 1904) a small depigmented eyeless fish (**Phreatobius cisternarum**) had been found at a depth of about 15 metres during the excavation of a well on the Island of Marajó, in the Amazon Delta. This same species was later found in Balém (State of Pará) and Macapá (State of Amapá), and other fish with similar characteristics were recorded from various points in Amazonas and Minas Gerais (Myers, 1944; Carvalho, 1967). The dispersion of cave-dwellers through cracks in limestone has been studied particularly with relation to an amphipod common in the water-table of European limestone regions, **Niphargus** by name and one of the best-known cave-dwellers of those parts.

Artificial cavities, such as mines, tunnels, and catacombs, with few exceptions present a variety of environmental conditions similar to those of caves; once they are opened they represent, from an ecological viewpoint, empty spaces which may undergo biological colonization. In this respect they are environments which come more and more into the field of biospeleology, and may be used as important laboratories for studies in the manner in which surface-dwellers come to colonize subterranean habitats.

Husson (1936), among others, carried out studies of the fauna of these cavities, noting that they were occupied predominantly by oligochaetes, terrestrial isopods, arachnids, pseudoscorpions, springtails, beetles, and diptera, which were found both there and at the surface.

The great field of study which is biospeleology began, however, in real caves. The cave environment is considered one of the most peculiar and most stable in the biosphere. The rock mantle which covers and protects the cave form abrupt climatic changes of the sort which occur at the surface gives to the environment a series of distinct characteristics; these in their turn determine the diversity of plant life which develops therein.

The first and principal characteristic of such an environment is the total absence of light at lower levels. Among the numerous consequences of this is the important fact that, in such regions, there can be no growth of the green plants which form the basis of food chains in most surface ecosystems. This among other factors determines the existence of a specialized cave-dwelling fauna, sometimes with significant morphological, physiological, and behavioural differences when compared with surface fauna.

Together with the absence of sunlight, the amenity and constancy of the air temperature is another basic characteristic of the subterranean ambience. The air temperature of a cave is generally the same as the annual average of the outside temperatures in each region, and depends above all on the position of the cave. Similar caves situated in different latitudes or at different altitudes display average temperatures which correspond to their situation. Thus in European caves the presence of frozen water and winter air temperatures below 10°C is common; in Brazil, even during the most rigorous of winters, the temperature inside deep caves will never reach such a figure. Due to the size of the country, even in distinct regions, caves have average temperatures which vary from 17°C to 20°C in the Ribeira valley (south-east) and from 18°C to 26°C in the central, western, and north-eastern parts of the country. These differences of temperature, in association with other internal and external factors, certainly interfere in the composition and distribution of the cave fauna of Brazil.

Even when we confine ourselves to one single region, there exists within each cave a significant thermic gradient. At the entrance, the temperature tends to correspond to the external average and undergoes many often abrupt variations. Once within the rock-mass, there is a tendency for the temperature to become constant, and — in relation to the external average — generally colder in summer and warmer in winter.

The internal temperature of caves is dynamic in character, and depends on the intensity of air circulation in the cavity. In a study which is now a classic of caving literature, Gèze (1968) points out the causes and characteristics of air circulation in caves. He shows that the movement of the air is a consequence of the difference in density between the air underground, determined by the temperature of the corresponding gaseous masses. Difference in altitude and latitude between separate cave mouths may also cause atmospheric circulation. These characteristics are synthetized in the graphs on page 204, showing "air-bag" caves and "wind-tube" caves.

Although Brazilian caves in general do not show great differences of level, the existence of entrances where the "wind tube" type of circulation is common. One well-known example among a number is the Arataca cave in Iporanga (State of São Paulo) where the wind from the inside of the cave blows sharply through the small entrance, keeping the vegetation in the area in a state of permanent disturbance and thus declaring the existence of the cave mouth.

But it is not only at the mouths of caves that this circulation is discernible. A number of large-scale caves have "wind tunnels" in places where there is an abrupt narrowing or a lowering of the roof. In the Água Suja cave (State of São Paulo) exploration of one of these "tunnels" is sometimes difficult on account of the force of the wind, which repeatedly blows out the acetylene lamps.

Temperature and air circulation are basic elements in the dynamics of another very important factor in underground ecology — the relative humidity of the air. With few exceptions, the humidity level in caves is extremely high, approaching 100%; thus air at rest is generally saturated with water vapour, which tends to condense out on the rock of the walls. Even in so-called dry caves (those which contain no water-course) the humidity level gets higher as one gets further in, and in semiarid regions may exceed 90%. It is this humidity which is responsible for the sensation of stuffiness and heat which the caver often feels, even in caves where the temperature is low. This feeling is due to the fact that the saturated air impedes the evaporation of sweat, which then runs over the surface of the skin and prevents it from being aired. It is this same excess of humidity which causes the formation of thick mist in caves during exploration — a problem well known to underground photographers.

The high humidity levels and the low evaporation rate characteristic of caves in the strict sense of the word play an essential part in the existence of an exclusively subterranean fauna — those animals known as troglobites — as we shall see later.

However, there are caves, exceptions to the rule, where the environment is extremely dry; the contributory causes are usually the constant passage of air and the accumulation of dry clay (in the form of powdery soil) which absorbs any "excess" of humidity. It is in such places that there occurs the "mummification" of dead animals, caused by the dehydration of their bodies in contact with the dry clay soil. A well-known example in Brazil is the cave at Morro Redondo (Matozinhos, State of Minas Gerais), explored by the SEE in 1938, where various animal "mummies" — bats, porcupine, and rats — were found. Another example is the little Cristais cave (State of Bahia) where the author found some twenty birds (Columbidae) in a similar state of dryness, with skin and feathers intact. Even so, these cases are uncommon.

The air in caves, highly humid, is generally also rich in carbon dioxide (CO_2), either liberated in the process of calcite precipitation (described previously) or formed by the decomposition of organic matter brought from the outside and accumulated in the lower and more confined parts of the caves. According to Howarth (1983) the relatively high concentration of CO_2 and the resulting low concentration of O_2, together with the broad variation in the concentration of these gases in the underground environment, can have a significant effect on the adaptation of cave-dwelling animals. The best-known case of a significant accumulation of carbonic gas in caves is perhaps that in the Dog's Cave in Italy. According to the story, the tourist guides used to take with them a dog; when the animal was exposed to the low-lying layer of gas, it went into convulsions and was at last asphyxiated, to the sadistic pleasure of the visitors.

In Brazil, there are few recorded cases of high CO_2 concentration, although it is a known fact that the production of this gas through intense organic activity is greater in tropical than in temperate regions. For purposes of research it is worth mentioning a small room in the Estudantes cave (State of Minas Gerais) described by Andrade Ramos (1938) and two small abysses with closed floors in the region of the São Mateus cave (State of Goiás), in one of which depigmented fish are to be found (Lino, 1970; unpublished expedition report). The same may be the case with the Gameleira cave (Monjolos, State of Minas Gerais) described by Chaimowicz (1986c), and in the Gruta Olhos d'Água, Itacarambi (also Minas Gerais; Augusto Auler, pers. comm.).

In addition to CO_2, ammonia is also frequent in the composition of the atmosphere of caves where there is a large accumulation of bat guano, rich in nitrogen compounds. This is not common in Brazil, but occurs in the Gruta dos Morcegos, Tianguá (State of Ceará), and in some sandstone caves in the State of Pará, such as the Gruta Leonardo da Vinci.

The general characteristics set out in this chapter are, even so, not found in all subterranean environments. Every cave is unique in a variety of factors, among which are situation, size, and internal morphology. It should also be remembered that environmental conditions are not static, and that they undergo change over a period of time in the general context of the climatic dynamics of the planet. Neither are such characteristics homogeneously distributed, even within the same cave; they follow a zoning pattern in accordance with greater or lesser interaction between the subterranean and surface environments. Thus it is possible, in relatively deep caves, in principle to distinguish three environmental zones on the basis of a light-temperature-humidity interaction.

Zone I (entrances) — there is direct or indirect incidence of light, and both temperature and humidity basically follow outside variation. According to the size and shape of the entrance, this zone may be divided into two subzones: the entrance zone itself and a twilight zone, with greater or lesser temperature than outside in winter and summer respectively.

Zone II (variable temperature zone) — here there is a total absence of light; however, there are variations in temperature and humidity because of movement of air currents between the internal and external environments. In this zone, limits vary in function of the outside conditions; it is generally more restricted in summer months and reaches deeper in winter. Brusque external alterations (storms, for example) may also cause temporary alterations in the internal limits of the zone.

Zone III (constant temperature zone) — this is marked by total darkness, by the amenity and constancy of the temperature, and by the very high relative humidity, generally from 90% to 100%. Air and water temperatures tend to perfect equilibrium in winter and summer.

Obviously such a concept of zoning is based on an ideal cave, with a single entrance, a relatively constant cross-section, fair depth, and predominantly horizontal layout. As we have already seen, such characteristics are found in some caves only. The shade zone or the constant temperature zone, for example, may simply not exist in some caves, just on account of morphological characteristics and size.

Caves with large entrances usually have twilight and constant temperature zones where specialized vegetation may survive. This, together with other factors, will develop there, even though only periodically. Small entrances, on the other hand, may function as veritable environmental barriers which, at the same time, separate and connect very different ambients. And narrow galleries will define ambients which are usually quite distinct from those found in large open spaces and substantial corridors.

But even more important than these morphological aspects is the diversity of substrate (watercourses, lakes, banks of clay, sandy soils, rock walls, accumulation of organic detritus, bat dung etc.) which may occur within a cave and define a variety of habitats. It is in function of these habitats, and of the level of ecological adaptation to the environment, that cave-dwelling animals are classified into the categories described on the following pages.

ECOLOGICAL CLASSIFICATION OF CAVE ANIMALS

In the course of nearly a century, with the increasing dedication of new researchers to the study of animals in caves and as a consequence of the collection of new data, various attempts have been made at an adequate classification of cavernicoles. The term **cavernicole** itself came to acquire, over the decades, a more objective connotation — not in terms of greater detail or precision but, on the contrary, in its general use. It came to be a broad term, generic and applied to all animals which, temporarily or permanently, live in caves, independent of any adaptation — physiological, morphological or other — which they may display. In the present work the word is used in this sense.

The expression "hypogean fauna" (including animals which live in cracks in the rock) is used with the same meaning — that is, in opposition to the epigean, or surface, fauna, and the endogean fauna which inhabits the soil.

Still in generic terms, the animals which live in caves may be subdivided into **aquatic cavernicoles** and **terrestrial cavernicoles** — an important distinction with regard to understanding the origin and distribution of hypogean fauna in world-wide terms.

The most widely used classification of cave-dwelling animals is that developed by Schiner (1854) and Racovitza (1907) and improved upon by a number of authors (Jeannel, 1926; Pavan, 1944; Ruffo, 1957; Motas, 1962; Barr, 1963; Vandel, 1965; Decou, 1967; Hamilton-Smith, 1971; Mitchell and Reddell, 1971 etc.) this divides cavernicoles into four basic categories: accidentals, trogloxenes, troglophiles, and troglobites.

Accidentals are animals belonging to the external fauna which for some reason or another are found inside caves; they do not however have any regular relationship with that environment, having entered by accident (falling into abysses, carried into caves by watercourses, taking refuge from predators etc.). Such is the case of domestic or wild animals sometimes found in caves — wild pigs, pacas, snakes, cows, butterflies etc., which frequently do not manage to get out and so die where they are.

Trogloxenes (from Greek **troglos**, cavern; **xenos**, foreigner) are, as the term suggests, animals which although customarily found in caves are not exclusive cave-dwellers. To a greater or lesser degree they depend **directly** on the outside world to complete their life cycles. These are surface animals which are regular habitués of caves, where they may seek shelter against the rigours of the climate (hibernation, for example), protection against predators, specific and more abundant food supplies (bat guano, for example), or better conditions for reproduction. We may cite the bats which hibernat in caves in temperate climates, or those which, though they go out every day to feed, use caves for rest, mating, and reproduction; owls, big cats, and other animals which use areas near the entrances of caves for their lairs; toads, which commonly get into caves, perhaps in search of humidity. In numerous cases, such as those of the Anura (toads, frogs) it can be very difficult to distinguish between trogloxenes and accidentals.

The regular trogloxenes, which inhabit caves during well-defined periods of their life-cycle (larval phase, hibernation etc.) are sometimes called **subtroglophiles**, and in the opinion of some authors should be included as a subsidiary group of the category described below.

The **troglophiles** (from Greek **troglos**, cavern; **philos**, friend) are facultative cavernicoles, capable of carrying out their entire life-cycles in caves and perpetuating their species there; they are not however exclusive to the environment, and are equally capable of living in appropriate external conditions. Certain physiological or ethological characteristics predispose these species — or at least make it possible for them — to live in caves. Thus **hygrophilous** animals (better adapted to damp places), and **lucifeges** or **umbrophiles** (which live in shady spots) are, so to speak, potential troglophiles.

Ecologically, troglophiles are adapted to a subterranean environment but display no morphological and physiological specializations which may restrict their lives to these environments alone. They are to be found in entrance zones and at great depths alike, and in an active phase all the year round. Among the most common troglophiles of our caves are crustaceans, diplopods, spiders, harvestmen, and insects, which are good potential cavernicoles on account of their low metabolic rate, among other things.

Finally we have the **troglobites** (from Greek **troglos**, cavern; **bios**, life), cavernicoles in the strictest sense of the word. They are found exclusively in caves. They are born, live, reproduce, and die in caves, and display a series of characteristics which, if on the one hand they guarantee their survival underground, on the other they transform them into prisoners of this world and prevent them from perpetuation in the outside world as the result of extreme specialization in the underground world. In general terms these characteristics can be seen on three levels: morphological, physiological, and behavioural. From a morphological point of view, troglobites frequently show adaptive evolution of a regressive nature: atrophy of the eyes, depigmentation, thinning of the cuticle, reduction of wing size in some insects and, on the other hand, hypertrophy and increase in complexity in sensorial organs such as antennae and palps. In physiological terms the alterations may generally be connected with a reduction of metabolic rate, so that troglobites normally have a greater life span and slower development than their counterparts on the surface (Aellen & Strinati, 1975). Further characteristics frequently recorded for cavernicoles are reduction in number of eggs, larger egg size, reduction of larval period (during which they are more fragile).

Troglobites, like other forms of cave life, originate from epigean ancestors, terrestrial, fresh-water, or salt-water, which either come directly to the caverns or, more commonly, do so indirectly after a previous occupation of a transitional environment. Thus animals which already lived in the soil or in humus were adapted to similar environments underground and so to a greater or lesser degree, "preadapted to cave life". Others passed through various biotopes during this process, especially forms of marine life which first occupied areas of beach, then brackish lakes, and finally, adapted to fresh water, colonized caves, which they reached by surface watercourses or by cracks at the level of the water-table.

A number of authors have made direct association between the origin of troglobites and the extensive climatic and geographic changes which the earth passed through, especially during the Quaternary. Thus the great glaciations, variation in sea level, and processes of climatic drying and desertification have been seen as responsible for the isolation of the fauna of caves which had been partly colonized either before or at the same time as the age of great transformations.

The fact that there exist troglobites in tropical caves, in areas where the changes of the Holarctic and other regions were not felt, or at least only by chance and to a secondary degree, and the fact that there are animals (troglophiles) which are colonizing caves **today***, and not under the influence of any intense changes in the climate, demonstrate that the process of colonization is not dependent upon geoclimatic events. Such outside disturbances would have brought about the extinction of outside animals phyletically related to the ancestors of the troglobites, thus making them exclusive to their environment.*

The important role of intense climatic change in certain regions was clear, however, in the genetic isolation between epigean and hypogean populations, favouring the development and specialization of the latter, and as a result of the specialization, the consequent inability to live on the surface, even after the end of the climatic or geographical disturbances.

The central ideas to this line of thought come from the theories of Jeannel, Vandel, and their followers, who conceive of troglobites as being animals exclusive to the subterranean environment, which display adaptations which may be interpreted as characteristic of regressive evolution (depigmentation, lack of eyes etc.), and whose origin as cavernicoles is associated with the great climatic transformations of more recent geological time.

Following this line, Ginet & Decou (op. cit.) affirm that "in order to characterize correctly a species as a troglobites... one must bear in mind its phyletic antiquity (historical criterion), its degree of evolutionary regression (morphological criterion), and its degree of affinity with factors of an underground environment (ecological criterion).

This characterization may provide an adequate explanation for the origin and development of various palaeo-troglobites, relicts in temperate regions, but does not bear up in other circumstances. At the moment a large part of this theoretical structure is being contested in the light of newer and wider research.

It is known, for example, that characteristics which have been taken as typical of troglobites are not in fact exclusive to cave-dwellers, but occur also in soil-dwelling (endogean) animals and in inhabitants of the phreatic layer. Thus an animal with such characteristics found in a cave is not necessarily a cavernicole **sensu stricto** *and even if it is, it is impossible to affirm without highly complex studies that such characters were in fact acquired in a cave rather than in a a previous "area of transition". It is also known that there are cave-dwellers which, though exclusively so, do not display such regressive adaptations. It is possible that in some caves, and in certain regions (specially in the tropics) the richness of nutrients and the variety of available biotopes, among other factors, do not demand of the animals such adaptations as those frequent in troglobites of temperate regions. Or, as Chapman (1986) puts it, it is possible that "troglomorph features typical of temperate regions" are not adequate criteria for the definition of tropical troglobite.*

It is on the basis of questions of this type — among others — that Chapman proposes that the Schiner-Racovitza system (trogloxenes, troglophiles, troglobites) should be abandoned for classification of animals found in caves. For the time being he makes no proposal for the substitution of this system by any other of a general nature. What he does propose is greater study in depth of the undergound domain as a whole and, until new conclusions become possible, the use of categories like **edaphobe** *(for soil-dweller),* **humicole** *(humus dwellers),* **mirmecophile** *(dwellers in ant-hills),* **termitophile** *(dwellers in termite nests)* **pholeophiles** *(dwellers in microcaverns),* **phreatobes** *(inhabitants of the water-table),* **guanobite** *(inhabitants of guano deposits) and so on, in function of the habitat in which the animal is to be found.*

The same author also suggests the coining of new terms to describe species which occupy a variety of habitats in caves, and that the cavernicoles which display morphological features that may be considered indicative of their adaptation to a cave environment should be described as **troglomorphic** *or* **troglomorph** *cavernicoles (Howarth, 1982). He draws attention to the fact that "non-troglomorphs" should not be supposed not to be specialized for cave life. Discussion in this field, however, is still in its early phases.*

THE CAVE-DWELLING COMMUNITY

The community, in the ecological sense of the word, includes all animal and vegetable populations (biocoenosis) of a given area (biotope) which are interrelated with the environment in a permanent interrelationship is given the name of ecosystem.

To help understand the function and structure of an ecosystem, let us take as an example any cultivated area: in this area the plants (producers) through photosynthesis receive solar energy and put it into the system. Part of this energy is consumed by the plants themselves in their process of growth, and is lost to the environment as a whole. But when the plants serve as food for, for example, small rodents (primary consumers) the energy of the plants will be used for growth of the animal, for its locomotion, and reproduction. The rodents in turn will serve as food for snakes (secondary consumers) which in turn will serve as food for birds of prey (tertiary consumers). The bodies of these birds will, after death, be attacked by fungi and bacteria (decomposers) which live in the soil and, in decomposing organic matter, will return it to the environment.

The organization "producer — consumer — decomposer" is called a **food chain***; at every stage of feeding, as described above (trophic level) energy is lost to the environment.*

For their development higher plants, in the process of photosynthesis, need not only light but also raw materials in the form of water, CO_2 from the air, and mineral salts from the soil. Such prime materials are generally abundant in caves, but light, available only at the entrance zones, is a limiting factor, thus reducing photosynthesizing vegetation in these regions.

In some caves with large entrances or in large-scale dolines the environment may be specially favourable to the development of denser and more varied vegetation, even in semiarid regions. In the drier regions of central Brazil, for example, caves connected with large doline formations always shelter a richer and longer-lasting vegetation than that of the surface. Contributory factors are, among others, greater humidity, amenable temperatures with little variation and, in some cases, protection from wind. Furthermore, the morphology of these dolines guarantees a greater accumulation of nutrients, at times direct access to watercourses or the water-table, and greater protection against burn-

ing of the vegetation. In the same places one may also observe a characteristic fauna, generally including a variety of trogloxenes.

Further into such cavities, in the so-called aphotic zone, however, higher plants are not found on account of the absence of light. At times seeds carried by bats or water may germinate in a cave, but the plant will have etiolated and pale leaves and will not last long in the darkness, dying when the food resources of the seed come to an end. Roots may also penetrate through cracks in the roof. However, except in exceptional cases, this vegetation will contribute little or nothing to the fixing of a stable and specialized cavernicole fauna.

In the region of permanent darkness vegetation is reduced to algae, lichens, fungi, bacteria, and actinoycetes, mostly microscopic. All are species found at the surface, although some may present morphological aberrations which at first sight might suggest new species, peculiar to the underground world. In other words, one may find in caves vegetation forms classifiable as trogloxene and troglophile, by correspondence with animals, but there are no troglobitic plants exclusive to such environments (Gèze, 1968).

Algae and lichens are capable of surviving in darkness but usually lose their reproductive capacity. Fungi, however, contain no chlorophyll and do not depend on light for their development; thus they are able to colonize the deeper levels of caves. According to Gèze (op. cit.), it is above all among the fungi that major modification is to be found in cave-dwelling plants. Elongation of the peduncle in mushrooms is common, and so is atrophy of the reproductive organs, with considerable reduction or complete loss of number of spores.

Among the fungi which grow in tropical caves one, habitually found on deposits of bat guano, is the much-feared **Histoplasma capsulatum**; the spores of this fungus, if inhaled, can cause histoplasmosis. This fungal infection may show itself in a number of forms; the most serious is in the form of an acute pneumonia which can, in rare cases, cause death if the victim is immuno-depressed or has suffered grave alterations of the lung walls. Medical bibliography can point to a number of cases of this disease, some of them serious, as when, in 1976, it afflicted several cavers in Ouro Preto (State of Minas Gerais), and visitors who contracted the disease in the Gruta que Chora, a small cave in Ubatuba, on the coast of the State of São Paulo. In 1980 a number of cavers from Brasília contracted the disease in the Tamboril cave (Unaí, State of Minas Gerais, near the Federal District of Brasília).

The simple existence of the fungus in the cave is not in itself enough to cause contamination. It is generally necessary for there to be enough spores in suspension in the air for them to be inhaled in quantity by the visitor, and this is difficult in humid caves — as the majority are. Even when there is contact, the disease does not show itself in almost all cases (subclinical form).

The smell of "mildewed earth", characteristic of caves, is also due to actinomycetes, vegetable micro-organisms.

However, of all the lower plants which may live in caves, it is the bacteria which are of most ecological importance, due to their capacity to decompose a variety of mineral substrates. It has already been mentioned that the formation of certain calcareous tufas in caves is attributable to bacteria, this is the case with "moonmilk", and also with saltpetre (calcium nitrate), generally supposed to be the result of **Nitrobacter** and **Nitrosomona**.

Although the study of cavernicolous microflora is still limited, it is known that various bacteria manage to live in caves as autotrophic organisms — that is, they draw the energy necessary for their development from the chemical reactions which they provoke in their mineral substrate. This is the case with the ferruginous bacteria such as **Perabacterium spelei**, which decomposes the ferrous carbonate present in almost all calcareous rocks. Others decompose manganese carbonate, take the potassium out of feldspar, the sulphur from gypsum, and so on, producing compounds which can be assimilated by a diversity of organisms. These will serve as food supply to other small animals such as protozoans and isopods which, in their turn, will become prey to larger creatures such as spiders, crustaceans, and fish. "Thus starting with bacteria, an entire biological cycle may be created in caves without the direct effect of the sun's light — that is, food chains quite distinct from those traditionally observed on the surface" (Gèze, op. cit.).

The presence of these autochemotrophic bacteria in caves is of particular importance in deposits of clay, where there occurs concentration of organic detritus brought in from outside by the watercourses. In this area heterotrophic micro-organisms known as saprophages are also active; they decompose dead animal and vegetable matter and retrieve from it the nutrients necessary for their existence. For this and other reasons clay deposits are of great ecological importance in caves.

Other biotopes in addition to these clay banks are evident in the cave environment: cracks in the rock, rimstone dams, lakes and pools, the deposits of detritus which accumulate at the bottoms of abysses, doline formations etc. These biotopes are neither fixed nor permanent; they may on occasion be occupied by certain animals only during some phases of their lives. It is known, for example, that a variety of cavernicoles live to all intents and purposes in the networks of cracks in limestone, appearing only by chance inside the caves themselves (Howarth, 1983), while on the other hand some occupy such fractures in the rock only when they are passing through their more fragile phases, as larvae or during reproduction.

The deposits of bat guano in caves are well worth noting. In a number of caves in Mexico, Cuba, Kenya, Texas, and elsewhere, there live populations of tens of thousands of bats, which leave on the cave floor deposits of dung several metres deep. To this guano, whether it be that of bats, crickets, or birds such as the guácharo, are added the remains of food — fruit, insects — and the bodies, when dead, of the animals themselves. This encourages the development of an extraordinary guanophagous microflora and microfauna. These microorganisms, considered to be guanobites or guanophiles, will serve in their turn as a source of food for larvae, crickets, cockroaches, centipedes, spiders, and a large variety of other occupants of the caves, In this manner numerous troglobites are fundamentally dependent on the contribution of trogloxenes such as bats to go though their lifecycle in a cave.

Even so, the large majority of caves, even in intertropical regions, do not normally have such populations of bats, nor such quantities of guano. But on a reduced scale the deposits of guano still mean special supplies of nutrients in caves in which the small quantity and poor distribution of available food are limiting factors for cave-dwelling fauna, both in quality and numbers. For a similar reason the water-courses and pools, supplied directly or indirectly from the surface, are food carriers (plankton, algal slime, animal and vegetable detritus etc.) which will supply a variety of underground creatures, in particular aquatic cavernicoles.

Given the relative shortage of food, those animals best adapted to caves are generally omnivores — those which will eat anything — and those which, on account of low metabolic rates, need little nutrition to carry out their physiological functions. Thus birds and mammals never spend their entire life cycles in caves, as their high metabolic rates and the need to maintain their body temperatures demand continual feeding. When found in caves, they are always accidentals or trogloxenes, even though they may frequent the environment with some reglarity. But reptiles and amphibians are poekilothermic — their bodies keep to the environmetal temperature; for just this reason they do not need so uch food, and can go for relatively long periods inside caves. Thus although they may enter the environment only by accident, reptiles (snakes, tortoises and alligators) can sometimes manage to live for months without foof. The same happens with amphibians of the order Anura (frogs and toads), much more frequently found in caves in Brazil, although generally near the entrance and thus in a position to use other food supplies.

Of the amphibians, however, a number of representantives of the order urodeles are to be found in caves as troglophiles and even troglobites. Such is the case, already cited, of **Proteus**, in the caves of Yugoslavia, and a number of other salamanders in North American caves. In Brazil, until now, all reptiles and amphibians found in caves have been identified as accidentals or dubious trogloxenes.

As regards metabolism the fishes and the arthropods (insects, diplopods, arachnids and crustaceans) are also good cave-dwellers in potencial. It is this fact, allied to a number of others in the areas of physiology and morphology, which causes these groups to be those best represented in caves, and those which contain the largest number of troglobites.

This overall view is not true of all caves or in all regions. Differences occur, for example, between the animals of temperate regions and those of tropical regions, the latter being less well-known. The preliminary inventory of the cave-dwelling fauna of Brazil constitutes an intention to add to this knowledge.

THE CAVE-DWELLING FAUNA OF BRAZIL

Biospeleological studies in Brazil, though few in number and not yet entirely systematized, allow us to conclude that our caves hold an important fauna with representatives of many taxonomic groups. In this subterranean fauna troglophiles and trogloxenes are predominant, but there are also numerous troglobites, especially among aquatic cavedwellers.

The lack of specialists in a number of the zoological groups has resulted in identification of a large part of the animals found in caves only at higher taxonomic levels. Thus to establish a precise overall picture of the cavernicolous fauna of the country is difficult. It should also be remembered that the study of terrestrial and aquatic microfauna hardly exists in Brazil, and any attempt at more profound ecological analysis generally turns into an exercise in speculation.

In spite of these limitations, surveys of cave-dwelling fauna have, over recent years, developed in regularity and in systematic approach. As a result an initial comparative analysis of our cave fauna in relation to that of other tropical regions and of caves of the northern hemisphere is now possible. The first work of synthesis and comparison about our cavernicoles was published by Dessen et al. (1980), and brought together data from 28 caves in 5 distinct speleological regions of the country. Four years later Chaimowcz (1984) presented a survey of the biospeleology of 25 caves in various parts of the State of Minas Gerais; this work has recently been expanded by the addition of data from 43 further caves in the same State, and in the State of Goiás (Chaimowicz 1986a).

Other surveys of a regional nature (Lino et al. (1984), caves of Mato Grosso do Sul; Montanheiro et al. (1981), Gruta dos Ecos, State of Goiás; or studies of specific groups of the fauna (Eickstedt, (1975), on cave-dwelling spiders of São Paulo; Andrade, (1982), on cave-dwelling birds; Carvalho & Pinna (1986) on cave-dwelling fishes of the Olhos d'Água cave (State of Minas Gerais); Trajano (1985) on the bats of the upper Ribeira Valley etc.), when added to previous works allow a relatively broad view of the subject.

Trajano (1986) carried out a new and ample synthetic survey of the cave fauna of Brazil, giving a general overview of the composition, distribution, and ecological classification of the animals found in the caves of a variety of regions of the country. The description which follows is based on that writer's data and research.

As is the case almost anywhere in the world, the predominant Phylum in the caves of Brazil is the Arthropoda, represented particularly by the Insecta, Arachnida (spiders, scorpions, harvestmen etc.); also Crustacea, and Diplopoda. Insects are very frequent in caves; most of them are trogloxenes or troglophiles, and of particular note on account of their frequency of occurrence or distribution are crickets, Hemiptera, Diptera, cockroaches, and Coleoptera. From a distributional viewpoint the crickets seem to be the commonest inhabitants of our caves after the bats. This observation was made with regard to the caves of the State of Minas Gerais (Chaimowicz, 1984), but our present knowledge of the matter suggests that it is also true for other regions of the country. The predominating genus is **Endecous**, which appears as a troglophile in several regions of the country, while other genera, such as **Eidmanacris** have also been observed, usually near cave mouths.

The Hemiptera, althought of broad distribution in Brazil, are still infrequent. Though they may be found on occasion at great depths, most are found near the entrance zones, and are thus to be considered as trogloxenes. Among cavernicolous Hemiptera known in Brazil the reduviid bugs are most common, especially those of the genus **Zelurus**.

Cockroaches (order Blattariae) are numerically and geographically infrequent in the caves of the south-east of the country, and common in central Brazil. They are usually associated with clay and guano deposits and found at great distances from the entrance zones, thus being considered as troglophiles. Lepidoptera belonging to the heterocera (moths) like the cockroaches are rare in São Paulo, frequent in the caves of the centre and west of the country. Butterflies are usually accidentals; moths, on the other hand, are regular frequenters of cave mouths in the States of Minas Gerais, Goiás, and Mato Grosso do Sul. No troglophile forms are known at present.

Beetles (Coleoptera) are relatively frequent in caves in the States of São Paulo and Minas Gerais, on deposits of bat guano and accumulations of claysand sediments on the banks of underground rivers. Most of the Coleoptera so far found are troglophiles and trogloxenes, but according to Strinati (1975) a species of carabid beetle (**Schizogenius ocellatus**) found in the Ribeira Valley, in the State of São Paulo, displays "characters which show adaptation to life in caves", which may place it among the troglobites.

Diptera are frequent in most caves and abundant in some, specially in galleries with underground rivers. Most observed until now are the Chironomidae and the Keroplatidae. The Chironomidae are very small flies, usually attracted by the acetylene lamps of the cavers. They are found at great depths and may perhaps include troglophilous forms. In some caves they serve as food for spiders (Theridiosomatidae) and larvae of the

Keroplatidae, in whose secreted threads they are entrapped. In the Olhos d'Água cave their larvae serve as food for cavedwelling fish (**Trichomycterus**) (Carvalho & Pinna, 1986).

The Keroplatidae (Mycetophiloidea) are found in caves apparently only during the larval and pupal phases. Groups of several dozen individuals hang by secreted threads from the roofs of entrances and river galleries, and are particularly common in caves in the State of São Paulo. In addition to the horizontal strands used for locomotion, they also produce innumerable vertical threads which serve as webs to catch small flies. The manner in which these larvae prey on the flies is documented in the film "Spelaion — A Morada da Noite" made by the author in 1977.

The morphology, the webs, and the distribution of the larvae of Keroplatidae bring to mind the dipterous larvae, **Arachnocampa luminosa** — glow-worms — found in the Waitomo cave in New Zealand. In this cave the larvae and their secreted threads, which reach as much as 50 cm in length, have become a tourist attraction, as the larvae, like fireflies, emit light. Larvae with photochemical properties are also found in Tasmania and Malasia. The keroplatid larvae are not, however, luminous.

Some dipterous species are found as ectoparasites of bats; others go through their larval phase in guano deposits. Studies in this area are still in an initial phase in Brazil.

Hymenoptera (bees, wasps, and ants) and Isoptera (termites) are on occasion found in caves, usually in the entrance zones. Ants and termites are relatively common trogloxenes in caves in Minas Gerais, Goiás, São Paulo, and Mato Grosso do Sul, where "termite tunnels" and ant-hills may be seen in areas of total darkness. Such cases, however, may involve spots close to the surface and connected with it by way of narrow passages which, though invisible to the investigator, permit the animals to pass. Bees, wasps, and hornets build their "houses" in cave entrances and rock shelters, but apparently have no significant part to play in cave ecology.

Of some note are the representatives of the order Collembola found in various caves in São Paulo and Minas Gerais. In species found in caves in the Ribeira Valley, belonging to the Sminthuridae and Entomobryidae, total depigmentation and reduction of the eyes may be observed. Such individuals may be considered as troglobes or troglomorphs (Trajano, op. cit.). Also of interest is the fact that in some caves in the State of São Paulo, Collembola are habitually found going around on the long bodies of diplopods of the order Juliformia.

The class Arachnida includes a number of orders with cavedwelling representatives: scorpions, pseudoscorpions, opilionids, spiders, amblypygeans, and acarids. Scorpions are rare in caves in Brazil — indeed, have been found in only four, in the States of Goiás, Bahia, and Ceará. In three of the cases, individuals were observed close to the entrances; however, in the tourist cave at ubajara about ten were found in a clay gallery, more than a hundred metres from the entrance and in a zone of darkness, well of the tourist track. Pseudoscorpions are small (several millimetres long) animals, non-poisonous, and not easy to observe. Examples collected in caves in the States of São Paulo and Minas Gerais indicate the possibility of their being reasonably well distributed elsewhere. Species such as **Pseudochthonius strinatii** display troglomorphic characters.

Spiders are common in caves throughout the country, and especially those of families Ctenidae, Scytodidae and Theridiosomatidae. Among the first of these is **Ctenus fasciatus**, commonly to be seen in our caves in the form of egg cases, juvenile, and adult forms. The same may be said of the Scytodidae, with the genus **Loxoceles** (especially **L. adelaida**) and the Theridiosomatidae (**Plato** spp.). These last are usually found on the walls and roofs of galleries with rivers, where they make webs of regular form for catching small dipterans. The oothecae are small white cubes, and are fixed together in groups of up to ten in such a way that they have the appearance of strings of beads. In the same suborder (Labidognatha) are other cave-dwelling families such as the Pholcidae and the Thomisiidae; the latter are common in cave entrances in the State of Mato Grosso do Sul, rare elsewhere. The crab-spiders, or bird-eating spiders (Orthognatha), though rarely found, are broadly distributed in central Brazil, in the States of Minas Gerais, Bahia, and Goiás, and especially species of the genera **Lasiodora** and **Acanthoscurria**. They usually appear on clay banks in river galleries.

The opilionids, or harvestmen, are arachnids with a compact body, and extremely long limbs in some groups. They are frequent in caves throughout Brazil. They have on occasion been found in groups on rock walls and roofs, where they lay their eggs. They may gang up in tens of individuals, forming a tangled mass which, in combination with the "monstrous" (though quite harmless) aspect of the beast, may startle visitors or cavers with little experience. It is also common to find solitary individuals at great depths in the interior of caves. Predominant in our caves are representatives of the family Gonyleptidae, in which are included members of the Pachylospeleinae from the caves of the upper Ribeira Valley, considered to be troglobites (Trajano, op. cit.).

An interesting division of habitats was noticed during preliminary observations in the Olhos d'Água cave (State of Minas Gerais) (Chaimowicz, 1986b). While opilionids of the family Gonyleptidae, subfamily Pachylinae, were observed exclusively in conduits near the entrances, opilionids belonging to the same family, subfamily Pachylospeleinae formed large populations in areas deeper into the caves; indeed, they were found more than 2 km from the entrances.

The **Amblypygi** have long locomotor limbs, and may reach as much as 30 cm across with limbs extended. They have palps with powerful pincers. These are the largest arthropods to be found in our caves, and are common in the north of Minas Gerais, Bahia, Goiás, Mato Grosso, and Ceará. They do not occur in São Paulo. It is probable that some of the populations found are troglophilous. Predominant are members of the families Damonidae, Phrynidae, and Charontidae.

The Acarina (acarids and ticks) include a number of parasitic species — that is, they depend on other animals for survival. Thus their presence in caves may at times be associated with the existence of a host with cavernicolous habits, such as certain amphibians and bats. Among the ticks observed are the Ixodidae, found in some of the caves of the State of Minas Gerais (Chaimowicz, 1984). More systematic study will certainly bring to light further facts about their occurrence and diversity.

Diplopods are common in Brazilian caves, and are generally to be found in colonies of substantial numbers under guano deposits and on clay banks. Among those most commonly found are those of the orders Julida and Polydesmida; they include individuals which may be identified as trogloxenes, troglophiles, and troglobittes. The troglobitic forms are in general represented by the Polydesmida, which display a variety of levels of depigmentation. Totally depigmented examples may be found in some of the caves of the State of São Paulo, where colonies may hold hundreds of individuals. **Leptodesmus yporangae**, **Peridontodesmella alba**, and **Yporangiella stygius**, together with other species of the upper Ribeira Valley are characteristically troglomorphic (Trajano, op. cit.).

Centipedes are less common, though they are found in several regions of Brazil. Members of the family Scutigeridae are common in caves in the north of Minas Gerais; within the State, they apparently occur only in this area (Chaimowiz, 1986a).

Among the crustaceans of Brazilian caves are decapods (aeglas and crabs), amphipods, isopods, and copepods (planktonic). With the exception of the copepods, of which only epigean forms were found, the families involved included both troglophiles and troglobites. Crabs (Brachiura) are rare in our caves, although they have been found underground in various regions of the country. Those found hundreds of metres from the entrance are no different from the epigean forms. The aeglas, on the other hand, have so far only been seen in caves in the State of São Paulo; it is quite common for them to show morphological adaptations which permit their characterization as troglobites (troglomorphs). Among these modifications are reduction in size, elongation of the antennae, depigmentation, and atrophy of the organs of vision. The crayfish common in rivers in the south of the State of São Paulo are on occasion found in the entrance zones (sink holes or resurgences) of caves, but so far no troglophilous forms have been found. Among the crustaceans, the troglobite **Potiicoara brasiliensis**, new genus and species (Pires, in press), of order Spelaeogriphacea — Peracarida, is of particular interest. It was collected by the author in 1982 in the Gruta Lago Azul, in the State of Mato Grosso do Sul. According to Godoy (1987), there was previously in order Speleogriphacea only one genus, and that with a single species, **Spelaeogriphus lepidops**, found in caves in South Africa (Gordon, 1957). Troglobites like **Potiicoara brasiliensis** are of great palaeo-geographic importance, as they are probably from the Gondwana formation, in which the African and South American fauna were still related.

Isopods are found in the States of São Paulo, Minas Gerais, Goiás and Mato Grosso do Sul. According to Trajano (op. cit.) troglomorphic forms are found in São Paulo) among others, depigmented and eyeless Philosciidae). In the State of Minas Gerais eyeless and depigmented Styloniscidae and Platyarthrididae are considered to be troglobites (Chaimowicz, pers. comm.). In the order Copepoda, members of the families Cyclopoida (State of Goiás) and Harpacticoida (States of Goiás and Paraná and the Federal District of Brasília) have been found. Outstanding in the latter family are members of the genus **Elaphoidella**, collected by Cleide A. José in the Gruta de Clarona and the Abismo do Dedé (Reid & José 1987).

Few non-arthropod invertebrates are known from our caves — in effect, a number of molluscs and worms, though there are references to the possiblility of nematodes. Among the molluscs are small snails which live among the pebbles in rivers in the State of São Paulo. Although accumulations of snail-shells — especially of **Megalobulinus** — are common enough in caves, they are not in fact the shells of cave-dwelling animals, but rather from damp limestone regions; after the death of the snail, the shells are carried by water into the cave.

Worms (annelids and oligochaetes) are common on the clay banks of subterranean rivers in some caves in the State of São Paulo. According to Trajano (op. cit.) the worms most frequently collected belong to the species **Amynthas hawaianus**.

Vertebrates are also to be found in Brazilian caves: mammals, birds, reptiles and amphibians appear as trogloxenes, fishes as trogloxenes, troglophiles, and troglobites.

Among mammals, there exist carnivores (felids, mustelids, and marsupials), rodents, and bats, always trogloxenes. The felids, and especially the ounce (**Panthera onca**), have been observed on innumerable occasions in the entrances to caves where, at times, they also have their lairs. Though frequently described from caves by chroniclers of the last century, the large-size cats are now threatened with extinction in various parts of the country, and today are rarely to be seen in caves. As occasional trogloxenes, their biospeleological interest is thus very small.

Mustelids, and especially the otter (**Lutra** sp.) are sometimes seen in some of the caves of the Ribeira Valley (State of São Paulo); they make their way in through caves where there is a flow of water, and may build their holts at great depths — as has been observed in the Santana and Morro Preto caves. Their faeces (containing the remains of **Aeglas** and fish) and their spoor are common on the banks of undergound water-courses; this displays a remarkable capacity for orientation and locomotion in complete darkness on the part of the animals, a factor still to be adequately studied. The same capacity for orientation is found among some marsupials (skunks) such as **Philander opposum** and **Chironectes minimus**. Both may be comonly found walking, climbing, or swimming hundreds of metres inside caves and abysses in the Ribeira Valley. **Philander opposum** has on occasion been seen to enter caves, on one such occasion with leaves held in its prehensile tail, possibly for the construction of a nest inside the cave (Dessen et al., op. cit.).

Certain rodents such as the cavy (Caviidae: **Kerodon rupestris**) are sometimes to be seen hundreds of metres inside caves in the State of Goiás. Dasyproctidae (**Agouti paca**) and Cricetidae are often found dead, as bodies or skeletons; this would seen to indicate that the animals get into the caves by chance or by accident and are unable to find their way about properly in the dark.

The most important cave-dwelling mammals in Brazil, however, are the bats; they are at the same time those which exist in the greatest numbers, those which, by echolocation, are best equipped to get about in the dark, and the trogloxenes which have the greatest influence in the subterranean ecology. Bats are common in almost all Brazilian caves; even so, populations are small when compared to those of other tropical areas, or with those of some of the caves of Mexico or Texas. The diversity of species found in caves seems to be characteristic in some parts of Brazil.

Trajano (1985), in his study of the cave-dwelling bats of the upper Ribeira Valley (State of São Paulo) records 23 species belonging to 5 families; these were captured in 32 out of the 39 caves visited in the area. The author, in her conclusions, states that "the community of cave-dwelling bats in the upper Ribeira is fairly diversified, and is constituted by one superabundant species (**Desmodus rotundus**), some very common species (**Carollia perpicillata**, **Artibeus literatus**, and **Anoura caudifer**, of which the two first are abundant throughout their area of distribution), a fair number of common species, including Phyllostominae, and some rare species".

Birds are among those animal groups which, on account of their characteristics, display no troglophile or troglobitic forms. There are, however, some which are regular trogloxenes, such as the guácharo (**Steatornis caripensis**, already referred to) of Venezuela and the Caribbean, and the salanganas (**Collocalia esculenta**), a sea-swallow which nests inside caves in south-east Asia, Malasia, and Australia. A number of Brazilian birds frequent cave mouths, where they may also nest; few of them, however, venture into the aphotic zones.

In the large dolines and potholes of the caves of the States of Goiás, Bahia, Mato Grosso do Sul, the north of the State of Minas Gerais, and the Federal District of Brasília macaws, parrots, parrakeets and other psittaciform birds are commonly seen, as are also wild doves (Columbiformes) and swifts (Apodidae). The latter are generally found in dolines and caves with underground lakes or rivers; they will penetrate as far as the first chambers, where they fly in the areas of semidarkness. They are found in the dark zones of caves such as the Gruta dos Andorinhões (Claro dos Poções, State of Minas Gerais) and the Caverna do Diabo (Eldorado, State of São Paulo); they also get into the quartzite caves of the Serra de Ibitipoca (State of Minas Gerais), where they will even nest (Perez, 1985). The **urubu**, a buzzard (Cathartidae), is to be seen in the dolines and caves of central Brazil; one such was observed nesting, with eggs, in a small abyss in Bonito (State of Mato Grosso do Sul).

Two other Brazilian cave-dwelling birds are worth mentioning, the suindara owl (**Tito alba suindara**) and the cock-of-the-rock, **Rupicola rupicola**. The Suindara owl, distributed practically throughout the country, is commonly found in church towers and the roofs of old farm houses. A nocturanal bird, it is the commonest among Brazilian cave-dwelling birds; it nests in entrance zones, and only rarely penetrates into the darker zones. its "owl pellets" are found in many caves. The cock-of-the-rock is typical of the highland regions of Venezuela, Colombia, and Peru, but has been seen three times in the north of Brazil (Amazonia) (Bierregaard, 1986), always in caves, where it nests in entrances and, on occasion, in darker zones.

Studies of neotropical birds in the caves of Amazonia have only just begun, but should increase our knowledge of possible new trogtoxene birds — including perhaps the presence of the famous guácharo, as suggested by unconfirmed information.

Reptiles found in caves are either trogloxenes or accidentals. Predominant are snakes (sub-order Ophidia), which may fall into abysses or be carried by downpours into the interior of caves where, due to their low metabolic rate, they may stay alive for long periods. The complete skeletons of snakes are relatively common in our caves. In caves such as the Casa de Pedra (State of São Paulo), where there is a strong current and a sink-hole with a waterfall, ten or so snakes have been found, generally in their death throes. Out of curiosity we should record the discovery of an anaconda (**Eunectes murinus**) in the river in the Caverna São Mateus, some 5 km from the entrance.

On two occasions, and in two separate localities, Buraco das Araras (State of Mato Grosso do Sul) and Lapa da Angélica (State of Goiás), alligators have been seen. In the first of these cases the reptile was in the lake which occupied the base of a large doline with vertical walls some 60 metres high. It is not known how the animal got there. In the second case, it was probably a chance visit, penetrating no more than a few metres into the cave, through which runs a rushing streaam. In the Gruta do Veado (State of Amapá), a female alligator was seen with two young, about 20 m from the entrance and in complete darkness. But these are isolated facts, of no great biospeleological interest. Curiosity also demands that we mention the presence of turtles in two caves with underground rivers, one in the State of Goiás (Gruta do Russão) and the other in Mato Grosso (Gruta Currupira). Turtles also occur in the Buraco do Inferno, a collapse doline in the Distrito Federal.

A number of amphibians are regular trogloxenes; they are usually found in entrance zones where they seek shelter during drier or hotter periods of the year. They include toads and small frogs (order Anura) which on occasion may be discovered at great depths. Tadpoles are also found in underground rivers. Among families most commonly seen are Leptodactylidae, Bufonidae, and Hylidae. Amphibians of the order Urodela (salamanders) which occur as troglophiles and troglobites (such as **Proteus**) in European caves are not found in Brazil, which lies outside the distributional range of the order (Dessen et al. 1980).

Fishes are well represented in Brazilian caves, especially in those where underground rivers flow all the year round and contain a fair amount of water, as is the case in a large proportion of the caves of the Ribeira valley (State of São Paulo), the middle São Francisco valley (State of Minas Gerais, State of Bahia), and the Amazon Basin, especially the state of Goiás. The quantitative and qualitative wealth of ichtyological fauna in the caves of Goiás is explained by the fact that its rivers form part of the Amazon system which, in turn, is the epicentre of new genera and species for all the river basins of South America. Fishes of the genus **Sternachorhynchus**, for example, common in the São Mateus cave, are not found in other regions exactly because they are exclusive to the Amazon Basin (Dessen et al. op. cit.). The fishes of our caves are predominantly of the order Siluriformes, and display trogloxene, troglophilic, and troglobitic forms.

Of the Cypriniformes, families Apteronolidae, Rhamphichtydae and Characidae, all specimens so far known are trogloxenes or accidentals. Troglophilic and troglobitic forms are so far restricted to the Siluriformes, families Pimelodidae, Loricariidae, and Trichomycteridae. In the Pimelodidae is included the largest troglobites known from Brazilian caves, the "blind catfish" (**Pimelodella kronei**) from the Iporanga caves. These fish display different degrees of depigmentation and atrophy of the organs of vision in various phases. The Pimelodidae also include **Rhandia**, **Rhandella**, and **Imparfinis**, among others.

Troglomorphs of the genus **Trichomycterus** are found in the caves of the northern part of Minas Gerais, some populations being characterized by anophthalmia and depigmentation. The only population so far studied in any depth is in the Olhos d'Água cave in Itacarambi (State of Minas Gerais; Carvalho & Pinna, 1986). Of the Loricariidae, **Loricardus**, **Plecostomus**, and **Ancistrus** have come under observation; examples of the last of these genera, from caves in the State of Goiás, may be considered troglobite. Fish with troglomorphic characteristics have also been found in underground wells in Amazonia (**Phreatobius cisternarum**, Goeldi, 1904) and in artesian wells in Minas Gerais (Characidae: **Stygichllys typhlops**, Brittan & Bohlke, 1965, apud Carvalho, 1967).

Studies of plankton in our caves are few and far between. The organisms which go into the composition of zooplankton are not usually cave-dwellers in that they are carried **through** the caves by water. Even so, they are of undeniable importance in cave ecology, as they serve as a food basis for various aquatic species, especially those which live in water.

Research carried out in the Gruta da Clarona and the Dedé abyss in the State of Goiás by Cleide A. José (1983) revealed representatives of the nematodes, oligochaetes, Cladocera, and insects (ephemeropteral and chironomid larvae, specially the latter) to be frequent; Rotifera, Hydracarina, and Coleoptera to be relatively rare; and Copepoda (Cyclopoida and Harpacticoida) to be dominant in terms of both frequency and diversity. Among the Copepoda (Harpacticoida) two new species, **Elaphoidella parajakobii** and **E. pintoae** were described by Reid & José (1986). According to the authors **Paracyclops fimbriatus fimbriatus** is found in caves in France (Dussart, 1969). The copepod species **Microcyclops anceps anceps** and **Tropocyclops prasinus meridionalis** are limited to Central and South America.

The foregoing descriptions permit a preliminary overview of the composition and distribution of the cave-dwelling fauna of Brazil. Certain data of ecological interest regarding these communities should be put on record, specially aspects of reproduction and predation in caves, and a synthesis of the morphological adaptations found in these animals. The information is to be found in Dessen et al. (1980), and is here complemented with more up-to-date data.

There is evidence for reproduction in caves for a variety of groups. Females with eggs, egg-cases, or pupae, have been found for: Theridiosomatidae, Ctenidae, **Loxoceles adelaida**, a variety of opilionids, Amblypygi and oligochaetes, fishes such as **Pimelodella** and **Trychomycterus**, and crustaceans such as **Aegla** sp. Hatching adults, larvae, and pupae of Keroplatidae, seen inside caves, demonstrate ability to reproduce in this environment. It would seem that the adults, once hatched, leave the cave. Very rarely some of the larger trogloxenes may also breed in caves; such is the case with the birds already mentioned, which nest in zones of darkness, and with the bats.

Predation also occurs among cave-dwellers. Spiders (Theridiosomatidae) devour small dipterous insects (especially chironomids) which fall into their webs. Spiders of the genera **Ctenus** and **Loxoceles** have been seen hunting, although this is not the usual behaviour of **L. adelaida** (Eickstedt, 1975). Otters prey on aeglas in caves, and the depigmented carapaces of these crustaceans are found in the faeces of the animal in caves of the State of São Paulo (Dessen et al., 1980). One should also take into consideration the predation of guanophiles on micro-organisms and larvae in guano deposits, and by aquatic cavernicoles (fish and crustacea which feed on the microorganisms and larvae of insects in the zooplankton). There are no systematic studies of this in Brazil.

As regards the morphological adaptations displayed by some of the animals which live in Brazilian caves, mention may be made of some. Depigmentation and the reduction of the eyes occurs in various groups, including crustaceans, diplopods, some arachnids, and fishes. In the case of the diplopod order Polydesmida, however, it should be noted that epigean species are also eyeless, a fact which somewhat restricts the value of this characteristic for the identification of troglobites of the same order. Other characteristics, such as the reduction of wings and the hypertrophy of sensorial organs, generally cited as peculiar to es, may be found among our cave-dwellers. Greatly elongated antennae occur in **Aegla**. The enormous antennae of the cricket genus **Endocous**, very common in Brazilian caves, seem to be characteristic of the group itself and not a morphological adaptation to underground life; the same is true of the dimensions of the wings, which are small in the males, and absent in the females (A. Mesa, pers. comm.).

As a summary of these adaptations in Brazilian cavernicoles there follows a list of the troglobites and troglomorphs so far recorded from this country, according to Trajano (1986). The author himself observes that "at present it is difficult to use the concept of troglobite, as organisms confined to a subterranean habitat for Brazilian cavernicoles. This is due to the fact that in most regions there has been no intensive and systematic survey of the surface fauna; this includes the regions where there are caves. Thus our "troglobites" are for the moment considered as troglomorph populations. So far such populations have been found in the following taxa; fish belonging to the Siluriformes (**Pimelodella kronei**, in the upper Ribeira; **Trichomycterus** spp. and **Ancistrus** sp. in the speleological province of Bambuí), anomuran crustaceans (**Aegla** spp. in the upper Ribeira), isopods (**Oniscoidea**) the crustacean genus **Spelaeogriphacea**, millipedes, polydesmids (**Leptodesmus yporangae**, **Peridontesmella alba**, **Yporangiella stygius**, in the upper Ribeira, together with other undescribed taxa), pseudoscorpions such as **Pseudochthonius strinatii**, gonyleptid opilionids (Pachylospeleinae, among others, in the upper Ribeira), and collembolas (Sminthuridae and Entomobryidae). The carabid beetle **Schizogenius ocellatus**, and a psellaphid from the upper Ribeira, may be considered as troglobites on the basis of reduction of the eyes and wings, and a slight depigmentation in the case of the latter. It is also possible that among the typically depigmented taxa with no eyes, which include various soil-dwelling animals recorded in the upper Ribeira, there may be troglobitic populations" (Trajano, op. cit.). A number of styloniscid isopods and some amphipods, none of them identified, have been found in the Gruta do Padre, State of Bahia.

It has been mentioned previously that the validity of the criteria for classification of animals into categories of trogloxenes, troglophiles, and troglobites has been called into question by several authors. This is significant in tropical regions where the category troglobites traditionally defined for temperate zones, increasingly shows itself to be inadequate. Thus the list above, together with the textual citations, should be regarded as simply indicative, and open to revision in accordance with the expansion of ecological studies in the caverns of the tropics.

Página seguinte — *Following page*

185. *Grafitis* gravados nas paredes areníticas da Gruta Itambé em Altinópolis (SP), por turistas. CFL.

Grafiti — the result of tourist activity, on the sandstone walls of the Gruta Itambé in Altinópolis (SP). CFL.

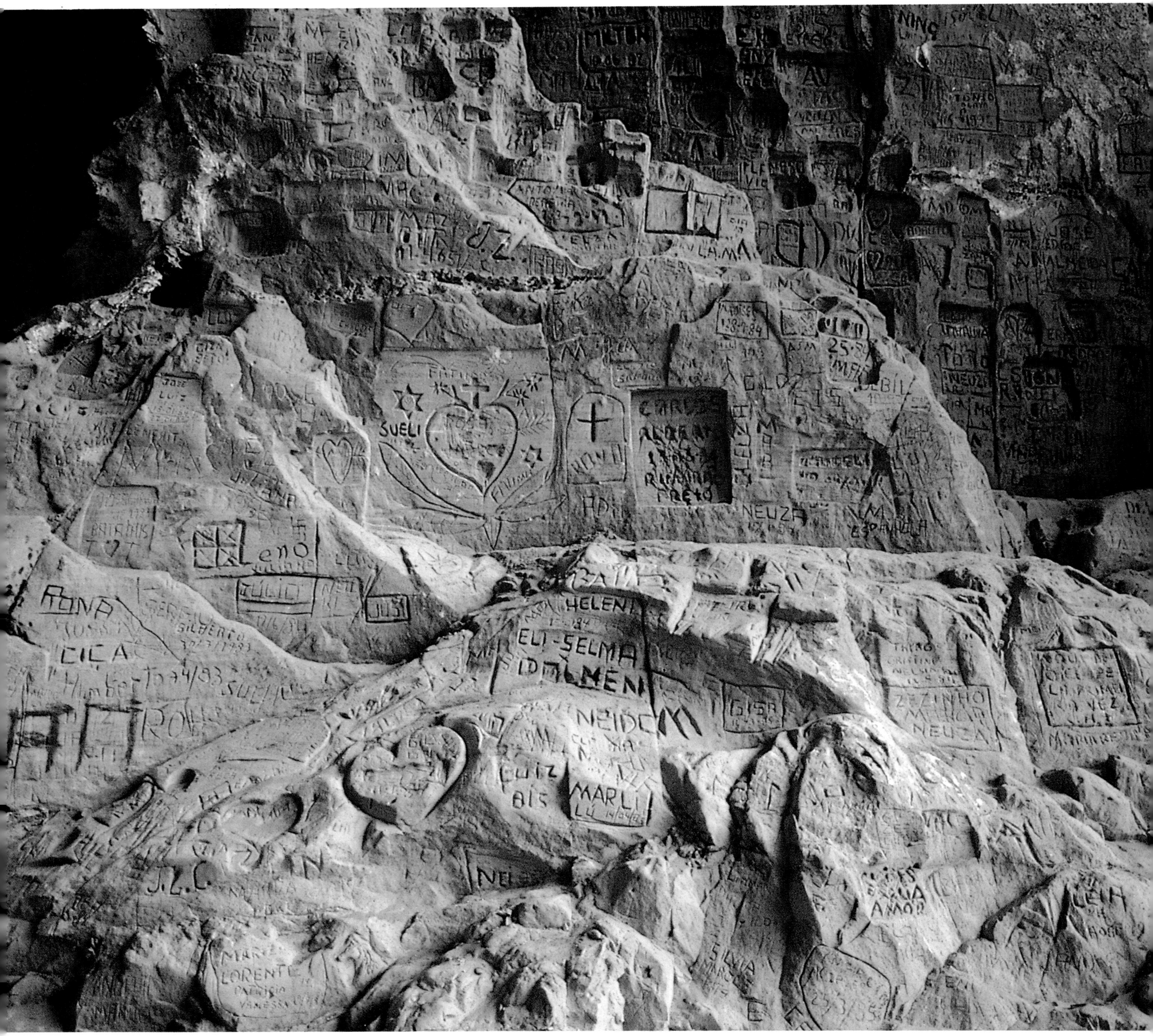

SUELI
NEUZA
HELENI
ELI-SELMA
MARLI
GISA

Patrimônio Espeleológico

*Em uma caverna nada se tira a não
ser fotografias, nada se deixa a não ser
as pegadas, nada se mata
a não ser o tempo.*

Lema internacional da espeleologia

O domínio subterrâneo guarda alguns dos últimos espaços ainda intocados do nosso planeta. A cada ano são descobertas novas cavernas e, mesmo em cavernas já conhecidas, novas galerias são exploradas, abrindo ao esporte e à ciência um mundo ilimitado de pesquisas.

Em seus espaços, suas cristalizações, seus sedimentos e sua fauna tão peculiares, essas cavidades guardam preciosos documentos que auxiliam a compreender toda a história da Terra. As múltiplas alterações do relevo, as mudanças climáticas, a evolução da fauna e própria história humana deixaram ali importantes vestígios que, por vezes frágeis e únicos, foram preservados nas cavernas. Por essas razões entre inúmeras outras, elas exigem uso adequado, respeito e proteção.

Não é o que ocorre, todavia, com diversas grutas e abismos ao redor do mundo. Vários "santuários espeleológicos" foram mutilados, saqueados, poluídos ou sumariamente destruídos.

Por outro lado, no Brasil e em todo o mundo, cada vez mais aumenta a consciência da importância desse patrimônio e ampliam-se as entidades que lutam por sua defesa. Novos instrumentos técnicos, legais e educacionais têm sido criados e utilizados nesse sentido.

É com essa preocupação básica que reservamos este capítulo como um alerta e simultaneamente um apelo a todos os cidadãos pela preservação de nossas cavernas.

A DESTRUIÇÃO DAS CAVERNAS

Algumas atividades humanas são especialmente prejudiciais às cavernas. Nelas se incluem certas minerações, a construção de grandes obras em distritos espeleológicos, a utilização de grutas e abismos como depósitos de dejetos e poluentes domésticos, agrícolas e industriais, a desflorestação em área de cavernas, o turismo de massa em cavernas e as atividades espeleológicas realizadas de modo inadequado.

A mineração tem sido no Brasil o maior inimigo das cavernas, desde os tempos coloniais. Já naquela época, várias cavidades foram destruídas para a extração do salitre utilizado na fabricação da pólvora. Assim, perderam-se diversos sítios arqueológicos e paleontológicos, e a ecologia de várias grutas foi totalmente desequilibrada. A própria coleção Lund teria sido irremediavelmente arrasada se o sábio dinamarquês não tivesse dedicado grande parte de sua vida a pesquisar as "grutas de salitre" da região do rio das Velhas em Minas Gerais.

São de Lund (*apud* Valle, 1975) as candentes palavras com as quais em 1838 repudia a destruição de nossos monumentos naturais: "Aqueles que têm o culto das sublimes belezas naturais não podem contemplar sem verdadeira mágoa a destruição do principal ornamento dos trópicos, as majestosas florestas virgens; o botânico já pode talvez deplorar a extinção irreparável de muitos dos mais velhos representantes da flora deste país. Entretanto, o que vale tal perda, comparada com a destruição de milhões de destroços duma fauna extinta, que a zoologia perdeu para sempre em virtude da retirada da terra salitrosa das grutas?".

A exploração do salitre teve ainda outras conseqüências danosas para as cavernas. A ignorância sobre a origem desse composto mineral foi responsável não só pela destruição de solos arqueológicos como também de espeleotemas. É o que nos conta Paulo Bertran (1985) em suas *Memórias de Niquelândia*:

Página seguinte – *Following Page*

186. Destrição do patrimônio espeleológico. Desmatamento, queimada e mineração de calcário sobre gruta na região metropolitana de Curitiba, em 1986. C.F.L.

    The destruction of caves. Desforestation, burning, and limestone quarrying above a cave in the metropolitan region of Curitiba in 1986. CFL.

187. Fotografia da Gruta da Fenda Azul, em Iporanga (SP), mostrando uma magnífica estalactite azul pela presença de sais de cobre em sua composição. Em 1979 essa gruta foi totalmente destruída por mineração de calcário. AI/DC.

    The Gruta da Fenda Azul, at Iporanga (SP). The photo shows a magnificent blue stalactite, the result of copper salts in its composition. In 1979 the cave was totally destroyed by limestone quarrying. AI/DC.

188. Represa, escadas, passarelas e outras alterações no interior da Caverna do Diabo (SP). A coloração da foto é devida ao tipo de iluminação artificial. CFL.

    Dam, stairs, gangways, and other alterations in the Caverna do Diabo (SP). The colour of the photo is due to the artificial lighting. CFL.

189. Lixo acumulado junto a estalagmites na Caverna do Diabo, Eldorado (SP), devido ao mau controle da visitação turística (1979). CFL.

    Rubbish accumulated around stalagmites in the Caverna do Diabo, Eldorado (SP). This is the result of lack control over visiting tourists (1979). CFL.

190. Vista da área de mineração de calcário. Notam-se trechos remanescentes de galerias de uma das "grutas do trevo" destruídas em 1984. Sete Lagoas (MG). CFL.

    View of a limestone quarrying area. Note the remaining parts of galleries belonging to one of the "grutas do trevo" destroyed in 1984. Sete Lagoas (MG). CFL.

"Conforme depois ali me informaram, nas proximidades de Cocal deve existir também uma grande caverna de estalactites. Os naturais têm as concreções calcárias por salitre e acham que deixam de ter um grande lucro por desconhecerem o processo de separar o sal da rocha. Alguns anos antes de nossa passagem, um português plenamente convicto dessa fantasia levou em burros várias cargas de estalactites para Vila Boa a fim de lá realizar a separação do sal".

Como o salitre, por vezes ocorrem outros minerais em cavernas ou na rocha onde elas se inserem. É o caso, por exemplo, de mineralizações de cobre, cuja exploração foi responsável pela destruição de duas pequenas, mas importantíssimas, grutas do sul do estado de São Paulo. Uma delas foi encontrada durante a exploração mineral na mina de Santa Blandina, em Itapeva, e reunia estalactites azuis e verdes de malaquita (carbonato de cobre), crizocola e azurita (Guimarães, 1966). A gruta foi totalmente destruída, e desses espeleotemas que representam raridades mundiais só restaram algumas peças recolhidas ao Museu do Instituto Geológico de São Paulo.

Igual fim teve a Gruta da Fenda Azul, destruída por uma mineração irregular de calcário no Parque Estadual e Turístico do Alto Ribeira – PETAR, na mesma região. Nessa cavidade, além de estalactites, ocorriam flores de calcita e aragonita, helictites, espirocones e inúmeros outros espeleotemas azulados por sais de cobre.

Além dos minérios por vezes contidos nos solos (salitre), nos depósitos secundários (calcita), ou em veios da rocha (cobre, chumbo), as cavernas, por serem em sua grande maioria abertas em rochas calcárias, são permanentemente ameaçadas pela exploração desse minério.

O calcário é utilizado na fabricação do cimento e da cal, além de servir como corretivo de solos ácidos, tendo largo uso na agricultura. Por essa razão, é enorme a pressão econômica sobre esses recursos. O Brasil, no entanto, possui enormes extensões de calcário e só a ganância, a insensibilidade empresarial e a falta de legislação adequada podem explicar a exploração de maciços calcários onde se situam grutas e sítios arqueológicos.

Não existem levantamentos suficientes para que se tenha um número exato de grutas calcárias já destruídas por atividades minerárias no país. Pelo que se depreende de registros históricos e relatórios espeleológicos recentes, esse número atinge a casa de algumas dezenas. E, ainda mais grave, essas cavernas, em sua maioria, não chegaram a ser exploradas e mapeadas e, muito menos, estudadas cientificamente.

Cabe salientar que, não apenas em áreas longínquas, em grutas desconhecidas ou em passado remoto, a mineração de calcário vem destruindo cavernas. O problema persiste e é grave. Muitos são os exemplos nas últimas décadas:

A "Lapa Vermelha" de Lagoa Santa, um dos mais importantes sítios arqueológicos estudados por Lund, foi totalmente destruída juntamente com o maciço calcário onde se inseria; também ao norte de Belo Horizonte, em Sete Lagoas, cinco cavernas conhecidas como "Grutas do Trevo" foram destruídas pela mineração, apesar da mobilização dos espeleólogos mineiros; as grutas da "Lapa da Pedra", em Formosa, Distrito Federal, só não tiveram o mesmo fim pela ação integrada dos espeleólogos de Brasília, com a Secretaria do Patrimônio Histórico e Artístico Nacional – SPHAN, por se tratarem de sítios arqueológicos protegidos.

A mesma ameaça de dinamitação pairava sobre diversas grutas, segundo levantamento de 1988, incluindo-se entre elas a Gruta do Tamboril, em Unaí, a Gruta da Igrejinha, em Ouro Preto, e a Gruta da Lagoa Rica, em Pacaratu, todas em Minas Gerais, além de cerca de dez outras cavernas no Paraná. Felizmente a ação dos espeleólogos, integrada com a dos órgãos ambientais, conseguiu impedir a destruição dessas grutas, ainda que parte dos maciços calcários onde algumas delas se encontram tenham sido fortemente desfigurados.

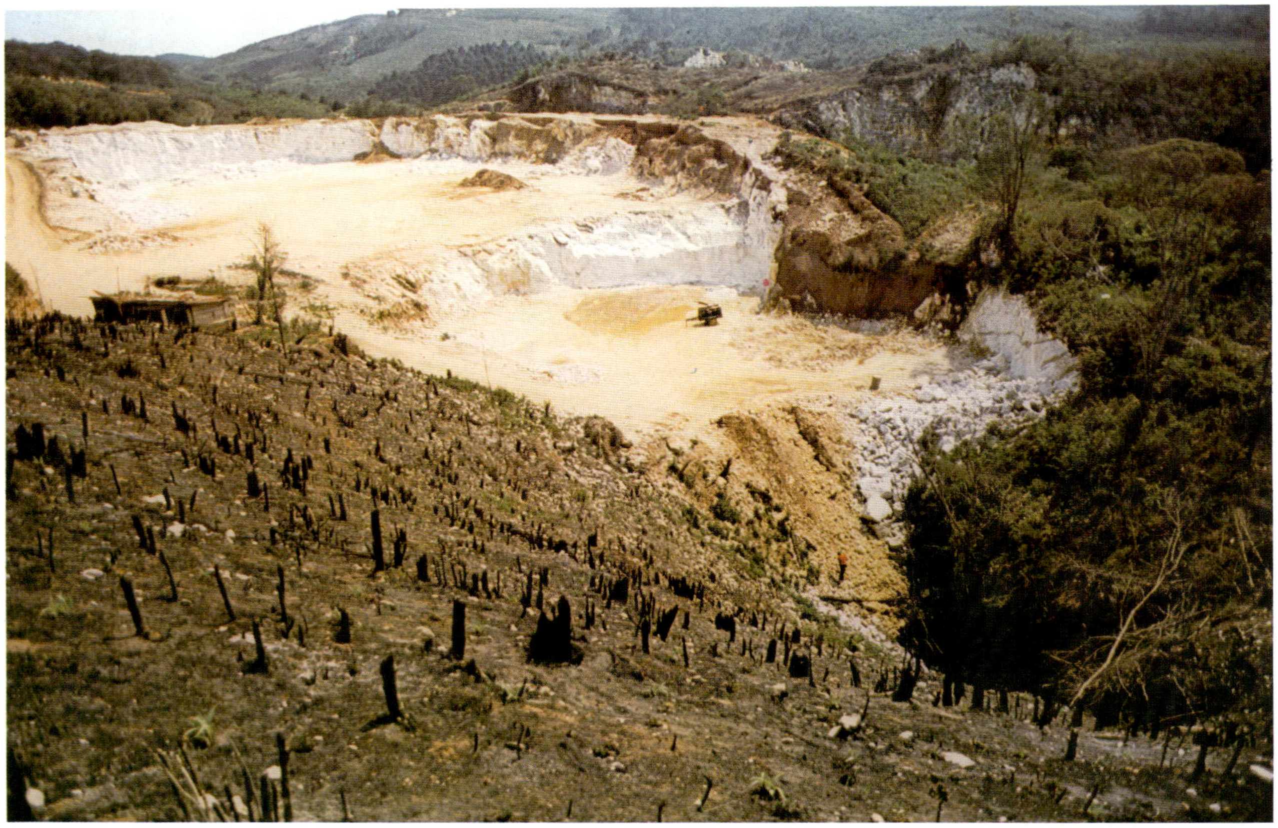

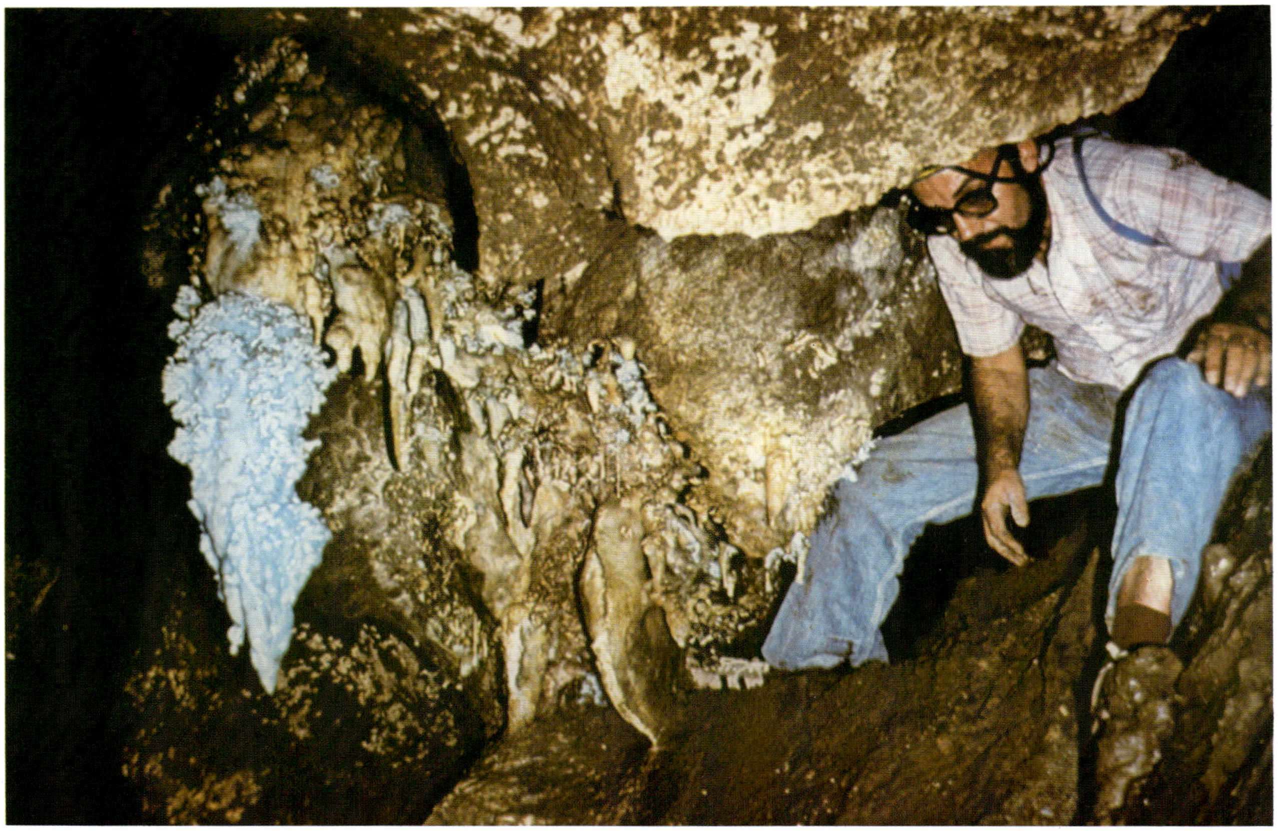

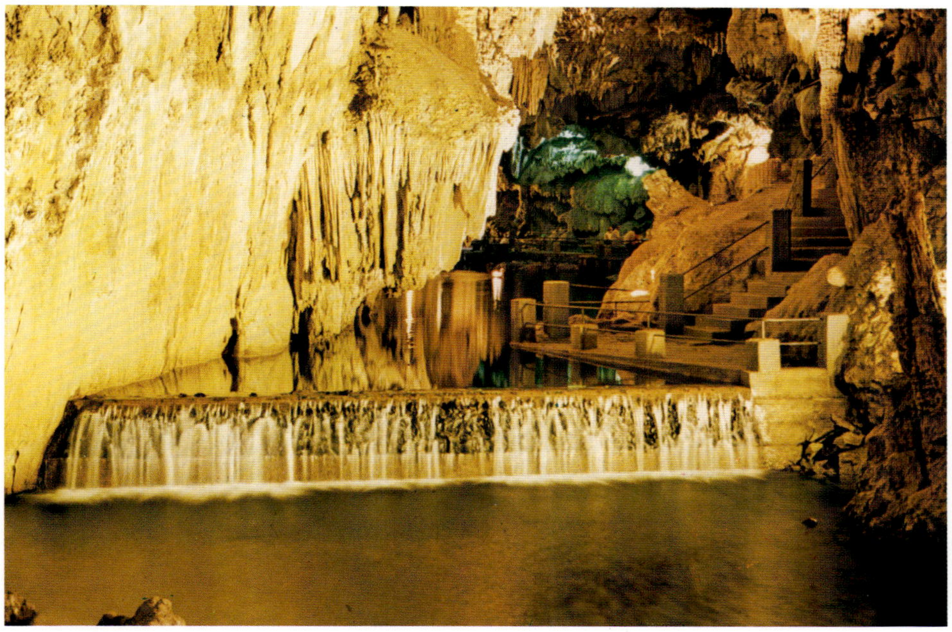

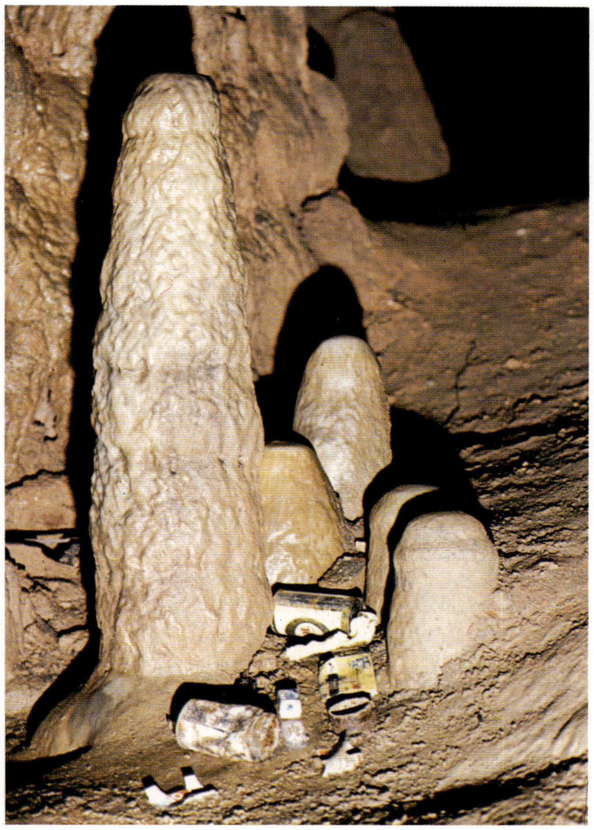

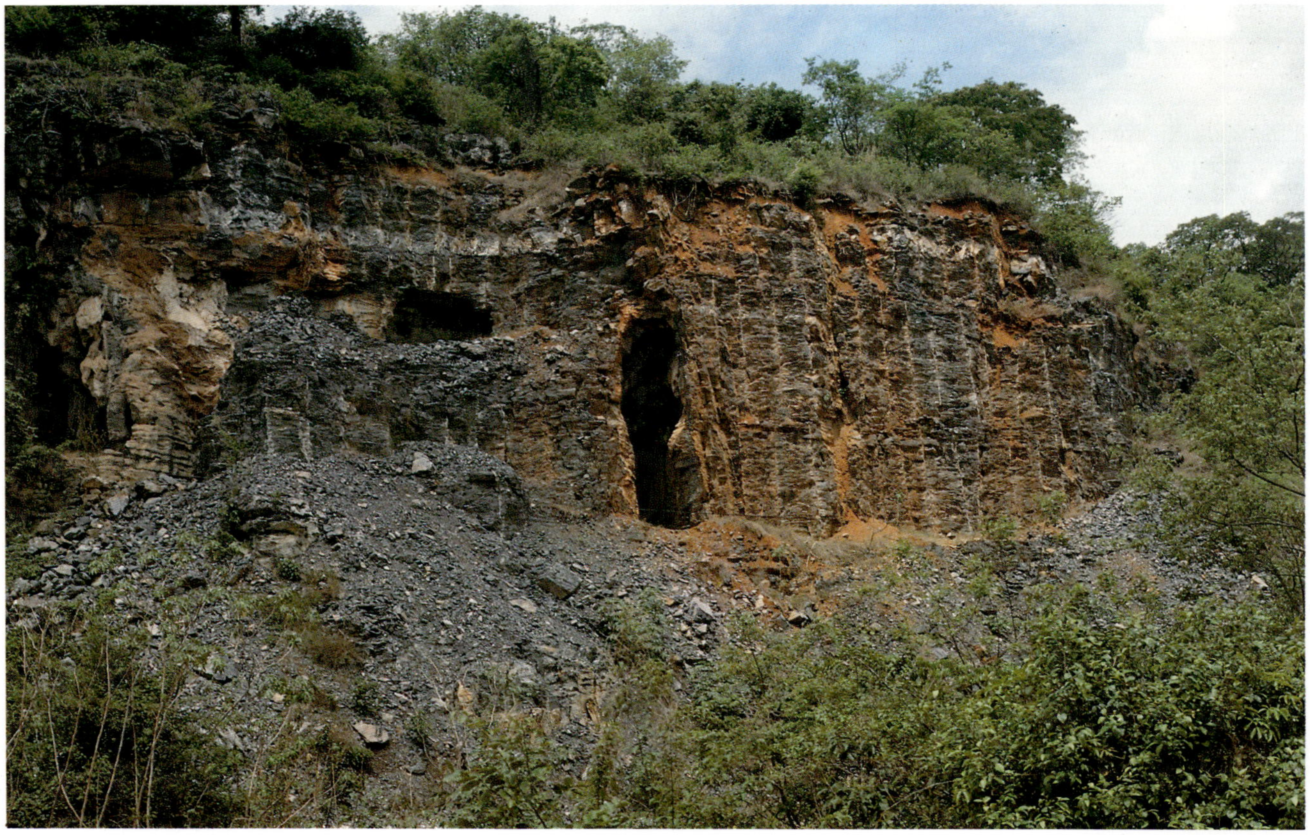

Menos aparente que a destruição direta de cavernas provocada pela mineração, mas igualmente agressiva, é a execução de grandes obras de engenharia em regiões cársticas. Esse é o exemplo de represas como a de Sobradinho, na Bahia, que, segundo consta, inundou e obstruiu cavernas ainda inexploradas. Situação semelhante ocorreu em regiões de grandes represamentos mais recentes como a Hidrelétrica de Serra da Mesa, em Goiás, onde 139 cavernas foram inundadas em 1996. Ou ainda na Barragem de Xingó, onde importantes abrigos com pinturas rupestres foram igualmente perdidos no final da década de 1990.

A exigência de estudos de impacto ambiental para tal tipo de obra, a partir do início da década de 1980 tem felizmente minimizado o problema ou, pelo menos proporcionando a compensação desse impacto com a criação e implantação de novas áreas protegidas em regiões de cavernas.

No caso citado da Hidrelétrica de Serra da Mesa, por exemplo, recursos de compensação financeira exigidos da empresa Furnas, responsável pela obra, foram aplicados no estudo de outras cavernas e na implantação do Parque Estadual de Terra Ronca, protegendo importantes grutas de Goiás.

Da mesma forma, recursos de multas aplicadas à empresa Fiat por poluição, foram destinados à aquisição de áreas no Parque Nacional Cavernas do Peruaçu, criado em 1999.

Entre outros exemplos de ameaça ao patrimônio espeleológico, pode-se incluir a construção do Aeroporto Internacional de Confins, em Minas Gerais, encravado em pleno carst ao norte da capital mineira. Apesar da grande mobilização popular e científica em sentido contrário, a obra foi realizada sem que houvesse, sequer, o monitoramento de prováveis alterações ambientais sobre as inúmeras grutas e sítios arqueológicos da região. O Parque do Sumidouro, prometido para a preservação das cavernas da área, tampouco foi implantado.

A degradação dos ambientes subterrâneos se dá também por vias indiretas, com a destruição do entorno das cavernas e a poluição das águas que percorrem as redes cársticas. É íntima a relação entre os ecossistemas cavernícolas e os de superfície, uma vez que praticamente todo o alimento para fauna do interior das cavernas é trazido do meio externo. Assim, o represamento ou desvio de um rio que entra em uma caverna, a poluição de suas águas por pesticidas usados na agricultura, rejeitos de mineração (sedimentos, metais), esgotos e dejetos domésticos ou urbanos, ou ainda efluentes industriais, podem dizimar toda a vida nesses ambientes.

Infelizmente, não faltam exemplos desse tipo de degradação do meio subterrâneo no Brasil, embora ainda possam ser considerados de pequena monta se comparados ao alto grau de poluição que atingiram inúmeras cavernas européias.

O problema de deposição de dejetos e poluição de grutas está associado ao próprio desenvolvimento da espeleologia, na França, no fim do século XIX e início do século XX. Martel, o "pai da espeleologia", demonstrou através de suas explorações pioneiras e da coloração de águas em sumidouros que os cursos de água cruzavam montanhas por fendas e condutos sem que fossem filtradas pelo solo. Mostrou, assim, que os dejetos e cadáveres de animais tradicionalmente jogados em abismos iriam poluir as águas subterrâneas, as quais, por sua vez, passavam a ser responsáveis por diversas epidemias que assolavam as regiões calcárias da França naquela época.

Martel desenvolveu intensa campanha contra a tradição de se depositar lixo, esgotos e animais mortos em buracos e abismos calcários e conseguiu em 1902 a aprovação de uma das primeiras leis de proteção ao ambiente subterrâneo proibindo esse tipo de poluição. As denúncias e levantamentos fotográficos atuais de espeleólogos franceses mostram que o problema todavia ainda está longe de ser resolvido.

191. Gruta de Maquiné, Cordisburgo (MG). A placa comemorativa dos "melhoramentos" está afixada diretamente sobre os espeleotemas. CFL.
Gruta de Maquiné, Cordisburgo (MG). The plaque commemorating the "improvements" is fixed directly to the speleothems. CFL.

192. Gruta da Lapinha, Lagoa Santa (MG). Grades de entrada, piso calçado, bancos, mesa feita com blocos de espeleotemas. CFL.
Gruta da Lapinha, Lagoa Santa (MG). Entrance steps, paved floor, benches and table, made with blocks of speleothems. CFL.

A poluição das águas subterrâneas não é causada, no entanto, apenas pela deposição direta de dejetos. O problema tem se ampliado em todo o mundo devido ao uso indiscriminado de agrotóxicos na agricultura, os processos erosivos pelo mau uso do solo, os efluentes industriais não tratados e os rejeitos e poluentes oriundos da mineração irregular.

Um dos mais graves problemas desse tipo registrado em cavernas brasileiras ocorreu em 1985 na área do Parque do Alto Ribeira, em Iporanga, São Paulo, provocado por mineração ilegal de ouro. Revolvendo enorme quantidade de sedimento e utilizando mercúrio na separação do metal precioso, a empresa transformou por várias semanas o límpido rio Alambari, que passa por três importantes cavernas da área, em um verdadeiro esgoto de lama tóxica, causando grande dano ecológico àquelas cavidades.

Em 1979, na mesma região, outras cavernas sofreram graves desequilíbrios ecológicos por ação humana. Visando o controle da população de morcegos hematófagos na área, agentes governamentais desenvolveram intensa campanha de coleta e envenenamento de morcegos, que, posteriormente soltos, voltavam às cavernas e contaminavam o restante da colônia com o veneno passado em suas costas. Essa pasta venenosa, lambida pelos morcegos, gera uma mortandade generalizada por hemorragia. Esse processo de matança dolorosa e sem controle fez com que, em cavernas como a Gruta Betari e a Gruta dos Morcegos, centenas de indivíduos mortos se espalhassem por toda a cavidade em uma cena dantesca. Os cadáveres dos morcegos servindo de alimento a outros cavernícolas causaram grande desequilíbrio na fauna dessas grutas, além de poluírem as águas subterrâneas que são captadas a jusante para abastecimento das populações das proximidades.

Outra atividade que pode causar sérios danos às cavernas é o turismo mal planejado. O turismo espeleológico não é recente se incluirmos nessa atividade as visitas esportivas, aventureiras ou de cunho religioso, que há séculos ocorrem nessas cavidades. Basta lembrar que no Brasil, já em 1690, se iniciaram romarias e visitas à Gruta de Bom Jesus da Lapa, no interior da Bahia.

Trata-se nesse caso, porém, de turismo incipiente, irregular ou restrito a poucas épocas do ano. Já o turismo de massa em cavernas, e mesmo em outros ambientes, é um fenômeno bem mais recente, sendo em verdade uma das características mais marcantes do século XX.

Embora tanto o turismo eventual quanto o de massa apresentem problemas comuns no que tange à degradação do ambiente cavernícola, há que fazer uma distinção entre eles para uma visão mais adequada do assunto. O turismo irregular é normalmente responsável por quebra de estalactites, inscrições nas paredes das cavernas, poluição por lixo e pisoteio de ornamentações do solo. Também a expulsão ou morte de morcegos são comuns nessas visitas. Já no turismo institucionalizado essas questões são, em geral, mais bem controladas, embora outros problemas sejam criados pelo grande número e pela constância de visitantes.

As grutas turísticas existentes na Europa e nos Estados Unidos são, em grande parte, pertencentes à iniciativa privada e, como tal, representam "empresas necessariamente lucrativas". Mesmo as cavernas turísticas de propriedade do poder público acabam normalmente sendo dadas em "concessão" para empresas que cuidam de sua exploração, devendo para tanto gerar lucro. Nesse sentido, a exploração turística de diversas cavidades não se diferencia de outros tipos de turismo, sujeitando-se, muitas vezes, a pressões excessivas de demanda, às leis de mercado e ao "gosto do freguês".

No Brasil, embora todas as cavernas abertas ao turismo de massa sejam vinculadas ao poder público, os problemas são semelhantes. Só a partir das décadas de 1970-1980, o manejo de cavernas turísticas vem merecendo planejamento com preocupações ambientais. Pode-se destacar nesse sentido os trabalhos de Perez e Grossi (1986) para a Gruta Rei do Mato, em Minas Gerais; Allievi, Boggiani e Oliveira (1986) para a Gruta de Mangabeira, na Bahia, e os desenvolvidos pelo autor e equipe interdisciplinar para as grutas de Iporanga, em São Paulo (Lino, 1976), para a ampliação da zona de visitação da Caverna do Diabo em Eldorado Paulista, São Paulo (Lino et al. – não publicado), para as grutas do Parque de Ubajara, no Ceará (Lino et al., 1978/80), e para as grutas de Bonito, em Mato Grosso do Sul (Lino et al., 1984).

Já na década de 1990, outros importantes estudos foram feitos com vistas a planejar o uso turístico de cavernas, destacando-se entre eles: a tese de mestrado sobre manejo da Gruta Lago Azul, Mato Grosso do Sul (Labegallini, J. A., 1996), os estudos para a reestruturação do Manejo da Caverna do Diabo, São Paulo (Lino, C. F., 1995), e as diretrizes para o plano de manejo das Cavernas da APA Marimbus-Iraquara, Chapada Diamantina, Bahia (Lino, C. F., 1998), além de vários planos de manejo desenvolvidos pelo Grupo GEEP-Açungui, de Curitiba, Paraná, para as Grutas Jesuítas-Fadas no Parque Estadual de Campinhos, também no estado do Paraná (1995), para a Gruta de Botuverá, Santa Catarina (1998), para a Gruta de Lancinhas, Paraná (1999), e para o Parque Municipal Gruta de Bacaetava, Paraná (1999). Importantes subsídios para o manejo de cavernas turísticas também trouxeram as pesquisas de Boggiani, P. C. e Scaleante, J. A., ambas entre 1999 e 2000, sobre impacto da visitação e "capacidade de carga" no ambiente subterrâneo. O primeiro autor estudou as grutas do Lago Azul e N. S. Aparecida, em Mato Grosso do Sul, e o segundo, a Caverna de Santana, no PETAR, São Paulo.

Em termos mundiais, a arte de "manejar" cavernas para o turismo, com raras e honrosas exceções, tem sido a arte de desfigurar cavernas, negando uma a uma suas principais características. Contra sua topografia acidentada: grandes movimentos de terra, construções de concreto, pontes e escadas metálicas, pisos cimentados, abertura de acessos artificiais; contra sua escuridão: sistemas de iluminação feérica, jogos de luzes coloridas; contra o curso normal de suas águas: represamentos, desvios e rebaixamento do nível das águas; contra seu silêncio: instalação de sistemas de som e o vozerio de centenas de pessoas. A caverna se reduz assim, muitas vezes, a cenários visualmente desfigurados e ecologicamente degradados.

193. Samambaias em meio às estalagmites na Caverna do Diabo (SP). As plantas crescem devido à iluminação artificial na área de visitação turística. CFL.

Ferns among the stalagmites in the Caverna do Diabo (SP). The plants grow thanks to the artificial lighting in parts of the cave open to tourists. CFL.

Outros problemas surgem ainda desse tipo de exploração massiva com a alteração da composição do ar — aumento de CO_2 pela respiração dos visitantes —, pelo surgimento de vegetação no entorno dos holofotes — alterando a ecologia subterrânea — ou, ainda, pelo ressecamento de várias formações, espeleotemas, devido ao aumento da temperatura interna provocado pelas fontes de luz e pelo número de visitantes.

Um dos casos mais graves nesse sentido é o da famosa Gruta de Lascaux, na França, considerada a "Capela Sistina" da arte rupestre. Dada a intensa visitação, suas fantásticas pinturas de bisontes, cavalos e outros animais, preservadas intatas durante milênios, começam a ser atacadas por fungos e liquens. A denominada "praga verde" fez com que a caverna fosse total e definitivamente fechada à visitação pública, única forma de preservar aquele patrimônio da humanidade.

Embora sejam inúmeros os problemas relacionados ao turismo em cavernas, não julgamos que essa atividade deva ser combatida de forma preconceituosa. Há que ter em mente o papel educativo que essa visitação pode cumprir, se realizada com os necessários cuidados.

A existência de cavernas turísticas é normalmente um importante meio de se divulgar a espeleologia e garantir a preservação do patrimônio espeleológico como um todo. Além disso, esses atrativos podem representar recursos de importância econômica para a região e até mesmo um incentivo à implantação efetiva de parques e outras unidades de preservação em áreas de cavernas.

O que se deve exigir, no entanto, é que o turismo espeleológico não seja generalizado, restringindo-se seu desenvolvimento a cavernas adequadamente selecionadas e que tal atividade seja orientada por planejamento adequado, execução cuidadosa e monitoramento permanente.

Nesse sentido, merecem destaque no Brasil, além das recomendações já inseridas na legislação ambiental e patrimonial, dois trabalhos voltados à definição das diretrizes e procedimentos para o manejo de cavernas turísticas. O primeiro deles (Lino, C. F., 1976), "Manejo de Cavernas Turísticas: base conceitual e metodológica", propõe critérios para seleção de cavernas para uso turístico, seu zoneamento interno, normas para interferências físicas no ambiente subterrâneo e proteção e manejo do entorno, entre outros aspectos. O segundo (Marra, R. C., 2000), "Plano de Manejo para Cavernas Turísticas: procedimentos para elaboração e aplicabilidade", propõe normas, critérios e procedimentos necessários ao licenciamento pelo órgão ambiental da atividade turística em cavernas brasileiras.

Mas não é apenas a visitação turística que causa prejuízos ao ambiente cavernícola. Também os espeleólogos, no sentido mais abrangente do termo, são por vezes responsáveis pela degradação e poluição das grutas.

Algumas de nossas mais importantes cavernas estão poluídas pela ação de "espeleólogos" que ali deixam restos de carbureto e, no afã da exploração, pisoteiam, sujam e quebram espeleotemas por vezes únicos. Investigações pseudocientíficas são responsáveis pela destruição de importantes sítios arqueológicos e fossilíferos; coletas indiscriminadas de minerais ou exemplares faunísticos também podem representar sérios danos a esses ambientes.

A coleta de material espeleológico às vezes está associada ao comércio de minerais e "curiosidades biológicas". Os colecionadores particulares, os museus de História Natural e alguns "pesquisadores" foram os maiores incentivadores dessa atividade ilegal, a partir do século XIX.

Não há museu de mineralogia que não ostente em suas vitrines fragmentos de estalactites e outros espeleotemas incluídos no acervo por doações ou compra. Pequenos museus municipais de regiões calcárias também não fogem à regra. Algumas lojas de

194. Gruta Rei do Mato vista das grandes estruturas metálicas das passarelas instaladas nesta caverna turística de Sete Lagoas. MG. JAL
Gruta Rei do Mato, seen from the extensive metal gangways installed in the cave for use by tourists. Sete Lagoas (MG). JAL

souvenir em áreas de grutas costumam igualmente vender tais lembranças. No Brasil, todavia, esse tipo de comércio está praticamente extinto dada a pressão dos espeleólogos, a legislação ambiental e a maior conscientização da população em geral.

Da mesma forma a fauna cavernícola sofreu esse tipo de depredação em grutas européias. Comentando o problema, conta-nos Bouillon (1972) que, no início da bioespeleologia, "os coleópteros cavernícolas eram os mais procurados e certas espécies raras atingiam um elevado valor de venda e troca. Assim nasceu um novo 'biscate', o de caçador de cavernícolas". Felizmente, o próprio desenvolvimento das ciências tem desestimulado atividades como essa.

Desse modo, pode-se sintetizar, como abaixo, as regras básicas que devem nortear as atividades de coleta em cavernas. As coletas, quando necessárias para finalidades científicas e educacionais, devem ser sempre seletivas, realizadas por instituições e pesquisadores cientificamente credenciados e restritas ao mínimo. Coleções particulares devem ser desestimuladas, e, a não ser com objetivos claramente preservacionistas, deve-se evitar a exposição pública de material espeleológico.

Além das citadas formas de degradação, algumas cavernas são por vezes sujeitas a outros usos inadequados que podem comprometer de forma irreversível seus ecossistemas. A transformação de uma cavidade em adega, depósitos, locais para plantio de cogumelos, boates, currais para gado, etc. são alguns dos muitos usos indevidos que se incluem nesses casos.

Por último, existem situações em que cavernas têm suas entradas vedadas por proprietários do entorno, na tentativa de impedir sua visitação ou estudo. Dois exemplos desse tipo de agressão, que pode dizimar toda a fauna interna, são registrados em Minas Gerais.

Um primeiro caso se refere à Gruta de Maquiné, descrita por Lund em 1835. Trinta anos depois, segundo nos conta Walter (1948), o pesquisador voltou ao local para mostrar as belezas naturais da gruta ao Duque de Saxe, em visita ao Brasil. Suas buscas foram infrutíferas, pois o então proprietário da gruta, que não concebia que alguém pudesse fazer escavações para encontrar ossos fósseis e acreditava que na verdade ali se buscava algum grande tesouro, tapou a entrada da caverna com pedras e terra. Assim a vegetação abundante tomou conta do lugar, selando qualquer vestígio externo da gruta. Em 1870, ainda segundo o referido autor, a mando do imperador D. Pedro II, depois de muitas pesquisas, foi encontrado o lugar da caverna e aberta a entrada, trabalho chefiado pelo Capitão E. J. Gonzaga.

Outro caso mais recente ocorreu com a Gruta Rei do Mato, em Sete Lagoas, cuja entrada foi completamente emparedada com tijolos por uma empresa de mineração que pretendia destruir todo o maciço calcário para a produção de cimento. Posteriormente a caverna foi reaberta e os órgãos ambientais do estado resolveram transformá-la em

195. Entrada da Gruta do Limoeiro, em Castelo (ES) onde se realizam cultos religiosos, com visitação turística esporádica. É tombada por seu interesse cultural, embora muito depredada. CFL.
Entrance to the Gruta do Limoeiro in Castelo (ES), where religious services are held and there is sporadic tourist activity. The cave is protected on account of its cultural interest, but has been badly vandalized. CFL.

atração turística regional. Essa reversão da situação deveu-se basicamente à atuação dos espeleólogos de Minas Gerais, mas a execução de um péssimo manejo turístico trouxe outros problemas.

A indefinição legal e institucional sobre a que instância ou órgão governamental deveria estar afeta a proteção das cavernas no Brasil é outra razão que contribuiu para que o patrimônio espeleológico nacional tenha sido seriamente ameaçado até a década de 1990.

Tal questão foi definitivamente esclarecida em 5 de junho de 1997 com a criação do CECAV – Centro de Estudos, Proteção e Manejo de Cavernas, vinculado ao IBAMA, órgão ambiental federal no Brasil. A parceria CECAV/IBAMA e SBE é hoje a base da proteção das cavernas brasileiras.

A PROTEÇÃO LEGAL ÀS CAVERNAS

No Brasil não existia até 1988 nenhuma lei específica, em nível nacional, que protegesse o patrimônio espeleológico por seu valor intrínseco. Existia, no entanto, vasta legislação de âmbito cultural, científico e ambiental que permitia de forma direta ou indireta a preservação das cavernas.

Essa legislação possibilitou a proteção legal de mais de uma centena de grutas em diversas áreas do país, especialmente nos últimos 40 anos.

Mais recentemente ao lado do estudo, a preservação desse patrimônio ocupou o centro das preocupações dos espeleólogos brasileiros, que, através da Sociedade Brasileira de Espeleologia, SBE, conseguiu a inclusão da proteção espeleológica no novo texto constitucional, que declara as cavernas como bens da União.

Embora a luta pelas cavernas seja uma ação coletiva no meio espeleológico, não se pode deixar de citar alguns pesquisadores que em todo o Brasil se destacaram nessa luta. É o caso de Pedro Comércio, José Epitácio Guimarães, Luiz Nestlehner, Luiz Enrique Sanchez, Ivo Karmann, José Antônio e Calina Scaleante, Washington Simões, Celso Zilio, Peter Milko, Guy Collet, João Allievi e o autor, entre outros, em São Paulo; Judith Cortesão, Fernando Quadrado Leite e Kleber Alves, Edward Magalhães, Ricardo Marra e equipe do CECAV/IBAMA, em Brasília; Luís Beethoven Piló, José Ayrton Labegallini, Fabiano de Paula, Elder Torres, Ronaldo Teixeira, Rui Peres Campos, Wilson Grossi e equipes da SEE, entre outros, em Minas Gerais; Gisele Sessegolo, Darci Zakrzewski, Tosca Zamboni e o Grupo Açungui, do Paraná; Sérgio Ferreira Gonçalves, Lélia Rita de Figueiredo e Paulo Boggiani em Mato Grosso do Sul; o deputado constituinte Fabio Feldmann, a senadora Marina Silva, e inúmeros outros ambientalistas, técnicos e moradores locais que, anonimamente, vêm reforçando essa luta.

A luta em defesa das cavernas é todavia antiga entre nós. Vários dos primeiros naturalistas que viram grutas inteiras serem destruídas pela exploração do salitre alertaram as autoridades e buscaram conscientizar a população em geral. Eram, no entanto, esforços dispersos e pouco eficazes.

Uma das primeiras propostas objetivas nesse sentido deveu-se a Lund, que, em seu testamento (21/6/1871), dirige sua reivindicação ao Imperador D. Pedro II pela preservação da Gruta de Maquiné: "Recomendo à alta proteção do ilustrado Governo a mencionada lapa que no estado virgem em que se achou a sua parte pitoresca na ocasião de sua visita (1834) era talvez sem rival no continente americano".

A primeira medida legal efetiva em defesa de nossas cavernas ocorreria, porém, 40 anos mais tarde, quando em 1910, o governo paulista adquiriu oito grutas e seu entorno no vale do Ribeira. Eram elas grutas pesquisadas e descritas por Krone e seriam o germe da futura criação do Parque Estadual de Jacupiranga e do Parque Estadual Turístico do Alto Ribeira (PETAR), este último o mais importante parque espeleológico do país pelo número, diversidade de importância das cavernas que engloba.

Nas referidas aquisições foram incluídas a Gruta da Tapagem, atual Caverna do Diabo, em Eldorado Paulista, hoje uma das mais visitadas turisticamente no Estado, e sete grutas de Iporanga e Apiaí – Monjolinho, Arataca, Chapéu, Chapéu Mirim I e II, Pescaria e Pescaria Mirim —, atualmente englobadas pelo PETAR.

O PETAR, primeiro parque brasileiro a ter em seus objetivos explicitamente a proteção às grutas, seria criado em 19/5/1958. Nascia, assim, outra forma legal de defesa desse patrimônio. Vários outros parques seriam posteriormente criados protegendo cavernas existentes no seu perímetro, destacando-se entre eles o Parque Nacional de Ubajara (1959), CE, o Parque Estadual de Jacupiranga, SP (1969), o Parque Estadual de Campinhos, PR (1995), o Parque Estadual de Terra Ronca, GO (1996), o Parque Estadual Intervales, SP (1995), o Parque Estadual de Ibitipoca, Minas Gerais (1973), o Parque Nacional Cavernas do Peruaçu, MG (1999), o Parque Nacional da Serra da Capivara, PI (1979) e o Parque Nacional da Serra da Bodoquena, MS (2000), entre outros.

Em 1961, uma outra legislação federal (Lei nº 3.924 de 26.07.1961) viria criar novo tipo de mecanismo legal de extremo valor na preservação das cavernas. Esse decreto, voltado à proteção dos monumentos arqueológicos e pré-históricos, é explícito na defesa de "grutas, lapas e abrigos sob rocha", identificados como sítios arqueológicos ou paleontológicos. Uma vez cadastradas nessa condição, as cavernas estão automaticamente protegidas pela lei.

Novo avanço de grande significado foi dado com o tombamento da gruta e maciço de Cerca Grande, Minas Gerais, em 1962. O instrumento do tombamento, geralmente restrito à proteção de bens artísticos e arquitetônicos, recuperava na prática sua abrangência cultural, protegendo cavernas por representarem "paisagens notáveis" e, no caso, também sítios arqueológicos.

O instrumento do tombamento viria a ser utilizado várias vezes em nível federal (Gruta da Mangabeira, Bahia; grutas do Lago Azul e Nossa Senhora Aparecida, em Mato Grosso do Sul, etc.) e também teria uso em nível estadual, como no caso da Lapa Lagoa do Sumidouro, em Minas Gerais, e a Gruta da Lancinha, no Paraná.

Institutos legais similares ao tombamento seriam criados no âmbito da legislação ambiental na última década, abrindo a possibilidade da proteção de grutas através do estabelecimento de APA (Área de Proteção Ambiental) e ARIE (Área de Relevante Interesse Ecológico) entre outras figuras jurídicas. Uma das primeiras medidas nesse sentido foi a criação em nível de lei municipal do "Perímetro de Proteção Ambiental e Urbanístico" protegendo as grutas da Lapinha, Helictites, Aranhas e Pacas em Lagoa Santa, Minas Gerais, em 1983. Dentre as principais APAs que protegem cavernas podem-

196. Várias cavernas são protegidas legalmente por abrigarem sítios arqueológicos em suas entradas. Na fotografia, prospecção na Gruta Cama de Vara, Altamira (PA). JRM/GEP.

A number of caves are protected by law due to the fact that their entrances are sites of archaeological interest. In the photo, investigation at the Gruta Cama de Vara, Altamira (PA). JRM/GEP.

197. O paleontológico Castor Cartelle prospectando fósseis na Gruta dos Brejões (BA), um dos mais importantes sítios fossilíferos do pleistocene no Brasil. PUC-MG.

The palaeontologist Castor Cartelle prospecting for fossils in the Gruta dos Brejões (BA), one of the most important Pleistocene fossil sites in Brazil. PUC-MG.

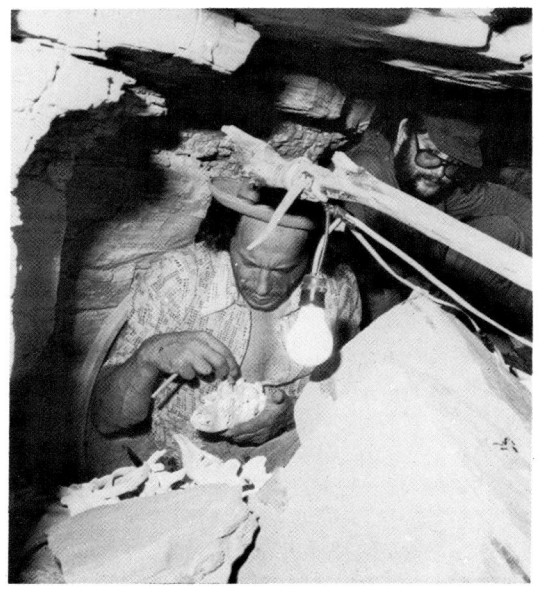

se citar as APAs de Rei do Mato e Igrejinha, em Minas Gerais, Marimbus-Iraquara e Gruta dos Brejões, na Bahia e da Serra Geral, em Goiás, todas criadas nas décadas de 1980-90.

É vasta a legislação disponível para a proteção de grutas isoladas ou em conjuntos existentes no território nacional.

Para uma visão sintética desse aparato legal, arrolamos abaixo, reunidas em categorias, as referências dos textos básicos para a proteção das cavernas no Brasil.

1. *Direito de Propriedade*

O Poder Público (União, Estados e Municípios) pode adquirir por diversas vias (desapropriação, compra, permuta, doação) a propriedade de áreas onde se situam cavernas.

O Código de Minas estabelece que a propriedade do *subsolo* é da União, diferenciando do direito superficiário da propriedade. Obviamente, enquanto subsolo, as cavernas devem ser entendidas como bens da União, ainda que subsistissem dúvidas sobre as áreas de entradas de caverna, por vezes confundidas com extensões da superfície.

Atualmente, com a inclusão das "cavidades naturais subtrerrâneas", dos sítios históricos e arqueológicos como bens da União na nova constituição brasileira (1988), a questão não mais existe. No Brasil, todas as cavernas são propriedade da União Federal e de uso comum do povo.

2. *Preservação de Cavernas por seu Conteúdo*

A Lei Federal 3.924 de 26.07.1961 protege automaticamente todas as cavernas que contenham jazidas arqueológicas e paleontológicas.

A Lei de Proteção à Fauna (nº 5.197, de 1967) estabelece: "Os animais de quaisquer espécies, em qualquer fase de seu desenvolvimento e que vivem naturalmente fora do cativeiro, constituindo a fauna silvestre, *bem como seus ninhos, abrigos e criadouros naturais*, são propriedades do Estado, sendo proibida a sua utilização, perseguição, destruição, caça ou apanha". Aqui se incluem a fauna cavernícola (especialmente os troglóbios) e as cavernas que lhes servem de hábitat.

As leis de proteção aos mananciais (estaduais e municipais), bem como o Código de Águas (federal) e a Lei 6.938/81 (Política Nacional do Meio Ambiente), protegem as fontes, os cursos de água e as águas subterrâneas.

3. *Preservação por Valor Cultural, Paisagístico, Turístico e Ambiental*

O tombamento (federal, estadual, municipal) protege sítios de valor histórico, artístico, arqueológico, etnográfico e paisagens naturais. Na legislação federal e em vários estados (São Paulo, Mato Grosso do Sul, Minas Gerais, etc.) a proteção a "grutas e cavernas" é explícita no texto do tombamento.

As cavernas e *seus entornos* podem ser protegidos por unidades de preservação que não implicam sua desapropriação, mas que, com o tombamento, restringem o *uso* de propriedades do poder público ou de *particulares*. É o caso das APAs (Áreas de Proteção Ambiental), ARIEs (Áreas de Relevante Interesse Ecológico), e outros instrumentos congêneres à disposição dos poderes executivo e legislativo nos três níveis, federal, estadual e municipal.

A legislação de proteção aos sítios de interesse turístico, especialmente a que define as Áreas Especiais e Locais de Interesse Turístico (Lei Federal nº 6.513/77), é aplicável a todas as áreas de caverna passíveis deste uso.

4. *Unidades de Conservação da Natureza Incluindo Cavernas*

O Código Florestal (Lei Federal nº 4.771/65), o regulamento dos parques nacionais brasileiros (Decreto Federal 84.017/79) e a lei que estabelece a Política Nacional do Meio Ambiente (Lei Federal 6.938/81), bem como a legislação estadual e municipal correspondente, estabelecem e disciplinam a criação de unidades de conservação como parques (nacionais, estaduais, municipais), reservas (florestais, biológicas), estações ecológicas, monumentos naturais, etc. Essas unidades representam áreas geralmente

Símbolo de campanha pela proteção às grutas do Parque Estadual Turístico do Alto Ribeira-PETAR (SP).
The symbol of the campaign for protection of the caves in the Upper Ribeira State Tourist Park (PETAR) (SP).

extensas, cuja propriedade deve ser do poder público e onde os recursos naturais são voltados à preservação, pesquisa, recreação e educação ambiental. Esses instrumentos são os mais adequados à preservação das cavernas uma vez que todo o ecossistema é protegido – superfície, subsolo, fauna e flora.

• A regulamentação dos parques nacionais brasileiros refere-se à proteção de *sítios geomorfológicos* e *hábitats*, incluindo, portanto, as cavernas como objeto de preservação por este tipo de unidade. Em regulamentos de parques estaduais como o de São Paulo (Lei 6.884/67) a proteção às *grutas* é ainda mais explícita.

Com a aprovação, em 18 de julho de 2000, da "lei do SNUC – Sistema Nacional de Unidades de Conservação", a proteção às cavernas e sítios espeleológicos passou, conforme artigo 3º, item VII da referida lei, a ser um dos objetivos básicos da criação e implantação de Áreas Protegidas no Brasil.

5. *Ajuizamento de Ações Civis*

Além das medidas legais preventivas acima citadas, as entidades espeleológicas registradas podem, a partir da Lei nº 7.347 de 24.07.85 que disciplina a "ação civil pública de responsabilidade por danos causados ao meio ambiente, ao consumidor, a bens e direitos de valor artístico, estético, histórico, turístico e paisagístico", acionar judicialmente destruidores ou degradadores do patrimônio espeleológico. Podem ainda pela mesma lei propor ação cautelar, objetivando evitar dano às cavernas.

OS ESPELEÓLOGOS E A DEFESA DAS CAVERNAS

Os espeleólogos e suas entidades representam não apenas a garantia da exploração e estudo das cavernas mas, sobretudo, a força maior na defesa desse patrimônio.

Na espeleologia, essa luta é simultaneamente um direito e um dever e, neste sentido, inúmeras ações podem ser desenvolvidas. Entre elas, podem-se destacar os "mandamentos" abaixo enumerados, propostos pelo autor e aprovados pela SBE na década de 1980, servindo simultaneamente como uma estratégia de ação e como o primeiro código de Ética da Espeleologia Brasileira no que se refere à proteção do Patrimônio Espeleológico.

1. Localizar, cadastrar e desenvolver estudos sobre todas as cavidades naturais do país, de forma a definir áreas de interesse espeleológico e orientar as ações de defesa das cavernas;

2. Não divulgar para o grande público as novas descobertas, bem como a localização exata e acessos às cavernas frágeis ou que contenham elementos bióticos ou abióticos raros, sem antes garantir legal, institucional, técnica e fisicamente sua proteção;

3. Lutar pela criação de parques e outras unidades de conservação ambiental visando a preservação das cavernas, seu entorno imediato e ecossistemas associados;

4. Lutar pela criação e efetiva aplicação de legislação ambiental e cultural específica de proteção às cavernas;

5. Garantir a adequada seleção, manejo e utilização de grutas turísticas, assegurando a participação de especialistas na elaboração, execução e monitoramento dos planos de manejo turísticos e voltados a outros usos.

6. Fechar de maneira temporária ou permanente cavernas ou setores de cavernas geológica ou ecologicamente frágeis que estejam sujeitas a ações destrutivas ou ainda que coloquem em risco a segurança dos visitantes;

7. Promover o estabelecimento de uma efetiva ética ambiental dos espeleólogos, baseado no lema: "em uma caverna nada se tira a não ser fotografias, nada se deixa a não ser pegadas (nos lugares certos) e nada se mata a não ser o tempo";

8. Participar de entidades espeleológicas e ambientalistas, desenvolvendo luta permanente em defesa das cavernas, denunciando ações degradadoras e acionando judicialmente as pessoas e empresas que causem danos ao patrimônio espeleológico;

9. Promover debates, cursos, seminários e ampla divulgação pelos meios de comunicação sobre a importância ecológica, estética, científica, cultural e turística das cavernas e da conseqüente necessidade de sua preservação;

10. Desenvolver estudos e ações que visem utilizar criteriosamente as cavernas como instrumento da melhoria da qualidade de vida das populações vizinhas através de turismo, uso de mananciais subterrâneos ou outros que, representando retorno social, façam dessas populações seus admiradores e guardiões.

A LEI GERAL DE PROTEÇÃO ÀS CAVERNAS

Quando do fechamento da 2ª edição deste livro estava tramitando, em fase final, no Congresso Nacional a "Lei das Cavernas", uma antiga luta da SBE e de muitos parceiros governamentais. Sua aprovação significará um grande avanço na defesa desse rico Patrimônio no Brasil e, certamente, servirá de estímulo a iniciativas similares em outras regiões de nosso planeta.

SUBSTITUTIVO DO SENADO AO PROJETO DE LEI DA CÂMARA Nº 36 DE 1996

Dispõe sobre a proteção das cavidades naturais subterrâneas, em conformidade com o inciso X do art. 20 e o inciso V do art. 216 e inciso III do §1º do art. 225 da Constituição Federal e dá outras providências.

O CONGRESSO NACIONAL decreta:

Art. 1º Esta lei regula a proteção e a utilização das cavidades naturais subterrâneas existentes no território nacional, em conformidade com os artigos 20, inciso X; 216, inciso V e 225, § 1, inciso III, da Constituição Federal.

Art. 2º Para os efeitos desta Lei entende-se por:

I – cavidades naturais subterrâneas: os espaços conhecidos como cavernas, formados por processos naturais, independentemente do tipo de rocha encaixante ou de suas dimensões, incluídos o corpo rochoso onde se inserem, seu ambiente, seu conteúdo mineral e hídrico, e as comunidades animais e vegetais ali existentes;

II – grutas, tocas e lapas: cavernas com desenvolvimento predominante horizontal;

III – abismos, furnas e buracos: cavernas com desenvolvimento predominante vertical;

IV – sistema espeleológico: conjunto de cavidades naturais subterrâneas interligadas por um sistema de drenagem ou por espaços no corpo rochoso;

V – patrimônio espeleológico: conjunto de elementos bióticos e abióticos, subterrâneos e superficiais, representado pelas cavidades naturais subterrâneas e pelos sistemas espeleológicos ou a eles associados;

VI – áreas potenciais de patrimônio espeleológico: áreas que, devido a sua constituição geológica e geomorfológica, sejam propícias à ocorrência de cavidades naturais subterrâneas;

VII – área de influência: área que compreende os recursos bióticos e abióticos, superficiais e subterrâneas e/ou do sistema espeleológico.

Art. 3º A delimitação da área de influência será estabelecida por meio de estudo técnico-científico aprovado pelo órgão federal competente.

§ 1º Até que seja delimitada, na forma do caput deste artigo, a áreas de influência corresponderá a uma faixa de 300 metros, considerada a partir da projeção em superfície do desenvolvimento linear da cavidade natural subterrânea;

§ 2º Será sempre exigido Estudo Prévio de Impacto Ambiental quando, na área de influência do projeto, obra ou atividade, houver cavidade natural subterrânea, preservando-se integralmente as que tenham valor científico, cultural, histórico ou paisagístico";

§ 3º Na faixa estabelecida conforme o parágrafo anterior, serão proibidas a pesquisa e lavra mineral, a construção de estradas e rodovias, e atividades e empreendimentos capazes de afetar o solo e o subsolo, provocar erosão de terras, assoreamento ou poluição das coleções hídricas;

§ 4º Não se incluem na proibição estabelecida no parágrafo anterior as vias de acesso definidas em Plano de Manejo da cavidade natural subterrânea;

§ 5º A regulamentação desta Lei definirá, para os diversos casos aos quais se aplica o disposto neste artigo, os responsáveis pela elaboração do estudo a que se refere o caput.

Art. 4º A União, diretamente ou por meio de convênio ou outros instrumentos legais de parceria com os Estados, o Distrito Federal ou entidades representativas da comunidade espeleológica brasileira, elaborará o Cadastro Nacional do Patrimônio Espeleológico.

Parágrafo único. A elaboração do Cadastro Nacional do Patrimônio Espeleológico deverá ter, necessariamente, a participação de entidades representativas da comunidade técnico-científica brasileira das especialidades afins.

Art. 5º Os detentores de direitos ou licenças para exploração de recursos naturais e/ou proprietários de imóveis, bem como detentores de títulos de concessão, ficam obrigados a informar ao órgão competente integrante do Sistemas Nacional do Meio Ambiente – SISNAMA, a ocorrência de cavidades naturais subterrâneas na áreas sob sua responsabilidade e adotar, de imediato, medidas para a proteção dessas cavernas e de sua áreas de influência.

Parágrafo único. O não-cumprimento do disposto neste artigo sujeita o infrator ao pagamento das multas previstas no art. 11 desta Lei e à cassação da licença do empreendimento, sem prejuízo das demais cominações legais.

Art. 6º As atividades em cavidades naturais subterrâneas não serão permitidas sem a devida permissão, autorização ou licença da autoridade competente, conforme estabelecido na regulamentação desta Lei.

§ 1º A autorização, permissão ou licença para atividades de turismo e de lazer intensivos ou realizados em caráter permanente em cavidades naturais subterrâneas será condicionada à apresentação de Plano de Manejo do qual conste programa de educação ambiental.

§ 2º Atividades de visitação esporádica de caráter esportivo, científico exploratório ou educacional estão liberadas da autorização, permissão ou licença de que trata o caput deste artigo e seu disciplinamento deverá constar da regulamentação desta Lei.

Art. 7º A União poderá ceder a Estados, a Municípios e ao Distrito Federal o uso de cavidades naturais subterrâneas, pelo prazo de 50 (cinqüenta) anos, sucessivamente renovável, de acordo com critérios estabelecidos na regulamentação desta Lei.

Parágrafo único. A União poderá delegar aos Estados, Municípios e ao Distrito Federal poder para fiscalização da utilização da cavidades naturais subterrâneas, bem como para a aplicação de sanções administrativas.

Art. 8º As atividades atualmente existentes nas cavidades naturais subterrâneas e suas áreas de influência, e nas áreas potenciais de patrimônio espeleológico sujeitam-se ao licenciamento ambiental, na forma desta Lei.

Parágrafo único. O licenciamento de que trata este artigo deverá ser requerido nos cento e oitenta dias posteriores à publicação desta Lei, sob pena de interdição da atividade e da aplicação da multa correspondente.

Art. 9º O poder Público instituirá unidades de conservação ou outras formas de acautelamento, visando à valorização e à proteção do patrimônio espeleológico.

Art. 10º A utilização do patrimônio espeleológico em desacordo com o disposto nesta Lei constitui dano ao meio ambiente e ao patrimônio da União, estando legitimadas para a promoção da ação principal ou cautelar as pessoas e entidades mencionadas no art. 5º da Lei 7.347, de 24 de julho de 1985.

Art. 11. Constitui crime a utilização que destrua total ou parcialmente as cavidades naturais subterrâneas.

Pena – detenção de 6 (seis) meses a 3 (três) anos e multa.

Art. 12. Constitui infração a esta Lei:

I – realizar, sem autorização, exceto nos casos previstos no art. 6º, § 4º, desta Lei, estudos de qualquer natureza e práticas de turismo e lazer nas cavidades naturais subterrâneas;

Multa de R$ 100,00 a R$ 1.000,00

II – a retirada sem autorização de material biológico, geológico, arqueológico ou paleontológico de cavidades naturais subterrâneas.

Multa de R$ 300,00 a R$ 5.000,00

III – exercer atividades sem autorização ou licenciamento ou em desconformidade com estes, na área de influência da cavidade natural subterrânea, excetuando-se os casos previstos no art. 6º, § 4º, desta Lei.

Multa de R$ 500,00 a R$ 100.000,00

§ 1º As multas serão aplicadas em dobro em caso de reincidência.

§ 2º O descumprimento de auto de interdição sujeitará o infrator a multa diária, cujo valor será correspondente ao máximo da respectiva capitulação, até a cessação da atividade infratora.

§ 3º A regulamentação desta Lei estabelecerá os critérios para perícia e cálculo da pena de multa, bem como para sua revisão periódica, com base nos índices constantes da legislação pertinente.

Art. 13. São as autoridades competentes que deixem, por omissão ou negligência comprovadas, de aplicar as medidas preventivas e punitivas às infrações a esta Lei, sujeitas às penalidades previstas no artigo anterior, sem prejuízo das sanções administrativas cabíveis.

Art. 14. Os recursos provenientes das multas de que trata esta Lei, bem como da venda e leilão de bens apreendidos ou de qualquer forma de arrecadação que envolva o uso indevido do Patrimônio Espeleológico, serão recolhidos ao órgão, integrante do SISNAMA, competente para sua aplicação e revertidos necessariamente a projetos ou ações de conformidade com a proteção desse patrimônio.

Art. 15. O Poder Executivo regulamentará esta Lei no prazo de cento e vinte dias após sua publicação.

Art. 16. Esta Lei entrará em vigor na data de sua publicação.

Art. 17. Revogam-se as disposições em contrário.

Artigos acrescidos:

(art. 6º do projeto original – que passa a ser o art. 5º do PL)

"Os órgãos federais financiadores de pesquisa e projetos, nas áreas de atuação referidas no artigo anterior, darão especial atenção à apreciação de trabalhos a serem realizados nas cavidades naturais subterrâneas."

(art. 10º do projeto original – que passa a ser o art. 15º do PL)

"Ficam revogados quaisquer atos administrativos de licença, autorização e alvarás de pesquisa ou lavra mineral que coloquem em risco a integridade do Patrimônio Espeleológico".

Página seguinte – Following page

198. Vista parcial do salão de entrada da Gruta Nossa Senhora Aparecida, Bonito (MS), tombada pelo Patrimônio Histórico e Artístico Nacional em virtude do seu valor estético, cultural e turístico. CFL.
Partial view of the entrance chamber of the Gruta Nossa Senhora Aparecida, Bonito (MS), protected by the Patrimônio Histórico e Artístico Nacional on account of its aesthetic, cultural, and tourist interest. CFL.

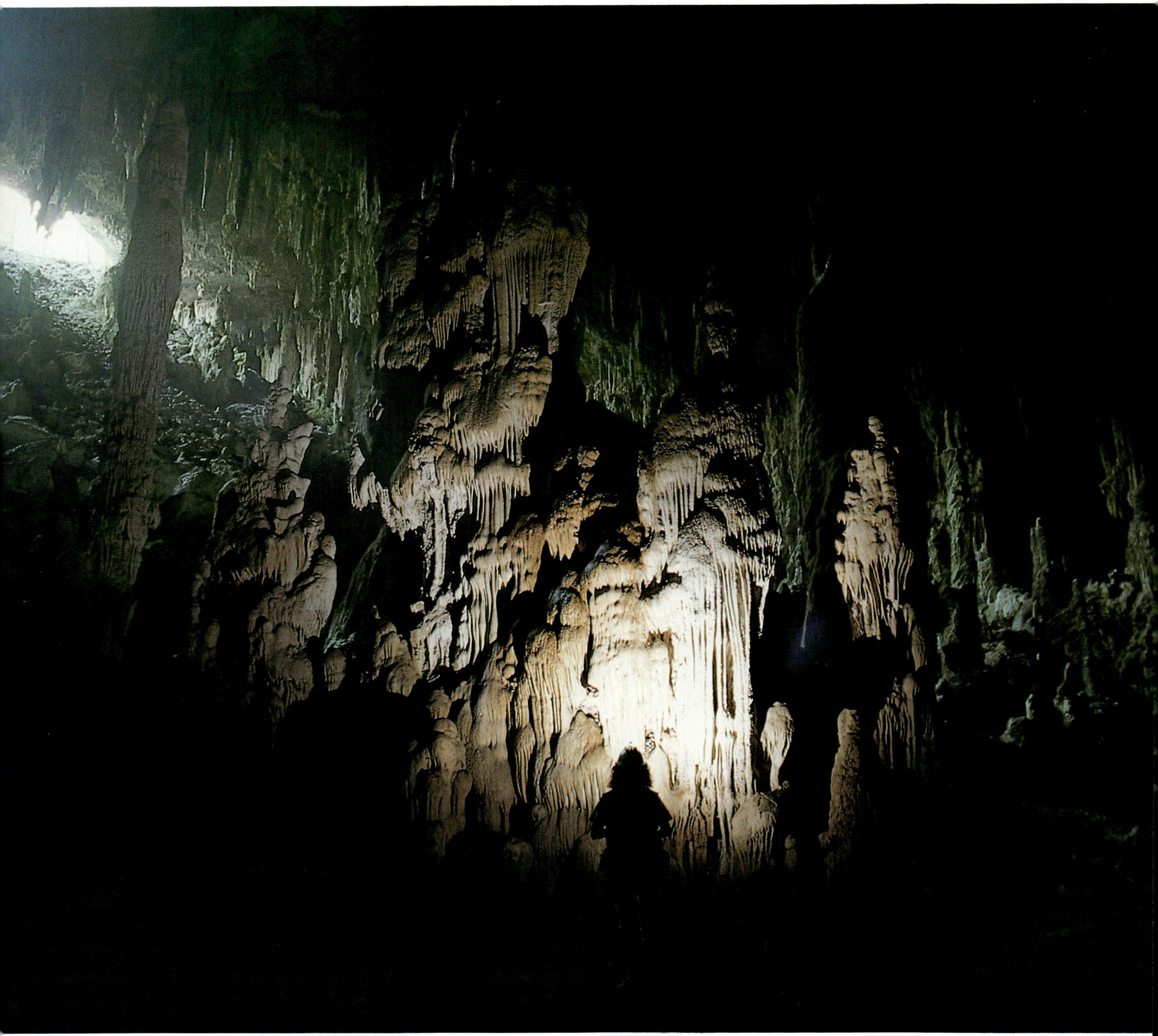

The Patrimony of the Caves

In a cave, take nothing except photographs, leave nothing except footprints, and kill nothing except time.
International cavers' motto

THE DESTRUCTION OF CAVES

The subterranean world holds some of the last remaining untouched spaces on our planet. Every year new caves are discovered; every year new galleries are opened up in caves which are already known, thus offering to sport and science alike an unlimited world for research.

The spaces, the crystalline formations, the sediments, the fauna all these are peculiar to caves, to the cavities which are guardians of documents precious to the understanding of our earth. The repeated alternations of the relief, the changes of climate, the evolution of the fauna, the history of humanity itself have left there important traces which, sometimes fragile, sometimes unique, are preserved in caves. For these reasons – only some among many – caves demand to be properly used, to be respected and protected. Yet, all over the world, there are caves which have not been treated in this way, and a number of "speleological sanctuaries" have been mutilated, looted, polluted or, quite simply, destroyed.

On the other hand, in Brazil and all over the world there is increasing consciousness of the importance of this patrimony: more and more organizations fight in its defense, new instruments – technical, legal, and educational have been created and put into use to this end. This chapter reflects the preocupation with our caves, and constitutes at once an appeal and warning to all citizens: preserve our caves.

Some human activities have a specially damaging effect on caves. Among these are certain types of mining, the construction of large-scale undertaking in districts of speleological interest, the use of caves and abysses as dumps for rubbish and pollutants (domestic, agricultural and industrial), deforestation in the area of caves, mass tourism, and caving activities wrongly carried out.

Since colonial times, mining has been the great enemy of caves in Brazil. Even in the 17th and 18th centuries a number of caves were destroyed for the extraction of saltpetre used in the manufacture of gunpowder. In this fashion a number of archaeological and palaeontological sites were lost, and the ecological balance of certain caves was totally disturbed. Even the Lund collection would have been irremediably affected if the Danish scholar had not dedicated a good deal of his time to research in the saltpetre caves in the Rio das Velhas region of the State of Minas Gerais. Let us turn to Lund himself, to the burning words (**apud** Valle, 1975) with which he repudiated the destruction of our natural monuments in the year 1838: "Those dedicated to the cult of the sublime beauties of nature will not be able to contemplate, without being stricken to the heart, the destruction of the principal ornament of the tropics, the majestic virgin forests. The botanist may lament the irreparable destruction of many of the oldest representatives of the flora of this country. Yet what is this loss in comparison with the destruction of millions of relics of an extinct fauna, now lost for all time to zoology due to the extraction of saltpetre from the caves?"

Nor was this the only harmful consequence of the exploitation of saltpetre. Ignorance of the origin of this substance was responsible not only for the destruction of archaeological deposits but also of speleothems. Paulo Bertran (1985) tells in his "Memórias de Niquelândia" that 'According to what they told me there, a large cave with stalactites must have existed in the neighbourhood of Cocal. The locals took these calcareous concretions to be made of saltpetre and felt they were losing a lot of money through not knowing how to go about getting the salts from the rock. Some years before we where there, a Portuguese, wholly convinced of the truth of this fantasy, carried off several donkey-loads of stalactites to Vila Boa so as to try to get the salts from them."

It was not just saltpetre. Other minerals occur in caves, or in the rock in which the caves themselves are set. Such is the case with copper, the exploitation of which has been responsible for the destruction of two small but extremely important caves in the south of the State of São Paulo. One was found during mining operations at the Santa Blandina mine (Itapeva); it contained blue and green stalactites of malachite (copper carbonate), chrysocole, and azurite (Guimarães, 1966). This cave was totally destroyed and of these speleothems, rare anywhere in the world, only a few pieces now survive in the museum of the Geological Institute of São Paulo. The same thing happened to the Fenda Azul cave, destroyed by an illicit limestone quarry in the State Park of the Upper Ribeira (PETAR) in the same region. In that cave were not only stalactites but also calcite and aragonite flowers, helictites, spathites, and a variety of other speleothems of a blue colour, on account of the copper salts.

Caves are permanently threatened; not only may there be minerals in the soil (saltpetre), secondary deposits (calcite), or in the veins of the rock (copper and lead), but the caves themselves are largely formed in calcareous rocks, and thus threatened by the quarrying of limestone. Limestone is used in the manufacture of cement and lime; it is also used as a corrective to acid soils, and is widely employed in agriculture. Thus enormous economic pressure may be brought to bear. Yet Brazil has vast tracts of limestone; only sheer greed for profits, insensitivity on the part of business and industry, and inadequate legislation can explain quarrying in the limestone massifs where there are caves and sites of archaeological interest.

Data are insufficient to permit an exact assessment of how many limestone caves in Brazil have been destroyed by quarrying. From what one may gather from historical records and recent speleological reports, there must be several dozen. Worse, most of these caves were never explored and mapped; least of all, scientifically studied. Further, it should be emphasized that it is not only in less accessible areas, in unknown caves, or in the remote past that limestone quarrying has had its destructive effect. The problem remains and is serious in the last decades: and the examples are numerous.

The "Lapa Vermelha" at Lagoa Santa, one of the most important archaeological sites studied by Lund, has been totally destroyed, together with the entire calcareous massif in which it was set. To the north, in Sete Lagoas, five caves known as the Gruta do Trevo have been destroyed by quarrying, in spite of mobilization on the part of speleologists of the State of Minas Gerais. The caves of the "Lapa de Pedra" in Formosa (State of Goiás) did not meet a similar end thanks to the joint action of speleologists in Brasília and the Secretariat for the National Historical and Artistic Patrimony (SPHAN), in declaring them protected archaeological sites.

The same threat of destruction by dynamite hovered over a number of other caves, according to a survey made in 1988; among them are the Gruta do Tamboril, in Unaí, the Gruta da Igrejinha, in Ouro Preto, and the Gruta da Lagoa Rica, in Paracatu, all in the State of Minas Gerais. A further ten caves in the State of Paraná are in the same situation. Fortunately *speleologists allied to environment agency had got blocked the destruction of these caves, though some of calcareous massives where part of them are situated had been hardly altered.*

Less obvious than outright destruction of caves by quarrying, but no less aggressive, is the execution of large-scale works of engineering in karstic regions. Such is the case with the Sobradinho dam in the State of Bahia which, so it seems, flooded or obstructed caves which had never been explored. A similar situation arose in the case of the large dams more recent such as Serra da Mesa Hydro-electric system, in Goiás, where 139 caves were flooded in 1996. Or still in Barragem de Xingó, where important shelters with rupestrian paintings were equally lost in the late decade of 1990. The demands for studies of the environmental impact of schemes of this sort, from beginning of the decade of 1980, have fortunately reduced the problem or at least provided the compensation of this impact with the creation and establishment of new protected areas in the regions of caves.

In the mentioned case of Serra da Mesa hydro-electric system, for example, funds of financial compensation demanded by Furnas (responsible for the building) were applied in the study of other caves and in the establishment of Terra Ronca State Park, protecting important caves of Goiás.

In the same way, resources from fines applied to Fiat, accused of pollution, were destined to acquirement of areas in the Cavernas do Peruaçu National Park, created in 1999.

Among other examples of threatening of speleological patrimony is the building of the international airport at Confins, firmly in the karts to the north of Belo Horizonte, capital of the State of Minas Gerais. In spite of extensive mobilization on the part of scientists and the public in general, the work was carried out without the least consideration for possible effects on the many caves and sites of archaeological interest in the region. The Sumidouro Park, promised as a means of preserving the caves, has to this very day never been established.

The degradation of subterranean environments may also occur by indirect means, such as the destruction of the surrounding rock and the pollution of the watercourses running through the karst. The relationship between the ecosystems of caves and those on the surface is intimate, since practically the entire food supply for the cave-dwelling fauna is brought in from outside. Thus the damming or diversion of a river which enters a cave, the pollution of its waters by pesticides (used in agriculture), mining detritus (sediments and metals), sewage and domestic and urban rubbish, and industrial effluent may all contribute to the decimation of cave life. Regrettably there is no lack of examples of degradation of this type in Brazil, although it is still on a small scale when compared with the pollution which afflicts some of the caves of Europe.

The problem of rubbish-tipping and the pollution of caves goes back as far as the development of speleology in France at the end of the last century and the beginning of the present one. Martel, the "father of speleology", demonstrated through his pioneering exploration and through the colouring of the water in sink holes that water-courses passed through mountains by way of cracks and conduits without being filtered by the soil. Thus he showed that rubbish and the bodies of dead animals, traditionally thrown into abysses, polluted the underground waters which, in turn, were responsible for the outbreak of a number of epidemics in the calcareous regions of France at the time. Martel waged an intensive campaign against the tradition of dumping rubbish, sewage, and dead animals in holes and abysses in limestone, and in 1902 obtained the approval of a law – one of the first to protect the underground environment – forbidding pollution of this type.

Even so, the pollution of underground water systems is not only caused by dumping of rubbish. The problem has increased all the world over with the indiscriminate use of toxic products in agriculture, with erosion caused by poor soil use, with untreated industrial effluent, and the detritus of illicit mining operations. One of the most serious problems of this sort to be recorded for caves in Brazil occurred in 1985 in the Upper Ribeira Park, at Iporanga, State of São Paulo, and was caused by illegal gold mining. The treatment of an enormous quantity of sediment and the use of mercury for the separation of the gold turned a limpid river, the Alambari (which passes through three important caves in the region) into a veritable drain full of toxic mud for a period of several weeks. It has not so far been possible to assess with any accuracy the grave ecological harm caused to the caves.

In the same region, in 1979, other caves suffered grave ecological imbalance due to human activity. With a view to controlling the population of blood-sucking bats in the area, government agents waged an intensive campaign to collect and poison the bats. The poison was in the form of a paste, applied to the backs of the animals; when released, they returned to the caves and were licked by other bats, with resulting death by haemorrhage. This painful and uncontrolled process turned such caves as the Gruta Betari and the Gruta dos Morcegos into Dantesque scenes, with hundreds of dead bats spread all around. The corpses of the bats, serving as food for other animals, caused a grave imbalance among the fauna of these caves, while the underground water systems, which served as a source of supply for the population of the region, were polluted.

*Badly-planned tourism can also cause serious damage to caves. If we inclusive in tourism sport, adventure, and religion, then it will be seen that tourism in caves is not a recent activity: in Brazil there were pilgrimages and visits to the Gruta do Bom Jesus da Lapa, in the interior of the State of Bahia, as early as 1690. Yet this is only incipient tourism, irregular or confined to a few periods in the year. Tourism **en masse**, in caves or in any other environment, is a more much recent phenomenon, perhaps one of the most distinctive of the twentieth century. Both occasional and mass tourism may bring problems of degradation to the underground world, but to put the matter in perspective it is necessary to make a distinction between them.*

Irregular tourism is normally a cause of broken stalactites, carving and writing on cave-walls, pollution by rubbish, and trampling of formations on the ground. Expulsion and death of bats is common. When tourism is institutionalized, these matters are usually better controlled, but other problems are caused by the great number of visitors and the constant flow of their visits.

The caves which form tourist attractions in Europe and the U.S.A. are largely the property of private enterprise; they represent undertakings which are necessarily lucrative. Even caves belonging to public authorities are normally conceded to private companies for profitable exploitation. This is no different from the exploitation of any other kind of tourist resource, and is thus subject to the pressures of excessive demand, the laws of supply and demand, and the "taste of the customer".

In Brazil, all caves open to mass tourism are linked to public authorities; even so, the problems are similar. It is only from the decades of 1970-1980 that the handling of caves for purposes of tourism has been linked with environmentally concerned planning. Of note in this respect are the works of Perez and Grossi (1986) for the Gruta do Rei do Mato in the State of Minas Gerais, of Allievi, Boggiani and Oliveira (1986) for the Gruta de Mangabeira in the State of Bahia, and of the present author with an interdisciplinary team for the caves at Iporanga, State of São Paulo (Lino, 1976), for the enlargement of the visiting area of the Caverna do Diabo at Eldorado Paulista, State of São Paulo (Lino, 1979 – unpublished), for the caves in the Ubajara Park, State of Ceará (Lino et al., 1978-80), and for the caves at Bonito, State of Mato Grosso do Sul (Lino et al., 1984).

Still in the decade of 1999, there are important studies dedicated to planning the touristical managing of the caves: mastership thesis on managing of Lago Azul Cave/Mato Grosso do Sul (Labegallini, J. A, 1996); studies for the restructuring of managing of Caverna do Diabo/SP (Lino, C. F., 1995) and the lines to the managing plan of the APA Marimbus-Iraquara Caves, Chapada Diamantina/Bahia (Lino, C. F., 1998), besides other managing plans developed by GEEP – Açungui Group, from Curitiba/Paraná to the Jesuítas-Fadas Caves in the Campinhos State Park/PR (1995), to the Botuverá Cave/SC (1998), to the Lancinhas Cave/PR (1999) and to the Bacaetava Municipal Park/PR (1999). Important allowances to the managing of touristical caves had also produced P. C. Boggiani, and J. A. Scaleante's researches, both of them between 1999 and 2000 on the impact of visitors and the subterranean environment. The first author studied the caves of Lago Azul and N. S. Aparecida in Mato Grosso do Sul, and the second one the Santana Cave, in PETAR, São Paulo.

All the world over, and with few and honourable exceptions, the art of "managing" caves for tourism has been the art of disfigurement, the negation of the principal characteristics of the cave. Accidented topography is overcome by large-scale earth shifting, construction in concrete, setting-up of metal bridges and ladders, cement floors, and the openings of artificial means of access. The darkness is overcome by coloured illumination and systems of fairy-lights. The normal course of the waters is dammed, diverted, and lowered. Silence is driven back by sound installations and the hum of hundreds of voices. And so the cave is brought down, often to visually disfigured scenes and ecological degradation.

Nor are these the only problems of large-scale exploitation of this type. The composition of the air is altered by the increase of CO_2, from the respiration of visitors. Vegetation arises around the floodlights, and interferes with the subterranean ecology. The lights and the visitors together cause a rise in internal temperature, which may cause the drying out of speleothems. One of the most serious cases is that of the famous cave at Lascaux, in France, considered to be the "Sistine Chapel", so to speak, among caves. The fantastic paintings of bison, horses, and other animals have been preserved intact for thousands of years; with the onset of tourism, the painting have been attacked by fungi and lichens. The so-called "green plague" has brought about the total and definitive closure of the cave to the public, the only way in which this patrimony of mankind may be preserved.

Although the problems of opening caves up to tourism are many, this is not to say that the activity should be met with prejudice. It is important to bear in mind the educational role of such visits – when organized with the requisite care. Those caves which are open to tourists are an important means of information about caving, and thus of guaranteeing the preservation of the patrimony of caves in general. Such attractions may also be important economic resources for a region – indeed, may even be an incentive to the establishment of parks and other forms of preservation of caves. What must be demanded is that tourism in caves should not be widespread: that it should be restricted to caves selected on grounds of adequate criteria, and that it should be guided by adequate planning, careful execution, and permanent supervision.

In this sense, in Brazil it's worthwhile to emphasize two works upon the definition of the lines and procedures to the managing of touristical caves, besides the recommendations already set in the environmental and patrimonial legislation. The first one (Lino, C. F., 1976), Manejo de cavernas turísticas: base conceitual e metodológica, propose criteria to selection of caves to touristic use, its internal zoning, rules to physical interferences onto subterranean environment and protection and managing of surroundings, among other aspects. The second one (Marra, R. C., 2000), Plano de manejo para cavernas turísticas: procedimentos para elaboração e aplicabilidade, propose rules, criteria and procedures that are necessary to the licensing by the environment agency responsible for touristical activity in Brazilian caves.

But among visitors, it is not only the tourists who may cause damage to caves. Speleologists, in the broadest sence of the term, are also sometimes responsible for the degradation and pollution of caves. Some of our most important caves have been polluted by the action of "speleologists" who have left carbide residue and, in the excitement of exploration, trample on, make dirty, or break speleothems which may be unique. Pseudoscientific investigations are responsible for the destruction of important archaeological and palaeontological sites, while the indiscriminate collection of minerals or the fauna can also cause serious harm. The collection of material from caves may be connected with commerce in minerals or "biological curiosities" – an activity which, though illegal, has been greatly incentivated by private collectors, museums of natural history, and "researchers" since 19th century.

There is no museum of mineralogy which does not display in its cases fragments of stalactites and other speleothems, included in the collection as purchases or donations. Small regional museums in limestone areas are no exception. Souvenir shops in areas where there are caves may also sell such keepsakes. In Brazil, however, this type of commerce is in practice extinct thanks to the pressures exerted by speleologists environmental legislation and a greater awareness on the part of the public.

The cavernicolous fauna suffered this type of depredation in the caves of Europe. Bouillon (1972) comments on the fact, telling us that when speleobiology was in its infancy "cavernicolous beetles were most in demand, and certain rare species reached great value for sale and exchange. Thus a new form of odd-job arose – that of hunting cave-dwelling animals." Fortunately the development of science itself has largely done away with such activities.

We may sum up the basic rules for collections made in caves as follows: collections, when necessary for scientific or educational purposes must always be selective. They must be made by scientifically qualified institutions and personnel, and must restricted to a minimum. Private collections should be discouraged, and the public exhibition of speleological material should be avoided except for purposes clearly connected with preservation.

Caves are on occasion put to uses which may have irreversible harmful effects on their ecosystems. These uses include the transformation of caves into wine cellars, warehouses, mushroom plantations, night-clubes, corrals for cattle, and others.

In certain cases the entrance to a cave may be sealed off by the proprietor of the region, so as to obstruct visiting or study. This may have a drastic effect on the internal fauna. Two examples may be cited, both from the State of Minas Gerais. The first concerns the Gruta de Maquiné, described by Lund in 1835. Thirty years later, according to Walter (1940), Lund returned to the spot to show its beauties to the Duke of Saxe, who was visiting Brazil at the time. His search was in vain: the owner, unable to imagine why anyone should wish to excavate in search of fossil bones, came to believe that there must be buried treasure there, and thus sealed the entrance with stones and earth. The abundant vegetation did the rest. The same author tells us that in 1870, on the orders of the Emperor Dom Pedro II and after much research, the cave was once more found and the entrance opened under the supervision of Captain E. J. Gonzaga.

Another, and more recent, case occurred at the Gruta Rei do Mato, in Sete Lagoas. The entrance was completely bricked up by a mining company which intended to destroy the entire limestone formation for the production of cement. Recently this cave has been re-opened, and the environmental authorities of the state now intend to turn it into a tourist attraction. This reversal was due basically to the action of speleologists in the State of Minas Gerais but extremely poor tourist management produced other consequences.

The lack of legal and institutional definition as to who is really responsible for the protection of caves in Brazil is a further reason which contributed seriously to the threatening of the national speleological patrimony till the decade of 1990.

Such subject was definitely cleared up on June 5th, 1997 with the creation of CECAV (Centro de Estudos, Proteção e Manejo de Cavernas), connected to IBAMA, federal environment agency in Brazil. The association CECAV/IBAMA and SBE is still the base of protection of Brazilian caves.

THE LEGAL PROTECTION OF CAVES

Brazil, until 1988, had no specific national law which protects the patrimony of our caves for their intrinsic value. There was on the other hand, a vast cultural scientific, and environmental legislation which, directly or indirectly, could be brought to bear on the preservation of caves. This legislation has permitted legal protection of more than 100 caves in numerous different parts of the country, particularly in the last 40 years. Brazilian speleologists are more recently concerned, at one and the same time, with study of the caves and with their preservation; through the SBE (Brazilian Speleological Society) they have succeeded in the inclusion of measures for the protection of caves in the new constitution, which declares caves to be the property of the nation.

Although this struggle is collective, and common to all those who are involved with caves and caving, one should give due mention to a number of researchers who, all over Brazil, have outstood in this struggle. Such are Pedro Comério, José Epitácio Guimarães, Luiz Nestlehner, Luiz Enrique Sanchez, Ivo Karmann, José Antônio and Calina Scaleante, Washington Simões, Celso Zilio, Peter Milko, Guy Collet, João Allievi and the present author among others in São Paulo; Judith Cortesão, Fernando Quadrado Leite and Kleber Alves, Edvard Magalhães, Ricardo Marra and the group of CECAV/IBAMA, in Brasília; Luis Beethoven Piló, José Ayrton Labegallini, Fabiano de Paula, Elder Torres, Ronaldo Teixeira, Rui Peres Campos, Wilson Grossi and SEE teams, among others in Minas Gerais; Gisele Sessegolo, Darci Zakrzewski, Tosca Zamboni and the Grupo Açungui in Paraná; Sérgio Ferreira Gonçalves, Lélia Rita de Figueredo and Paulo Boggianni in Mato Grosso do Sul; the constituent member Fábio Feldmann; senator Marina Silva, and many others environmentalists, technicians and dwellers who give anonymous support to the fight.

But the fight to preserve our caves is no novelty in Brazil. Some of the first naturalists to see entire caves destroyed by the extraction of saltpetre alerted the authorities and attempted to increase the awareness of the general public. Their efforts, however, were dispersive and lacking in objectivity. One of the first objective proposals was that of Lund who, in his will (21 June 1871) directed his appeal for the preservation of the Gruta de Maquiné to the Emperor Dom Pedro II himself. "I recommend to the highest protection of this illustrious Government the aforesaid cave which, in the virgin state in which its most picturesque part was still to be found at the time of (my) visit, perhaps had no rival on the American continent."

Even so, the first effective legal measure in defense of our caves came about only forty years later; in the year 1910 the government of the State of São Paulo acquired 8 caves and the surrounding area, in the Ribeira Valley. These caves were investigated and described by Krone, and were to provide the germ for the future establishment of the Jacupiranga and Alto Ribeira State Parks. The latter, in terms of the number, diversity, and importance of the caverns which it contains is the most important speleological region of the country. Among the acquisitions were included the Gruta da Tapagem, now the Caverna do Diabo and one of the most visited caves in the State; and seven caves in Iporanga and Apiaí: Monjolinho, Arataca, Chapéu, Chapéu Mirim I and II, Pescaria, and Pescaria Mirim. All are now in the State Park.

The State Park of the Upper Ribeira Valley (PETAR) was to be founded on May 19th 1958, and was the first park in Brazil to have the protection of caves as its explicit objective. Another form of legal defense of the patrimony had been created. At later dates, other parks were to be established, thus protecting the caves they contained; among these the Ubajara National Park (1959) in the State of Ceará, the Jacupiranga State Park/SP (1969), the Campinhos State Park/PR (1995), the Terra Ronca State Park/GO (1996), the Intervales State Park/SP (1995), the Ibitipoca State Park/MG (1973), the Cavernas do Peruaçu National Park/MG (1999), the Serra da Capivara National Park/PI (1979) and the Serra da Bodoquena National Park/MS (2000), among others.

In 1961 a federal law (nº 3.924, dated 26/07/1961) was to establish a new type of legal mechanism of the greatest value for preservation of caves. This decree, aimed at the protection of archaeological and pre-historic monuments, is explicit in its defense of "grottoes, caves and rock shelters" which are identifiable as archaeological or palaeontological sites. Once registered caves of this sort are automatically protected by law. A further significant advance was the preservation order for the cave and rock formation of Cerca Grande (State of Minas Gerais) in 1962. Such an order, generally restricted to artistic and architectural objectives, would in practice expand its cultual breadth; caves would be protected as being part of a "notable landscape", as well as being archaeological sites. The preservation order was also to be used at federal level on several occasions (the Gruta da Mangabeira in the State of Bahia; the Lago Azul and Nossa Senhora Aparecida caves in Mato Grosso do Sul etc.) and at State level, as occurred with the Lagoa do Sumidouro cave in the State of Minas Gerais, and the Gruta da Lancinha, in Paraná.

In the following decade legal institutions similar to the preservation order would be introduced into environmental legislation, and would make possible the protection of caves by declaring them an Area of Environmental Protection (APA), or an Area of Relevant Ecological Interest (ARIE), among others. One of the first measures was the creation, as a municipal law, of the "Perimeter for Environmental and Urban Protection", which would protect the Lapinha, Helictites, Aranhas and Pacas caves at Lagoa Santa, in Minas Gerais, in 1983.

Among the main APAs that protect caves we can mention Rei do Mato and Igrejinha (State of Minas Gerais), Marimbus-Iraquara and Gruta dos Brejões (State of Bahia), and Serra Geral (State of Goiás), all of them created during the decades of 1980-90.

The available legislation is substantial in its mechanisms for individual caves or groups of caves throughout national territory. For an overview of this legal apparatus, we have set out by category the references to texts basic for the protection of caves in Brazil.

1. Right of property

The public powers (the Union, States, or municipalities) may acquire in a variety of ways (disappropriation, purchase, exchange, or donation) properties in which caves are situated.

The Mining Code establishes that the **subsoil** belongs to the Union, while the proprietor has rights to the surface. Obviously, so long as caves are underground, they must be understood as belonging to the Union – although there may be doubts as to the entrance zones of caves, at times confused with extensions of the surface.

At present, due to the inclusion of "natural underground cavities", pre-historical and archaeological sites, as property of the Nation under the new Constitution (1988), the question no longer exists. In Brazil all caves belong to Federal Union's property and are in common use of people.

2. Preservation of caves for their content

Federal law 3.924 (26/07/1961) gives automatic protection to all caves containing archaeological or palaeontological deposits.

The law for the protection of fauna (5.197, 1967) established that "animals of whatsoever species and whatever stage of their development, and which live naturally, not in captivity, thus constituting the wild fauna, **and also their nests, shelters, and natural breeding places**, are the property of the State, their utilization, persecution, destruction, hunting, or catching being thus forbidden". This includes cavernicolous fauna (especially troglobites) and the caves which serve as their habitat.

The laws for the protection of state and municipal water-catchment areas, the federal Water Code, and law nº 6.938/81 (National Environment Policy) protects springs, water-courses, and underground water.

3. Preservation on account of cultural, landscape, tourist, and environmental value

Preservation orders (federal, state, and municipal) protect sites of historical, artistic, archaeological, ethnographical interest and natural landscapes. In the federal legislation and in a number of States (including São Paulo, Minas Gerais and Mato Grosso do Sul) the protection of "grottoes and caves" is explicit in the text of such an order.

Caves **and their surrounding** can be protected by forms of protection which do not imply disappropriation but which, like a preservation order, restrict the **use** of properties belonging to the public authorities or to private ownership. This is the case of the Areas of Environmental Protection (APA), the Areas of Relevant Ecological Interest (ARIES) and other similar instruments at the disposal of the legislative and executive powers at federal, state and municipal level.

The law which protect sites of interest to tourist, especially that which protects "special areas and spots of tourist interest" (Federal law nº 6.513/77) are applicable to all areas with caves which might be used for this purpose.

4. Natural Conservation Units, including caves

The Florestry Code (Federal law nº 4.771/65), the Brazilian National Park Regulations (Federal decree 84.017/79) and the law which lays down the National Environment Policy (Federal law nº 6.938/81), together with the corresponding state and municipal legislation, establish and set up rules for the creation of conservation units such as caves (national, state, and municipal), reserves (forest and biological), ecological research stations, natural monuments etc. These units are in general large areas which should be the property of the public authorities, and the natural resources of which should be the property of the public authorities, and the natural resources of which are aimed at preservation, research, recreation, and environmental education. In this lies the best means of preserving caves, as the entire ecosystem (surface, subsoil, fauna and flora) is protected.

The rules for the Brazilian National Parks refer to the protection of geomorphological sites and habitats, and thus include caves as things to be protected within the definition of this type of unit. In the regulations of State Parks, such as that of the State of São Paulo (law 6.884/67) protection is explicitly given to caves.

After approval of the "law of SNUC (Sistema Nacional de Unidades de Conservação) on July 18th, 2000, according to article 3, item VII of the mentioned law, protection of caves and speleological sites became one of the basic objectives of creation and establishment of Protected Areas in Brazil".

5. Civil legal actions

In addition to the preventive legal measures cited above, registered speleological entities can, on the basis of law nº 7.347 (24 July 1985), take legal action against "those responsible for damage to the environment, and articles and rights of artistic, aesthetic, historic, tourist, or landscape value". The same law permits cautionary action with the intention of avoiding damage to caves.

SPELEOLOGISTS AND THE DEFENSE OF CAVES

Speleologists and their associations represent not only a guarantee of the exploration and study of caves, but, even more, a major force in the defense of this patrimony. The fight is for speleologists at one and the same time a right and a duty, and much can be done in this respect. The "commandments" below, together with other aspects of the matter, form a basic *guide proposed by the author and approved by SBE in the decade of 1980, serving simultaneously as a strategy of action and as the first code of Ethics of Brazilian Speleology relating to the protection of Speleological Patrimony.*

1. *To find, register, and study all the natural caves in the country, so as to define areas of speleological interest and give guidance to action in defense of caves.*

2. *Not to divulge to the general public any new discovery, nor the exact location or means of access to fragile caves or which ones that contain biotic elements or rare abiotic ones, without first providing legal, institutional, technical, and physical guarantees of protection.*

3. *To fight for the creation of parks and other conservation units for the environment, so as to provide means of preservation for the caves themselves, their immediate surroundings, and their associated ecosystems.*

4. *To fight for the creation and effective application of specific environmental and cultural legislation for the protection of caves.*

5. *To guarantee the adequate selection, management and use of caves for purposes of tourism, with specialist participation in the elaboration, execution, and supervision of the plans of touristical managing and directed to other uses.*

6. *To close, temporarily or permanently, caves or parts of caves which may be geologically or ecologically fragile, or which may place visitors at risk.*

7. *To set up an effective environmental ethics for cavers, based on the motto "in a cave, take nothing but photographs, leave nothing but footprints (in certain places), and kill nothing but time."*

8. *To participate in speleological and environmentalist organizations, so as to maintain a permanent struggle in defense of caves, denounce any actions which may cause harm to caves, and take legal action against persons or enterprises which may cause damage to the patrimony of caves.*

9. *To promote debates, courses, seminars, and to spread information by way of the media on the ecological, aesthetic, scientific, cultural, and touristic importance of caves, and on the consequent need to preserve them.*

10. *To carry out studies and actions aimed at well-thought-out use of caves as an instrument for the improvement of the life of neighbouring populations, through tourism, use of underground water catchment areas, and others; this should provide a social return which will encourage these people to admire and protect the caves.*

GENERAL LAW FOR PROTECTING CAVES

During the conclusion of the second edition of this book, in final stage, it was in procedure in the National Congress, the "law of the caves". An old struggle of SBE and many governmental partners. Its approval will mean a great advance in defence of this rich patrimony in Brazil and will certainly serve as an incentive to similar incentives in other regions of our planet.

SUBSTITUTE OF THE SENATE TO THE PROJECT OF LAW OF CHAMBER N. 36 OF 1996

It describes the protection of natural underground cavities, in accordance to the incise X of the art. 20 and incise V of the art. 216 and incise III of § 1º of the art. 225 of the Federal Constitution and gives other providence.

THE NATIONAL CONGRESS DECREES:

Art. 1º *This law regulates the protection and the use of natural underground cavities which exist in the national territory, according to the articles 20, incise X; 216, incise V e 225, § 1, incise III, of the Federal Constitution.*

Art. 2º *By the effects of the law as we understand:*

I - *natural underground cavities: places known as caves, formed by natural procedure (process), independent of the type of rock or its dimension, including the rock's existing surroundings, its ambience, its mineral and hydro content and animal or plant community existing there;*

II - *grottoes, burrows: caves, where their development is predominantly horizontal*

III - *abysses, caves and holes: caves where their development is predominantly vertical;*

IV - *speleologic system: group of natural underground cavities interconnected by a drain system or spaces in the rock;*

V - *Speleologic Patrimony: group of elements biotic and abiotic, underground and in the surface, represented by the underground natural cavities and by the speleologic system or its associates;*

VI - *potential area of the speleologic patrimony: areas where, due to their geological constitution and geomorphology, natural underground cavities have a tendency to occur.*

VII - *influence area: an area that biotic and abiotic resources exist, surface and underground and/or the speleologic system.*

Art. 3º *demarcation of area of influence that will be established by scientific technical studies approved by federal authorities;*

§ 1º *Until that area is not demarcated, the influence area will correspond to a zone of 300 metres, considered from the projection in the surface of the linear development of the natural underground cavity;*

§ 2º *A previous study of environment impact in the area of the influence of the project, work or activity, where there is the underground cavity totally preserving the ones which have scientific, cultural, historic, or of landscape value, will be demanded.*

§ 3º *In the established area in accordance to the previous paragraph, research and mineral extract, construction of roads and motorways, and developments which could affect the land and its subsoil, leading to the erosion of the land, damage or hydro pollution, will be forbidden.*

§ 4º *The routes of access defined in the Plan of handling of the natural underground cavity are not included in the prohibition in the previous paragraph.*

§ 5º *The regulation of this law will define, for sundry cases, those responsible for the elaboration of this article.*

Art. 4º *The Union, directly or by agreement or other legal instruments in partnership with the Estate, the Federal District or entities that represent the Brazilian speleologic community will prepare the National Registration of the Speologic Patrimony.*

Unique paragraph. The preparation of this National Registration must have the participation of the Brazilian technical scientific community;

Art. 5º *Those responsible for the rights or licence to the exploration of the natural resources or the owner of properties on the land as well as the owner of concession titles, will be obliged to inform the responsible authorities that belong to the National System of Environment – SISNAMA the occurrence of natural underground cavities in the areas under their responsibility and to immediately adopt steps to protect those caves and their areas of influence;*

Unique paragraph. Failure to abide by this article will result in the offender having to pay a penalty as described in art. 11 of this law and the suspension of the licence to develop without loss to the legal organisation.

Art. 6º *Activities in the natural underground cavities will not be permitted without the right legal permission, authorisation or licence as determined by authorities;*

§1º *The authorisation, permission or licence for regular or constant activities of tourism and leisure in the natural underground cavities will be conditional on the presentation of the handling plan which would present the program of environmental education.*

§2º *Activities such as occasional visitation of sporting matters, scientific exploration or educational activities are free of legal authorisation, permission or licence which refers to the content of this article and its discipline must be specified in the rules of this law.*

Art. 7º *The Union can hand over to the states, local authorities and to the Federal District the use of natural underground cavities for the period of 50 years and it can be renewed according to established conditions in the rules of this law.*

Unique Paragraph. The Union can delegate to the states, local authorities and to the Federal District, powers to supervise the use of the natural underground cavities, as well as to apply administrative sanctions.

Art. 8º *The activities that already exist in the natural underground cavities, their influencing areas and in the potential areas of speleologic patrimony have to obey the environmental licence under this law.*

Unique Paragraph. The licence that is described in this article must be requested within 180 days after the publishing of this law. Under action of closure of the activities, payment of penalties.

Art. 9º *Government authority will impose units of conservation or other forms of sanctions in order to give value and protection of the speleologic patrimony.*

Art. 10º *Incorrect use of the speleologic patrimony mentioned in this law will result in damage to the environment and to the patrimony of the Union and will be legitimated for the promotion of the main action or cautionary action to people and entities mentioned in the 5th article of the law 7.347 of 24th July 1985.*

Art. 11 *Any acts which lead to the total or partial destruction of natural underground cavities are considered a crime.*

Penalty – Detention from 6 (six) months to 3 (three) years and fine.

Art. 12 *Infringements to the law:*

I – *Carrying out studies, tourism and leisure in the natural underground cavities without authorisation, except in the article 6º, paragraph 4.*

Fine: from R$ 100,00 to R$ 1.000,00

II - *The removal, without authorisation of biological, geological, archaeological or paleontological material from natural underground cavities.*

Fine: from R$ 300,00 to R$ 5.000,00

III - *Carrying out activities without authorisation or licence within the influencing area of the natural underground cavities, except in the case of article 6º, paragraph 4.*

Fine: from R$ 500,00 to R$ 100.000,00

-1º *In recurring cases the fine will be doubled.*

-2º *Failure to respect closures will lead to the trespasser receiving a daily fine corresponding to the maximum penalty until the wrongdoing ceases.*

-3º *The regimentation of this law will give evidence for the investigation and calculation of the fine, as well as a periodic revision based on current law rates.*

Art. 13. *Authorities which neglect to enforce preventative or punishable measures being under the penalties as shown in the previous article, without loss to the right administrative sanctions.*

Art. 14. *Everything received from the penalties, as well as things sold at auction, confiscated goods or any other income that relates to misuse of the speleological patrimony will be sent to the organisation which belongs to SISNAMA, to be reverted to projects or actions to protect this patrimony.*

Art. 15. *The executive power will regulate this law within 120 days after its publication.*

Art.16. *This law will become valid from the date of its publication.*

Art.17. *Revoke the arrangements in contrary.*

Further articles:

(art. 6º from the original project – that becomes the art. 5º of PL)

"The federal funding organisations of research and projects, in the areas referred to in the previous article, will give special attention to the appreciation of work to be done to the natural underground cavities."

(art.10º from the original project – that becomes the art.15º of PL)

"Any administrative act of licence, authorisation and permit of resource or mineral plowing which can jeopardise the integrity of the speologic patrimony are revoked".

Página seguinte – *Following Page*

199. Gruta do Lago Azul, Bonito (MS), tombada como patrimônio nacional. O lago tem cerca de 100m de largura, 60 de comprimento e mais de 50 de profundidade, com águas de um incomparável azul cristalino. CFL.

    Gruta do Lago Azul, Bonito (MS), protected by law. The lake is about 10 m broad, 60 long, and more than 50 deep; its waters are of an incomparable crystalline blue. CFL.

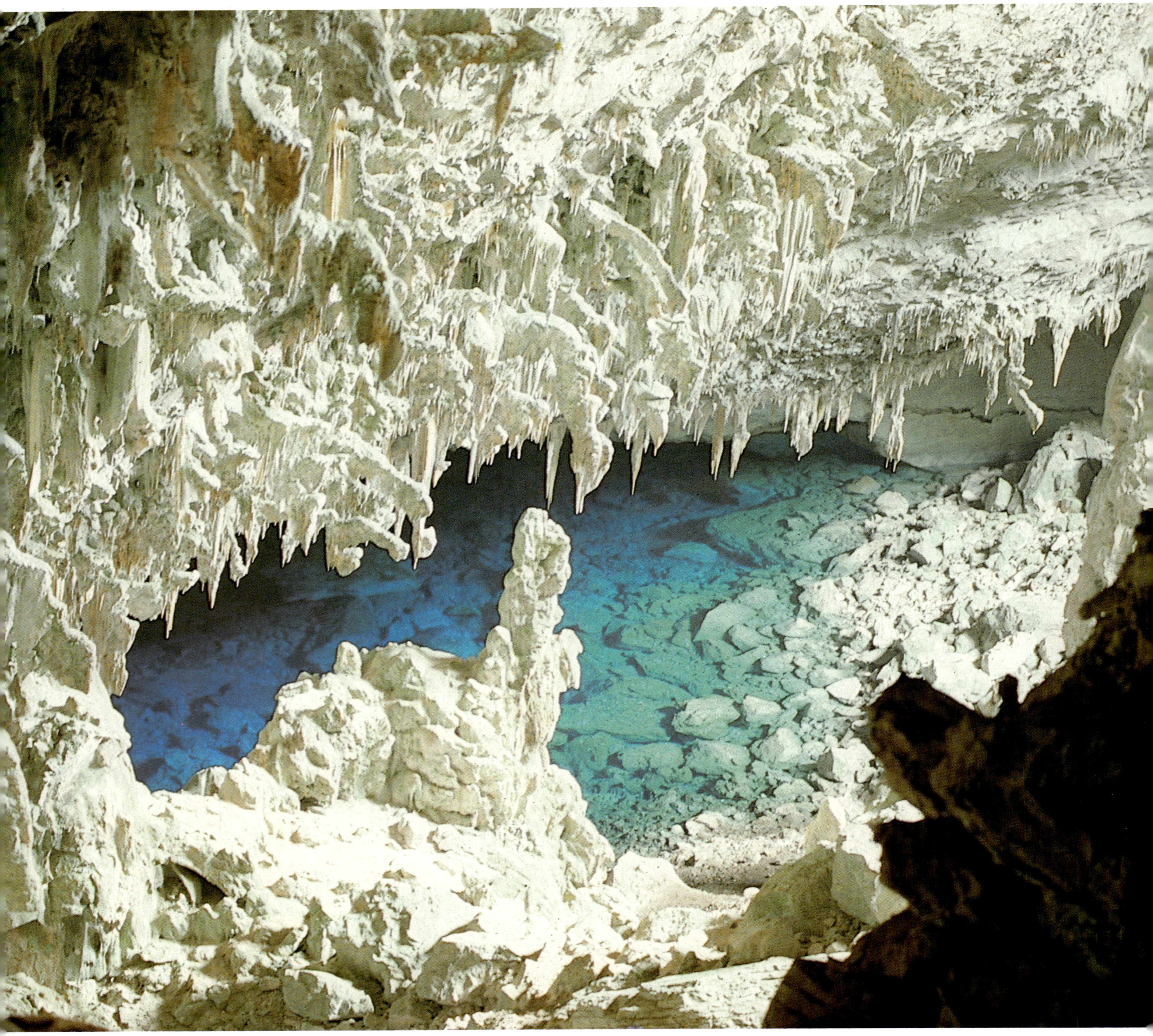

CONCLUSÃO

Milênios se passaram e, como turista ou pesquisador, o homem volta às cavernas num reencontro com sua própria história, reinterpretando com olhos de civilizado este mundo, por vezes hostil, mas sempre fascinante.

As cavernas muito nos ensinaram e têm mais ainda a nos ensinar. À medida em que transformamos o medo em respeito, a curiosidade em alavanca do conhecimento e o desafio em fonte de prazer, avançamos. E poucos ambientes têm o dom de operar em nós essa capacidade como as cavernas. Assim, entrar em uma gruta ou escrever um livro sobre elas tem para mim o mesmo sentido, pois o conhecimento não começa em si e em si não termina. Quando Peter Lund escrevia sua memória sobre a Gruta de Maquiné, datada de 14 de fevereiro de 1837, estava abrindo um capítulo novo no saber de nosso país. Cem anos depois, em 1937, ao criar a Sociedade Excursionista e Espeleológica de Ouro Preto, talvez a mais antiga das Américas, seus fundadores davam outros instrumentos a esse processo de conhecimento do mundo subterrâneo. É nesse processo que a presente obra se insere como mais uma contribuição, à qual certamente várias outras se seguirão pela dedicação de novos espeleólogos.

Mal havia terminado meu primeiro livro, em 1980, já sentia a obra anacrônica, dada a quantidade de novas cavernas que se descobriam e novos estudos que se realizavam. Esse privilégio de ter sempre o novo como rotina é uma das mais agradáveis características da espeleologia no Brasil. Certamente a mesma sensação fica ao finalizar esta obra, cujos primeiros manuscritos terminei em julho de 1987 na Gruta do Padre, na Bahia, durante a Operação Tatus II de permanência subterrânea por 21 dias.

Muitos dados tiveram que ser atualizados desde então. O processo todavia é contínuo; que a paixão também o seja, pois de tudo, o que fica é o futuro.

CONCLUSION

Millennia have passed; man, as tourist or researcher, returns to the caves in an encounter with his own history. With the eyes of civilisation, he reinterprets his world, often hostile, always fascinating.

Caves have taught as much; they still have much to teach us. As our fear changes to respect, as our curiosity becomes an instrument by which we attain to knowledge, as challenge becomes a source of pleasure, so we advance. Few environments have the gift of bringing about this step, and among those few are caves. So for me, to go into a cave or to write a book about caves has the same meaning, for knowledge does not begin in itself nor does it end in itself. When Peter Lund wrote his work on the Gruta de Maquiné, bearing the date of 14th February, 1837, he was opening a new chapter in the knowledge of our country. One hundred years later, the founders of the Sociedade Excursionista e Espeleológica de Ouro Preto – perhaps the oldest such society in the Americas, established in 1937 – provided more instruments for this process of getting to know the subterranean world. The present work is part of the same process; it is a contribution, and certainly other contributions, arising from the dedication of new speleologists, will follow in its path.

I had hardly finished my first book, in 1980, when I began to feel that it was out of date; so many new caves had been found, so many new studies carried out. This privileged condition, in which what is new is at the same time one's routine, is one of the most agreeable aspects of speleology in Brazil. Such was the sensation as I finished this work, writing the basic script in July 1987 in a cave, the Gruta do Padre, in the State of Bahia, during our underground stay known as Operation Tatus II.

Since then, much has had to be updated. The process goes on; may the passion do likewise, for what remains is the future.

BIBLIOGRAFIA / BIBLIOGRAPHY

A GRUTA – 1984 – Bol. Inf. Espeleológico, EGB – Espeleo Grupo de Brasília, ano II, 5, jul./set., Brasília.

 1985 – Bol. Inf. Espeleológico, EGB – Espeleo Grupo de Brasília, ano III, 6, out., Brasília.

 1986 – Bol. Inf. Espeleológico, EGB – Espeleo Grupo de Brasília, ano IV, 7, set., Brasília.

AB'SÁBER, A. N. – 1974 – *O domínio morfoclimático semi-árido das caatingas brasileiras*. Geomorfologia, 43, Inst. Geog. USP, São Paulo.

 1977 – *Topografias ruineformes no Brasil; Notas prévias*. Geomorfologia, 50, Inst. Geog. USP, São Paulo.

 1977 – *Os domínios morfoclimáticos da América do Sul; Primeira aproximação*. Geomorfologia, 52, Inst. Geog. USP, São Paulo.

 1979 – *Geomorfologia e Espeleologia*. Espeleo-Tema, Bol. Inf. SBE, 12:25-32, São Paulo.

ABI ACKEL, M. V. – 1980 – *Notas de Espeleologia – Província Espeleológica do Curral de Pedras. Currais III e IV – Localidade de Tesouras (Lapa da Festa)*. In: Anais XIV Cong. Nac. Espeleologia, 42-6, CPG/SBE, Belo Horizonte.

ABREU, S. F. – 1932 – *Gruta calcária nas proximidades de Pains*. Rev. Soc. Geog., 36:151, Rio de Janeiro.

ABREU – 1936 – In: CPRM – *Pesquisas de materiais industriais no Estado do Pará*. SUDAM, Belém, 1976.

ABREU, S. F. – 1937 – *A riqueza mineral do Brasil*. Brasiliana, série 5ª, vol. 100, Bib. Pedag. Bras., Cia. Edit. Nacional, São Paulo.

ACCA., *American Cave Conservation* – 1986 – *Cave Management Series*. Vol. 1, nº 3. Horse Cave, KY. USA.

 1982 – *National Cave Management*. Cave Management Symposia. Horse Cave, KY. USA.

ACOSTA Y LARA, E. E. – 1951 – *Notas ecológicas sobre algunos Quirópteros del Brasil*. Com. Zool. M. Hist. Nat., 65:1-2, Montevideo.

AELLEN, V. & STRINATI, P. – 1975 – *Guide des grottes d'Europe Occidentale*. Delachaux & Niestlé Éd., Neuchâtel, Paris.

ALLIEVI, J. – 1981 – *Proteção legal a monumentos naturais: Cavernas*. In: III Simp. Nac. Ecol., Belo Horizonte.

 1986 – *Legislação preservacionista para ambientes subterrâneos: Aspectos legais atualizados*. Espeleo-Tema, Bol. Inf. SBE, 15:101-9, São Paulo.

ALLIEVI, J., BOGGIANI, P. C. & OLIVEIRA, R. G. – 1986 – *Projeto de iluminação cênica da Gruta da Mangabeira – Ituaçu, BA*. Relatório, São Paulo.

ALMEIDA, F. F. M. – 1943 – *Geomorfologia da região de Corumbá*. Bol. Assoc. Geóg. Brasil, 3(3):8-18, São Paulo.

ALMEIDA, F. F. M. & LIMA, M. A. – 1959 – *Planalto Centro-Ocidental e Pantanal Matogrossense*. Cons. Nac. Geografia, Rio de Janeiro.

ALMEIDA, F. F. M. – 1964 – *Fundamentos geológicos do relevo paulista*. Inst. Geogr. Geol., 41:169-263, São Paulo.

 1964 – *Geologia do Centro-Oeste Matogrossense*. Bol. DGM-DNPM, (215):1-133, Rio de Janeiro.

 1965 – *Geologia da Serra da Bodoquena*. Bol. DGM-DNPM, 219, Rio de Janeiro.

 1967 – *Origem e evolução da plataforma brasileira*. Bol. DGM-DNPM, 24:1-36, Rio de Janeiro.

 1967 – *Observações sobre o pré-cambriano da região central de Goiás*. XXI Cong. Bras. Geol., Bol. Paranaense Geoc., 26:19-22, Curitiba.

 1968 – *Evolução tectônica do centro-oeste brasileiro no Proterozóico superior*. Anais Acad. Bras. Ciências, 40:285-96, Rio de Janeiro.

ALMEIDA, F. F. M.; HASUI, Y & BRITO NEVES, B. B. – 1976 – *The upper precambrian of South America*. Bol. Inst. Geoc. USP, 7:45-80, São Paulo.

ALVARENGA, S. M.; BRASIL, A. E. & DEL'ARCO, D. M. – 1981 – *Folha SF. 21 – Campo Grande – Projeto RADAM/BRASIL*. Geomorfologia, 28:125-84, Rio de Janeiro.

AMARAL, G. & KAMASHITA, K. – 1967 – *Determinação da idade do Grupo Bambuí pelo método Rb-Sr*. In: Anais XXI Cong. Bras. Geol., 214-7, Curitiba.

AMEGHINO, F. – 1907 – *Notas sobre pequeña colección de mamíferos procedentes de las grutas calcarias de Iporanga, en el Estado de São Paulo, Brasil*. Rev. Museu Paulista, 7:59-124, São Paulo.

ANDRADE, M. A. – 1985 – *Observações preliminares sobre a avifauna cavernícola*. 1-9, inédito.

ANDRADE, M. A.; FREITAS, M. V. & MATTOS, G. T. – 1985 – *Observações preliminares sobre a nidificação do andorinhão-de-coleira-falha (Streptoprocne biscutata, Sclater, 1865), em cavernas do Parque Estadual do Ibitipoca, Minas Gerais*. In: Anais Soc. Sul-riograndense Ornitologia, vol. 6:8-11, dez., Porto Alegre.

ANDRADE RAMOS, J. R. – 1938 – *Espeleologia Histórica*. Espeleologia, SEE, Esc. Minas, 2, jun., Ouro Preto, 1970.

ANDRIEUX, C. – 1962 – *Étude cristallographique des édifices stalactitiques*. Bull. Soc. Franc. Min. Crist., (85):67-76, Paris.

 1975 – *Étude des stalactites tubiformes monocristallines – Mécanisme de leur formation et conditionnent de leurs dimensions transversales*. Bull. Soc. Franc. Min. Crist., (88):53-8, Paris.

ANTHONIOZ, S. & COLOMBEL, P. – 1975 – *Les oeuvres rupestres de Lagoa Santa, Brésil – Cerca Grande*. Arch. et Doc., Inst. Ethnol. Mus. Homme, R74039116 microfiche 750116 URA-5/RCP 394.

ANTHONIOZ, S., COLOMBEL, P. & MONZON, S. – 1978 – *Les peintures rupestres de Cerca Grande, MG, Brésil*. Cah. d'Archeo. d'Amérique du Sud, t.6, Paris.

ARAGÃO, F. – 1987 – *Relatório da expedição espeleológica ao Município de Iraquara no Estado da Bahia*. Inf. SBE, 13:6-7, jan./fev., Belo Horizonte.

ARENAS, A. D., BACK, W. – 1989 – *Karst terrains: resources and problems*. UNESCO – Special Issue – Nature & Resources.

ARON, G., WHITE, E. L., WHITE, W. B. – 1984 – *The influence of urbanization on sinkhole development in central Pennsylvania*. In: First Multidisciplinary Conference on Sinkholes, 1984. Orlando/Florida. Proceeding... Orlando: University of Central Florida, 15-17.

ARRUDA, M. B. – 1993 – *Ecologia e Antropismo na Área do Município de São Raimundo Nonato e Parque Nacional da Serra da Capivara*. Dissertação de Mestrado. UnB – IB – Depto. Ecologia. Brasília.

AULER, A. S. – 1984 – *Gruta Olhos d'Água*. A Gruta, Bol. Inf. Espeleol. EGB, ano II, 5:7-8, jul./set., Brasília.

 1986 – *Bahia: 5,5 km de galerias virgens sem final à vista*. Inf. SBE, ano II, 8:1-5, mar., Belo Horizonte.

AULER, A. S. – 1987 – *Gruta do Padre: a maior caverna da América do Sul*. Inf. SBE, ano III, 16:2-4, jul./ago., Monte Sião.

AULER, A. 1986 – Carste. Curitiba, GEEP-AÇUNGUI/UFPAR.

AULER, A. – 1991 – *Mergulhando nas Águas Cristalinas do Mato Grosso do Sul. – O Carste*, v. 3, nº 8, p. 47-49, Belo Horizonte.

AULER, A. – 1985 – *Notas preliminares a respeito da geologia da Gruta Olhos d'água*. Apresentado no I Encontro Mineiro de Espeleologia, 1. Ouro Preto/MG.

AULER, A. – 1985 – *Estudos preliminares Gruta Olhos d'água*. Apresentado no XVII Congresso Brasileiro de Espeleologia, 17. Ouro Preto/MG.

AULER, A. – 1986 – *Carste*. In: Apostila do Curso de Extensão "Espeleologia". Cutitiba Departamento de Geografia da Universidade Federal do Paraná/GEEP Açungui/Museu Paranaense. 29 p.

AULER, A. – 1986 – *Endocarste*. In: Apostila do Curso de Extensão "Espeleologia". Curitiba Departamento de Geografia da Universidade do Paraná/GEEP Açungui/Museu Paranaense, 15 p.

AULER, A. – 1991 – *Carste tectônico em carbonatos do Grupo Bambuí intercalados a quartzitos do Supergrupo Espinhaço*. Apresentado no XXI Congresso Brasileiro de Espeleologia 21, Curitiba.

AULER, A. BASÍLIO, M. S. – 1988 – *Geologia da Região a Leste de Santana do Riacho com Ênfase ao Estudo das Feições Cársticas*. Belo Horizonte, UFMG, 80 p. (Monografia de graduação. Instituto de Geociências)

AULER, A. e BOLLER A. – 1992 – Expedição Franco-Brasileira Bonito'92. – *O Carste*, v. 4, nº 12, p. 81-87, Belo Horizonte.

AULER, A. PILÓ, L. B. – 1987 – *Nota sobre a espeleogênese da Gruta da Jaguara I, Matozinhos/MG*. Apresentado no XIX Congresso Nacional de Espeleologia, 19. Ouro Preto/MG.

AULER, A., RUBBIOLI, E., MASOTTI, F. – 1991 – *Evolução metodológica no mapeamento da Troca da Boa Vista*. Campo Formoso/BA Espeleotema, v. 16, p. 2539, São Paulo.

ASSUNÇÃO, L. G. – 1976 – *Exploração da Caverna da Marreca, SP*. Bol. SBE, 8:23-5, São Paulo.

AVARI, R. – 1986 – *Goiás 86*. Inf. SBE, ano II, 12:3-4, Belo Horizonte.

AXELROD, J. M.; CARRON, M. K.; MILTON, C. & THAYER, T. P. – 1952 – *Phosphate mineralization at Bomi Hill and Bambuta, Liberia, West Africa*. Amer. Mineralogist, v. 37, 11-2:883-909.

BADIN, A. – s.d. – *Grutas e Cavernas*. Bib. Maravilha, Magalhães & Moniz, Porto.

BARBOSA – 1964 – *Notícia sobre o Karst na Mata de Pains*. Bol. Min. Geog., vol. II-III:3-21, Belo Horizonte.

BARBOSA, G. V. & RODRIGUES, D. M. S. – 1965 – *O Quadrilátero Ferrífero e seus problemas geomorfológicos*. Tese apres. II Cong. Bras. Geógrafos, 4-35, jul., Rio de Janeiro.

BARBOSA, G. V. – 1978 – *A área de Lagoa Santa no Estado de Minas Gerais*. In: Colóquio Interdisciplinar Franco-Brasileiro. *Estudo e Cartografação de Formações Superficiais e suas aplicações em Regiões Tropicais*. vol. 2, cap. III, 5-19, Guia de excursão à região kárstica de Lagoa Santa, MG, FFLCH-USP, São Paulo.

BARR, T. C. Jr. – 1963 – *Ecological classification of cavernicoles*. Rev. Cavenotes, 5(2):9-12, USA.
1967 – *Observations on the ecology of Caves*. Amer. Nat., 101:475-942.
1968 – *Cave ecology and the evolution of the Troglobites*. Evol. Biol., 2:35-102.

BEDMAR, A. D. & SILVA, A. B. – 1980 – *Utilização de isótopos ambientais na pesquisa de recursos hídricos subterrâneos no "Karst" da região do Jaíba norte de Minas Gerais*. I Cong. Bras. Água Subter., 147-68, Recife.

BERNASCONI, R. – 1967 – *Biospéléologie et faune des grottes suisses*. Cavernes, 11(1):26-9, La Chaux-de-Fonds.
1981 – *Mondmilch (moonmilk): Two questions of terminology*. Proceedings of the Eighth Internat. Cong. Speleology, 1:113-6.

BERRYHILL JR., W. – 1989 – *The impact of agricultural practices on water quality in karst regions*. In: 3 rd. Multidisciplinary Conference on Sinkholes, 1989. St. Petersburg Beach/Florida. Proceeding... Orlando: University of Central Florida, 2-4.

BERTRAN, P. – 1985 – *Memória de Niquelândia*. FNPM/SPHAN, Brasília.

BEURLEN, K. – 1967 – *Geologia da região de Mossoró*. Col. Mossorense, série C, Ed. Pongetti, Rio de Janeiro.

BEXIGA, R. – 1975 – *L'exploration du sumidor de São Vicente – Brésil*. Bull. Speleo. Club de Paris (Grottes e Gouffres), 57:9-18, Paris.

BIERREGAARD JR., R. O.; QUINTINELLI, C. & DOWNER, R. H. L. – 1986 – *Southern most breeding records for the cock of the rock (*Rupicola rupicola*)*. World Wildlife Fund-US, Washington DC e Inst. Nac. Pesq. Amazônia, Manaus.

BIGARELLA, J. J.; SALAMUNI, R. & PINTO, V. M. – 1967 – *Geologia do pré-devoniano e intrusivas subseqüentes da porção oriental do Estado do Paraná*. Bol. Paranaense Geociências, 23 e 25, Curitiba.

BIROT, P. – 1981 – *Les processes d'érosion à la surface des continents*. Masson, Paris.

BITTENCOURT, A. U. – 1945 – *Gruta dos Estudantes*. Rev. Bras. Geog., 7(3):486-9, Rio de Janeiro.

BOGGIANI, P. C. – 1999 – *Plano de Manejo e Avaliação do Impacto Ambiental da Visitação Turística das Grutas do Lago Azul e N. S. Aparecida*. Bonito/MS.

BOGGIANI, P. C. & COIMBRA, A. M. – 1995 – *Quaternary Limestone of the pantanal area. Brazil*. Anais da Academia Brasileira de Ciências, 67 (3): 301-305. Campo Grande.

BÖGLI, A. – 1960 – *Solution of Limestone and Karren Formation*. Zeitschr. Geomorph. Sup., 2:4-21, Berlin-Stuttgart.
1960 – *Kalklösung und Karrenbildung*. Internat. Beiträge zur Karstmorph., Zeitschr. Geomorph. Sup., 2:4-21, Berlin-Stuttgart.
1964 – *Mischungskorrosion – Ein Beitrag zum Verkarstungs Problem*. Erdkunde, Arch. Wiss. Geog., 18(2):83-92, Bonn.
1964 – *Mixed – water corrosion*. Internat. Journal Speleology, 1:61-70, Weinhein.
1969 – *Neue Anschanungen über die Rolle von Schicht fugen und klüften in der Karst hydrographischen*. Entwicklung Geol. Rdschau, 58(2): 395-408, Stuttgart.
1980 – *Karst hydrology and physical speleology*. Springer Verlag.

BOLDORI, L. & BUSULINI, E. – 1969 – *Biologia secreta das grutas*. Espeleologia, Rev. Esc. Minas, 1:5-8, Ouro Preto.

BOLETIM GEOGRÁFICO – 1969 – Inst. Bras. Geografia, Fund. IBGE, 213, nov./dez., Rio de Janeiro.

BOUILLON, M. – 1972 – *Descoberta do Mundo Subterrâneo – O enigma fascinante da Espeleologia*. Col. Vida e Cultura, 52, Ed. Livros do Brasil, Lisboa.

BRAGA, N. – 1889 – In: *Biografia de Vila Velha – Ponta Grossa, PR*. Lima, L.S., 1975.

BRANCO, J. J. R. & COSTA, M. T. – 1961 – *Roteiro e excursão Belo Horizonte – Brasília*. In: XIV Cong. Bras. Geol., UFMG, Inst. Pres. Radioat., Publ. 15, Belo Horizonte.

BRANDT, W. – 1980 – *Aspectos geológicos de interesse para a Espeleologia do norte de Minas Gerais, Brasil*. In: Anais XIV Cong. Nac. Espeleologia 48-60, CPG/SBE, Belo Horizonte.
1985 – *A província espeleológica de Pirapora-Brasil*. Apresentado no XVI Congresso Nacional de Espeleologia, 16. Ouro Preto/MG.
1988 – *Espeleologia aplicada aos estudos de impacto ambiental*. In: I Congresso de Espeleologia da América Latina e do Caribe, n. 1, Anais... Belo Horizonte, p. 197-207, Belo Horizonte.
1988 – *O patrimônio natural e cultural como manifestação no relacionamento ser humanoambiente*. Apresentado no II Encontro Latinoamericano da Relação ser Humano-Ambiente, 2, Belo Horizonte/MG.

BRASIL, A. E. – 1982 – *Folha SD. 21 – Cuiabá*. Projeto RADAM/BRASIL, vol. 26, Rio de Janeiro.

BRASIL, SPHAN. – 1986 – Secretaria do Patrimônio Histórico Nacional. *Iluminação Cênica da Gruta da Mangabeira*. Fundação Nacional próMemória. Min. Cultura. Relatório de Márcia Nogueira Batista. Salvador.

BRAUN, O. P. G. – 1968 – *Contribuição à estratigrafia do Grupo Bambuí*. In: Anais XXII Cong. Bras. Geol., Soc. Bras. Geol., 1:159-61, Belo Horizonte.

BRAUN, O. P. G. & FRANCISCONI, O. – 1976 – *Algumas considerações sobre o Grupo Bambuí em face dos conceitos mais atuais*. Res. 29º Cong. Bras. Geol., 31-2, Ouro Preto.

BRAZ, A. – 1973 – *Contribuição à hidrogeologia dos karsts da região da Bahia*. Água Subterrânea, 1(3):11-6, mar., São Paulo.

BRETZ, J. H. – 1942 – *Vadose and phreatic features of limestone caverns*. Journal Geology, 50:675-9, 698-720.
1953 – *Genetic relations of caves to peneplains and big springs in the Ozarks*. Am. J. Sci., 251:1-24, New York.

BRICHTA, A.; PATERNOSTER, K.; SCHÖLL, W. U. & TURINSKY, F. – 1980 – *Die Gruta do Salitre bei Diamantina, Minas Gerais, Brasilien kei, "Einsturzloch"*. Z. Geomorph. N.F., 24(2):236-42, jun., Berlin-Stuttgart.

BRIGNOLI, P. M. – 1972 – *Sur quelques araignées cavernicoles d'Argentine, Uruguay, Brésil et Venezuela récoltées par le Dr. P. Strinati (Arachnida, Araneae)*. Rev. Suisse Zool., 79(11):361-85, Genebra.
1973 – *Il popolamento di ragni nelle grotte tropicali – Araneae*. Internat. Journal Speleology, 5:325-36, Weinhein.

BROCHADO, J. P. & SCHMITZ, P. I. – 1972/73 – *Aleros y cuevas con petroglifos y industria lítica de la escarpa del planalto meridional en Rio Grande do Sul, Brasil*. An. Arqueo. Etnol., 27-8:39-66, Mendoza.

BROOK, G. A. & FORD, D. C. – 1978 – *The origin of labyrinth and tower karst and the climatic conditions necessary for their development*. Nature, vol. 275, 493-5.

BROUGHTON, P. L. – 1972 – *Secondary mineralization in the cavern environment*. Studies in Speleo, vol. 2, pt. 5, 191-207.

BUECHER, R. – 1995 – *Monitoring the Cave Environment*. In: Proceedings of the National Cave Management Symposium. Produced by Indiana Karst Conservancy, Inc. Spring Mill State Park. Mitchell. Indiana. USA.

BULL, P. A. & LAVERTY, M. – 1982 – *Observations on phytokarst*. Zeitsch. Geomorph., 26(4):437-57, Berlin-Stuttgart.

BURRI, E. *et alii* – 1991 – *Some considerations on the potential for revitalization of show caves*. Proceedings of the international conference on environmental changes in karst areas. p. 299-303. Italy.

CALAFORRA, J. M. & SANCHEZ-MATOS, F. – 1996 – *An Example of Environmental Monitoring Programme of a Cave Before its Possible Tourist Use: "Cueva del Agua" (Granada, Spain)*. Department of Hydrogeology and Analytical Chemistry. University of Almeria. La Canada s/n. Almeria. Spain. In: Bossea MCMXCV. Proceedings of the International Symposium Show Caves and Environmental Monitoring. p. 251-259. Edited by Arrigo A. Cigna. Italy.

CALDARELLI, S. & COLLET, G. C. – 1979 – *Nota prévia sobre o Sítio Arqueológico do Pavão: Uma oficina lítica no médio do curso do Rio Ribeira de Iguape, SP*. Resumo 31ª Reunião Anual SBPC, p. 97, Fortaleza.

CALDCLEUGH, A. – 1829 – *Geology of Rio de Janeiro*. Trans. Geol. Soc. London, v. 2, 69-72, London.

CALÓGERAS, J. P. – 1904 – *As minas do Brasil e sua legislação*. Imprensa Oficial (4):511-21, Rio de Janeiro.

CAPPA, G. *et alii* – 1996 – *Radiation Protection and radon concentration measurements in Italian Caves*. Società Speleologica Italiana & ANPA. In: Bossea MCMXCV. Proceedings of the International Symposium Show Caves and Environmental Monitoring. p. 169-181. Edited by Arrigo A. Cigna. Italy.

CARTELLE, C., BRANDT, W., PILÓ, L B A. – 1989 – *Gruta do Túnel (BA) morfogênese e paleontologia*. In: Congresso Brasileiro de Paleontologia, 11, 1988, Anais Curitiba, v. 1, p. 593-606, Curitiba.

CARVALHO, A. L. – 1967 – *Novos dados para o conhecimento de **Phreatobius cisternarum**, Goeldi (Pisces, Pygidiidae, Phreatobiinae)*. Museu Nac. Rio de Janeiro, In: Atas Simp. sobre a Biota Amazônica, vol. 3 (Limnologia) 83-8, Rio de Janeiro.

CARVALHO, A. M. & PINNA, M. C. C. – 1986 – *Estudo de uma população hipógea de **Trichomycterus** (Ostariophysi, siluroidei, Trichomyceteridae) da Gruta Olhos d'Água, MG*. Espeleo-Tema, Bol. Inf. SBE, 15:53-78, São Paulo.

CARVALHO, E. T. & GREVICHE, L. M. T. – 1975 – *Arte rupestre das cavernas e abrigos da região norte mineira – Síntese das pesquisas*. In: Anais X Cong. Nac. Espeleologia, 199-209, Ouro Preto.

CARVALHO, E. T.; FREITAS, J. R.; KOHLER, H. & SANTOS, F. M. C. – 1977 – *Inventário geo-ecológico da região de Lagoa Santa, MG*. Relatório FUNDEP/PLANBEL/UFMG, Belo Horizonte.

CARVALHO, J. J. – 1907 – *A Gruta Izabel*. Relatório sumário de sua exploração, seguido de breves considerações histórico-geográficas, março, São Paulo. Original sem outras referências, Arquivo SPHAN, Rio de Janeiro.

CARVALHO, J. N. C. et alii – 1966 – *Informação sobre a jazida fossilífera pleistocênica do lajedo da Escada, Município de Mossoró, Rio Grande do Norte*. Arq. Inst. Antrop., UFRN, 2(1-2):391-404, Natal.

200. Vista geral do acampamento subterrâneo da Operação Tatus II (1987), na Gruta do Padre (BA). CFL.

General view of the underground camp-site during Operation Tatus II (1987) in the Gruta do Padre (BA). CFL.

CARVALHO, H. O. et alii – 1956 – *Gruta de Palhares.* Rev. Esc. Minas, 20(2):37-9, Ouro Preto.

CASTERET, N. – 1945 – *Dez anos debaixo da terra.* Liv. Tavares Martins, Porto.

1973 – *Les grandes heures de la Spéléologie.* Lib. Acad. Perrin, Paris.

CATRIÚ, L. – 1953 – *Preservação de grutas e sambaquis.* Eng. Min. Met., 18(105):111-3, Rio de Janeiro.

CAUMARTIN, V. & RENAULT, P. – 1958 – *La corrosion biochimique dans un réseau karstique et la génèse du mondmilch.* Notes biospéléol., 13:87-109.

CEMIG – 1993 – *Avaliação sobre as possibilidades de fuga na área carbonática da UHE de Bocaina.* Belo Horizonte (Relatório).

CETEC – 1981 – *Cadastramento de Grutas nas Regiões Metalúrgica e Alto Jequitinhonha.* SOCT/CETEC, Belo Horizonte.

CETEC – Fundação Centro Tecnológico de Minas Gerais – 1978 – *Relatório de vistoria preliminar das grutas tombadas (Lago Azul e N. S. Aparecida/MS), visando a definição de áreas de proteção e subsídios para desapropriação.* Coord. PERES, R. C. & GROSSI, W. Belo Horizonte.

CETEC. Fundação Centro Tecnológico de Minas Gerais. – 1986 – *Projeto Utilização Turística da Gruta Rei do Mato.* Coord. PERES, R. C & GROSSI, W. Belo Horozonte.

CHABERT, J. – 1970 – *Les grottes du Mato Grosso.* Grottes e Gouffres, Bol. Spéléo Club Paris, 45:45-52, Paris.

CHAIMOWICZ, F. – 1984 – *Levantamento bioespeleológico de algumas grutas de Minas Gerais.* In: Espeleo-Tema, Bol. Inf. SBE, 14:97-107, São Paulo.

1985 – *Notas preliminares a respeito da bioespeleologia da Gruta Olhos d'Água.* Apresentado no I Encontro Mineiro de Espeleologia, 1, Ouro Preto/MG.

1985 – *Caracterização preliminar do ecossistema da Gruta Olhos d'Água.* Itacarambi/MG. Apresentado no XVII Congresso Nacional de Espeleologia, 17, Ouro Preto/MG.

1986 – *A Gruta sem ar.* Inf. SBE, ano II, 9:3, Belo Horizonte.

1986 – *O mal das cavernas de Monjolos.* Inf. SBE, ano II, 9:8, Belo Horizonte.

1986 – *Observações preliminares acerca do ecossistema da Gruta Olhos d'Água, Itacarambi, Minas Gerais.* Espeleo-Tema, Bol. Inf. SBE, 15:65-77, São Paulo.

1986 – *Contribuição ao levantamento preliminar da fauna das cavernas do Grupo Bambuí, Brasil.* In: Espeleo-Tema, Bol. Inf. SBE, 16, no prelo.

1986 – *Avaliação das possíveis alterações ecológicas no biótipo subterrâneo da Gruta da Igrejinha determinadas pelo fechamento de sua entrada.* In: Documento para a Proteção Jurídica da Área de Entorno da Gruta da Igrejinha, Ouro Preto. Belo Horizonte, Instituto Estadual do Patrimônio Histórico e Artístico de Minas Gerais. 7 p.

1986 – *Avaliação preliminar da importância bioespeleológica das cavernas do Vale do Rio Peruaçu.* Dossiê para Criação da Área de Proteção Ambiental no Vale do Rio Peruaçu. Belo Horizonte, Instituto Estadual do Patrimônio Histórico e Artístico de Minas Gerais.

1986 – *Bioespeleologia. O estudo da biologia das cavernas.* In: Apostila do Curso de Extensão "Espeleologia" Curitiba. Departamento de Geografia da Universidade Federal do Paraná/ GEEP Açungui/Museu Paranaense, 55 p.

1986 – *Contribuição ao levantamento preliminar da fauna de cavernas de Minas Gerais.* Apresentado no XVIII Congresso Nacional de Espeleologia, 18, Jundiaí/SP.

1987 – *Nos subterrâneos da Bahia.* Inf. SBE, ano III, 14:10-4 e 15:6-9, Belo Horizonte.

1988 – *Crustáceos Troglomorfos Hipógeos do Centro-Oeste do Brasil* (Amphipoda, Bogidiellidae, *Spelaeogammarus bahiensis*; Isopoda, Styloniscidae, n. spp.); uma discussão preliminar sobre sua ocorrência. In: I Congresso de Espeleologia da América Latina e do Caribe, 2, jul. Anais, Belo Horizonte, p. 125-131. Belo Horizonte.

1989 – *Avaliação preliminar da importância biológica da Gruta do Morro Redondo.* Matozinhos/MG. Dossiê para Tombamento do Conjunto Arqueológico e Paisagístico dos Poções. Belo Horizonte: Instituto Estadual do Patrimônio Histórico e Artístico de Minas Gerais.

CHAPMAN, P. – 1986 – *Non-relictual cavernicolous invertebrates in tropical Asian and Australasian Caves.* In: Anais IX Cong. Internac. Espeleologia, Espanha, vol. 2:161-3, Barcelona.

1986 – *A proposal to abandon the Schiner-Racovitza classification for animals found in caves.* In: Anais IX Cong. Internac. Espeleologia, Espanha, vol. 2:179-82, Barcelona.

CHINESE ACADEMY OF GEOLOGICAL SCIENCE – 1976 – *Karst in China.* Institute of Hydrogeology and Engineering Geology, 147 p. Pequim.

CHOPPY, B. & J. – 1969 – *Formation des excentriques.* In: Actes 3e Cong. Nat. Spéléologie, Soc. Suisse Spéléologie, 64-6, La Chaux-de-Fonds.

CHRISTOFFERSEN, M. L. – 1976 – *Two species of Fridericis Mich., 1889 (Oligochaeta, Enchytraeidae) from Brazil.* Bol. Zool. USP, 1:239-56, São Paulo.

CIGNA, A. A. – 1993 – *Environmental management of tourist caves.* Environmental Geology. 21:173-180. Italy.

CIGNA, A. A. et alii – 1999 – *Engineering Problems in developing and managing Show Caves.* Published article in Instituto Italiano di Speleologia, Università di Bologna. Italy.

CIGNA, A. A. & FORTI, P. – 1989 – *The environmental impact assessment of a tourists cave p. 29-38. In: Cave Tourism. Commission for Cave Protection and Cave Tourism.* UIS – International Union if Speleology. Proceedings of International Symposium at 170-anniversary of Postojna jama, Postojna. Slovenija.

COLLET, G. C. – 1976 – *A Arqueologia e seus "amadores"* Espeleo-Tema, Bol. Inf. SBE, 10:4, São Paulo.

1976 – *Sítio Arqueológico Pavão.* Espeleo-Tema, Bol. Inf. SBE, 10:12-3, São Paulo.

1976 – *Gruta das Pérolas – 1971.* Espeleo-Tema, Bol. Inf. SBE, 10:16-8, São Paulo.

1977 – *Orientação arqueológica/paleontológica para espeleólogos.* Dep. Arqueologia SBE, São Paulo.

1978 – *Notas prévias sobre sondagens efetuadas num abrigo sobre rocha no Vale do Rio Maximiniano – Iporanga, SP.* Dep. Arqueologia SBE, São Paulo.

1978 – *Notas prévias sobre sondagens em abrigo sob rocha – 2ª parte – Abrigo Maximiniano – Iporanga, SP.* Dep. Arqueologia SBE, São Paulo.

1978 – *Sondagens em abrigo sob rocha de Iporanga, SP.* Dep. Arqueologia SBE, São Paulo e Res. 31ª Reunião Anual SBPC, p. 98, Fortaleza, 1979.
1978 – *Pré-história e Espeleologia.* Espeleo-Tema, Bol. Inf. SBE, 11:6-8, São Paulo.
1978 – *Problemas causados pelo cansaço em Espeleologia.* Espeleo-Tema, Bol. Inf. SBE, 11:8-11, São Paulo.
1979 – *Dez anos de SBE.* Espeleo-Tema, Bol. Inf. SBE, 13:29-34, São Paulo.
1979 – *Abrigo sob rocha do Maximiano – Iporanga, SP.* Res. 31ª Reunião Anual SBPC, Fortaleza.
1980 – *Sondagens no Abrigo da Glória – Ipeúna, SP.* Dep. Arqueologia SBE, São Paulo.
1981 – *Contribuição para a elaboração de um glossário espeleológico.* Grupo Espeleológico Bagrus, São Paulo.
COMÉRIO P. – 1968 – *Espeleofoto ou a fotografia nas cavernas.* O. I. G. G., 20(1):149-54, São Paulo.
1976 – *O calcário (sua gênese).* Espeleo-Tema, Bol. Inf. SBE, 10:8-12, São Paulo.
CONCA, F. P. – 1982 – *Problemas ambientales de areas carsicas – Parte 3. El acondicionamiento turistico y la planificacion de areas carsicas.* Sociedad Venezolana de Espeleologia. Sociedad Venezolana de Espeleologia. Caracas.
CORBEL, J. – 1957 – *Les karsts du Nord-ouest de l'Europe et des quelques régions de comparaison. Étude sur le rôle du climat dans l'erosion des calcaires.* Inst. Études Rhodaniennes, Mém. Doc., 12:541.
CORRÊA FILHO, V. – 1939 – *Alexandre Rodrigues Ferreira – Vida e Obra do grande naturalista brasileiro.* Brasiliana, série 5ª, vol. 144, Bib. Pedag. Bras., Cia. Edit. Nacional, São Paulo.
CORRÊA, J. A. et alii – 1979 – *Geologia das regiões centro e oeste de Mato Grosso do Sul – Projeto Bodoquena.* DNPM, série Geologia, nº 6, Brasília.
COSTA, L. A. M. & ANGEIRAS, A. G. – 1970 – *Novos conceitos sobre o Grupo Bambuí e sua divisão em tectonogrupos.* Bol. Geol. Inst. Geociênc., 5:3-34, Rio de Janeiro.
COSTA, P. C. G. – 1978 – *Geologia das folhas de Januária, Mata do Jaíba, Japoré e Manga, Minas Gerais.* In: Anais XXX Cong. Bras. Geol. vol. I, 83-97, Recife.
COSTA, V. A. – 1949 – *A Gruta de Maquiné.* Bol. Geográfico, 70:1212-3, Rio de Janeiro.
COSTA-LIMA, A. – 1940 – *Um novo grilo cavernícola de Minas Gerais.* Pap. Dep. Zool., Sec. Agric., 1:43-50, São Paulo.
COURA, J. F. & HASHIZUME, B. R. – 1975 – *Província espeleológica de Januária.* In: Anais X Cong. Nac. Espeleologia, 41:52, Ouro Preto.
COURA, J. F. – 1976 – *Sociedade Excursionista e Espeleológica – S.E.E..* Espeleologia, 8, Rev. Esc. Minas, 35(3):72-3, Ouro Preto.
COURCON, P. & CHABERT, C. – 1986 – *Atlas Des Grandes Cavités Mondiales.* VISFFS, Paris.
COUTARD, J. P.; KOHLER, H. C. & JOURNAUX, A. – 1978 – *Mapa do Karst – Região de Pedro Leopoldo – Lagoa Santa, Minas Gerais, Brasil (esc. 1:50000).* Univ. Caen e Centre de Geomorphologie du CNRS, Caen.
COUTARD, J. P. et alii – 1978 – *Excursão à região kárstica ao norte de Belo Horizonte, MG.* In: Colóquio Interdisc. Franco-Brasileiro. Estudo e cartografação de formações superficiais e suas aplicações em regiões tropicais. Cap. III, Guia da excursão à região kárstica de Lagoa Santa, MG, vol. II, 28-42, FFLCH-USP, São Paulo.
COUTINHO, B. – 1935 – In: *As grutas em Minas Gerais.* Dep. Geral Estat. IBGE, p. 183, Belo Horizonte, 1939.
COUTO, C. P. – 1953 – *Paleontologia brasileira – Mamíferos.* Biblio. Cient. Bras., série A, 1, INL, Rio de Janeiro.
1954 – *O pleistoceno e a antiguidade do homem na América do Sul.* In: 2º Encontro de Intelectuais de São Paulo – Origens do Homem Americano, 36-49, Inst. Pré-Hist., São Paulo.
1957 – *Sobre um Gliptodonte do Brasil.* DNPM, Bol. Div. Geol. Miner., 165:1-37, Rio de Janeiro.
1958 – *Notas à margem de uma expedição científica a Minas Gerais.* Kriterion, 11(45-6):401-23, Belo Horizonte.
1959 – *Mamíferos fósseis do pleistoceno do Rio Grande do Sul I – Ungulados.* Bol. Div. Geol. Miner., 202, Rio de Janeiro.
1962 – *Explorações paleontológicas no pleistoceno do nordeste.* Seções Acad. Bras. Ciências, res. comun., vol. 34, 3, Rio de J͏͏͏͏͏͏o.
1970 – *Paleontologia da região de Lago͏͏͏͏ta, Minas Gerais, Brasil.* Bol. Mus. Hist. Nat., UFMG, série Geológica, 1:1-21, Belo Horizonte.
1971 – *Mamíferos fósseis das cavernas de Minas Gerais.* In: Espeleologia, Rev. SEE, Esc. Minas, ano III, 3-4:3-14, jul., Ouro Preto.
1975 – *Mamíferos fósseis do quaternário do sudeste brasileiro.* Bol. Paranaense Geociências, 33, Curitiba.
COUTO, J. G. P.; CORDANI, U.G.; KAWASHITA, K.; IYER, S. S. & MORAES, N. M. P. – 1981 – *Considerações sobre a idade do Grupo Bambuí com base em análises isotópicas de Sr e Pb.* In: Rev. Bras. Geociências, 11:5-16, São Paulo.
CRAWFORD, N. C.; REEDER, P. P. – 1989 – *Potencial ground water contamination of an urban karst aquifer: Bowling Green, Kentucky.* In: 3 rd. Multidisciplinary Conference on Sinkholes, 1989. St. Petersburg Beach/Florida. Proceeding... Orlando: University of Central Florida, 2-4.
CRISTINAT, J. – 1959 – *Rencontre avec des Indiens Chavantes.* La Suisse, 25 mai., p. 4, Genève.
1960 – *Espeleologia.* Bol. Geografia, 157:591-620, Rio de Janeiro.
1967 – *Spéléologie au Brésil.* 7ᵉ chap., Les Boveux (Bull. de la Section de Genève de la S.S.S.) 5(3):19-25, Genève.
1969 – *Höhlen, Urwald und Indianer.* Schweizer spiegel Verlag, Zürich.
CRUZ, W. B. – 1978 – *Regularização natural do Rio São Francisco e problemas de preservação ambiental.* 30º Cong. Bras. Geologia, 6:2811-58, Recife.
CRUZ, W. B. & SILVA, A. B. – 1980 – *Modelo de simulação digital do aquífero cárstico da Região do Jaíba, norte de Minas Gerais.* 1º Cong. Bras. Águas Subterrâneas, 359-74, Recife.

CRUZ, J. F. C. – 1983 – *Relatório de viagem à caverna na estrada de Balbina – Município de Presidente Figueiredo, reconhecimento geológico.* MME/DNPM/8º Distrito, Manaus.
1984 – *Considerações geológicas e topográficas da Caverna do Refúgio do Maroaga –* Município de Presidente Figueiredo. MME/DNPM/8º Distrito, Manaus.
CUNHA, F. L. S. – 1960 – *Sobre o Hippidion da Lapa Mortuária dos Confins, Lagoa Santa, Minas Gerais.* Tese apres. Fac. Fil. Ciênc. Let. Univ. Rio de Janeiro, inédito.
1967/68 – *Algumas cavernas do Distrito Federal.* Delfos, Rev. Assoc. Dipl. Fac. Fil. Ciênc. Let. Univ. Est. Guanabara, 7-8, Rio de Janeiro.
1975 – *O Patrimônio arqueológico das cavernas brasileiras.* In: Anais X Cong. Nac. Espeleologia, 248-82, Ouro Preto.
1978 – *Explorações paleontológicas no pleistoceno do Rio Grande do Norte.* Esc. Sup. Agric. Mossoró/SUDENE, Col. Mossoroense, C-vol. LXX, Mossoró.
CUNHA, F. L. S. & GUIMARÃES, M. L. – 1978 – *Posição geológica do Homem de Lagoa Santa no Grande Abrigo da Lapa Vermelha Emperaire (PL) Pedro Leopoldo, Estado de Minas Gerais.* Col. Mus. Paulista, sér. Ensaio, 2:275-305, São Paulo.
1979 – *O Grande Abrigo da Lapa Vermelha Emperaire (PL) Pedro Leopoldo, MG.* Espeleo-Tema, Bol. Inf. SBE, 12:14-7, São Paulo.
CVIJIC, J. – 1893 – *The Dolines.* In: Geog. Abhandlungen, 5:225-76, s.l.
DAOXIAN, Y. – 1993 – *Environmental Change and Human Impact on Karst in Southern China.* In: WILLIAMS, P. W. (ed.). karst Terrains Environmental Changes and Human Impact. Cremlingen: Catena Verlag, p. 99-107. ISSN 0722/ISBN 3-923381-34-4.
DARDENNE, M. A; FARIA A. & ANDRADE, G. F. – 1973 – *Ocorrências de estromatólitos colunares na região de São Gabriel, Goiás.* XXVII Cong. Bras. Geol. Bol. esp. 1, 139-41, Aracaju.
DARDENNE, M. A. – 1974 – *Geologia da região de Vazante, Minas Gerais, Brasil.* Res. 28º Cong. Bras. Geol., Bol. I, 182-95, Porto Alegre.
1978 – *Les minéralisations plomb-zinc du Groupe Bambuí et leur contexte géologique.* Thèse Doct. d'État, Paris.
1978 – *Geologia da região de Morro Agudo, Minas Gerais.* Soc. Bras. Geol., Núcleo Centro-Oeste, 7-8:68-84.
1978 – *Zonação tectônica na borda ocidental do Craton São Francisco.* In: Anais XXX Cong. Bras. Geol., vol. I, 299-308, Recife.
1978 – *Síntese sobre a estratigrafia do Grupo Bambuí no Brasil Central.* In: Anais XXX Cong. Bras. Geologia, 2:597-610, Recife.
DARDENNE, M. A.; MAGALHÃES, L. F. & SOARES, L. A. – 1978 – *Geologia do Grupo Bambuí no Vale do Rio Paraná (Goiás).* In: Anais XXX Cong. Bras. Geol., vol. II, 611-21, Recife.
1978 – *Distribuição do tilito de base do Grupo Bambuí na borda ocidental do Craton São Francisco.* Rev. Centro-Oeste.
DARDENNE, M. A. – 1979 – *Les minéralisations de plomb, zinc, fluor du Proterozoique Superior dans le Brésil Central. Avec une mise au point sur la chronologie du Précambrien brésilien.* Thèse Doctorat d'État, Université Paris VI, Paris.
DARDENNE, M. A. & WALDE, D. H. G. – 1979 – *A estratigrafia dos Grupos Bambuí e Macaúbas no Brasil Central.* SBG, Núcleo MG, Atas I Simp. Geol. Minas Gerais, Geol. Espinhaço, 1:43-54, Belo Horizonte.
DARDENNE, M. A. – 1981 – *Os Grupos Paranoá e Bambuí na faixa dobrada Brasília.* In: Anais Simp. sobre o Craton do São Francisco e suas faixas marginais, parte IV, 140-57, Brasília.
DAVIS, C. A. – 1900 – *A contribution to the Natural History of Marl.* Journal Geology, 8:485-97.
DAVIS, W. M. – 1930 – *Origin of Limestone Caverns.* Geol. Soc. Amer. Bull., 41:475, 477, 480-2, 497-501, 548-56, 561-628, New York.
DAY, M. J. – 1993 – *Human Impacts on Caribbean and Central American Karst.* In: WILLIAMS, P. W. (ed.). karst Terrains Environmental Changes and Human Impact. Cremlingen: Catena Verlag, p. 109-125. ISSN 0722/ISBN 3-923381-34-4.
DEBOUTTEVILLE, C. M. – 1969 – *Le Laboratoire de Moulis et les progrès de la biologie souterraine.* In: Annales de Spéléologie, tome 24, fase 2, Paris.
DECOU – 1969 – *Aperçu zoogéographique sur la faune cavernicole terrestre de Roumaine.* Ata Zool. Cracov, XIV, 20.
DEIKE, R. G. – 1969 – *Relations of jointing to orientation of solution cavities in limestones of Central Pennsylvania.* Am. Jour. Science, 267:1230-48, New York.
DEPARTAMENTO GERAL DE ESTATÍSTICA – DGE – 1939 – *As Grutas em Minas Gerais,* Belo Horizonte.
DEQUECH, V. – 1940 – *Atividades speleológicas no Brasil.* Rev. Min. Eng., 2(19):54-62, Belo Horizonte.
DERBY, O. A. – 1880 – *Reconhecimento geológico do Vale do Rio São Francisco.* Rel. Com. Hydrol. São Francisco, anexo, Rio de Janeiro.
DESSEN, E. M. B. – 1979 – *A problemática do estudo de Biologia em cavernas.* Espeleo-Tema, Bol. Inf. SBE, 12:12-4, São Paulo.
DESSEN, E. M. B.; ESTON, V. R.; SILVA, M. S.; TEMPERINI-BECK, M. T. & TRAJANO, E. – 1980 – *Levantamento preliminar da fauna de cavernas de algumas regiões do Brasil.* Ciência e Cultura, 32(6):714-25, São Paulo.
DIAS JÚNIOR, O. F. – 1975 – *Pesquisas arqueológicas nas grutas do Brasil.* In: Anais X Cong. Nac. Espeleologia, 161-98, Ouro Preto.
DIAS JÚNIOR, O. F.; CARVALHO, E. T. & GREVICHE, L. M. T. – 1976 – *A arte rupestre do Vale do São Francisco em Minas Gerais.* Cong. Int. Americ., 42.
DIAS NETO, C. M.; LINO, C. F. & KARMANN, I. – 1980 – *Nota sobre o urso fóssil de Ubajara – Ceará.* Res. 31º. Cong. Bras. Geol., p. 353, Balneário de Camboriú.
DOLABELLA, E. P. – 1958 – *Estudo das regiões kársticas.* ed. autor, Belo Horizonte.
DOMINGUES, A. J. P. – 1947 – *Contribuição à geologia da região centro-ocidental da Bahia.* Rev. Bras. Geografia, IBGE, 1:57-79, Rio de Janeiro.

DORR, J. V. N. – 1961 – *Comunicação escrita*. In: Simmons (1963).
    1969 – *Physiographic, stratigraphic and structural development of the Quadrilátero Ferrífero, Minas Gerais, Brazil*. Geol. Survey Prof. Paper, 641-A, Washington.
DRESSLER, B. & MINVIELLE, P. – 1979 – *La Spéléo*. Coll. Connaissance & Technique, Éd. De Noel, Paris.
DUBLYANSKII, V. N. – 1979 – *The gypsum caves of the Ukraine*. In: Cave Geology, 16:163-83, jun.
DUSSART – 1969 – *Les copépodes des eaux continentales d'Europe Occidentale*. vol. 2, Cyclopoides et biologie, Boubée et Cie, Paris.
    1979 – *E a poluição chega em Montes Claros*. Rev. Montes Claros em foco, ago., Montes Claros.
EGB – 1986 – *Gruta Tamboril*. A Gruta, Bol. Inf. Espeleol., IV, 7, Brasília.
EGRIC/GAE – 1980 – *Cavernas em arenito na região de Rio Claro e São Carlos, SP*. In: Anais XIV Cong. Nac. Espeleologia, abr./80, Belo Horizonte.
EICKSTEDT, V. R. D. – 1975 – *Aranhas coletadas nas grutas calcárias de Iporanga, São Paulo, Brasil*. Mem. Inst. Butantã, 39:61-71, São Paulo.
ELLIOTT, W. R. – 1993 – *Air Monitoring during construction of a cave gate*. In: Proceedings of the National Cave Management Symposium. Ed. Pate, Dale L. Carlsbad. New Mexico. USA.
EMTURMS – Empresa de Turismo do Estado do Mato Grosso do Sul. Projeto. – 1984 – *Grutas de Bonito. Diretrizes para um Plano de Manejo Turístico*. Coord. Clayton F. Lino et. alii. SPHAN. FNPM. Campo Grande/MS.
ERASO, A. – 1980 – *Problemas que se presentan en la construccion de presas en regiones karsticas. Ideas para su resolucion*. Obras Revista de Construccion, Ano XLVIII, n. 139. Madrid.
ERASO, A. – 1981 – *New Contributions to the Problem of Dam Building in Karstic Regions*. In: 8º ICS, 1981. Kentucky. Proceedings... Kentucky, UIS.
ERASO, A. – 1982 – *Consideraciones sobre el problema de la génesis y evolución del karst*. Reunion monográfica sobre el karst – Larra 368-82, Serv. Geol. Isaba, Navarra.
ERASO, A. – 1989 – *Problemas que se presentan en la construccion de presas en regiones karsticas. Ideas para su resolucion*. XXII Curso Internacional de Hidrogeologia Aplicada, 17 p. Madrid.
ESPELEO AMAZÔNICO – 1987 – Inf. Grupo Espeleológico Paraense, ano I, nº 1, mar., Belém.
    1987 – Inf. Grupo Espeleológico Paraense, ano I, nº 2, jun., Belém.
ESPELEOLOGIA – 1970 – Rev. SEE – Soc. Excurs. Espeleol., Esc. Minas, 2, jun., Ouro Preto.
    1971 – Rev. SEE – Soc. Excurs. Espeleol., Esc. Minas, ano III, 3-4, jul., Ouro Preto.
    1973 – Rev. SEE – Soc. Excurs. Espeleol., Esc. Minas, ano IV, 5-6, nov., Ouro Preto.
    1975 – Rev. SEE – Soc. Excurs. Espeleol., Esc. Minas, ano VII, 7, out., Ouro Preto.
ESPELEO-TEMA – 1979 – Bol. Inf. SBE – Soc. Bras. Espeleol., ano IX, 13, São Paulo.
    1984 – Bol. Inf. SBE – Soc. Bras. Espeleol., ano XIV, 14, São Paulo.
ESPESCHIT, A., CARVALHO, A. M., AULER, A., RUBBIOLI, E. L., PATRÍCIO, F., CHAIMOWICZ, F., BERNARDES, M., BASÍLIO, M. – 1987 – Relatórios diversos da Operação Tatus II. Apresentado no XIX Congresso Nacional de Espeleologia, 19, Ouro Preto.
EVANS JR., C. – 1950 – *A report on recent archaeological investigations in the Lagoa Santa region of Minas Gerais, Brazil*. Am. Antiq., 15(4): 341-3, Menasha.
    1971 – *Extrato da Ata da Câmara de Vereadores de Apodi, Agosto de 1852*. In: SILVA, A. C. – *Geografia e Geologia do Apodi*, séc. XIX, Mossoró.
FABRE, G. & NICOD, J. – 1982 – *Modalités et rôle de la corrosion cryptokarstique dans les karsts méditerranéens et tropicaux*. In: Z. Geomorph. N. F., 26(2):209-24, jun., Berlin-Stuttgart.
FALCÃO, H. – 1967 – *Súmula de ocorrências de calcários no Brasil*. Min. Minas Energia, DNPM, Bol. avulso 15, Rio de Janeiro.
FALZONI. R. – 1977 – *Uma excursão para Goiás*. O Fósforo, CEU – Centro Excurs. Univ. 14-5, São Paulo.
FERREIRA, A. R. – 1790 – *Viagem à Gruta das Onças*. Rev. Trim. Hist. Geog., tomo XII, 87-95, Rio de Janeiro.
    1791 – *A Gruta do Inferno*. In: CORRÊA FILHO (1939), p. 123.
FERREIRA, C. M. – 1970 – *Caverna da Lapa d'água I*. Espeleologia, Rev. Esc. Minas, 2:27-8, Ouro Preto.
FERREIRA, F. I. – 1885 – *Diccionario geographico das minas do Brasil*. Imprensa Nacional, Rio de Janeiro.
FIGUEIREDO, L. A. V. (VASCONCELOS, F. P. org.) – 1998 – *Cavernas Brasileiras e seu potencial ecoturístico. Um panorama entre a escuridão e as luzes*. In: Turismo e Meio Ambiente. Editora Funece. Fortaleza.
FILGUEIRAS, R. R. – 1975 – *Contribuição ao glossário espeleológico brasileiro*. Espeleologia, 7:22-3, Rev. Esc. Minas 32(5):60-1, Ouro Preto.
    1975 – *Gruta da Loca Grande, Município de Doresópolis, MG e Gruta dos Milagres, Município de Pains, MG*. Espeleologia, 7:3-5, Rev. Esc. Minas 32(5):41-3, Ouro Preto.
    1976 – *Província espeleológica de Coração de Jesus, MG*. Espeleologia, 7:6-12, Rev. Esc. Minas, 35(2):44-50, Ouro Preto.
FOLK, R. F.; ROBERTS, H. H. & MOORE, C. H. – 1973 – *Black West Indies*. Bull. Geological, Society of America, 84:2351-60.
FONSECA, J. S. – 1882 – *A Gruta do Inferno na Província de Matto Grosso junto ao Forte de Coimbra*. Rev. Inst. Hist. Geog. Etnog. Brasil, 45(2): 21-34, Rio de Janeiro.
FORD, D. C. – 1993 – *Environmental change in karst areas*. Environmental Geology. (21: 107-109). Springer-Verlag.
FORTI, F. – 1995 – *Grotta Gigante*. Bruno Fachin Editore. Trieste. Itália.

FORTI, P. & CIGNA, A. A. – 1989 – *Cave tourism in Italy: an overview*. p. 46-53. In: Cave Tourism. Commission for Cave Protection and Cave Tourism. UIS – International Union of Speleology. Proceedings of International Symposium at 170-anniversary of Postojna jama, Postojna. Slovenija.
FRANÇOIS-MARIE & CALLOT, Y. – 1984 – *Photographier sous Terre*. Edition VM, Paris.
FRANÇOSO, S. C.; AILLAUD, C. & QUEIROZ NETO, J. P. – 1974 – *Depressões doliniformes do platô de Itapetininga, SP. Tentativa de interpretação*. In: Anais 28º Cong. Bras. Geol., vol. I, 85-90, Porto Alegre.
FRIEDLANDER, M. M. C.; LIMA, J. G. A.; DALPONTE, J. C. & SOARES, R. C. – 1986 – *Proposta para criação do Parque Nacional de Chapada dos Guimarães*. Assoc. Matogrossense de Ecologia – AME, Mato Grosso.
FROES ABREU, S. – 1932 – *Gruta calcária nas proximidades de Pains*. Rev. Soc. Geog. Rio de Janeiro, 26:151, Rio de Janeiro.
FUNCH, R. R. – 1986 – *Um oásis no Sertão*. In: Rev. Ciência Hoje, SBPC, vol. 4, nº 26, set./out., Rio de Janeiro.
GALANTE, M. L. V. – 1984 – *A geomorfologia ao contexto da arqueologia*. Gruta, 5:14-6, Brasília.
GAMBA, R. – 1972 – *Spéléologie subaquatique et plongée en eau douce*. In: Man. Intern. Plongée C. M. A. S., Suisse.
GARDNER, J. H. – 1935 – *Origin and development of limestone caverns*. Bull. Soc. Geol. Am., 46:1255-74, s.l.
GEECE, T. A. – 1987 – *Relatório da expedição espeleológica ao Município de Iraquara no Estado da Bahia*. In: Inf. SBE, ano III, 13:6-7, jan./fev., Belo Horizonte.
GEMAT – 1979 – Relatórios de exploração em posse da SBE – Sociedade Brasileira de Espeleologia, São Paulo.
GENSER, H. & MEHL, J. – 1977 – *Einsturzlöcher in silikatischen gesteinen Venezuelas und Brasiliens*. Zeitsch. für Geomorph., 21(4):431-44, Berlin-Stuttgart.
GEP – 1983 – *Primeiras observações espeleológicas da Gruta do Piriá – PA*. Grupo Espeleológico Paraense, Belém.
GÈZE, B. – 1965 – *La Spéléologie Scientifique*. Ed. du Seuil, Paris. Reedit. espanhol – *La Espeleologia Científica*. Col. Microcosmo. Ed. Martínez Roca, 13, Barcelona, 1968.
    1974 – *Relations entre les phénomènes karstiques de surface et de profondeur*. In: Mémoires et Documents; nouvelle série, vol. 15, Phénomènes Karstiques, tome II, 195-207, Madagascar.
GINET, R. – 1970 – *Biogéographie de Niphargus et Caecospheroma (Crustacés troglobies) dans les départements français du Jura et de l'Ain. Origine, influence des glaciations*. In: Actes 4ᵉ Cong. Nat. Spéléol., Soc. Suisse Spéléol., Neuchâtel.
GINET, R. & DECOU, V. – 1977 – *Iniciation à la biologie et à l'écologie souterraines*. Ed. Univ. Jean-Pierre Delarge, Paris.
GODOY, N. M. & TRAJANO, E. – 1984 – *Aspectos da biologia de diplópodos cavernícolas no Vale*.
GODOY, N. M. – 1986 – *Notas sobre a fauna cavernícola de Bonito, MS*. Espeleo-Tema, Bol. Inf. SBE, 15:79-91, São Paulo.
GOMES, A. B. & AB'SÁBER, A. N. – 1969 – *Uma gruta de abrasão interiorizada nos arredores de Torres, RS*. Geomorfologia, Notas prévias, Inst. Geog. USP, 10:2-4, São Paulo.
GOMES, M. C. A. & PILÓ, L. B. – 1992 – *As minas de salitre: a exploração econômica das cavernas de Minas Gerais nos fins do período colonial*. Espeleo-Tema, v. 16, p. 83-93.
GONZALES, E. L. & ZAVAN, S. S. – 1986 – *Análises físico-químicas e bacteriológicas em águas provenientes de algumas cavernas do Alto Ribeira, SP*. Espeleo-Tema, Bol. Inf. SBE, 15:43-52, São Paulo.
GORCEIX, H. – 1884 – *Lund e suas obras no Brasil*. An. Esc. Minas, 3:3-45, Ouro Preto.
GORDON, I. – 1957 – *Spelaeogriphus, a new cavernicolous crustacean from South Africa*. Bull. Brit. Mus. Nat. Hist. Zool., 5(2):31-47.
GROSSI, W. R. – 1980 – *Relatório da Gruta Rei do Mato*. Rev. Esc. Minas, vol. 34, 37-40, Ouro Preto, número especial.
GRUND, A. – 1914 – *The geographical cycle in the Karst*. In: Zeitsch. Geo. Erdkunde, 52:621-40. Berlin-Stuttgart.
GUILD, P. W. – 1957 – *Geology and mineral resources of the Congonhas district, Minas Gerais, Brazil*. U. S. Geological Survey, prof. pap. 290.
    1961 – In: *Canga caves in the Quadrilátero Ferrífero, Minas Gerais, Brazil*. Nat. Speleo Soc., 25(2):66-72, 1963.
GUIMARÃES, A. P. – 1953 – *Paisagem física da Bacia do Rio das Velhas*. Tese concurso cadeira Geografia Física – FFCL-UFMG, Belo Horizonte.
GUIMARÃES, J. E. P. – 1963 – *Ocorrências de pérolas de cavernas nas grutas de Iporanga, Estado de São Paulo*. O.I.G.G., 16:21-30, São Paulo.
    1966 – *Grutas calcárias*. Bol. 47, Inst. Geog. Geol. Sec. Agric., 9-70, São Paulo. Reedit. Bol. Geog. Inst. Bras. Geografia, Fund. IBGE, 213:50-89, nov./dez., Rio de Janeiro, 1969.
    1974 – *Espeleotemas e pérolas das cavernas*. Bol. 53, Inst. Geog. Geol. CPRN, Sec. Agric., São Paulo.
GUKOVAS, M. – 1975 – *Operação Tatus – Relatório hidrológico preliminar – CEU*. In: Anais X Cong. Nac. Espeleologia, Rev. Espeleologia, SEE, 148-9, Ouro Preto.
GUNN, J. – 1993 – The Geomorphological Impacts of Limestone Quarrying. In: WILLIAMS, P. W. (ed.). *karst Terrains Environmental Changes and Human Impact*. Cremlingen: Catena Verlag, p. 187-197. ISSN 0722/ISBN 3-923381-34-4.
GUSSO, G. L. N. – 1976 – *Complexo Alambari/1974*. Espeleo-Tema, Bol. Inf. SBE, 10:15-6, São Paulo.
GUSSO, G. L. N. & STÁVALE, M. – 1975 – *Operação Tatus – Geologia – CEU*. In: Anais X Cong. Nac. Espeleologia, Rev. Espeleologia, SEE, 141-7, Ouro Preto.
GVOZDECKIJ, N. A. – 1965 – *Types of karst in the U.S.S.R.* Problems of the Speleological Research, Int. Speleol. Conference, Brno, 1964, 47-54, Czechoslovak Academy of Sciences.

HALLYDAY – 1955 – *A proposed classification of physical features found in caves*. Natl. Speleol. Soc. Bull., v. 17, 32-3.

HALLYDAY, W. R. – 1962 – *Caves of California*. Western Speleo. Survey.

HAMILTON-SMITH, E. – 1971 – *The classification of cavernicoles*. Natl. Speleol. Soc. Bull., 33:63-6.

HARDWICK, P. & GUNN, J. – 1993 – *The Impact of Agriculture an Limestone Caves*. In: WILLIAMS, P. W. (ed.) *karst Terrains Environmental Changes and Human Impact*. Cremlingen: Catena Verlag, p. 235-249. ISSN 0722/ISBN 3-923381-34-4.

HARTT, C. F. – 1870 – In: *Geografia e geologia física do Brasil*. Brasiliana, série 5ª, vol. 200, Bib. Pedag. Bras., Cia. Edit. Nacional, São Paulo, 1941.

HEBERLE, A. G. – 1941 – *A Gruta de Maquiné e seus arredores*. Rev. Bras. Geog., 3(2):270-317, Rio de Janeiro.

HERAK, M. & STRINGFIELD, V. T. – 1972 – *Historical review of hydrogeologic concepts*. In: Karst. Important karst regions of the Northern Hemisphere, Elsevier Publishing Company, Amsterdam.

HERANÇA. *A expressão visual do brasileiro antes da influência do europeu* – 1984 – Projeto Cultural de Empresas Dow, coordenação de José Rolim Valença, São Paulo.

HILL, C. A. – 1976 – *Cave minerals*. Nat. Speleol. Soc., Speleo Press., Texas.

HILL, C. A. & FORTI, P. – 1986 – *Cave minerals of the world*. Nat. Speleol. Soc., Huntsville, Alabama.

HOLLAND, L. – 1976 – *Considerações sobre hipotermia dentro de grutas*. Bol. SBE, 8:10-3, São Paulo.

HOWARTH, F. G. – 1981 – *Non-relictual terrestrial troglobites in the tropical Hawaiian caves*. SEE, ref. 9, 539-41.

1982 – *The conservation of cave invertebrates*. Proc. Int. Cave Manage Symp. Ist., Murray, Ky, 1981.

1983 – *Ecology of cave arthropods*. Ann. Rev. Entomology, 28:365-89, Honolulu.

HOYOS, M. et alii – 1998 – *Microclimatic characterization of a karstic cave: human impact on microenvironmental parameters of a prehistoric rock art cave*. Cadamo Cave. Environmental Geology 33 (4). Springer-Verlag. Spain.

HUNT, G. & STITT, R. R. – 1981 – *Cave Gating – a handbook*. National Speleological Society – NSS. Hunstsville, Alabama. USA.

HUNTOON, P. W. – 1992 – *The impact of deforestation on the hydraulically sensitive stone aquifers in the South China Karst*. In: I Taller International sobre Cuencas Experimentales en el Karst, Anais... Matanzas-Cuba: Universitat Jaume I, 6-11 abril, 1992.

HUPPERT, G.; BURRI, E.; FORTI, P. & CIGNA, A. – 1993 – *Effects of tourist development on caves and karst*. Supplement 25: Ed: W. Williams. Catena. Italy.

HUPPERT, G. et alli – 1993 – *Effects of Tourist Development on Caves and Karst*. In: WILLIAMS, P. W. (ed.) *karst Terrains Environmental Changes and Human Impact*. Cremlingen: Catena Verlag, p. 251-268. ISSN 0722/ISBN 3-923381-34-4.

HURT, W. C. – 1960 – *The cultural complexes from the Lagoa Santa region, Brazil*. A. Anthropol., 62(4):569-85, Menasha.

HURT JR., W. R. & BLASI, O. – 1969 – *O projeto arqueológico Lagoa Santa, Minas Gerais, Brasil*. Arq. Mus. Paranaense, série Arqueologia nº 4, Curitiba.

IF – INSTITUTO FLORESTAL DE SÃO PAULO. – 1976 – *Levantamentos de cavernas do Parque Jacupiranga*. IF. São Paulo.

IF – INSTITUTO FLORESTAL DE SÃO PAULO. – 1999 – *Sistematização Preliminar de Informação – Projeto PETAR*. IF. São Paulo.

IGUAL, E. C. & RODRIGUES, R. – 1987 – *Gruta da Quarta Divisão*. Informativo SBE.

INFORMATIVO SBE – 1986 – Soc. Bras. Espeleologia, ano II, 8, mar., Belo Horizonte.

1987 – Soc. Bras. Espeleologia, ano III, 14, mar./abr., Belo Horizonte.

1987 – Soc. Bras. Espeleologia, ano III, 15, mai./jun., Belo Horizonte.

1987 – Soc. Bras. Espeleologia, ano III, 16, jul./ago., Monte Sião.

JAKOBI, H. – 1969 – *O significado ecológico da associação Batynellacea – Parastenoscaria (Crustacea)*. Bol. Univ. Fed. Paraná, Zoologia III, 7:167-91, Curitiba.

JEANNEL, R. – 1926 – *Faune cavernicole de la France*. Lechevalier, Paris.

1943 – *Les fossiles vivants des cavernes*. Gallimard, Paris.

JEFFERSON, G. T. – 1976 – *Cave faunas*. In: FORD, T. D. & CULLINGFORD, C. H. D. *The science of speleology*. Academic Press, 359-421, London.

JENNINGS, J. N. 1985 – *Karst geomorphology*. Basil Blackwell.

JORDAN – 1968 – *O Calcário Bambuí e o Grupo Canudos na região de Curaçá – Bahia*. SUDENE, Bol. Est. 4, 59-63, Recife.

JORNAUX, A.; PELLERIN, J.; LAMING-EMPERAIRE, A. & KOHLER, H. C. – 1977 – *Formations superficielles, géomorphologie et archéologie dans la région de Belo Horizonte, Minas Gerais*. In: Recherches géomorphologiques sur le Quaternaire Brésilien. Sup. Bull. AFEQ nº 50, Centre de Géomorphologie du CNRS, Caen.

JOSÉ, C. A. – 1983 – *Estudos limnológicos no Vale do Paraná*. CNPq/Univ. Brasília, relatório final.

JUNQUEIRA, P. A. – 1978 – *Pinturas e gravações rupestres das lapas Pequena e Pintada, Montes Claros, Minas Gerais*. Arq. Mus. Hist. Nat. UFMG, Belo Horizonte.

JUVIVERT, M. – 1970 – *Morfologia cársica*. Espeleologia, Rev. Esc. Minas, 2:22-6, Ouro Preto.

1971 – *Morfologia cársica – II*. Espeleologia, Rev. Esc. Minas, 3-4:19-23, SEE, Ouro Preto.

1973 – *Morfologia cársica – III*. Espeleologia, Rev. Esc. Minas, 5-6:21-4, SEE, Ouro Preto.

KARMANN, I.; SÁNCHEZ, L. E. & TEMPERINI-BECK, M. T. – 1979 – *Espeleologia: Ciência e Esporte*. Sup. Cult. O Estado de S. Paulo, 3(118):15-6, fev., São Paulo.

1979 – *Métodos e datação aplicados à Espeleologia*. Espeleo-Tema, Bol. Inf. SBE, 12:17-24, São Paulo.

1979 – *Distribuição das rochas carbonáticas e províncias espeleológicas do Brasil*. Espeleo-Tema, Bol. Inf. SBE, 13:105-67, São Paulo.

KARMANN, I.; & SÁNCHEZ, L. E. & MILKO, P. – 1984 – *Proposta preliminar de uma unidade de conservação para as cavernas de São Domingos, Goiás*. Espeleo-Tema, Bol. Inf. SBE, 14:36-42, São Paulo.

KARMANN, I. & SETÚBAL, J. C. – 1984 – *Conjunto espeleológico São Mateus – Imbira: Principais aspectos físico e histórico da exploração*. Espeleo-Tema, Bol. Inf. SBE, 14:43-53, São Paulo.

KARMANN, I. – 1986 – *Caracterização geral e aspectos genéticos da Gruta Arenítica – Refúgio do Maroaga, AM*. Espeleo-Tema, Bol. Inf. SBE, 15:9-18, São Paulo.

KARMANN, I. & SÁNCHEZ, L. E. – 1986 – *Speleological provinces in Brazil*. In: Anais IX Cong. Int. Espeleologia, vol. I, 151-3, Barcelona.

KARMANN, I. & BOGGIANI, P. C. – 1986 – *Minerales de cavernas de Brasil*. Bol. Soc. Venezolana Espeleo, 22, in press.

KARMANN, I. – 1994 – *Evolução e dinâmica atual do sistema cárstico do alto Vale do Rio Ribeira de Iguape, sudeste do Estado de São Paulo*. Tese de Dotouramento. IG-USP. São PAULO.

KOHLER, H. C. et alii – 1976 – *Os diferentes níveis de seixos nas "formações superficiais" de Lagoa Santa*. Res. 29º Cong. Bras. Geol., p. 120, Belo Horizonte.

1978 – *A evolução morfogenética da Lagoa Santa*. 30º Cong. Bras. Geol., v. I, 147-53, Recife.

KOHLER, H. C., PILÓ, L. B., MOURA, M. T. – 1989 – *Aspectos geomorfológicos do sítio arqueológico da Lapa do Boquete, Januária/MG*. In: Resumos do II Congresso da Associação Brasileira de Estudos do Quaternário. p. 46. Rio de Janeiro.

KOHLER, H. C., PILÓ, L. B. – 1991 – *The quaternary chronology of the morphogenetic events in the karstic region of Lagoa Santa/MG*. Brazil. In: INQUA CONGRESS, 13, p. 168. Beijing.

KRANJC. A. – 1996 – *Skocjanske Jame., Problems of the World Heritage Monument – Monitoring and Safeguarding*. Karst Research Institute ZRC SAZU, Titov trg 2, SI-6230 Postojna. In: Bossea MCMXCV. Proceedings of the International Symposium Show Caves and Environmental Monitoring. p. 21-29. Edited by Arrigo A. Cigna. Italy.

KRONE, R. – 1898 – *As grutas calcárias de Iporanga*. Rev. Mus. Paulista, 3:477-500, São Paulo.

1905 – *As grutas calcárias do Vale do Rio Ribeira de Iguape*. Bol. Centro Ciênc., Let. Artes Campinas, 7, Campinas, Reedit. Rev. Inst. Geog. Geol., vol. VIII, 3:248-98, Sec. Agric. Est. SP, São Paulo, 1950.

1909 – *Estudos sobre as cavernas do Vale do Rio Ribeira*. Arq. Mus. Nacional, 15:139-66, Rio de Janeiro.

1909 – *Pesquisas e achados paleozoológicos*. In: As grutas calcárias do Vale do Rio Ribeira de Iguape. Rev. Inst. Geog. Geol., vol VIII, 3:248-90, Sec. Agric. Est. SP, São Paulo, 1950.

1914 – *Informações ethnographicas do Vale do Rio Ribeira de Iguape*. In: Exploração do Rio Ribeira de Iguape, Comissão Geographica Geológica do Est. São Paulo, 23-24, São Paulo.

KRÜGER, F. L. – 1965 – *A Gruta do Baú*. Rev. Esc. Minas, vol. 24: 103-7, jul., Ouro Preto.

1967 – *A Gruta da Tapagem – II parte*. Rev. Esc. Minas, 25(4):173-7, set., Ouro Preto.

KRÜGER, M. V. – 1967 – *A Gruta dos Brejões*. Rev. Esc. Minas, 61-6, Ouro Preto.

KRUGER, P. – 1969 – *Topografia subterrânea aplicada às cavernas*. Espeleologia, Rev. SEE, 1:33-7, Ouro Preto.

KRUGER, W. – 1975 – *Discurso proferido em Janeiro de 1938, no Centro Acadêmico da Escola de Minas*. In: Anais X Cong. Nac. Espeleologia, Rev. Espeleologia, SEE, 57-60, Ouro Preto.

KUNDERT, C. J. – 1962 – *The origin of the palettes, Lehman Caves National Monument, Baker, Nevada*. Natl. Speleol. Soc. Bull., v. 14, 30-3.

KUNSKY, J. – 1950 – *Kras a Jaskyne*. Prirodovedecke Nakladatelství v Praze, p. 93, Praha. *Karst e Grottes*. trad. francesa, BRGM, Paris.

1950 – *La Speleologia in Brasile*. – Rass. Speleol. ital., 2(1-2):96.

LABEGALINI, J. A. – 1986 – *Janelão*. Inf. SBE, ano II, 9:12-4, maio/jun., Belo Horizonte.

LABEGALINI, J. A. – 1988 – *Lâmpadas elétricas para iluminação espeleológica com finalidade turística*. Pesquisa e desenvolvimento tecnológico. v. XIV, n. 4, p. 41-53. Ed. EFEI, ISSN 0101-5850.

LABEGALINI, J. A. – 1990 – *Infraestructura para Cavernas Turísticas*. Spelaion 1 (1), P. 33-39, Buenos Aires, Argentina.

LABEGALINI, J. A. – 1996 – *Levantamento dos impactos das atividades antrópicas em regiões cársticas – estudo de caso: proposta de mínimo impacto para implantação de infra-estrutura turística na gruta do Lago Azul – Serra da Bodoquena (município de Bonito – MS)*. Dissertação de Mestrado. Escola de Engenharia de São Carlos. São Carlos/SP.

LAMING-EMPERAIRE, A. – 1975 – *Grottes et abris de la région de Lagoa Santa, MG – Brasil*. Cah. d'Archéol. d'Amérique du Sud I., Paris.

LAMING-EMPERAIRE, A.; VILHENA DE MORAES, A.; BELTRÃO, M. & LEME, J. L. – 1975 – *Grottes et abris de la region de Lagoa Santa, Minas Gerais, Brasil*. Cah. d'Archeol. d'Amérique du Sud, t.a., Paris.

LANGE, A. L. – 1953 – *Caves of Nevada*. Western Speleol. Inst. Rept., v. 6, 117-42.

LAROCHE, A. F. – 1973 – *Uma pesquisa de salvamento arqueológico na Caverna do Angico – PE*. Universitas, 14:99-120, Salvador.

LATHMAM, A. G. – 1981 – *Muck spreading on speleothems*. Proceedings of the Eighth Int. Conference Speleology, 1, 356-7.

LAVERTY, M. & CRABTREE, S. – 1978 – *Rancieite and mirabilite: some preliminary results in cave mineralogy*. Transactions of the British Caving Research Association, 5:135-42.

201. Trecho da Gruta do Janelão em Januária-Itacarambi (MG). O gigantesco túnel, pelo sucessivo desabamento do teto (dolinas e clarabóias), tende a transformar-se num *canyon* calcário. As pessoas no centro da fotografia servem de escala. CFL.

A stretch of the Gruta do Janelão in Januária-Itacarambi (MG). This gigantic tunnel, an account of the successive collapses of the roof (dolines and skylights), has a tendency to turn into a limestone canyon. The figures in the centre of the photograph give an idea of the scale. CFL.

LEAL, J. R. L. V. – 1969 – *A Gruta da Laje Branca*. Espeleologia, Rev. Esc. Minas, 1:17-8, Ouro Preto.
    1969 – *A Gruta da Água Suja*. Espeleologia, Rev. Esc. Minas, 1:37-42, Ouro Preto.
    1969 – *Gruta de Inhaúma*. Espeleologia, Rev. Esc, Minas, 1:43-4, Ouro Preto.
    1971 – *Origem dos espeleotemas*. Espeleologia, Rev. SEE, Esc. Minas, ano III, 3-4;53-60, jul., Ouro Preto.
LEAL, J. R. L. V.; FORTES, G. F. & REIS, J. A. V. – 1973 – *Gruta de Iquarussu*. Espeleologia, Rev. Esc. Minas, 5-6:15, Ouro Preto.
LEAL, O. – 1980 – *Viagem às terras goyanas, Brazil Central*. Col. Doc. goianos 4, Edit. Univ. Fed. Goiás, Goiânia.
LE BRET, M. – 1963 – *Les grottes du Val du Rio Ribeira – Brésil*. Spelunca Bull., 4:31-42, Paris.
    1966 – *Estudos espeleológicos no Vale do Alto Ribeira*. Bol. Inst. Geog. Geol. Sec. Agric. SP, 47, 71-129, São Paulo.
    1970 – *Estudos espeleológicos no Vale do Alto Ribeira*. Bol. Geog., 214:10-52 (transcrição).
    1975 – *Merveilleux Brésil Souterrain*. Ed. de l'Octogne, Vestric.
LEHMANN, H. – 1932 – *Die hydrographie des karstes*. Encyklop. der Erdkunde, Wien.
    1936 – *Morphological studies in Java*. In: Geog. Abhandlungen 9, series 3:1-114.
    1956 – *Der emfluss des klimas – auf die morphologische entwidklung des karstes*. Inst. Géog. Union, IX Gen. Assembly, Rep. Com. Karst Phenomena, 3-7, s.l.
LEITE. F. Q. – 1985 – *Relatório de visita à Gruta Cocal*. Brasília.
LELEUP, N. – 1970 – *Origine et évolution des faunes troglobies terrestres holarctique et intertropicale*. In: Actes 4º Cong. Nat. Spéléol., Soc. Suisse Spéléologie, 199-204, Neuchâtel.
LIMA, A. C. – 1940 – *Um novo grilo cavernícola de Minas Gerais*. Papéis avulsos, Dep. Zoologia, 1:43-50.
LIMA, E. P. – 1963 – *Gruta de Cazanga – Arcos, Minas Gerais*. Rev. Esc. Minas, 23(1):9-12, mar., Ouro Preto.
LIMA, L. S. – 1975 – *Biografia de Vila Velha – Ponta Grossa, PR*.
LINHUA, S. – 1996 – *The main types of show caves in south China and some problems of their development*. Institute of Geography, Chinese Academy of Sciences. Beijing. China. In: Bossea MCMXCV. Proceedings of the International Symposium Show Caves and Environmental Monitoring. p. 41-48. Edited by Arrigo A. Cigna. Italy.
LINO, C. F.; FRANZINELLI, E.; GUSSO, G.L.N.; SHINOBE, I. & YAMAGUISHI, T. – 1974 – *Estudos geológicos nas grutas do Complexo Alambari*. Res. 26º Reunião Anual SBPC, 191-2, São Paulo.
LINO, C. F.; RODRIGUES, R. & TRAJANO, E. – 1975 – *Operação Tatus*. In: Anais X Cong. Nac. Espeleologia, 130-40, Ouro Preto.
LINO, C. F. et alii – 1976 – *Roteiro das cavernas da região Apiaí-Iporanga*. Rel. apres. Sec. Tur. São Paulo, inédito.
LINO, C. F. – 1976 – *Vale do Ribeira: Alternativa Turismo*. Tese graduação apres. Fac. Arquit. Univ. Mackenzie, São Paulo, inédito.
    1976 – *Cavernas de Ouro Grosso*. Espeleo-Tema, Bol. Inf. SBE, 10:24-7, São Paulo.
LINO, C. F. et alii – 1977 – *Paleontologia do Vale do Ribeira – Exploração I: Abismo do Fóssil (SP-145)*. Rel. apres. FAPESP, São Paulo, inédito.
LINO, C. F. – 1978 – *Aspectos do karst no Alto Vale do Ribeira*. In: Alto Vale do Ribeira: Arquitetura e Paisagem. Estudo realizado para o CONDEPHAAT, São Paulo.
LINO, C. F.; DIAS NETO, C. M.; KARMANN, I.; SÁNCHES, L. E.; MILKO, P. & FALZONI, R. – 1978 – *Levantamento espeleológico do Parque Nacional de Ubajara, CE*. Relatório Final, IBDF/FBCN, São Paulo, inédito.
LINO, C. F. & SLAVEC, P. – 1979 – *Cadastro geral das cavernas do Brasil*. Espeleo-Tema, Bol. Inf. SBE, 13:75-104, São Paulo.
LINO, C. F.; DIAS NETO, C.M.; TRAJANO, E.; GUSSO, G. L. N.; KARMANN, I. & RODRIGUES, R. – 1979 – *Paleontologia das cavernas do Vale do Ribeira, Exploração I, Abismo do Fóssil (SP-145): Resultados parciais*. II Simp. Reg. Geol., v. I, 257-68, Rio Claro.
LINO, C. F.; DIAS NETO, C. M.; TRAJANO, E.; GUSSO, G. L. N.; KARMANN, I. & RODRIGUES, R. – 1979 – *Estudo paleontológico do Abismo do Fóssil*. Espeleo-Tema, Bol. Inf. SBE, 12:7-12, São Paulo.
LINO, C. F. & ALLIEVI, J. – 1980 – *Cavernas brasileiras*. Ed. Melhoramentos, São Paulo.
LINO, C. F. – 1980 – *Espeleotemas*. In. Anais XIV Cong. Nac. Espeleologia, CPG/SBE, 11-41, Belo Horizonte.
    1981 – *Porque preservar cavernas*. 3º Simp. Nac. Ecol., Belo Horizonte.
LINO, C. F. & ALLIEVI, J. – 1981 – *Patrimônio espeleológico: Valor e Proteção*. Bol. FBCN, vol. 16, 42-51, Rio de Janeiro.
LINO, C. F.; KARMANN, I.; CORTESÃO, J.; GODOY, N. M. & BOGGIANI, P. C. – 1984 – *Projeto Grutas de Bonito, MS – Diretrizes para um plano de manejo turístico*. Rel. final, FNPM/SPHAN/MS-TUR, São Paulo.
LINO, C. F. – 1985 – *Mato Grosso do Sul: Um novo paraíso espeleológico*. Inf. SBE, ano I, 3:6-7, maio, Belo Horizonte.
LISBOA, M. A. – 1971 – *Introdução ao estudo da flora e fauna das cavernas*. Espeleologia, Rev. SEE, 3-4:61-74, Ouro Preto.
LLOPIS-LLADÓ, N. – 1970 – *Fundamentos de hidrogeologia cárstica – Introducción a la geoespeleología*. Edit. Blume, Madrid.
LOPES, O. F. – 1981 – *Evolução paleogeográfica e estrutural da Porção Central da Bacia, no norte do Estado de Minas Gerais*. Rev. Bras. Geociênc., 11:115-27, São Paulo.
LOUW, J. M.; GOEDHART, P. H. & ZYL, F. J. – 1984 – *A model study of a proposed concrete road pavment over a potential sinkhole area*. In: First Multidisciplinary Conference on Sinkholes, 1984. Orlando/Florida. Proceeding... Orlando: University of Central Florida, 15-17.
LOWRY, D. C. & JENNINGS, J. N. – 1974 – *The Nullarbor karst, Australia*. Zeitsch. Geomorph., 18:39-49, 73-81, Berlin-Stuttgart.

LUND, P. W. – 1837 – *1ª Memória*. Edit. português – In: Rev. Arquivo Públ. Mineiro, ano V, 1900.
 1950 – *Memórias sobre a paleontologia brasileira*. Int. rev. e coment. por Couto, C. P. INL, Rio de Janeiro.
 Nota: A extensa obra de Lund encontra-se toda publicada neste volume. Os originais foram publicados na Dinamarca entre 1836 e 1849; as traduções foram publicadas nos Anaes da Escola de Minas (1884-1885), na Revista do Arquivo Público Mineiro (1900-1935) e na Revista do Instituto Histórico e Geográfico do Rio Grande do Sul (1944-1946).

MAACK, R. – 1946 – *Geologia e geografia da região de Vila Velha e considerações sobre a glaciação carbonífera do Brasil*. Arq. Mus. Paranaense, vol. V, Curitiba.
 1956 – *Fenômenos carstiformes de natureza climática e estrutural nas regiões de arenitos do Estado do Paraná*. Arq. Biol. Tecnol., 11:151-62, Curitiba.

MACEDO, J. A. – 1984 – *A lenda da Lagoa Feia*. In: Dados históricos e Lei orçamentária do Município de Coração de Jesus, MG. p. 15.

MADALOSSO, A. & VALLE, C. R. O. – 1978 – *Considerações sobre a estratigrafia e sedimentologia do Grupo Bambuí na Região de Paracatu — Morro Agudo, MG*. In: Anais XXX Cong. Bras. Geol., vol. 2, 622-34, Recife.

MADALOSSO, A. & VERONESSE, V. F. – 1978 – *Considerações sobre a estratigrafia das rochas carbonatadas do Grupo Bambuí na região de Arcos, Pains e Lagoa da Prata, MG*. In: Anais XXX Cong. Bras. Geol. 2:635-48, Recife.

MADALOSSO, A. – 1980 – *Considerações sobre a Paleogeografia do Grupo Bambuí na região de Paracatu, MG*. In: Anais XXXI Cong. Bras. Geol., 2:772:85, Camboriú.

MADDEN, M. – 1997 – *Poço Encantado: Survey and Evaluation*. Project Chapada Diamantina. Report of Scouting Mission – January 17-21. (Editing: Campos., A. G. de.-Brasil). Brazilian Embassy. Washinton. D. C.

MAGALHÃES, A. C., PILÓ, L. B., KOHLER, H. C. – 1991 – *Caracterização do carste na borda oriental do cinturão móvel Brasília, na região de Coromandel Lagamar/MG*. In: Resumos do III Congresso da Associação Brasileira de Estudos do Quaternário. Belo Horizonte: UFMG, p. 70-71. Belo Horizonte.

MAIRE, R. – 1980 – *Éléments de karstologie physique*. Spelunca. 4ª série, 20(1):1-56, Suppl. spécial, nº 3, Paris.

MARCHESE, H. G. – 1974 – *Litoestratigrafia y petrologia del Grupo Bambuí en los Estados de Minas Gerais e Goiás, Brasil*. Rev. Bras. Geociênc., vol. 4, 3:172-90, São Paulo.

MARINI, O. J. e FUCK, R. A. – 1981 – *A formação Minaçu: estratigrafia, tectônica e metamorfismo*. In: Atas I Simp. Geol. Centro-Oeste, SBG/Núc. Centro-Este e Brasília, 716-45, Goiânia.

MARRA, R. J. C., et alii – 1999 – *Avaliação Contigente: Estimativa da disposição a pagar pela Conservação da Gruta Rei do Mato*. Anais do XXV Congresso Brasileiro de Espeleologia. p. 17-26. Vinhedo/SP.

MARRA, R. J. C. – 2000 – *Planning and the Practice of (Eco) tourism in Caves*. Annals. Second International Congress & Exhibition on Ecotourism. World Ecotour. Salvador/BA.
 2000 – *Plano de manejo para cavernas turísticas – procedimentos para elaboração e aplicabilidade*. Dissertação de Mestrado. Universidade de Brasília – UnB/Centro de Desenvolvimento Sustentável – CDS. Brasília.

MARTIN, P. A. – 1976 – *Critério de classificação de cavernas*. Bol. SBE, 7:13-4, São Paulo.
 1976 – *Gruta de Sant'Anna – resumo histórico*. Bol. SBE, 8:25-7, São Paulo.
 1979 – *A espeleologia no Brasil*. Espeleo-Tema, Bol. Inf. SBE, 13:21-8, São Paulo.
 1969 – *Le comblement des grottes tectoniques par cristallisation*. In: Actes 3º Cong. Nat. Spéléol., Soc. Suisse Spéléologie, 71-5, La Chaux-de-Fonds.

MARTINS, G. A. R. – 1984 – *Lapinha e helictites*. Espeleo-Tema, Bol. Inf. SBE, 14:108-12, São Paulo.

MARTINS, S. B. M. P. – 1985 – *Levantamento dos recursos naturais do Distrito Espeleológico Arenítico de Altinópolis, SP*. Rel. FAPESP, Rio Claro.

MATOS, F. A. – 1966 – *Gruta da Lapa Grande*. Rev. Esc. Minas, 25(1):3-8, Ouro Preto.
 1966 – *A Gruta de Tapagem – "Caverna do Diabo"*. Rev. Esc. Minas, 34(3):147-54, Ouro Preto.

MATTOS, A. – 1933 – *O sábio Dr. Lund e a pré-história americana*. Ed. Apollo, Belo Horizonte.
 1934 – *O sábio Dr. Lund e estudos sobre a pré-história brasileira*. Ed. Apollo, Belo Horizonte.
 1939 – *Peter Wilhelm Lund no Brasil*. Brasiliana, série 5ª, vol. 148, Bib. Pedag. Bras. Cia. Edit. Nacional, São Paulo.
 1940 – *Material lithico, cerâmica e inscrições da Lapa Vermelha em Minas Gerais*. In: Anais III Cong. Sul. Riogrand. Hist. Geog., v. 3, 1455-96, Porto Alegre.
 1941 – *A raça de Lagoa Santa – velhos e novos estudos sobre o homem fóssil americano*. Ed. Nacional, São Paulo.
 org. s.d. – *Collectanea Peter Wilhelm Lund*. Ed. Apollo, Belo Horizonte.

MAURIES, J. P. – 1974 – *Un cambalide cavernicole du Brésil: Pseudonannolene striatii s. sp. (myriapoda-diplopoda)*. Rev. Suisse Zool. 81(2):545-50, Genebra.

MAURITY, C. W. – 1987 – *Gruta dos Anões*. Espeleo-Amazônico, ano I, nº 1, 17-9, Belém.

MAWSON, D. – 1930 – *The occurrence of potassium nitrate near Goyder Pass, Mc Donnell Ranges, Central Australia*. Min. Mag., v. 22, 231-7.

MAWSON, J. – 1886 – *Lapa de Brejo Grande*. Rev. Soc. Geográfica, Bol. II, Rio de Janeiro.

MAXWELL – 1961 – Comunicação escrita. In: Simmons (1963), p. 69.

MEINZER, O. E. – 1923 – *Outline of ground-water hydrology*. Water Supply Paper, 494.

MELLO, L. – 1937 – *Un gryllide et deux mantides nouveaux du Brésil – Orth*. Rev. Entomologie, 7(1):11-3

MENDES, J. C. – 1957 – *Grutas calcárias na Serra da Bodoquena, Mato Grosso*. sep. Bol. Paulista Geografia, 25:70-7, São Paulo.
 1977 – *Paleontologia geral*. Livros técnicos e científicos Edit. e EDUSP, São Paulo.

MENDES, P.; CARVALHO, H. O. & MORAIS, A. F. D. – 1956 – *Gruta dos Palhares*. Rev. Esc. Minas, 20(2):37-9, Ouro Preto.

MENEZES, N. A. – 1976 – *On the Cynopotaminae, a new subfamily of Characidae (Osteichthyes, Ostariophysi Characoidei)*. Arch Zool., 28(2):1-91, São Paulo.

MENICHETTI, M. et alii – 1996 – *Monitoraggio ambientale e flusso turistico nella Grotta Grande del Vento a Frasassi (Ancona, Italia)*. Speleo Club CAI Gubbio. Gruppo Speleologico CAI Jesi. Associazione Speleologica Genga San Vittore (AN). In: Bossea MCMXCV. Proceedings of the International Symposium Show Caves and Environmental Monitoring. p. 193-210 / p. 211-219. Edited by Arrigo A. Cigna. Italy.

MEZZALIRA, S. – 1966 – *Os fósseis do Estado de São Paulo*. Bol. Inst. Geog. Geol., 45, São Paulo.

MINVIELLE, P. – 1977 – *Grottes et Canyons*. Ed. de Noël, Paris.

MIOLA, W.; SILVA, L. A.; COURA, J. F. & HAZISHUME, B. R. – 1975 – *Província Espeleológica de Januária*. X Cong. Nac. Espeleologia, 15-22, Ouro Preto.

MIOLA, W. – 1975 – *Relatório do estudo de algumas grutas de Pedro Leopoldo*. Espeleologia, Rev. SEE, Esc. Minas, ano VII, 7:13-21, out., Ouro Preto.

MISI, A. – 1979 – *O Grupo Bambuí no Estado da Bahia*. Geol. Rec. Min. Est. Bahia, vol. I, 119-54, Salvador.

MITCHELL, W. & REDDELL, J. R. – 1971 – *The invertebrate fauna of Texas Caves*. In: Sundelius & Slaughter org., Nat. Hist. of Texas Caves, 35-90, Gulf. Nat. Hist., Dallas.

MYERS, G. S. – 1944 – *Two extraordinary new blind Nematognath fishes from the Rio Negro, representing a new subfamily of Pygidiidae, with a rearrangement of the genera of the family, and illustrations of some previously described genera and species from Venezuela and Brazil*. Proc. Calif. Acad. Sciences, 4 ser, 23(40):591-602, I text fig. ps. 52-6, nov.

MOHR, C. E. & POULSON, T. L. – 1966 – *The life of the Cave*. Ency. McGraw-Hill Book Company, New York.

MONROE, W. H. – 1970 – *A glossary of karst terminology – Contribution to the hydrology of the United States*. United States Dep. Interior, Washington.
 1966 – *Formation of tropical karst topography by limestone solution and reprecipitation*. Caribbean Journal Science, 6:1-7.

MONTANHEIRO, A. A.; KARMANN; I.; SANCHEZ, L. E. & MILKO, P. E. – 1981 – *Estudo geoespeleológico da Caverna dos Ecos, Corumbá de Goiás, GO*. Rel. final FAPESP, São Paulo.

MONTE, L. PADRE – 1928 – *A Gruta de Martins*. In: Antologia de Padre Monte, Fund. José Augusto, Sec. Educ. Cult., Natal, 1982.

MOORE, G. W. – 1952 – *Speleothem – a new cave term*. Natl. Speleol. Soc. News, (10)6:2.
 1954 – *Speleothems in Nevada and California*. Natl. Speleol. Soc. News, (12)6:7.
 1954 – *The origin of helictites*. Natl. Speleol. Soc. Occ. Papers, (1):16.
 1958 – *Role of earth tides in the formation of disc-shaped cave deposits*. Natl. Speleol. Soc. News, v. 16, nº 11, p. 113-114.
 1970 – *Checklist of cave minerals*. Natl. Speleol. Soc. News 28(1):9-10.

MOORE, H. L. – 1987 – *Sinkhole development along "untreated" highway ditchlines in East Tennessee*. In: 2nd Multidisciplinary Conference on Sinkholes and Environmental Impacts of Karst. Orlando/Florida. Proceeding... Orlando: University of Central Florida, 9-11.

MOREIRA, J. R. A.; PINHEIRO, R. V. L. & PAIVA, R. S. – 1987 – *II Excursão ao Carajás*. Espeleo Amazônico, ano I, 1:3-6, Belém.
 1987 – *Gruta do Bif*. Espeleo Amazônico, ano I, I:6-8, Belém.

MOREIRA, J. R. A. – 1987 – *Excursão ao Xingu*. Espeleo Amazônico, ano I, 1:12-4, Belém.
 1987 – *Caverna do Kararaô*. Espeleo Amazônico, ano I, 2:3-6, Belém.

MOREIRA, J. R. A.; HAMAGUCHI, H. J. & NEVES, E. G. – 1987 – *II Excursão ao Xingu*. Espeleo Amazônico, ano I, 2:7-11, Belém.

MOTAS, C. – 1962 – *Procédé des sondages phreatiques. Division du domaine subterrain; classification écologique des animaux subterrains*. Le Psammon; VIII Acte mus. Maced. S.C. Nat, VIII 7(75):135-73.

MOURA, M. T., – 1990 – *As pesquisas em andamento no carste do Planalto de Lagoa Santa*. Apresentado no Seminário Sobre Relevos Cársticos, Belo Horizonte [Setor de Geomorfologia do Museu de História Natural/UFMG].
 1990 – *Mapeamento Morfológico do Carste da Região de Prudente de Morais/MG*. Belo Horizonte: UFMG, 52 p. (Monografia de Bacharelado em Geografia. Instituto de Geociências).
 1991 – *Um exemplo da aplicação de técnicas granulométricas, morfoscópicas e químicas ao sedimento do sítio arqueológico Lapa do Boquete em Januária/MG*. In: Resumos do III Congresso da Associação Brasileira de Estudos do Quaternário, p. 164-166, Belo Horizonte: UFMG.

MURRAY, J. W. – 1954 – *The deposition of calcite and aragonite in Caves*. Jour. Geology Soc., 62:481-92.

NAKAZAWA, V. A. et alii – 1987 – *Cajamar – Carst e Urbanização: Investigação e Monitoramento*. In: 5º CBGE. São Paulo. Anais... ABGE, São Paulo.

NATIONAL CAVING ASSOCIATION – NCA. – 1997 – *Cave Conservation Handbook*. British Library Cataloguing in Publication Data. Desing/Layout G. Price. Printers: PDQ, Evercreech, Somerset. UK. London.

NOGUEIRA, M. H. – 1959 – *O gênero Elaphoidella (Harpacticoidea – Cop. Crust.) nas águas do Paraná*. Dusenia, 8(2):61-8.

NÚÑEZ JIMÉNEZ, A. – 1965 – *Geografia de Cuba*. Editorial Nac. Cuba, Ed. Pedagógica, La Habana.
 1967 – *Clasificación genética de las cuevas de Cuba*. Dep. Espeleología, Acad. Cienc. Cuba, Ed. Provisional, La Habana.

ODUM, E. P. – 1959 – *Fundamentos de Ecologia*. Fund. Calouste Gulbenkian, Lisboa.

OLIVEIRA, A. I. & LEONARDOS, O. H. – 1943 – *Geologia do Brasil*. 2ª ed.

OLIVEIRA, E. P. – 1927 – *Geologia e recursos minerais do Estado do Paraná*. Monografia VI, Serv. Geol. Miner. Brasil, Rio de Janeiro.

OLIVEIRA, L. D. D.; CUNHA, F. L. S. & LOCKS, M. – *Un hydrochoeridae (Mammalia, rodentia) no pleistoceno do Nordeste do Brasil*. 93-7.

OLIVEIRA, M. A. – 1967 – *Contribuição à geologia da parte sul da Bacia do São Francisco e áreas adjacentes*. Petrobrás, DEPIN-CEMPES, Col. Rel. Exploração, (1):71-105, Rio de Janeiro.

ORSTED, H. C. – 1956 – *Resumo das memórias de Lund sobre as cavernas de Lagoa Santa e seu conteúdo animal*. Trad. coment. por C. P. Couto, Publ. avul. Mus. Nacional, 16:1-14, Rio de Janeiro.

OSBORNE, R. A. L. et alii – 1991 – *Karst management issues in new Soth Wales, Australia*. Proceedings of the international conference on environmental changes in karsts areas. p. 157-163. Italy.

PADBERG DRENKPOL, J. A. – 1927 – *Um benemérito do Brasil, o dinamarquês Herluf Winge, classificador dos achados paleontológicos de Lund (1857-1923)*. Bol. Mus. Nacional, 3(1):1-14, Rio de Janeiro.

PARADA, J. M. – 1947 – *Relatório da excursão à Gruta de Antonio Pereira*. Rev. Esc. Minas, 12(3):29-30, Ouro Preto.

1949 – *Gruta do Morro Redondo*. Rev. Esc. Minas, 4(1):29-35, Ouro Preto.

1971 – *Gruta dos Poções, da Lavoura e das Cacimbas*. Rev. Esc. Minas, 4(3):17-32, Ouro Preto.

PARANÁ – Grupo de Estudos Espeleológicos do – 1998 – *Propostas de Manejo do Parque Municipal das Grutas de Botuverá*, Convênio MMA/FNMA/GEEP – Açungui nº 051/97. Botuverá/SC.

PATE, D. L. – 1993 – *Proceedings of the national cave management symposium*. National cave management symposium steering committee. New Mexico. USA.

PAULA, H. – 1957 – *Montes Claros – sua história, sua gente e seus costumes*. Ed. autor, Rio de Janeiro.

PAVAN, C. – 1950 – *Observation sur le concepts de troglobie, troglophile, trogloxene*. Bull. Vim. Ass. Espeleo. Est. Franc, 3(1):1-4, Vesoul.

1945 – *Os peixes cegos das cavernas de Iporanga e a evolução*. Bol. FFCL-USP, 79 – Biologia Geral, 6:1-104, São Paulo.

1946 – *Observations and experiments on the Cave-fish Pimelodella Kronei and its relatives*. Reprinted from the Amer. Nat., vol. LXXX, 343-61, may/jun.

PAVIA, F. – 1975 – *Influencia de la geomorfología kárstica en las características climáticas de las grutas y abrigos*. In: Anais X Cong. Nac. Espeleologia, 227-47, Ouro Preto.

1975 – *Condiciones habitacionales de las cavernas – contribuición a la arqueología*. In: Anais X Cong. Nac. Espeleologia, 21-26, Ouro Preto.

PEIXOTO, C. A. M.; ESCODINO, P. C. B. & MARQUES, A. F. S. M. – 1986 – *Água subterrânea para irrigação na região cárstica do norte de Minas Gerais e sul da Bahia – discussão preliminar*. ITEM – Irrig. Tecnologia Moderna, 26:11-7.

PENA, J. P. – 1954 – *Pinturas e gravuras rupestres de Minas Gerais*. In: II Enc. Intelec. São Paulo – Origens do Homem Americano, 419-21, Inst. Pré-Hist., São Paulo.

PEREIRA, J. V. C. – 1943 – *Grutas calcárias do São Francisco – Bom Jesus da Lapa*. Rev. Bras. Geog., 5(4):663-5, Rio de Janeiro.

PEREIRA JR., J. A. – 1967 – *Introdução ao estudo da arqueologia brasileira*. Ed. Bentiregua, São Paulo.

PEREZ, R. C. & GROSSI, W. R. – 1980 – *Estudos genéticos e morfológicos de Marcas d'Águas*. In: Anais XIV Cong. Nac. Espeleologia, CPG/SBE, 71-90, Belo Horizonte.

1985 – *Notas preliminares sobre o distrito espeleológico da Serra do Ibitipoca, Município de Lima Duarte, MG*. XVII Cong. Nac. Espeleologia, Ouro Preto.

1986 – *The Quartzitic Speleological District of the Parque Florestal Estadual do Ibitipoca, Minas Gerais, Brazil*. In: Cong. 9º Cong. Internac. Espeleologia, vol. II, 12-4, Barcelona.

1986 – *Reconhecimento, valorização e manejo do patrimônio espeleológico da Região Metropolitana de Belo Horizonte*. Espeleo-Tema, Bol. SBE, 15:93-9, São Paulo.

PETER WILHELM LUND – *O Pai da Paleontologia Brasileira*. In: Sup. Pedag. Sec. Est. Educação Minas Gerais, ano VIII, 61, set., Belo Horizonte, 1980.

PIAZZA, W. – 1966 – *As grutas de São Joaquim e Urubici*. Univ. Fed. Sta. Catarina, série arqueológica nº 1, Florianópolis.

PILÓ, L. B. & IEPHA 1985 – *Inventário de Proteção do Acervo Cultural de Minas Gerais*. Instituto Estadual Patrimônio Histórico e Artístico, Belo Horizonte.

PILÓ, L. B. – 1986 – *Contribuição à espeleologia na micro-região de Belo Horizonte*, inédito.

1986 – *Inventário de Sítios Espeleológicos*. In: Apostila do Curso de Extensão "Espeleologia". Curitiba: Departamento de Geografia da Universidade Federal de Paraná/GEEP Açungui/Museu Paranaense, 8 p.

1987 – *Relevo-Compartimentação geomorfológica do Vale do Peruaçu*, inédito.

1989 – *A Morfologia Cárstica do Baixo Curso do Rio Peruaçú, Januária/Itacarambi/MG*. Belo Horizonte UFMG, 80 p. (Monografia de Bacharelado Instituto de Geociências).

1991 – *Morphologic Karst Scenéry of the Peruaçú River Valley Region, Januária/Itacarambi, Minas Gerais/Brasil*. Belo Horizonte: Setor de Geomorfologia do Museu de História Natural da UFMG, Escala 1:75000.

PILÓ, L. B., KOHLER, H. C. – 1991 – *Do Vale do Peruaçú ao São Francisco: uma viagem ao interior da terra*, In: III Congresso da Associação Brasileira de Estudos do Quaternário, 3, Belo Horizonte. [Publicação especial, nº 2. Excursões, p. 5773].

PILOTTO, O. – 1969 – *Notícias sobre as grutas calcárias do Paraná*. Bol. Inst. Hist. Geog. Etnog. Paranaense, vol. X, Curitiba.

PINHEIRO, R. V. L. & SILVEIRA, O. T. – 1984 – *As grutas bauxíticas da Serra do Piriá, PA*. In: Anais Cong. Nac. Espeleologia, 16, Rio Claro, SBE, São Paulo.

PINHEIRO, R. V. L. – 1987 – *O contexto geológico das cavernas do Pará – sinopse preliminar*. Espeleo Amazônico, 2:3-4, Belém.

PINTO, A. D. P. – 1973 – *Profilaxia das grutas*. Espeleologia, Rev. Esc. Minas, 5-6:35-47, Ouro Preto.

PINTO, M. V. – 1984 – *Meio ambiente de algumas cavernas no entorno de Brasília*. Gruta, 5:21-7, Brasília.

PIRES, A. O. S. – 1923 – *Speleologia*. Rev. Soc. Geog., Rio de Janeiro, reedit. Rev. Arq. Públ. Mineiro, ano XXIII, 105-67, Belo Horizonte, 1929.

POCHON, J.; CHAVIGNAC, M. & KRUMBEIN, W. E. – 1964 – *Recherches biologiques sur la mondmilch*. Compte- rendu hebdomadaire des Séances de l'Academie des Sciences, 258:5113-5.

POMPEU SOBRINHO, T. – 1941 – *Os crânios da Gruta da Canastra*. Rev. Inst. Hist. Ceará, 55:159-76, Fortaleza.

PONÇANO, W. L.; RODRIGUES, A. R. & YOSHIDA, R. – 1972 – *Problemas geológicos relacionados à implantação de reservatórios no médio São Francisco*. In: XXV Cong. Bras. Geol., 2:3-15, São Paulo.

PONÇANO, W. L. et alii – 1987 – *Cajamar – Carste e Urbanização: A experiência Internacional*. (Síntese Bibliográfica). In: 5º CBGE, 1987. São Paulo. Anais... SBGE, São Paulo.

POPOV, I.V.; GVOZDETSKIJ, N. A.; CHIKISHEV, A. G. & KUDELIN, B. I. – 1972 – *Karst of the U.S.S.R*. In: Karst Important karst regions of the Northern Hemisphere. Elsevier Publ. Company, Amsterdam.

POULSON, T. L. & WHITE, W. B. – 1969 – *The cave environment science*. 165:971-81, New York.

PRANDINI, F. L. et alii – 1990 – *Karst and Urbanization: Investigation and Monitoring in Cajamar, São Paulo State, Brazil*. In: SIMPSON, E. S. F., SHARP JR., J. M. (ed.). Selected Papers on Hydrogeology, International Association of Hydrogeologist.

PROUS, A. – 1974 – *Mission d'étude de l'art rupestre de Lagoa Santa, Minas Gerais, Brasil*. Cong. Int. Americanistas, México. Reedit. Arq. Mus. Hist. Nat. UFMG, 2:51-66, Belo Horizonte, 1977.

1978 – *Breve histórico das pesquisas sobre o homem na região de Lagoa Santa, MG*. In: Colóquio Interdisciplinar Franco-brasileiro. Estudo e cartografação de formações superficiais e suas aplicações em regiões tropicais. v. 2, cap. III, 21-7, Guia excursão à região kárstica de Lagoa Santa, MG, FFLCH-USP, São Paulo.

1979 – *Fouilles du grand abri de Santana do Riacho, MG*. Jour. Soc. Americanistas, nº em homenagem à Mme. A.L. Emperaire.

PROUS, A.; LANNA, A. L. D. & PAULA, F. L. – 1980 – *Estilística e cronologia na arte rupestre de Minas Gerais*. Inst. Anchietano Pesq., Antropologia, 31:121-46, São Leopoldo.

PULIDO-BOSCH, A. et alii – 1997 – *Human impact in a tourist karstic cave*. Aracena. Sapin.

RACOVITZA, E. G. – 1907 – *Essai sur les problèmes biospéologiques*. Arch. Zool. exp. et. gen., 36:371-488.

RAMALHO, R. – 1985 – *Fotointerpretação e croquis geomorfológicos da área do Refúgio do Maroaga, esc. 1:100000*. Enge-Rio, inédito.

RAMOS, J. R. A. – 1970 – *Espeleologia histórica, I viagem*. Espeleologia, Rev. Esc. Minas, 2:31-6, Ouro Preto.

1971 – *Espeleologia histórica (continuação)*. Espeleologia, Rev. Esc. Minas, 3-4:31-7, Ouro Preto.

1973 – *Espeleologia histórica, II viagem*. Espeleologia, Rev. Esc. Minas, 5-6:29-34, Ouro Preto.

RAMOS, J. R. A. – 1976 – *Espeleologia histórica, III viagem*. Espeleologia, Rev. Esc. Minas, 35(3):78-80, Ouro Preto.

REDDEL, J. R. & MITCHEL, R. W. – 1969 – *A checklist and annotated bibliography of the subterranean aquatic fauna of Texas*. Texas Technological College Special Report, 24:1-48, Texas.

REHME, F. C. – 1986 – *Estudo das grutas calcárias e da necessidade de preservação da Gruta de Lancinha no município de Rio Branco do Sul*. Curitiba.

REID, J. W. & JOSÉ, C. A. – 1987 – *Some Copepoda (Crustacea) from caves in Central Brazil*. Stygologia, 3(1):70-82, Washington D. C.

REINHARDT, J. – 1880 – *Oversigt over det Kgl. Danske Videnskabernes Selskabs Forhandlinger*. trad. p. 201-10 – Sinopse das viagens espeleológicas de Lund e das cavernas mais importantes visitadas, extraída pela maior parte dos seus diários.

REIS, J. A. V. – 1968 – *Gruta da Lapa Nova e Gruta da Deuza*. Rev. Esc. Minas, 26(3):149-53, out., Ouro Preto.

1968 – *Gruta das Areias e Santana, município de Iporanga, SP*. Rev. Esc. Minas, 26(4):195-8, Ouro Preto.

1969 – *Gruta de Ubajara, município de Ubajara, Ceará*. Espeleologia, Rev. Esc. Minas, 1:13-5, Ouro Preto.

1969 – *Gruta dos Estudantes*. Espeleologia, Rev. Esc. Minas, 1:16, Ouro Preto.

1970 – *Gruta da Mangabeira, Ituaçu, BA*. Espeleologia, Rev. Esc. Minas, 2:29-30, jun., Ouro Preto.

Relatório das prospecções realizadas no município de Montalvânia, MG, pela Missão Franco-Brasileira. – 1977 – Arq. Mus. Hist. Nat. UFMG, 2:67-118, Belo Horizonte.

RENAULT, P. – 1970 – *La formation des cavernes*. Que sais-je? Le point des connaissances actuelles, nº 1.400, Pres. Univ. France, Paris.

RIBEIRO, A. M. – 1907/11 – In: Rev. Kosmos, 1, Rio de Janeiro e Arch. Mus. Nac. Rio de Janeiro, vol. XVI, 250-2, 2174, Rio de Janeiro.

RIBEIRO, C. – 1985 – *Chapada Diamantina*. Rev. Geog. Universal, 126:7-20, maio, São Paulo.

ROBINSON, L. – 1960 – *World's longest straw stalactite*. Sydney Speleo Soc. Comm., 90(60):2, Sydney.

RODRIGUES, G. S. – 1986 – *Levantamento micológico das grutas areníticas de Altinópolis, São Paulo e uma resenha informativa sobre o Histoplasma capsulatum*. Espeleo-Tema, Bol. Inf. SBE, 15:35-42, São Paulo.

RODRIGUES, R. – 1976 – *Influências biológicas e psicológicas da caverna sobre o espeleólogo*. Bol. SBE, 8:13-4, São Paulo.

ROGLIC, J. – 1951 – *La surface de luna et de la korana et les lacs de plitvice, étude de geomorfologie*. Rev. Geog. Glasnik, 12:49-68, Zagreb.

1972 – *Historical review of morphologic concepts*. In: Karst. Important karst regions of the Northern Hemisphere, Elsevier Pub. Company, 1-9, 17-8, Amsterdam.

1974 – *Les caractères spécifiques du karst Dinarique*. Mém. et Documents, 15:269-78.

ROLFF, P. A. M. A. – 1958 – *Geologia da Serra do Macaia*. In: Bol. Soc. Bras. Geol., vol. 7, nº 2, São Paulo.

1969 – *Espeleologia no Brasil*. Espeleologia, Rev. Esc. Minas, 1:5-12, Ouro Preto.

1969 – *Terminologia do Carste*. Bol. Geográfico, 28(20), maio/jun., Rio de Janeiro.

1970 – *Espeleologia e fotografia aérea*. Espeleologia, Rev. Esc. Minas, Rev. SEE, 2:15-21, Ouro Preto.

1970 – *Davis & King e o Carste do Bambuí*. Bol. Geográfico, 29(214):53-62, jan./fev., Rio de Janeiro.

1971 – *Morfologia cárstica no Bambuí de Arcos, MG*. Espeleologia, Rev. SEE, Esc. Minas, 3-4:25-30, jul., Ouro Preto.

1973 – *Princípios de espeleologia exterior*. Espeleologia, Rev. SEE, Esc. Minas, 5-6:2-14, nov., Ouro Preto.

1975 – *As grutas dos Paus Secos, Arcos, MG*. In: Anais X Cong. Nac. Espeleologia, 101-17, Ouro Preto.

ROSSI, G. – 1974 – *Morphologie et evolution d'un karst en milieu tropical – L'Ankarana (Extrême nord de Madagascar)*. In: Mémoires et Documents, nouvelle série, vol. 15, Phénomènes karstiques, tome II, Madagascar.

RUBBIOLI, E. L. & BRANDT, W. – 1987 – *A Gruta do Urubu Rei*. Inf. SBE, ano III, 14:5-6, mar., Belo Horizonte.

RUELLAN, F. – 1950 – *Notas sobre a Gruta da Lapinha*. In: Anais Assoc. Geóg. Bras., vol. IV, tomo II, 50, São Paulo.

RUFFO – 1957 – *Le attuali conoscenze sulla fauna cavernicola della Regione Pugliese*. Rev. Mem. Biog. Adriatica, 3.

SALGADO, F. S. – 1969 – *Gruta da Pedra Furada*. Espeleologia, 1:19-20, Rev. Esc. Minas, Ouro Preto.

1969 – *Gruta da Igrejinha*. Espeleologia, Rev. Esc. Minas, 1:25-32, Ouro Preto.

SAMPAIO, T. – 1938 – *O Rio São Francisco e Chapada Diamantina*. série I, vol. I. Col. Brasiliana, São Paulo.

SÁNCHEZ, L. E. – 1981 – *Uma área crítica para preservação na Mata Atlântica: Alto Vale do Ribeira – SP*. III Simp. Nac. Ecol., Belo Horizonte.

1984 – *Cavernas e paisagem cárstica do Alto Vale do Ribeira, SP: Uma proposta de tombamento*. Espeleo-Tema, Bol. Inf. SBE, 14:9-21, São Paulo.

SANTOS, N. C. – 1932 – *O naturalista; bibliografia de Pedro Guilherme Lund*. Imp. Of. Minas Gerais, Belo Horizonte.

SAUSSURE, R. – 1958 – *Cave provinces: a contribution to formational study of limestone caves*. In: Actes 2º Cong. Int. Spéléologie, I, 356-60, Bari Lecce, Salerno.

SCARPELLI, W. – 1966 – *Aspectos genéticos e metamórficos das rochas do Distrito da Serra do Navio*. DNP/Min. Minas Energia, Bol. avulso 41, 37-56, Rio de Janeiro.

SCHINER, J. R. – 1854 – *Fauna der Adelsberger, Sueger, und Magdalen Grotte*. Verh. Zool. Bol. Geo. Wien, 3:1-40.

SCHIÖDTE, J. – 1849 – *Specimen Faunae Subterraneae Bridag tilden Underjordiske fauna*.

SCHMITT, W. – 1942 – *The species of Aegla, endemic South American fresh-water crustaceans*. Proc. United States Nat. Museum, 91(3132):431-519, Washington.

SCHOBBENHAUS FILHO et alii – 1975 – *Carta geológica do Brasil ao milionésimo – Folha Goiás SD. 22*. DNPM/Min. Minas Energia, Brasília.

SCHOBBENHAUS, C. et alii – 1984 – *Geologia do Brasil – texto explicativo do Mapa geológico do Brasil e área oceânica adjacente incluindo depósitos-minerais*. DNPM/Min. Minas Energia, Brasília.

SCHOLL, W. U. – 1972 – *Der Sudwestliche Randbereich der Espinhaço zone, Minas Gerais, Brasilien*. Geol. Randschau, 61 (1):201-16.

1973 – *Sedimentologie der Bambuí Groupe IM SE – Teil des São Francisco Beckens, Minas Gerais, Brasilien*. Münster. Forsch. Geol. Palaont, 31-32:71-91.

SCHUBART, O. – 1946 – *Primeira contribuição sobre os diplópodes cavernícolas do Brasil*. Livro em homenagem à R.F. Almeida, 37:307-14.

1956 – *Criptodesmidae do Litoral de São Paulo (Diplopoda Proterospermophora)*. Anuário Acad. Bras. Ciências, 28(3):373-80, São Paulo.

SEE – 1959 – *Gruta da Lapa Nova, Vazante, MG*. Rev. Esc. Minas, 21(5):246-50, jun., Ouro Preto.

1971 – *Gruta do Salitre*. Espeleologia, Rev. Esc. Minas, 3-4:15-8, Ouro Preto.

1971 – *Grutas: Chapéu das Aranhas, Chapéu Mirim I e II, Nova e Buraco*. Espeleologia, Rev. Esc. Minas, 3-4:39-52, Ouro Preto.

1973 – *Gruta de Iguarassu*. Espeleologia, Rev. Esc. Minas, 5-6:15, Ouro Preto.

1986 – *Gruta da Igrejinha*. Rev. Esc. Minas, 39(3):45-50, Ouro Preto.

SETÚBAL, J. C. – 1987 – *Qual é a maior caverna do Brasil?*. Inf. SBE, ano III, 16:7-9, jul./ago., Monte Sião.

SIFFRE, M. – 1975 – *Dans les abîmes de la Terre*. Flammarion, Alemanha.

1976 – *Des merveilles sous la Terre*. Hachette, Paris.

1981 – *Grottes, gouffres et abîmes*. Hachette, Paris.

SILHAVY, V. – 1974 – *A new subfamily of Gonyleptidae from Brazilian Caves, Pachylospeleinae subfam. n. (Opiliones, Gonyleptomorphy)*. Rev. Suisse Zool., 81(4):858-93, Genebra.

SILHAVY, V. – 1979 – *Opilionids of the Suborder Gonyleptomorphy from the American Caves, collected by Dr. Pierre Strinati*. Revue Suisse Zool., 86(2):321-24, Genebra.

SILVA, A. B.; – 1988 – *Abatimento de solo na cidade de Sete Lagoas, Minas Gerais*. Revista de Águas Subterrâneas. N. 12 ago. 88, p. 57-66.

SILVA, A. B.; ESCODINO, P. C. B. & COSTA, P. G. C. – 1978 – *Pesquisa de água subterrânea, em carste, pelo método do dipolo com caminhamento elétrico*. XXX Cong. Bras. Geol., 6:2977-88, Recife.

SILVA, A. B.; MOREIRA, C. V. R., CESAR, F. M., AULER, A. – 1987 – Estudo da dinâmica de recursos hídricos da Região cárstica dos municípios de Lagoa Santa, Pedro Leopoldo e Matozinhos. Belo Horizonte: Fundação Centro Tecnológico de Minas Gerais, 32 p. (Relatório Técnico, Anexo I mapa hidromorfológico. Anexo II mapa morfoestrutural. Anexo III mapa de erosão acelerada).

SILVA, A. C. – 1971 – *Geografia e geologia do Apodi, séc. XIX*. Mossoró.

SILVA, L. A. – 1975 – *Relatório de excursão – Januária, MG*. In: Anais X Cong. Nac. Espeleologia, 23-40, Ouro Preto.

SILVA, R. A. – 1993 – *Lagoa Santa desde a Pré-história*. Mazza Ed. Ltda. Belo Horizonte.

SILVA, R. B.; MAEYAMA, O.; PEROSA, P. T. Y.; ALMEIDA, E. B. & SARAGIOTTO, J. A. R. – 1982 – *Considerações sobre as mineralizações de Chumbo, Zinco e Prata do Grupo Açungui no Estado de São Paulo*. In: Anais XXXII Cong. Bras. Geologia, 3:972-86, Salvador.

SILVEIRA, A. – 1922 – *Memórias Chorographicas*. vol. I e II, Imp. Of. Est. Minas Gerais, Belo Horizonte.

SILVEIRA, A. A. – 1924 – *Narrativas e Memórias*. vol. I.

1924 – *Narrativas e Memórias*. vol. II.

SIMMONS, G. C. – 1963 – *Canga caves in the Quadrilátero Ferrífero, Minas Gerais, Brazil*. Brazil. Nat. Speleo Soc. Bull., 25:66-72, Huntsville.

SIMONSEN, I. – 1975 – *Alguns sítios arqueológicos da Série Bambuí em Goiás – Notas Prévias*. Mus. Antropologia, Univ. Fed. Goiás, Goiânia.

SIMPSON, E. S. – 1932 – *Contributions to the mineralogy of Western Australia*. Royal Soc. Western Australia, Jour., ser. 7, 18:61-74.

SLAVEC, P. – 1976 – *Abismos de Furnas*. Espeleo-Tema, Bol. Inf. SBE, 10:21-4, São Paulo.

1976 – *Também os abismos são cavernas*. Bol. SBE, 8:13-5, São Paulo.

1976 – *Pesquisas do Conjunto Hidrológico das Areias, Iporanga, SP*. Bol. SBE, 8:17-22, São Paulo.

1978 – *Uma aventura espeleológica: Grutas do Areado Grande*. Espeleo-Tema, Bol. Inf. SBE, 11:11-5, São Paulo.

1979 – *Clube Alpino Paulista*. Espeleo-Tema, Bol. Inf. SBE, 13:68-74, São Paulo.

1980 – *Grutas do Areado do Município de Iporanga, Estado de São Paulo*. In: Anais XIV Cong. Nac. Espeleologia, CPG/SBE, Belo Horizonte.

SOARES, O. – 1974 – In: Biografia de Vila Velha – Ponta Grossa, PR. LIMA, L. S., 1975.

SOARES, P. C. – 1973 – *O mesozóico Gondwânico no Estado de São Paulo*. Tese Doutoramento, FFCL, Rio Claro, inédito.

SOLLAS, W. J. – 1880 – *On the action of a linchen on a limestone*. Report of the British Assoc. for the Advancement of Science, 586.

SPATE, A. – 1988 – *Cave use and management. New south wales national parks and wildlife service*. Queanbeyan. NSW. Resource management in limestone landscapes: international perspectives. p. 61-67. Sidney. Australia.

SPELAION – 1981 – Bol. Inf. EGRIC – Espelho Grupo Rio Claro, 1, Rio Claro.

STEWART, T. D. & WALTER, H. V. – 1954 – *Fluorine analysis of putatively ancient human and animal bones from Confins Cave, Minas Gerais, Brazil*. 31º Cong. Americanistas, 925-37, São Paulo.

STRINATI, P. – 1968 – *Expeditions biospéleologiques en Amérique du Sud*. Stalactite, 18(1):6-8, Berna.

1971 – *Recherches biospéleologiques en Amérique du Sud*. In: Annales Spéléologie, 26(2):439-50, Paris.

1975 – *Faunes des Grutas das Areias, São Paulo, Brazil*. Int. Symp. Cave Biol. & Cave Paleont. 37-8, Oudtshoosn, South Africa.

SOMMER, F. – 1964 – *Tendências atuais da espeleologia*. Rev. Esc. Minas, 23(3):103-7, maio, Ouro Preto.

SWEETING, M. M. – 1973 – *Karst landsforms*. Columbia Univ. Press., New York.

1978 – *The karst of Kweilin, Southern China*. Geog. Jour. 114:199-204.

1983 – *Karst geomorphology*. Beuchmark papers in Geology, vol. 59, A. Beuchmark books series, Hutchinson Rose Pub. Company, Pennsylvania.

SWINNERTON, A. C. – 1932 – *Origin of limestone caverns*. Bull. Geol. Soc. Am., 43:663-93.

TEIXEIRA, R. – 1980 – *Grutas da região cárstica de Lagoa Santa – Lapinha*. Ed. Júpiter, Belo Horizonte.

TEMPERINI, M. T. – 1976 – *O ambiente das cavernas*. Bol. Inf. SBE, 8:8-9, São Paulo.

The Science of speleology – 1968.

FORD T. D. & CULLINGFORD, Academic Press, London.

THEROND, R. – 1973 – *Recherche sur l'estancheite des Lacs de Barrage en pays Karstique*. Paris, Eyrolles, 444 p. il. (Collection du centre de recherches et d'essais du Chatou).

TORREND, C. – 1938 – *A Gruta dos Brejões – Uma das maiores maravilhas do Estado da Bahia*. Tipografia Naval, Salvador.

TORRES, C. C. T. – 1976 – *Possibilidades espeleológicas na região de Intervales – SP*. Espeleo-Tema, Bol. Inf. SBE, 10:4-8, São Paulo.

TRAJANO, E. & RODRIGUES, R. – 1975 – *Operação Tatus*. In: Anais X Cong. Nac. Espeleologia, Rev. Espeleologia, SEE, 130-40, Ouro Preto.

TRAJANO, E. – 1981 – *Importância faunística do Vale do Alto Rio Ribeira de Iguape*. III Simp. Nac. Ecol., Belo Horizonte.

1981 – *Padrões de distribuição e movimentos de morcegos cavernícolas no Vale do Alto Ribeira de Iguape*. Dissert. mestrado apres. Inst. Bioc. USP, São Paulo, inédito.

1985 – *Ecologia de populações de morcegos cavernícolas em uma região cárstica do Sudeste do Brasil*. Rev. Bras. Zoologia, 2(5):255-320, São Paulo.

1986 – *Brazilian cave fauna: Composition and preliminar characterization*. In: Anais IX Cong. Int. Espeleologia, vol. II, 155-8, Barcelona.

1986 – *Alguns problemas envolvidos na classificação ecológica dos cavernícolas*. Espeleo-Tema, Bol. Inf. SBE, 15:25-7, São Paulo.

1986 – *Vulnerabilidade dos troglóbios a perturbações ambientais*. Espeleo-Tema, Bol. Inf. SBE, 15:19-24, São Paulo.

TRAJANO, E. & GNASPINI NETO, P. – 1986 – *Observações sobre a mesofauna cavernícola do Alto Vale do Ribeira, SP*. Espeleo-Tema, Bol. Inf. SBE, 15:29-34, São Paulo.

TRICART, J. – 1956 – *O Karst das vizinhanças setentrionais de Belo Horizonte, MG*. Rev. Bras. Geog., ano XVIII, 4:3-22, Rio de Janeiro.

TRICART, J. & SILVA, C. T. – 1960 – *Un exemple d'évolution karstique en milieu tropical sec. le Morro de Bom Jesus da Lapa, Bahia, Brasil*. Zeitschr. Geomorph., b.4. h.1, 29-42, fev., Goettingen.

TROMBE, F. – 1969 – *Les eaux souterraines*. Que sais-je? Le points des connaissances actuelles, 455, Pres. Univ. France, Paris.

TROPPMAIR, H. & TAVARES, A. C. – 1984 – *Observações geomorfológicas e biogeográficas na região espeleológica de Altinópolis, SP*. In: Atas do Simp. Geog. Fis. e Aplicada, I. Rio Claro, 1984, UNESP, Rio Claro.

TRUDGILL, S. – 1985 – *Limestone geomorphology*. Longman.

TURKAY, M. – 1972 – *Neve bohlendekapoden dus Brasilien (Crustacea)*. Rev. Suisse Zool., tome 79, 1(15):415-8, Genebra.

URBANI, F. – 1971 – *Espeleologia Física. Carsos de Venezuela. Parte I: Serrania del Interior, oriente de Venezuela*. Bol. Soc. Venezolana Espeleologia, vol. 3, 2:87-98, Caracas.

1973 – *Espeleologia Física. Parte III: Zona Piemontina de la parte Central de la Cordillera de la Costa*. Bol. Soc. Venezolana Espeleologia, vol. 4, 2:153-74, Caracas.

VALLE, C. M. C. – 1975 – *A Gruta ou Lapa Nova do Maquiné*. Ed. Vega, Belo Horizonte.

VANDEL, A. – 1964 – *Biospéleologie, la biologie des animaux cavernicoles*. Gauthier-Villars, out., Paris.

VASCONCELLOS, H. & SÁNCHEZ, L. E. – 1978 – *Abismo do Juvenal*. Espeleo-Tema, Bol. Inf. SBE, 11:21-5, São Paulo.

VERÍSSIMO, C. U. V. – 1987 – *Gruta do Veado*. Espeleo Amazônico, ano I, 15-9, Belém.

VERSEY, H. R. – 1972 – *Karst of Jamaica*. In: Karst. Important karst regions of the northern hemisphere. Elsevier Publ. Company, Amsterdam.

VIALOU, D. – 1979 – *Gruta dos Milagres, Estado de Goiás, Brasil – Note préliminaire*. Rev. Mus. Paulista, nova série, 26:247-55, São Paulo.

VILES, H. A. – 1984 – *Biokarst: Review and prospect*. Progress in physical geography, vol. 8, 4:523-42.

WALTHAN, A. C. – 1980 – *Cavernes du Monde*. Éditions Atlas, Paris.

WALTHAN, A. C. & BROOK, D.B. – 1980 – *Cave development in the Melinau limestone of the Gunung Mulu National Park*. Geographical Jour., 146:258-66.

WALTHAN, A. C. – 1981 – *Progress in physical geography*. vol. 5, nº 2.

WALTER, H. V.; CATHOUD, A. & MATTOS, A. – 1937 – *The Confins Man – A contribution to the study of the early man in South America*. In: Mc Curdy G. C. Early man as depicted by leading authorities at the international symposium. The Academy of Natural Sciences, Philadelphia.

WALTER, H. V. – 1948 – *A pré-história da região de Lagôa Santa, Minas Gerais*. Ed. autor, Pap. Tipog. Brasil, Belo Horizonte.

1958 – *Arqueologia da região de Lagoa Santa, Minas Gerais*. (índios pré-colombianos dos abrigos-rochedos). SEDEGRA, Rio de Janeiro.

WARWICK, G. T. – 1962 – *The origin of limestone caves*. In: Cullingford, C. H. D., chapt. 3, 55-82, London.

WEBB, J. A. & BRUSH, J. B. – 1978 – *Quill arthodites in Wyanbene Cave Upper Shoalhaven District New South Wales*. Helictite, v. 16, nº 1, 33-9.

WELLS, A. W. – 1969 – *Cave calcite*. In: Studies in Speleology. Manual of caving techniques – by The Cave Research Group, ed. Cullingford, Cecil, London.

WENT, F. W. – 1969 – *Fungi associated with stalactite growth*. Science, 166:258-86.

WERNICK, E. – 1966 – *A silicificação do arenito Botucatu na quadrícula de Rio Claro*. Bol. Soc. Bras. Geol., 15(1):49-57, São Paulo.

WERNICK, E.; PASTORE, E. L. & PIRES NETO, A. – 1973 – *Cavernas em arenito*. Not. Geomorfológica, 13(26):55-67, dez., Campinas.

1977 – *Cuevas en areniscas, Rio Claro, Brasil*. Bol. Soc. Venez. Espeleol., 99-107, Caracas.

WHITE, W. B. – 1969 – *Cave minerals and speleothems*. In: Studies in Speleology. Manual of caving techniques – by The Cave Research Group, ed. Cullingford, Cecil, London.

1976 – *Cave minerals and speleothems*. In: Ford, T. D. & Cullingford, C. H. D., The Science of Speleology, Acad. Press, 267-327, London.

WHITE, W. B. – 1981 – *Reflectance spectra and colour in speleothems*. Natl. Speleol. Soc. Bull., 43:20-6.

WHITE, W. B. – 1988 – *Geomorphology and Hydrology of Karst Terrains*. New York: Oxford University Press, 464 p. ISBN 0-19-504444-4.

WILLIAMS, A. M. – 1959 – *The formation and deposition of moonmilk*. Trans. Cave Res. Group, v. 5, nº 2, 133-8.

WILLIAMS, F. T. & Mc COY, E. – 1934 – *On the role of microorganisms in the precipitation of calcium carbonate in the deposits of freshwater lakes*. Jour. Sedimentary Petrology, 4:113-26.

WILLIAMS, P. – 1993 – *Carst Terraisn, Environmental Changes and Human Impact*. Catena. Verlag. W-3302 Cremlingen-Destedt, Germany.

WILLIAMS, P. W. – 1969 – *The geomorphic Essects of ground water*. In: Water earth man. Ed. R. J. Cholez.

WILLIAMS, P. W. – 1972 – *Morphometric analysis of polygonal karst in New Guinea*. Geol. Soc. Amer. Bull., 83:761-96.

WINGE, H. – 1888/1915 – *E Museo Lundii*. Carlsberg, 5 v., Copenhage.

ZILIO, F. – 1978 – *Potencialidades espeleológicas do Lajeado – Iporanga, SP*. Espeleo-Tema, Bol. Inf. SBE, 11:15-21, São Paulo.

ZILIO, C. F. & SÁNCHEZ, L. E. – 1979 – *Bibliografia espeleológica brasileira*. Espeleo-Tema, Bol. Inf. SBE, 13:42-51, São Paulo.